园冶句意图释

金学智 著

中国建筑工业出版社

图书在版编目（CIP）数据

园冶句意图释/金学智著.—北京：中国建筑工业出
版社，2018.11

ISBN 978-7-112-22585-9

Ⅰ.①园… Ⅱ.①金… Ⅲ.①古典园林–造园林–中
国–明代②《园冶》–研究 Ⅳ.①TU986.2②TU-098.42

中国版本图书馆CIP数据核字（2018）第195699号

责任编辑：杜 洁 兰丽婷
书籍设计：锋尚制版
责任校对：王 烨

园冶句意图释

金学智 著

*

中国建筑工业出版社出版、发行（北京海淀三里河路9号）

各地新华书店、建筑书店经销

北京锋尚制版有限公司制版

北京富诚彩色印刷有限公司印刷

*

开本：787×1092毫米 1/16 印张：22¾ 字数：537千字

2019年1月第一版 2019年1月第一次印刷

定价：198.00元

ISBN 978-7-112-22585-9

（32674）

前 言

明末计成所著《园冶》，是我国古代造园学经典、艺术美学杰构，也是文化、文学、生态学名著，还是一部境界探不尽、意蕴品不完的奇书。早在20世纪80年代初，陈植先生的《园冶注释》问世，我就与《园冶》结下了不解之缘。

我爱《园冶》，读《园冶》，引《园冶》，但却视研究《园冶》为畏途，因《园冶》较多以骈文撰写，素称难读。而今，早已进入21世纪10年代初期，事隔三四十载，某种原因却将我推进了《园冶》研究的行列。我投入六七年的时间，刚完成我称之为"四合一工程"的《园冶多维探析》（以下简称《探析》）这部学术著作书稿，尚未下马停歇，紧接着，友人又建议继续撰写《园冶句意图释》，将其与摄影、绘画等门类艺术攀亲结缘，通过形象化的实证、释意、阐发，使其进一步普及、拓展。在朋友们特别是摄影界朋友们的鼓励支持下，"驽马十驾，功在不舍"，近两年来，这一"文 - 图"综合工程又即将告竣。期间，体会颇多，且逐步深化，现试将其概括为本书的一些特点：

一、诠释与引申的联通

本书既名为《园冶句意图释》（以下简称《图释》），那么，这个"释"必然是全书关键，故首先应将所选作为条目标题的《园冶》语句——本书称为"题语"，结合图例予以诠释，应尽量忠于历史，忠于原义，追求准确无误，这是最本位的要求。如《园冶》书中有不少专业术语，特别是古建方面人们颇感生疏的术语如"麻柱"、"替木"、"隔间"、"棋盘方空"、"方飞檐砖"等，本书尽量发挥摄影机善于直观传达的认识功能，以此作为图释。这种知识信息的图示，是本书的特点之一。

但是，仅仅局囿于历史地解释，就事论事，又远远不够，现代学术还要求由本位而出位，作必要的引申接受，从而让诞生于380馀年前的《园冶》，进入当今世界接受公众的视野，联通当今的时代精神和创新的社会实践。

那么，这种理念方法是否有些牵强？答曰：否。因为在接受美学看来，"历史视野总是包含在现时视野中"（陈鸣树《文艺学方法论》第213页），亦即说，现代人总是带着现时的眼光来研究历史上之经典的。何况西方的接受美学，本就契合于中国的国情，如作为群经之首的古老的《周易》早就提出："六爻发挥，旁通情也。"（《乾卦·文言》）"引而申之，触类而长之。"（《繫辞上》）于是，触类旁通、引申发挥成了传统的治学方法，也可见接受美学在中国有其深厚的历史土壤。正因为如此，本书诠释"芳草应怜"、"花木情缘易逗"、"荫槐桯玉成难"、"休犯山林罪过"、"鸥盟同结矶边"等句意，通过逻辑的归纳、演绎，反复强调计成的生态哲学、生态伦理学思想，这是从生态觉醒的社会现实、生态文明的时代精神这一"现时视野"来接受、来引申的。再如诠释"制式新番"、"构合时宜"等句意，例之以苏州体现古韵今风的"姑苏情结：开放之窗"，苏州火车站"园林竹石雕塑"等作品，这也就同时彰显了时代创新精神……总之，生态文明及创新的主题，更是本书的一大重点。

本书触类旁通、引申发挥的理念方法，除了以现实中大量相关的风景园林实例来证明《园冶》句意的普世价值外，还表现为内容上的延展性、补充性，如在《选石》一章中，计成"聊记"用过之石的形、色、质等，本书则还汇集了现代这方面的新发现加以补充、拓展；又如对于《墙垣·白粉墙》，本书触类旁通地补充了它在当代的种种功能，有助于今天造园、构景的实践；再如，在品赏一株白皮松时，通过引申发挥，提出了摄影家应抢拍作为遗产的古树名木的倡议等，至于"随形而弯，依势而曲"的廊，以及《借景·[结语]》中的"应时而借"，本书在引申发挥的视域里，类型上作更大的延展、更多的补充，见于该条一系列摄影艺术佳作的图释。

二、学术与艺术的互补

一般的"图说""图释"，大抵是普识性的，本书则同时志在提升，试将图例诠释和理论探索二者结合起来，尽可能从中抽绎或强调一些规律性的东西，如图释"移将四壁图书"，引申到园林藏书、书香，与园林的人文品位成正比的规律；图释"片山多致，寸石生情"，归结到少中含多，有限中见无限的意境美学；图释《选石》太湖石宜点置乔松下，追根究底梳理出中国绘画领域松石相配的悠久历史传统；图释"月隐清微"，阐发了中国人特别是中国诗人的月亮情结……从而使本书具有较高的学术品位。

众所周知，学术论证少不了论据，包括事理论据和事实论据。

对于事理论据，往往被称为引证，本书如图释廊的各种类型、"旧园妙于翻造，自然古木繁花"等，引了著名园林学家刘敦桢、古建专家郑孝燮先生一系列精彩论断，极大地增加了图释的说服力。本书不但注重引文质量，而且随文交代出处，以符合学术规范，并备读者查覈。

对于事实论据，方式方法上表现为实证、印证、考证、丛证等，如计成在《屋宇·廊》中说，"予见润之甘露寺之数间高下廊"，本书就觅得该地后人重修的这条廊并以图为证，这是一种实证。《相地·城市地》提出"安亭得景"的名言，本书就以杭州花港观鱼的牡丹亭、昆明石林的望峰亭作图释，这是又一种实证。《自序》说，"最喜关仝、荆浩笔意"，本书即介绍这两位画家，选赏其代表性的名画及其笔意，这是有力的印证。再如图释"花木情缘"时，以一首诗证明了古代无二乔玉兰之名，但最迟至明代已有二乔玉兰之实，这是简单的考证，而以扬州琼花摄影来图释"旧园妙于翻造，自然古木繁花"，则对琼花作了长达千馀字的历史性的繁复考证。另如明版《园冶》中有"堪谐子晋吹箫"，"杂用钩儿"的误排，《探析》将其勘正为"子晋吹笙"，"杂用铇儿"，本书则在此基础上进一步以《王子乔图》和"起线刨"摄影为例进行论述，这又是以实物提供和协助考证。《相地·城市地》云："市井不可园也；如园之，必向幽偏可筑。邻虽近俗，门掩无哗。"本书以晚清著名学者俞樾在苏州狭窄小巷所建曲园作图释，图中其大门依然紧闭着。此外还以网师园、艺圃为例作辅证，这就避免了孤证而走向丛证。对于"磨角"即戗角这一中国建筑独树一帜的屋顶造型，本书以多帧优美的艺术摄影进行图释，在美学上多层面、多视角地赞扬了华夏民族追求自由腾飞的艺术精神，这又是形象化的丛证……

本书用作图释的大量照片，大都是颇富艺术性的，其中不少还是摄影的精品力作，或是名家名作，或是获奖杰作，或是有风格、有个性的优秀之作，体现为丰富多彩，品类不一。此外，《园冶》中有些语句联结着古代的人物故事，神话传说，如"境仿瀛壶"、"别有一壶天地"、"却卧雪庐高士"、"棹兴若过剡曲"等，这只能遴选并结合古代绘画作品来图释，当然其中也不乏艺术名作，如清袁耀的《海上三山图》、元张渥的《雪夜访戴图》、明沈周的《袁安卧雪图》等，这些都在较高层次上体现出学术与艺术的互摄互映。

还需指出，学术性就是求是性。俗话说，"金无足赤，人无完人"。《园冶》也不是完美无缺的，它固然有其前瞻性、未来性乃至预见性，但也会有其时代的个人的局限性，如在风格美和形式美的领域，强调了清省简约的风格，却否定了富丽繁缛的美；强调了"制式新番""构合时宜"，却说"古之回文、万字一概屏去"。对此，本书则用反证法，以图例证实了后者亦为美的存在，并显现其在今天的生命力。应该说，指出其不足，乃实事求是的表现，这恰恰是对《园冶》的最大尊重。

三、写实与写意的对接

再申述本书关于摄影艺术的观点。"写意"，为中国传统绘画的术语，"写实"，则是从近代文艺理论术语"写实主义"（现实主义）借来，从而使之与"写意"相对待。在中国近代摄影史上，刘半农最早将二者作为摄影美学范畴，其《半农谈影》把写实称为"写真"，认为其特点是"把实物的形态，的的切切的记载下来"；而"写意"则不然，"要把作者的意境，借着照相表露出来"（见龙憙祖《中国近代摄影美学文选》第176–177页）。用今天的语言来解释，"写实"侧重再现，侧重于客体形态的真实，而这正是摄影的最大优长，因为摄影机本身是最能以现代科技精准地写真的工具，是任何艺术所不能比拟的，若进而再以文字进行图释，就更为理想。杨恩璞先生曾指出，"摄影和文字珠联璧合，历史就变得立体和丰满起来"（《摄影鉴赏导论》第5页），此话同样适用于《园冶句意图释》。

但法国艺术史家丹纳则说，"摄影是艺术，能在平面上……把实物的轮廓与形体复制出来，而且极其完全，决不错误……没有人拿摄影与绘画相提并论"（《艺术哲学》第17页）。此话有对有错，错的是将摄影贬低为远不如绘画的复制艺术，还有人更甚至以原封不动的"真实"为标尺来衡量摄影。其实，近代摄影批评的先驱康有为、蔡元培、刘半农等早就提出"画意"、"传神"、"意境"、"造美"等，以后，更有南郎（静山）北张（印泉），如郎静山"移花接木、旋转乾坤"的"集锦照相"理论与实践（龙憙祖《中国近代摄影艺术美学文选》第253页），极大地提升了摄影的艺术地位。就本书来说，不但需要写实一类再现型的摄影来作《园冶》图释的实证，而且更需要突出主体情感、意境理想、写意造美等表现型的摄影，其中包括"画意摄影"，来为《园冶》中"洗出千家烟雨"、"不尽数竿烟雨"、"醉颜几阵丹枫"、"曲曲一湾柳月，濯魄清波"、"深意图画，徐情丘壑"等句传神，因此，本书也不排斥摄影的种种后期处理。英国摄影家约翰·恩格迪沃写道："处理……就是'用你的手'……这激发了我们的想象力。图片处理让不可能的事情发生，使……梦想变成画面"（《国际摄影艺术教程》第97页）。对于西方后现代主义五花八门摄影流派的处理之作，笔者不一定赞同，但赞同恩格迪沃提出的"图片处理"，更赞同郎静山的画意处理。笔者长期从事"艺术亲缘论"的探讨，感到摄影和绘画的亲缘关系值得深入研究。

再回到《园冶》。计成胸有炉冶，笔者从中抽绎出"园画同构"论完全符合于实事求是的规律，如该书写园，明显地出现了一系列"画"字："宛若画意"（《自序》）；"楼台入画"（《相地·村庄地》）；"天然图画"（《屋宇》）；"深意图画"（《掇山》）；"合皴如画"（《选石·青龙石》）；"粉墙为纸，以石为绘"（《掇山·峭壁山》）；"拟入画中行"（《借景》）……至于不出现"画"字而描写如画的名言秀语，更比比皆是，如"晴峦耸秀，绀宇临空"（《兴造论》）；"悠悠烟水，澹澹云山"（《相地·江湖地》）；"吟花席地，醉月铺毡"（《铺地》）；"峰峦飘渺，漏月招云"（《掇山·池山》）……而要为这样一部经典作图释，笔者更青睐于"画意摄影"，只要摄影能达到如画似绘的效果，就什么处理手法都可以用，这还符合于《园冶·掇山》"有真为假，做假成真"的美学原则。

四、创作与品赏的交融

《园冶》不但是中国造园理论史上的经典名著，而且是中国园林文学史上一朵艳丽的奇葩，是园林与文学喜结良缘所诞生的宁馨儿。从这一特定的视角看，它应是一种极有审美价值的文学创作，故而笔者一再撰写经典《园冶》文学品赏的论文。事实上，《园冶》

书中一系列重要章节，大抵以优美的骈文俪辞写成，精彩警语俯拾即是，如"山楼凭远，纵目皆然；竹坞寻幽，醉心即是"；"纳千顷之汪洋，收四时之烂熳"（《园说》）；"闲闲即景，寂寂探春"；"送涛声而郁郁，起鹤舞而翩翩"（《相地·山林地》）；"奇亭巧榭，构分红紫之丛，层楼重阁，迥出云霄之上"；"湖平无际之浮光，山媚可餐之秀色"（《借景》）……一字字，一句句，无不是美，无不体现着锦口绣心，神思华采，让人心旌摇漾，情趣无限。本书对取作图释的大量题语，均尽可能注意品析其言辞美、意象美或内涵美，或者说，鉴赏其句意的真、善、美，而本书自身的语言，也力求向文学语言靠拢。本书这种文学创作与文学品赏的交融，属于始基层的交融。

再说本书用来图释《园冶》句意的大量优秀的摄影作品，笔者除了紧扣《园冶》句意进行诠释、接受外，同时还力求对其作较详的鉴赏或点评、点赞该摄影作品自身的艺术美，发掘、总结或弘扬其成功的创作经验，这也许对摄影艺术的创作和品赏有所参考或有所裨益，因此，本书在一定程度也可看作是一部《摄影艺术品赏录》，这就有可能使本书进一步摆脱"就事论事"的局囿，从而在内涵上有所超越，有所增值。

本书还选用了部分古代绘画作品，其品类有：人物，如卫九鼎的《洛神图》、王仲玉的《陶渊明像》、华嵒的《金谷园图》、费以耕的《月明林下美人来》；山水，如荆浩的《雪景山水图》、关仝的《秋山晚翠图》；界画如袁江的《海上三山图》；花鸟如沈铨的《桂鹤图》等。图谱也选得较多，如《历代名人画像谱》、《高士传图谱》、诗画配的《唐诗画谱》、传技法的《芥子园画谱》等，还有画像石、民间年画，本书除紧扣内容外，对其本身的艺术美也进行鉴赏、品析，在本书中，中国画的创作与品赏也体现为一种互渗交融。

以上这些，笔者力求将其提升到美学境层来展开。这样，本书就得以使创作和品赏进行多方位、多层次的共融；或者说，让题语的美、图版的美特别是大量摄影佳作的美、古画的美以及诠释与点评的美多元交汇，互渗互通。

需要说明，本书图释时涉及的面较广：生态哲学、园林美学、绘画美学、摄影美学、艺术设计学、文化史学、审美心理史、题材史、未来学……同时，又尝试着在书中留下进一步的思考点让读者扩容，或者说，留下一些尚待或尚可进一步接续的文化链接点以供链接，故书中凡出现上述情况，该处即以特殊的【∞→】符号标出，举例如下：

释"移将四壁图书"（《相地·城市地》），联系历史与现实的例证，延伸到园林的藏书或书香，与园林人文品位成正比的园林美学规律。

释"月隐清微"（《相地·郊野地》），联系唐宋以来咏月诗，集纳《园冶》中的"月"字，从审美心理（"文化–心理结构"）史领域概括出中国人特别是中国诗人挥之不去的月亮情结。

释"常徐半榻琴书"（《相地·傍宅地》），以文化–心理史视角追溯中国士大夫文人琴书自娱的悠久传统。

释"不尽数竿烟雨"（《相地·傍宅地》），分内涵层、数量层、形态层三方面阐析，从文学、绘画、风景园林领域链接到"少以蕴多"，重含蓄、尚朦胧的中国意境美学。

释"门窗磨空，制式时裁"（《门窗》），用丛证法、引申法，进而大胆超越，链接到艺术设计学的与时俱新，显示其理论应用的广域性、未来性，证以杭州萧山G20峰会会议大厅的装修，联结到创新中国的命题。

释"深意图画，馀情丘壑"（《掇山》），以一帧"画意摄影"精品的诞生为基点，往两个向度链接，一是情意相生的创作心理学，一是云山相融的绘画美学，二者又汇聚为摄影美学。

释太湖石宜"点乔松下"（《选石·太湖石》），由此上溯古代绘画、园林的景物配置，从题材史领域链接"映带气求"的关系美。

……

总之，力求引导读者既感性又理性地主动进入书中，"或因枝以振叶，或沿波以讨源"（晋陆机《文赋》），引申发挥，触类旁通，而这些既可以是灵感的触发点，又可以是课题的切入点，还可以是论述的生长点或其雏形……对此，笔者则略加点染，让读者在接受的同时，积极进行学术理论的再创造、再探索。

还需说明：本书系《探析》的"续集"，故有些条目若不能作深广度展开时，往往注明"见《探析》第×页"。这既有利于本书字数的控制，又足以凸显《探析》与《图释》二书的网状有机联系，见出本书是《探析》形象上的链接，认知上的扩展，意蕴上的普及与提升。同时，《探析》先于本书出版，这使得本书在写作过程中有可能对《探析》作多方面的补充、修正、拓展乃至超越，如书后所附《园冶版本知见录》，即是明显一例。

以上是一些不成熟的设想和尝试，还望专家和广大读者予以指正！

凡 例

一、本书图释《园冶》，以笔者《园冶多维探析》中的《园冶点评详注》为原本，但不图释阮大铖的《冶叙》和郑元勋的《园冶题词》。

二、本书以条目（或称"条"）为最小的基本单位，每条由相互对照的一文、一图（图例亦即图版）构成，称为"文－图"。

三、每条中凡选出并以图例阐释之原句称为"题语"，题语既可包括词、短语（词组）、散言短句，又可包括骈语、骈语中的出句（上句）或对句（下句），也可以是其节缩、省略（用省略号），或其重组，甚至跨度较大的重组。此外，还尽量不选较长的句群，如牵涉前后语境而需要对该句群加以诠释，则在每条开头交代题语出处时将其引出。

四、每条"文－图"，可细分为文和图两个组成部分。

文的部分包括：1. 题语（所选释作为该条标题的《园冶》原句，也偶有加以改写的）；2. 题语出处交代（交代题语选自何章或何章何节，或进而引出相关句群）；3. 题语（含相关的句群）的诠释乃至品赏、点评；4. 图版的交代、解释乃至品赏点评。

图的部分包括：1. 图版（摄影或绘画作品）2. 图版序号（置于图下）；3. 图版的标题（亦置于图下）；4. 作者（摄影家或绘画家）。

五、本书以《园冶点评详注》各部分的序号为序号，但其《自序》、《自跋》原来无序号，为了便于对照阅读，本书对各部分均予编号，故从《自序》至《自跋》，以零、一、二至十四排序，并一律称之为章。至于每章中所图释条目的序号，则以0、1、2、3、4……表示，并用方头括号，如是，《自序》第一条则标为【0-1】，《自跋》第2条标为【14-2】，每章的图释条目各自编号，全书不编流水号。《园冶》的《相地》等还分"山林地"、"城市地"等节，本书则分章而不分节。

六、为避免句意图释可能造成的支离破碎之弊，故本书在每章图释条目即每章第一条"文－图"之前，冠以该章原文，并用大号字竖排以凸显该章标题，让读者有一个总的印象，以便在整体上把握以下所属分散的条目，但本书不录《园冶》原书的［图式］及其说明文字。只有当某一［图式］的文字有必要也有可能图释时，才录出其相关文字。凡是被选为题语，或在条目中被引出和诠释之句或句群，在章首原文中均以另色的黑体字予以突出，以便读者能较快地了解该题语或相关文字在该章中的语境。若该章中的词、句或句群在本章其他条目中被释、被译、被引，则在其后用圆括号标注：（见【×-×】）；若该章中的词、句或句群在他章的条目中被释、被译、被引，则在其后用圆括号标注：（参见【×-×】）。"见"和"参见"的区别，在于是否见于该章。这样，书中可建立多条聚焦于一句的互动网络机制，从而取得让有限条目错综地生发为无限的增值效应。

七、如前言所概括，本书往往采用丛证法，即以数条"文-图"诠释同一题语，这是并列性或连续性的图释；此外还采用分释法，即一句题语若具有两层意思，则分两个条目分别进行图释。本书凡采用此二法的，则在题语之后逐一缀以［其一］、［其二］……，表示此为一组。

八、括号的用法：圆括号内文字，紧跟词、句之后，或起解释作用，或交代引文出处；方括号的作用，一是注音；二是表丛证或分释的次序，如［其一］、［其二］；三是补出引文中的省略成分；四是表所引组诗的序号。

九、鉴于本书的学术性，条目中引文均出注，即用圆括号作"随文注"，其中古籍较短，不会隔断文气，但现代学术著作和国外的译著则不然，必须注明出版社、出版年份及页码，这样又太长，可能使文气不贯，为了两全其美，书后特列《征引著作论文表》，而在"随文注"中就不再交代出版社、出版年份等，至于某些书名的节缩、简称，也只在表中注明。

十、本书各条（包括文和图）之间，凡有联系的，也常用互见法，如：（参见【×-×】），这也是一种"循环阅读"和"网络机制"。

十一、《图冶》论述是江南园林，故本书图版以苏州为代表的江南园林建筑为主，兼及北方皇家园林以及岭南园林，必要时也涉及日本园林，同时，注意扩展到与园林相近相交的风景名胜领域，这样点面结合，有助于显示《园冶》理论的普适性。

目 录

前　言／Ⅲ

凡　例／Ⅸ

零

自　序

【0-1】最喜关全、荆浩笔意［其一］／002　　【0-2】最喜关全、荆浩笔意［其二］／002　　【0-3】环润，皆佳山水［其一］／003　　【0-4】环润，皆佳山水［其二］／004　　【0-5】环润，皆佳山水［其三］／005　【0-6】环润，皆佳山水［其四］／006　　【0-7】偶为成"壁"／007　【0-8】效司马温公"独乐"制／008

一

兴造论

【1-1】古公输巧／010　　【1-2】半间一广，自然雅称／011　　【1-3】巧于因借／011　　【1-4】精在体宜／013　　【1-5】泉流石注／014　【1-6】晴峦耸秀，绀宇凌空／015　　【1-7】俗则屏之，嘉则收之／016

二

园　说

【2-1】围墙隐约于萝间／020　　【2-2】架屋蜿蜒于木末／020　【2-3】山楼凭远，纵目皆然［其一］／021　　【2-4】山楼凭远，纵目皆然［其二］／022　　【2-5】竹坞寻幽，醉心即是／023　　【2-6】轩楹高爽，窗户虚邻／024　　【2-7】纳千顷之汪洋／025　　【2-8】收四时之烂熳［其一］／026　　【2-9】收四时之烂熳［其二］／027　　【2-10】梧阴匝地／029　　【2-11】槐荫当庭／029　　【2-12】栽梅绕屋［其一］／030【2-13】栽梅绕屋［其二］／031　　【2-14】结茅竹里，浚一派之长源／032【2-15】障锦山屏，列千寻之耸翠／033　　【2-16】虽由人作，宛自天开／034　　【2-17】萧寺可以卜邻，梵音到耳／035　　【2-18】远峰偏宜借景，秀色堪餐／036　　【2-19】紫气青霞，鹤声送来枕上／037【2-20】鸥盟同结矶边［其一］／038　　【2-21】鸥盟同结矶边［其二］／039【2-22】鸥盟同结矶边［其三］／040　　【2-23】上山看个篮舆／041

【2-24】斜飞蝶雉 / 041　　【2-25】不羡摩诘辋川，何数季伦金谷！［其一］/ 042　　【2-26】不羡摩诘辋川，何数季伦金谷！［其二］/ 043　　【2-27】一湾仅于消夏 / 044　　【2-28】夜雨芭蕉［其一］/ 045　　【2-29】夜雨芭蕉［其二］/ 046　　【2-30】晓风杨柳，若翻蛮女之纤腰 / 047　　【2-31】移竹当窗 / 048　　【2-32】分梨为院 / 049　　【2-33】瑟瑟风声，静扰一榻琴书 / 050

三

相　地

【3-1】涉门成趣，得景随形 / 054　　【3-2】选胜落村，藉参差之深树 / 055　　【3-3】旧园妙于翻造，自然古木繁花［其一］/ 056　　【3-4】旧园妙于翻造，自然古木繁花［其二］/ 057　　【3-5】高方欲就亭台 / 058　　【3-6】低凹可开池沼 / 059　　【3-7】卜筑贵从水面 / 060　　【3-8】临溪越地，虚阁堪支；夹巷借天，浮廊可度 / 061　　【3-9】倘嵌他人之胜，有一线相通…… / 062　　【3-10】驾桥通隔水，别馆堪图 / 064　　【3-11】聚石垒围墙，居山可拟 / 065　　【3-12】荫槐挺玉成难［其一］/ 066　　【3-13】荫槐挺玉成难［其二］/ 067　　【3-14】园地惟山林最胜 / 069　　【3-15】楼阁碍云霞而出没［其一］/ 070　　【3-16】楼阁碍云霞而出没［其二］/ 071　　【3-17】繁花覆地 / 072　　【3-18】亭台突池沼而参差 / 073　　【3-19】绝涧安其梁 / 074　　【3-20】闲闲即景，寂寂探春 / 076　　【3-21】好鸟要朋 / 077　　【3-22】群麋偕侣 / 078　　【3-23】槛逗几番花信 / 079　　【3-24】门湾一带溪流 / 080　　【3-25】竹里通幽 / 081　　【3-26】松寮隐僻 / 082　　【3-27】送涛声而郁郁 / 083　　【3-28】千峦环翠，万壑流青 / 084　　【3-29】必向幽偏可筑 / 085　　【3-30】安亭得景［其一］/ 086　　【3-31】安亭得景［其二］/ 087　　【3-32】洗出千家烟雨 / 088　　【3-33】移将四壁图书 / 089　　【3-34】素入镜中飞练，青来郭外环屏 / 090　　【3-35】片山多致，寸石生情 / 091　　【3-36】窗虚蕉影玲珑 / 092　　【3-37】足征市隐，犹胜巢居 / 093　　【3-38】掇石莫知山假，到桥若谓津通 / 094　　【3-39】曲径绕篱 / 095　　【3-40】归林得意，老圃有馀 / 097　　【3-41】引蔓通津，缘飞梁而可度［其一］/ 098　　【3-42】引蔓通津，缘飞梁而可度［其二］/ 098　　【3-43】溪湾柳间栽桃 / 100　　【3-44】月隐清微 / 101　　【3-45】似多幽趣，更入深情 / 102　　【3-46】休犯山林罪过 / 103　　【3-47】竹修林茂 / 104　　【3-48】柳暗花明 / 105　　【3-49】不尽数竿烟雨 / 107　　【3-50】岭划孙登之长啸 / 108　　【3-51】略成小筑，足征大观 / 108　　【3-52】悠悠烟水，澹澹云山 / 110　　【3-53】漏层阴而藏阁 / 111　　【3-54】何如缥岭，堪谐子晋吹笙 / 112

四
立 基

【4-1】当正向阳，堂堂高显 / 115　　【4-2】格式随宜，栽培得致 / 116
【4-3】曲曲一湾柳月，濯魄清波 / 116　　【4-4】遥遥十里荷风，递香幽
室 / 118　　【4-5】编篱种菊，因之陶令当年 / 119　　【4-6】寻幽移竹 / 119
【4-7】池塘倒影，拟入鲛宫 / 120　　【4-8】一派涵秋 / 122
【4-9】重阴结夏 / 123　　【4-10】疏水若为无尽，断处通桥 / 124
【4-11】楼阁崔巍 / 125　　【4-12】动"江流天地外"之情，合"山色有
无中"之句 / 126　　【4-13】适兴平芜眺远 / 127　　【4-14】全在斯半
间中，生出幻境 / 128　　【4-15】水际安亭 / 129　　【4-16】或假濠濮
之上，入想观鱼…… / 130　　【4-17】亭安有式，基立无凭 / 132

五
屋 宇

【5-1】当檐最碍两厢，庭除恐窄 / 136　　【5-2】画彩虽佳，木色加之青
绿 / 136　　【5-3】奇亭巧榭，构分红紫之丛 / 138　　【5-4】层阁重楼，
迥出云霄之上 / 139　　【5-5】隐现无穷之态 / 140　　【5-6】招摇不尽
之春 / 141　　【5-7】槛外行云，镜中流水 / 143　　【5-8】境仿瀛壶 / 144
【5-9】门楼 / 145　　【5-10】斋：气聚致敛，藏修密处 / 147
【5-11】曲室便娟以窈窕 / 148　　【5-12】侠而脩曲为楼 / 149
【5-13】阁者，四阿开四牖 / 150　　【5-14】造式无定：梅花亭 / 151
【5-15】榭：藉景而成，制亦随态 / 152　　【5-16】轩：宜置高敞，助胜
则称 / 153　　【5-17】随形而弯，依势而曲［其一］：平地廊 / 154
【5-18】随形而弯，依势而曲［其二］：高空廊 / 155　　【5-19】随形而
弯，依势而曲［其三］：爬山廊 / 155　　【5-20】随形而弯，依势而曲
［其四］：凌水廊 / 157　　【5-21】随形而弯，依势而曲［其五］：复廊 / 158
【5-22】润之甘露寺 / 159　　【5-23】甘露寺数间高下廊 / 160
【5-24】许中加替木 / 161　　【5-25】磨角，如殿阁撤角［其一］/ 162
【5-26】磨角，如殿阁撤角［其二］/ 164　　【5-27】磨角，如殿阁撤角
［其三］/ 165　　【5-28】磨角，如殿阁撤角［其四］/ 166　　【5-29】定
磉 / 168

六
装 折

【6-1】相间得宜，错综为妙 / 171　　【6-2】装壁应为排比 / 172
【6-3】隔间：定存后步一架 / 173　　【6-4】别壶之天地 / 174
【6-5】砖墙留夹，板壁常空［其一］/ 175　　【6-6】砖墙留夹，板壁常空
［其二］/ 176　　【6-7】砖墙留夹，板壁常空［其三］/ 177　　【6-8】门扇
岂异寻常，窗棂遵时各式 / 178　　【6-9】加之明瓦斯坚 / 179　　【6-10】半
楼半屋，藏房藏阁 / 180　　【6-11】藏房藏阁，靠虚檐无碍半弯月牖 /
181　　【6-12】出幕若分别院 / 181　　【6-13】构合时宜，式征清赏

［其一］/ 183　　【6-14】构合时宜，式征清赏［其二］/ 184　　【6-15】构合时宜，式征清赏［其三］/ 185　　【6-16】构合时宜，式征清赏［其四］/ 186　　【6-17】屏门：堂中如屏列而平者 / 188　　【6-18】仰尘天花：棋盘方空 / 189　　【6-19】冰裂：文雅如意之美 / 190

七
栏　杆

【7-1】栏杆信画而成，有工而精 / 192　　【7-2】古之回文万字一概屏去［其一］/ 192　　【7-3】古之回文万字一概屏去［其二］/ 193
【7-4】篆字：理画不匀，意不联络 / 195

八
门　窗

【8-1】门窗磨空 / 198　　【8-2】门窗：制式时裁［其一］/ 199
【8-3】门窗：制式时裁［其二］/ 200　　【8-4】门窗：制式时裁［其三］/ 201　　【8-5】门窗：制式时裁［其四］/ 201　　【8-6】门窗：制式时裁［其五］/ 203　　【8-7】门窗：制式时裁［其六］/ 204
【8-8】弱柳窥青 / 205　　【8-9】伟石迎人，别有一壶天地 / 206
【8-10】处处邻虚，方方侧景 / 207

九
墙　垣

【9-1】白粉墙：构景功能［其一］/ 210　　【9-2】白粉墙：构景功能［其二］/ 211　　【9-3】白粉墙：构景功能［其三］/ 212　　【9-4】白粉墙：构景功能［其四］/ 213　　【9-5】隐门照墙 / 215　　【9-6】挂方飞檐砖几层 / 216　　【9-7】漏砖墙：个体的漏窗之美 / 217
【9-8】漏砖墙：群体的漏窗之美 / 218　　【9-9】乱石墙：宜杂假山之间 / 219

十
铺　地

【10-1】厅堂广厦，中铺一概磨砖 / 222　　【10-2】路径盘蹊，长砌多般乱石 / 222　　【10-3】吟花席地，醉月铺毡 / 223　　【10-4】废瓦片也有行时，当湖石削铺，波纹汹涌 / 224　　【10-5】破方砖可留大用，绕梅花磨斗，冰裂纷纭 / 226　　【10-6】路径寻常，阶除脱俗 / 227
【10-7】莲生袜底，步出簋中来 / 228　　【10-8】各式方圆，随宜铺砌 / 229　　【10-9】冰裂地：砌法似无拘格 / 230　　【10-10】磨归瓦作，杂用铇儿 / 231

十一
掇 山

【11-1】随势弯其麻柱，谅高挂以称竿 / 236　【11-2】相石：皴皱之美 / 236　【11-3】相石：瘦漏之美 / 237　【11-4】相石：玲珑之美 / 239　【11-5】峭壁贵于直立；悬崖使其后坚 / 240　【11-6】深意画图，馀情丘壑 / 242　【11-7】山林意味深求 / 244　【11-8】花木情缘易逗 / 245　【11-9】有真为假，做假成真 / 247　【11-10】阁山：宜于山侧，何必梯之 / 248　【11-11】就水点其步石 / 249　【11-12】从巅架以飞梁 / 250　【11-13】莫言世上无仙，斯住世之瀛壶 / 251　【11-14】峭壁山者，靠壁理也［其一］/ 252　【11-15】峭壁山者，靠壁理也［其二］/ 253　【11-16】收之圆窗，宛然镜游［其一］/ 255　【11-17】收之圆窗，宛然镜游［其二］/ 256　【11-18】曲水……亦可流觞 / 257

十二
选 石

【12-1】须先选质无纹，俟后依皴合掇 / 263　【12-2】多纹恐损 / 264　【12-3】无窍当悬 / 264　【12-4】几案太湖石二品 / 265　【12-5】红太湖石立峰 / 266　【12-6】或点乔松下，装治假山 / 267　【12-7】几案昆山石一品 / 268　【12-8】几案灵璧石四品 / 268　【12-9】其色洁白的宣石 / 270　【12-10】宣石：俨如雪山 / 270　【12-11】英石：一微灰黑 / 270　【12-12】其色如漆的英石 / 271　【12-13】锦川石 / 272　【12-14】运之所遗者，少取块石置园中 / 273

十三
借 景

【13-1】构园无格，借景有因 / 276　【13-2】切要四时［其一］：春 / 277　【13-3】切要四时［其二］：夏 / 278　【13-4】切要四时［其三］：秋 / 279　【13-5】切要四时［其四］：冬 / 280　【13-6】林皋延伫，相缘竹树萧森［其一］/ 281　【13-7】林皋延伫，相缘竹树萧森［其二］/ 282　【13-8】远岫环屏 / 283　【13-9】堂开淑气侵人 / 285　【13-10】足并山中宰相 / 285　【13-11】芳草应怜 / 286　【13-12】卷帘邀燕子，闲剪轻风 / 287　【13-13】片片飞花 / 288　【13-14】丝丝眠柳 / 290　【13-15】顿开尘外想，拟入画中行［其一］/ 291　【13-16】顿开尘外想，拟入画中行［其二］/ 293　【13-17】林阴初出莺歌 / 294　【13-18】红衣新浴 / 295　【13-19】碧玉轻敲 / 296　【13-20】水面鳞鳞，爽气觉来欹枕 / 298　【13-21】环堵翠延萝薜 / 299　【13-22】湖平无际之浮光 / 299　【13-23】山媚可餐之秀色 / 301　【13-24】醉颜几阵丹枫 / 302　【13-25】眺远高台，凭虚敞阁 / 303　【13-26】冉冉天香，悠悠桂子［其一］/ 304　【13-27】冉冉天香，悠悠桂子［其二］/ 306

【13-28】应探岭暖梅先［其一］/ 307　　【13-29】应探岭暖梅先［其二］/ 308　　【13-30】恍来林月美人 / 309　　【13-31】却卧雪庐高士 / 310　　【13-32】云幂黯黯，木叶萧萧 / 311　　【13-33】风鸦几树夕阳 / 312　　【13-34】六花呈瑞 / 313　　【13-35】棹兴若过剡曲 / 314　　【13-36】近借：借邻园 / 315　　【13-37】远借：借云天 / 316　　【13-38】应时而借［其一］：借阳光 / 318　　【13-39】应时而借［其二］：借晨雾 / 319　　【13-40】应时而借［其三］：借落日 / 321　　【13-41】应时而借［其四］：借夕照 / 322　　【13-42】应时而借［其五］：借夜灯 / 323　　【13-43】应时而借［其六］：借雨韵 / 325　　【13-44】应时而借［其七］：借风雨 / 326　　【13-45】应时而借［其八］：借雪塔 / 327

十四
自　跋

【14-1】甘为桃源溪口人 / 330　　【14-2】武侯三国之师 / 331　　【14-3】梁公女王之相 / 331

征引著作论文表 /333

后　记 /337

《园冶》版本知见录 /339

不佞少以绘名，性好搜奇（参见【5-3】【11-12】），最喜关仝、荆浩笔意，每宗之。游燕及楚（参见【11-12】），中岁归吴，择居润州（参见【5-23】）。

环润，皆佳山水。润之好事者，取石巧者置竹木间为假山，予偶观之，为发一笑。或问曰："何笑？"予曰："世所闻'有真斯有假'（见【0-3】【0-7】参见【11-9】），胡不假真山形，而假迎勾芒者之拳磊乎？或曰："君能之乎？"遂偶为成"壁"。睹观者俱称："俨然佳山也！"遂播闻于远近。

适晋陵方伯吴又于公闻而招之。公得基于城东，乃元朝温相故园，仅十五亩。公示予曰："斯十亩为宅，馀五亩可效司马温公'独乐'制。"予观其基形最高，而穷其源最深，乔木参天，虬枝拂地。予曰："此制不第宜掇石而高，且宜搜土而下，令乔木参差山腰，蟠根嵌石，宛若画意；依水而上，构亭台错落池面（参见【3-18】），篆壑飞廊，想出意外。"落成，公喜曰："从进而出，计步仅四百，自得谓江南之胜，惟吾独收矣。"

别有小筑，片山斗室，予胸中所蕴奇（参见【11-12】），亦觉发抒略尽（参见【5-3】【3-35】），益复自喜。

时汪士衡中翰延予銮江西筑，似为合志，与又于公所构，并驰南北江焉。

暇草式所制，名《园牧》尔。姑孰曹元甫先生游于兹，主人偕予盘桓信宿。先生称赞不已，以为荆、关之绘也，何能成于笔底？予遂出其式视先生。先生曰："斯千古未闻见者，何以云《牧》？斯乃君之开辟，改之曰《冶》可矣。"

时崇祯辛未之秋杪，否道人暇于扈冶堂中题。

【0-1】 最喜关仝、荆浩笔意［其一］

【0-1】《秋山晚翠图》

（五代后梁·关　仝　绘）

题语节自《自序》："少以绘名，性好搜奇（搜寻奇山异水），最喜关仝、荆浩笔意，每（常）宗（推尊而效法）之。"计成中年以前的画家职业及其喜好荆、关，对他的造园叠山等有着密切的关系。本条先介绍关仝。

关仝，五代后梁著名山水画家，长安（今西安）人。宋刘道醇《五代名画补遗》"山水"门列神品二人，就是荆浩与关仝（一作关同）。关仝画山水曾师从荆浩，刻意力学，寝食都废，有出蓝之誉。他擅写关河之势，笔简气壮，石体坚凝，山峰峻拔，杂木丰茂，时称"关家山水"，与荆浩同为北方山水画派创始人，合称"荆关"。但是，计成却把关仝提于荆浩之前，究其原因，可能是关仝如《宣和画谱》所云，"晚年笔力过浩远甚"，而且其画风可能对计成的叠石掇山更有价值。

此轴《秋山晚翠图》，绢本设色，图中巍峨峭拔的主峰高耸，客山则从旁围拱，均表现出浑厚坚实的质感。主峰左下，涧水飞瀑，层层叠落，曲折而下，极有气势。山间寒木秋树，苍翠茂朗。整个作品，阳刚壮伟，用笔遒健，魄力无比。此图无款，名家们鉴定为关仝真迹。明末王铎跋道："此关仝真笔也。结撰深峭，骨苍力厚……磅礴之气，行于笔墨外，大家体度固如此……己丑十月王铎濡墨琅华馆中。"另钤有乾隆御览之宝等印鉴。台北故宫博物院藏。

【0-2】 最喜关仝、荆浩笔意［其二］

本条再介绍荆浩。荆浩为五代后梁著名山水画家。字浩然，沁水（今属山西）人，生长于唐末，卒于五代初后梁。荆浩业儒，通经史，能诗文，博雅好古，在唐末天下大乱之际，退藏不仕，隐居于太行山之洪谷，自号洪谷子，对计成的隐逸思想和绘画艺术均颇有影响。

荆浩倡导"图真"论，注重对真山水的体察，曾入山写松数十万本，善于"搜妙创真"，以表现北方雄伟的山川风貌，为北方山水画派的开创者，体现了中国山水画的成熟，是中国山水画史上划时代的人物。著有画论《笔法记》，提出画有"六要"（气、韵、思、景、笔、墨），笔有"四势"（筋、肉、骨、气）等说。另有《山水诀》传世，主张"运于胸次，意在笔先。远取其势，近取其质"。荆浩不愧为中国绘画史上一位最杰出的早期理论家和实践家。

此轴《雪景山水图》，绢本设色，以深远兼高远法构图，画重峦叠嶂，山势屈曲奇峭，树木摇落萧瑟，山巅、树头，均染以积雪，全图设色浓重，气质俱盛。山间点缀有行旅等类人物，并有殿宇、瀑布、蹊径、桥梁穿插其间，增加了画面的层次和生气。就笔墨而言，似先用湿笔渲染，后以乾笔皴擦，作解索皴、牛毛皴等，用笔活而不乱，洵是神品。现藏美国堪萨斯市拿尔逊·艾京斯美术馆。

【0-2】《雪景山水图》
（五代后梁·荆　浩　绘）

【0-3】 环润，皆佳山水［其一］

题语选自《自序》，六字简约，片言百意，是对宋欧阳修《醉翁亭记》著名开端"环滁，皆山也"的借鉴和生发。计成"中岁归吴，居于润州"。润州，隋置，即今镇江，是计成中年

以后的落脚点，也是他由绘画改行造园，进而撰写经典《园冶》，成为具有世界影响的园林美学家的转折点。环润：即环绕着镇江。题语系有为而发，因"润之好事者（酷好某事的人）为（叠掇）假山"，无视于"环润"优美的真山水，不借鉴其真意妙理，故计成"为（为之）发一笑"，并现身

【0-3】焦山渡头远望长江（海 牧 摄）

说法，启发指导，和他们一起成功地叠掇了一座大型壁山，体现了计成"有真斯（才）有假"（《自序》），"有真为假，做假成真"（《掇山》）的美学思想，博得了睹观者一致的好评，而这一举措，正是他尔后从事造园叠山的重要契机。

那么，环润的佳山水究竟如何？不妨先从这"润"字说起。《易·说卦》云："润万物者，莫润乎水。"故而从"润州"、"镇江"之名可知，该州的最大优势，是更多地受到长江之水的润泽，而且这里山岭连绵，地势险要，巍然雄踞，威镇于万里长江之滨。

图为焦山渡头。旁有芦荻，遥望远观，但见浩浩汤汤，与天上下，逝者如斯，不舍昼夜；而仰观俯察，则是泆泆涣涣，溶溶漾漾，波光云影，风日佳美，令人胸襟开阔，浮想联翩，想起古代诗人们气势非凡、馀味无穷的名句：或"不尽长江滚滚来"（唐杜甫《登高》）；或"孤帆远影碧空尽，惟见长江天际流"（唐李白《送孟浩然之广陵》）；或"大江东去，浪淘尽千古风流人物"（宋苏轼《念奴娇》）……这种"润万物"的水，为赋诗、作画、撰文、造园等艺术创造，提供了无尽的源泉和滋养。

【0-4】 环润，皆佳山水 ［其二］

镇江著名的三山——金山、焦山、北固山，均堪称文化山，它同时是一座座用文化堆积起来的山：白娘子水漫金山，梁红玉击鼓助战，结草庐焦先归隐，《瘗鹤铭》聚讼纷纭，甘露寺刘备招亲……生动的故事传说，吸引得人们纷至沓来。然而，镇江三山之所以闻名，更由于其山水相依、风物宜人、各具个性的美。著名园林学家陈从周先生《三山五泉话镇江》一文警辟地指出："三山景色之美，各有千秋：焦山以朴茂胜，山包寺；金山以秀丽胜，寺包山；北固山以险峻胜，寺镇山。"（《园林谈丛》第109页）这是对环润三山之美的高度提炼。

本条只说金山。这一被佛寺所包围的山，其建筑群缘山而建，以疏密错综、高下分布为

美，整个金山几乎都被殿宇楼堂所覆盖。清帝乾隆为北京北海所写的《塔山四面记》中说："室之有高下，犹山之有曲折，水之有波澜。故水无波澜不致清，山无曲折不致灵，室无高下不致情，故因山以构室者，其趣恒佳。"这番精彩论述也适用于金山，它也富于因山构室，高下有致的特色。试看，此图既暗示了台陛区的终结，又显现了殿宇区的展开，台上有台，屋侧有屋，望柱林立，翼角翚飞，殿宇连云地层层往上递升。最宜品赏的是高耸的慈寿塔，形制为楼阁式砖木结构，塔身砖砌，塔檐及平座栏杆均木构，七层八面，塔顶为九重相轮，上置宝葫芦为塔刹，玲珑挺秀，直指云天，极大地拓展了殿宇区的空间高度，其整体形相在蓝天下显得更为华严壮丽，秀逸高扬。

在唐代，金山还在江中，被人们誉为"江上芙蓉"。唐人窦庠的《金山行》在列赞其"丹楹碧砌"、"琼楼菌阁"、"曲槛回轩"等等之后，将其喻为尘世蓬莱："三神山上蓬莱宫，徒有丹青人未逢。何如此处灵山宅，清凉不与嚣尘隔……"今天，人们或许也会作如是想。

【0-4】金山禅寺殿宇耸云（蓝　薇　摄）

【0-5】　环润，皆佳山水［其三］

镇江的焦山古朴幽静，林木翁茂，四周碧波环绕，浮于江中，被誉为"江心浮玉"或"江心碧玉"。它因东汉焦先隐居而得名，其特点是山包寺，此寺就是著名的定慧寺，其万佛塔高耸山巅。陈从周先生《三山五泉话镇江》写道："焦山在江中，面对象山，背负大江，漫山修竹，终年常青。朝曛月色，断崖石壁，以及晓风涛声，都曾博得古人赞美。而今吾人登临此山，望滔滔大江东去，巨轮渔艇往来，以及镇江、扬州隐约市

【0-5】焦山：江心浮玉（海　牧　摄）

楼，则又有一番情趣和意境。这里的好处是静中寓动，幽深中见雄伟。而寺中的明代木构建筑与石坊，山间的摩崖石刻……更为此山生色不少。"（《园林谈丛》第109—110页）说到摩崖石刻，还有碑林等，其中颇多名家遗迹，故而人们又称焦山为"书法山"，这是重要的文化景观，其中以西麓崖壁的临江摩崖石刻《瘗鹤铭》最著名，多少年来，驳落而没江，有多种拓本，其书高古萧疏，气体宏逸，书写者亦多争议（见金学智《插图本书概评注》第75—78页）。再说陈从周先生在文中对焦山的信笔抒写，情景交融，对画家、造园家以及风景园林爱好者均颇有启发。

【0-6】 环润，皆佳山水 [其四]

【0-6】满眼风光北固楼（海　牧　摄）

再说北固山，也是名闻遐迩的文化山。"何处望神州？满眼风光北固楼。千古兴亡多少事，悠悠，不尽长江滚滚流……"这是南宋词人辛弃疾《南乡子·登京口北固亭有怀》中的名句。词人登临北固山而触景感怀，高唱入云。北固山之胜，有"天下第一江山"石刻、甘露寺、多景楼、北固楼、铁塔、祭江亭等。陈从周先生《三山五泉话镇江》一文描写道："北固山以险峻胜，寺镇山……山有多景楼，多景二字已道出了景色之胜。这座山位于金、焦二山之中，突出江口，形势险要。坐楼中可俯视惊涛拍岸，白浪滔天，且有小艇渔舟，在幽篁古木间时隐时现。不登此楼，诚不知此景之妙。山既名北固，点缀景物亦从其雄健处着眼，因此遍植松林。放眼望去，郁郁葱葱……"（《园林谈丛》第109、110页）这些描述，都是可以入画的。

图为北固山牌坊，四柱三门，上有"北固山"三个金色大字，边门内可见远方山顶上雄伟地矗立着北固楼，真是风光满眼，秀色堪餐。

一水三山，是镇江丰美景色的代表。此外，还有名泉和其他山林……人们往往爱把园林别称为"城市山林"，其实，镇江才是真正的城市山林或山林城市，因为其山林就在城市里。《园冶·相地》把地块分为六类，其中山林地和城市地表现为互不相容的截然对立，然而，镇江恰恰将二者合而为一。可见，计成中岁以后开始定居镇江，是很有眼识的，极有利于其赏美，作画，造园、创景。

【0-7】 偶为成"壁"

《自序》写了"环润，皆佳山水"之后，指出"润之好事者""为（叠）假山"却不懂得"有真斯有假"的道理，人们问他能叠否，最后计成"偶（协助［他们］）为（动词，叠）成（完整的）'壁'（峭壁山简称）"（按，四字精练，但研究家们对此似均误读误释）。峭壁山是倚靠墙壁、与地面接近垂直的假山，又称壁山（见本书【11-14】【11-15】），《园冶·掇山》中的《峭壁山》《厅山》一再论及。

壁山可分为贴壁、嵌壁、离壁（小距离的离壁）等数种。壁山的叠掇，有大有小，有难有易。就计成的"偶为成'壁'"来推断，应是有规模的、难度较大的、充满画意的，否则睹观者们绝不会有"俨然佳山"的齐声赞美。

图为扬州片石山房大型峭壁山之主要片断。片石山房曾有清代著名画家、叠山家石涛遗下的叠山片断，而此峭壁山则叠于20世纪末叶。本书之所以选此山，由于它是大江南北较为大型的壁山，而扬州又地近计成"偶为成'壁'"的镇江，计成还曾在扬州为郑元勋建造过影园。

此壁山较为陡峭，整体造型较佳，它与墙或贴或离，离处还植以藤树，增添了山的生气与风致。石涛《画语录·笔墨章》写道："山川万物之具体，有反有正，有偏有侧，有聚有散，有近有远，有内有外，有虚有实，有断有连，有层次，有剥落，有丰致，有飘缈……"此壁山大体上能体现这一系列"有"字，故较可贵。再看此段壁山的主峰特别高耸，超出于围墙，起伏的

【0-7】片石山房大型壁山 （蓝 薇 摄）

客山则从旁衬托。画面之左，山体向内缩进，阴深低洼，与突出的主峰形成鲜明对比，而左下方的石径也如自然形成。计成《自序》说，他学画宗法五代荆浩笔意。荆浩《山水诀》云："远则取其势，近则取其质。"两句确乎是画山要诀妙谛，也是叠山、赏山不二法门，用来衡量此壁山：远观，其山崔嵬巅险，气势不凡；近观，则不免有些琐碎，缺少大块相参，纹理也不完全一致，不像苏州环秀山庄湖石大假山那样能经得起人们细品近赏，但从总体上说，此壁山还是成功的，不但节省了空间，而且还让人隔开一个较大的水体来远观，这也合于《掇山·楼山》"不若远之，更有深意"的论述。

【0-8】 效司马温公"独乐"制

《自序》："适（适逢）晋陵（今江苏常州）方伯（职官名，敬称）吴又于公（公，敬称）闻（即闻余之名）而招（作手势请人来）之（代词，此为自称）……仅十五亩。公示（告知）予（代词，第一人称）曰：'斯十亩为宅，馀五亩可效司马温公"独乐"制（规制）。'"这是吴又于请计成造园时所言，意谓这十五亩的分配，十亩作为住宅，馀下的五亩可仿效司马温公独乐园的规制来建造。

司马温公：即司马光（1019—1086），北宋大臣，史学家。字君实，陕州夏县（今属山西）人，有杰出的史学巨著《资治通鉴》。退居洛阳时曾筑独乐园，并撰《独乐园记》。卒后追封温国公。司马光是计成最推崇的历史人物之一，除《自序》外，《相地·傍宅地》又说："五亩何拘，且效温公之'独乐'。"《屋宇》还赞道："一鉴（指《资治通鉴》）能为，千秋不朽（两句意谓，能为一鉴，即永垂史册），堂（指独乐园的读书堂）占太史（太史指司马光，因其修撰了著名的史书）"。此图选自《中国历代名人画像谱》，中国历史博物馆保管部编。

【0-8】司马光像（清殿藏本）

还需指出，吴又于的一番话疑有误，因不符史实。司马光《独乐园记》写到，熙宁"六年，买田二十亩于尊贤坊北关，以为园"，可见总数并非十五亩。倒是唐代大诗人白居易履道里的家园与此相似，其《池上篇》云："十亩之宅，五亩之园"。

世之兴造，专主鸠匠，独不闻"三分匠、七分主人"之谚乎？非主人也，**能主之人也**（参见【2-16】），**古公输巧**（参见【5-3】），**陆雲精艺**，其人岂执斧斤者哉？若匠惟雕镂是巧，排架是精，一梁一柱，定不可移，俗以"无窍之人"呼之，甚确也。

故凡造作，必先相地立基（参见【3-7】），然后定其间进，量其广狭，**随曲合方**，是在**主者**（见【1-2】）能妙于得体合宜，未可拘率（见【1-2】）。假如基地偏缺，**邻嵌**（参见【2-17】）何必欲求其齐，其屋架何必拘三、五间，为进多少？**半间一广，自然雅称**（见【1-2】），斯所谓"主人之七分"也。

第园筑之主，犹须什九，而用匠什一，何也？**园林巧于因借**（见【1-7】参见【5-3】【13-43】），**精在体宜**，愈非匠作可为，亦非主人所能自主者，须求得人，**当要节用**（参见【9-2】【10-5】）。

因者，**随基势之高下**（参见【3-8】），体形之端正，**碍木删桠，泉流石注，互相借资。宜亭斯亭，宜榭斯榭**（参见【3-5】【3-6】），不妨偏径，顿置婉转，斯谓**"精而合宜"**（参见【5-11】）者也。借者，园虽别内外，得景则无拘远近，晴峦耸秀，绀宇凌空；**极目所至**（参见【2-3】），**俗则屏之，嘉则收之**（参见【2-16】【13-45】），**不分町疃，尽为烟景**（参见【4-13】），斯所谓**"巧而得体"**（参见【5-3】）者也。

体宜因借（参见【3-6】），匪得其人，兼之惜费，则前工并弃，即有后起之输、雲，何传于世？予亦恐浸失其源，聊绘式于后，为好事者公焉。

一
兴
造
论

【1-1】 古公输巧

题语选自《兴造论》。公输：复姓，《园冶》中指公输般，春秋时鲁国人，因"般""盘""班"音同或音近，故世称鲁班。春秋末期著名的能工巧匠，在建筑、木工、器械等方面均有出色的发明创造，事迹散见于《墨子·公输》《礼记·檀弓》《战国策·宋策》等。又称公输盘、班输、鲁般。题语典出《孟子·离娄上》："离娄之明，公输子之巧，不以规矩，不能成方圆。"赵歧注："公输子，鲁班，鲁之巧人也。"被历代木工乃至匠家尊为祖师、"百工圣祖"，在民间还形成了鲁班文化。

【1-1】《先师鲁班像》(民间木刻版画／年画)

计成对鲁班极为推崇，将其与西晋著名文学家陆云一起尊为"能主之人"的杰出代表，书中一再提及，如《兴造论》："即（即使）有后起之输、雲，何传于世？"《屋宇》："且操般门之斤斧。"计成自己身为大师，但对古代大师依然非常崇敬，表现出敬贤、崇能、自谦的可贵品格。

图为明代中、后期诞生的民间年画《先师鲁班像》。当时，家具、园林、建筑等均臻于一代高峰，且东南一带"机户出资，机工出力"（《明万历实录》）的资本主义生产关系萌芽，出现对人工智巧的强烈追求和虔敬崇拜，于是巧匠鲁班走向神化，《先师鲁班像》也应运而生。此图中，顶端横条作为"额枋"，题以"先师鲁班"

四字，两侧有二龙图案。其下为帷幕，缀以"盘长"吉祥纹样，向两边拉起，这是供奉仙佛之神龛的象征。龛内，鲁班居中，头后还有一个只有神仙才有的光环，他身材高大魁梧，指作兰花状，五绺长髯，一脸福相。头戴折上巾，宽袍大袖，遍体大团花，龙纹滚边，隐隐然带有明代皇帝的服饰特征。左右各有两个匠师，手执斤斧、锤子等工具，既有鲜明的职业特点，又将其神化为护卫先师的武将，窄袖素服，与鲁班有着明显的等级区别，其后均有祥云缭绕，意为身处仙境，让人感到庄严肃穆，神秘而可亲，然而图下部又是现实的方砖铺地，可见匠师们无不脚踏实地，方砖铺地还符合于西方的透视规律，这是历史进入近代所留下的印记。总之，这一艺术杂拌的综合体，是特定时代受理想化之光折射的现实写照。

此民间版画散发着浓厚的乡土气息和蕴蓄着神化了的工匠精神，它经磨历劫，年消月铄幸存下来，显得陈旧而又残破，其珍稀价值正在于此，现藏台北美术馆。

【1-2】单坡顶：旧时月色轩（鲁　深　摄）

【1-2】 半间一广，自然雅称

题语节自《兴造论》，其中"广"字古代亦罕用，它并非"廣"的简化，不读 guǎng，而读 yǎn。先看《屋宇·广》："古云，因岩为屋曰'广'。盖借岩成势，不成完屋者为'广'。"一般房屋总是双坡顶，但"广"这种建筑，一面借山岩为墙，其上省一坡顶，故曰不成完整的屋形。这种构制，今更少见，但现实中也不乏类似的构筑。

图为苏州怡园碧梧栖凤馆前西南角隅的旧时月色轩，是"广"的一种形式，依墙而建，为简易的单坡顶，其显著特点是节省空间。它面阔两间，进深亦为两间（即两架），平面窄小。从室内可见，其狭窄的南面，设雅致的八方形木质花窗；靠西墙，置几、椅一排，可供小坐、谈心；其北面，为门（摄影难以拍摄）；其东面，下部为半墙（槛墙），上部设系列短槅（半窗），这就是《装折》所谓"半墙户槅，是室皆然（凡是室，都这样）"，既解决了室内采光问题，而推窗东望，又有碧梧、风竹、湖石……令人心怡。至于"旧时月色"的品题，因园主人素喜宋词，很多景构都集宋词为楹联，此品题撷宋代词人姜夔《暗香》首句："旧时月色，算几番照我，梅边吹笛……"

"广"除了作名词外，还可用作量词，《兴造论》说，"主者（能主之人）"只要不"拘率（拘泥或草率）"，而能因地制宜，那么，假如是基地偏缺狭小如"半间一广"的，也会"自然雅称（自然很适称）"。此句中的"广"，就用作量词了。半间：指面阔；一广：指进深，在量上均极言其小。

【1-3】 巧于因借

在中国古代园林史上，计成最早总结了以往丰富的历史经验，提出了"巧于因借"的美学观，"因"，即因凭依顺，因时随物，充分利用和尊重原有条件；"借"，即借来，取用，向外界取资。这不但对园林设计、营造、欣赏有着深远的启导意义，而且在游园寻美的摄影家面前，也展开了令人深情向往的时空。

【1-3】一墙黄金窗影斜（陈健行 摄）

　　图为苏州耦园墙上的"如意变纹"漏窗。这种如意纹样，在园林厅堂长槅的裙板上可发现其原型，而匠师们将其移植为漏窗，则是一种工艺美的创新。此漏窗四周为四个"囹"形如意图案，但又改变"如意头"的圆转为方折，它方中有圆，断中有连，以粗线条屈曲回环，体现了窗棂图案构成的符合律、连续律、虚中律，凸显着回环、厚重、满密、和谐、富贵、吉祥的风格意蕴。

　　然而此窗的迷人，还在墙上树影参差、藤萝攀爬之景，特别是夕晖斜照、光色辉映之美。这种"应时而借"（《借景》），既需要季节性的长期等待，又需要斜照角度的短期等待。摄影家常来这里拍摄，但光影的微妙表现总不够理想，只能扫兴而回。如是日复一日，时复一时……这次终于条件更趋齐备，眼看着时间在一分一秒地过去，墙上的金色光斑在一点点拉长，迷人魅力在一点点增添，待到暖色影调布满粉墙，在咔嚓声的伴奏下，《一墙黄金窗影斜》这帧摄影杰作诞生了！

　　试看墙上，弯弯的藤萝攀至窗角、窗边，稍稍打破了方框的规整；逆光斜拍，又使框形改变了端正的板律；夕晖透过稀疏的枝叶，投影于墙，于是，白色的粉墙上呈现出朱红、淡赭、浅橙、鹅黄……斑斑点点，深深淡淡，错综交织，难以名状，而离光源更远、拉得更长的树影，也消溶在暖红的统调中，夹杂而为绛紫色的影斑。再细加品赏，墙上除漏窗的阴影外，一切都在闪闪发光，跳跃着金色的音符、演绎着金色的韵律，而其他的彩色统统都是协奏。

　　摄影家在《镜头里的园林之趣》一文里曾意味深长地说："古人云'一寸光阴一寸金'，对于摄影爱好者来说，'一寸光阴一寸金'的比喻才更恰如其分。"笔者的理解是，应珍惜、抓住和充分利用分分秒秒的黄金时刻，联系《一墙黄金窗影斜》这帧精品来思索，又可推衍出一句悟语："一寸光阴一墙金"。这种一墙黄金之美，就诞生于这不迟不早的一寸光阴之中，这是"巧于因借"的极致。

【1-4】 精在体宜

题语选自《兴造论》："园林巧于因借，精在体宜。"两句是园林兴造的总纲、园林美学的精髓，而"精"与"巧"，是此纲领的最高审美要求，本条只释"精在体宜"。所谓"体宜"，就是得体；合宜；适称；恰到好处。精在体宜，这不同于借景的外求，而主要是对园林内部的种种要求：从宏观的布局到微观的布置；从平面到立面，室内到室外，还包括建筑的尺度、景物的关系……

试以苏州网师园彩霞池东部景观为典型例证。人们若站在池西，首先映入眼帘的是大片粉墙，其高低错落的天际线，由三个极富曲线美的"观音兜"组成。这三个观音兜似乎差不多，实际上其曲线的殊异很明显，或平缓，或高耸，或陡峭，且妙在"远近高低各不同"，符合于形式美的多样统一律，这体现为设计之"精"。在粉墙前，体量最大的建筑，就是小小的歇山方亭，它那卷棚顶和两侧的戗尖，才刚超过观音兜下的直檐，这是对"度"的把握，也表现出精确的审

【1-4】彩霞池东部景观（郑可俊 摄）

美感。笔者的《艺术随想录·审度篇》一文写道："'度'，是保持事物特定的质的数量界限……在艺术创造的空间或时间里，必须随时随地防止过'度'……审美，必须审其'度'。"（《文艺研究》1981年第4期）此亭亦然，在体量上，它审慎地保持着特定的界限；假若这一建筑的体量失控，就会如《韩非子·解老》所云，"智慧衰则失度量"，那么，眼前这幅完美图画即遭破坏。再看歇山方亭的屋顶，这是又一种曲线美，如鸟奋双翅，凤展彩翼，翩然停留空际，其似飞的卷棚歇山黑顶，在白墙的反衬下分外凸显，这也经过精心考虑。说到网师园池边建筑体量的有效控制，刘敦桢先生指出：其"池周的亭阁，有小、低、透的特点……以水为主，主题突出，布局紧凑，沿池布置简洁自然，空间尺度斟酌恰当。"（《苏州古典园林》第65页）此乃精准之评，例如，方亭西、南两面无墙，仅几根柱，确乎低小空透。其北，为短短的单面射鸭廊，更为低矮，而精致的吊字栏杆，犹如美丽的饰带，将亭、廊紧凑地联成一体。再往北，就是著名的空灵剔透的竹外一枝轩，在图中，只略见其侧影。方亭之南，是一座爬满藤萝的黄石小假山，它也保持着"特定的质的数量界限"，决不过"度"。再往南，是一株小树和一丛缘墙木香，都体现着受控的数量。总揽这一墙景物，可谓匠心独运而精在体宜。

【1-5】泉石磷磷声似琴（江红叶 摄）

池畔，石矶参差高下，这是向池水的过渡。池里，睡莲片片，倒影摇曳，水光变幻，芥纳须弥，隐现着"网师渔隐"的水情逸韵。空中，有作为近景的白皮松点缀着，疏密也相间得宜。

还应指出，通幅构图的成功，也离不开摄影家审美的尺度感。

【1-5】 泉流石注

题语选自《兴造论》："泉流石注，互相借资。"

就内涵上说，这是吸纳了唐王维笔下的诗意象："空山新雨后，天气晚来秋。明月松间照，清泉石上流。"（《山居秋暝》）试想，在傍晚时分，经一阵秋雨，空气清新凉爽，明月将皎洁的素辉洒进松林，山泉在石上漫流，银光闪闪若鱼鳞，泉声淙淙如乐奏，空谷回响，悦目动听，动中有静，境界分外幽寂。

在形式上，题语四字的读法。有类于古代的回文诗词。试看宋苏轼的《菩萨蛮》回文词："峤南江浅红梅小，小梅红浅江南峤。窥我向疏篱，篱疏向我窥……"两句两句，均自成一个回文单元，它们既可顺读，又可倒读，均颇有文学意境和修辞情趣。

计成的古典文学功底甚深，此四字回文除了可顺读倒读外，还可任意调前调后读，如泉流石注；注石流泉；石注泉流；流泉石注；泉石流注……其意虽殊异不大，但辞趣却不尽相同，特别是"石"字置于前后动词之间，还强调了石的能动作用（详见《探析》第412-415页）。

图为日本奈良春日大社的泉石景观，泉边水中，石虽不多不大，泉也不深，但水势较湍急，且曲折有致，视觉上合于"长泉莫直"，"曲泉少掩"，"小泉不妨石碍"（清汤贻汾《画筌析览·论水》）的画理。此景最大特点是草树丰茂，野趣盎然，自然生动而不见人工痕迹，其"水中之石……露半浸半……与水纹起伏相逼贴"（清郑绩《梦幻居画学简明·论泉》）。人们若屏息静视谛听，会感到轻微的潺潺声如同琴瑟，于是，唐白居易的诗咏在耳边响起："泉石磷磷声似琴，闲眠静听洗尘心。莫轻两片青苔石，一夜潺湲直千金。"（《南侍御以石相赠，助成水声，因以绝句谢之》）这是听觉审美感的丰收。

【1-6】 晴峦耸秀，绀宇凌空

题语节自《兴造论》："借者，园虽别内外，得（有）景则无拘远近，晴峦耸秀，绀宇凌空"。绀［gàn］：微呈红色的深青色。《说文》段注："绀，《释名》曰：'绀，含也。青而含赤色也。'"

【1-6】昆明湖上，重重远借（张振光 摄）

绀宇，指代佛寺，元陈基《严氏游灵岩诗序》就有"珠宫绀宇"之语，一般主要用以指塔，因为只有塔，才称得上"凌空"。"耸"、"凌"二字，极言峦、塔之高。题语两句，对仗工整，使笔如画，气势不凡，将人们的审美视线引向远方高处……

图为北京颐和园的经典性远借，即昆明湖上一重重的著名远借，此帧摄影可分几个层次来品赏其意韵之美：

近景，是万寿山前的昆明湖，青蓝色的湖水波光鳞鳞，微飔徐来，縠纹烫皱。湖面辽阔地平展着，犹如勃姆长笛吹奏出一支平静而优雅的旋律。湖面上，但见一、二游艇，缓缓荡漾，可说优哉游哉，似进入了甜蜜的梦乡。这是第一层次。

中景，是西堤，堤旁一带密布的高柳倒垂，形成了高低起伏的绿带。绿带前，长堤上，镶嵌着一座西堤六桥之冠的玉带桥，就其侧立面看，它通体洁白纯净，桥面高高隆起，呈陡曲形，桥顶部分特别细窄，由顶部向两端逐渐放宽，构成雅致的曲线美。著名桥梁专家茅以升先生在《桥》一文中赞道："在艺术上体现出既现实又浪漫的美妙风姿……它的石拱作尖蛋形，特别高耸，桥面形成'双向反曲线'与之配合，全桥小巧玲珑，柔和中寓有刚健，大为湖山增色。"（《旅游》1984年第5期）这是第二层次。

这第三层次，是稍远而苍翠的玉泉山，它也逶迤南北，呈横向展开，山的主峰与其旁的次峰体现出清人笪重光《画筌》所示"众山拱伏，主山始尊"的章法。主峰上，矗立着八角七层多彩的琉璃砖塔——玉峰塔，用清帝乾隆的题诗来说，是"窣堵最高处，岩岩霄汉间"。这就是著名的玉泉山静明园十六景之一的"玉泉塔影"。玉泉山及其上的玉峰塔，正是"晴峦耸秀，绀宇凌空"的典型例证。还应指出，这一层次早已在颐和园之外，只是由于不设宫墙，让内景与外景融为一片，出色地体现了"园虽别内外，得景则无拘远近"的理论，而湖上借景，则是由于高低起伏的绿带的掩映，使得玉泉山好像就在园内，这是让人看不出技巧的最高明的技巧。

最后一个层次，占有画面极大的空间，是寥廓西山的横向呈现，其色若青而又若紫，是二者无间的浑融，也见出了极远距离中空气所显示的诱人色彩。它连绵不断，起伏有致，颇有"千里横黛色"（唐王维《崔濮阳兄季重前山兴》）的雄浑磅礴气势。

宏观地看，摄影家着力表现所资借的，正是这岹嵽山色与泱漭湖面的上下相映，从而让近水远山显现出一派"无尽意"的青紫……

【1-7】 俗则屏之，嘉则收之

题语选自《兴造论》："极目所至，俗（凡俗、尘俗的景物）则屏（屏[bǐng]：摒除；摒去）之，嘉（美、善。指美好景物）则收之。"这是提出了园林借景的重要原则——收美摒俗，就是说，极目望去，若有美景，不论多远，只要有可能，就应将其借来；而凡俗之景，则应设法将其遮蔽，使之避开。

图为无锡著名的秦氏寄畅园，位于西郊惠山之麓。始建于明代，名"凤谷行窝"，至秦燿被黜后重行修葺，构景二十，并取意于王羲之《兰亭诗》中的"三春启群品，寄畅在所因"，

【1-7】闭门谢俗子，悠然对青山（张振光 摄）

名"寄畅园"。它属于《相地》地块分类中的山林地，也属于《相地·城市地》所说"别难成墅"的别墅类型。

寄畅园布局极有特色，理水以聚为主，即以水池"锦汇漪"为中心来构景，图中"突池沼而参差"（《相地·山林地》）的水榭为"知鱼槛"，用《庄子·秋水》"知鱼之乐"之典。当年秦耀有《知鱼槛》诗云："槛外秋水足，策策复堂堂。焉知我非鱼，此乐思蒙庄。"而今，此榭依然是观鱼的好去处，这一临水构筑，在江南园林中也颇为典型，体现为"亭台突池沼而参差"（《相地·山林地》），其旁的攒尖顶为"郁盘"亭廊，亦临水而建。清帝乾隆很欣赏这种围池面水而构景的布局，在北京颐和园内仿此而建为"谐趣园"。

寄畅园的借景，更是一大特色，秦耀《感兴》诗云："闭门谢俗子，悠然对青山。"两句与《园冶·兴造论》"俗则屏之，嘉则收之"的原则合若符契，可看作是这一原则的具体注脚。其悠然所对的青山，就是离此不近也不远的锡山，山上有寺，寺里有塔，这用《园冶》的话说，是"萧寺可以卜邻，梵音到耳；远峰偏宜借景，秀色堪餐"（《园说》），既可借形、借色，又可借声，还可借意、借境，这些都是可借的嘉者，是其他园林所梦寐求之而不得的，故极为理想。若在晴日，一眼望去，园内园外山下山上似连成一片，而锡山之巅八角七层、巍然高耸的龙光寺塔，亦似就在园里，可品为"园林巧于因借"（《兴造论》）的典范。

　　笔者还曾写道："该园又在面向山、塔方向的粉墙上开一长八方式洞门，砌以'塔影'二字门额，人们视线通过八角形取景框，就可见门外呈现出一幅清丽的画：坡路、绿树、华榭构成画面的近景，其后杂树丛密，是为中景，而最美的远景，则是'山色有无中'（按：在能见度低时）的锡山，尤其是山上隐约挺立的龙光塔，特富神韵和魅力。此门的功能，应该说既是标景、框景，又是借景"（《苏园品韵录》第11页）。于是，这小小的洞门，也体现着"嘉则收之"的园林美学原则。

凡结林园，无分村郭。地偏为胜（参见【4-5】），开林择剪蓬蒿；景到随机，在涧共修兰芷。径缘三益（参见【4-5】），业拟千秋。

围墙隐约于萝间，架屋蜿蜒于木末。山楼凭远，纵目皆然；竹坞寻幽，醉心即是。轩楹高爽，窗户虚邻；纳干顷之汪洋，收四时之烂熳。梧阴匝地，槐荫当庭；插柳沿堤，栽梅绕屋（参见【13-28】）。结茅竹里（参见【3-25】），浚一派之长源；障锦山屏，列千寻之耸翠。虽由人作，宛自天开。

刹宇隐环窗，仿佛片图小李；岩峦堆劈石，参差半壁大痴。萧寺可以卜邻，梵音到耳；远峰偏宜借景，秀色堪餐（参见【1-7】【13-23】）。

紫气青霞，鹤声送来枕上；白蘋红蓼，鸥盟同结矶边。看山上个篮舆（参见【4-5】），问水拖条枥杖。斜飞堞雉，横跨长虹；不羡摩诘辋川，何数季伦金谷？

一湾仅于消夏，百亩岂为藏春？养鹿堪游（参见【3-22】），种鱼可捕。凉亭浮白，冰调竹树风生；暖阁偎红，雪煮炉铛涛沸。渴吻消尽，烦顿开除。

夜雨芭蕉，似杂鲛人之泣泪（参见【3-36】）；晓风杨柳，若翻蛮女之纤腰。移竹当窗，分梨为院；溶溶月色（参见【3-44】），瑟瑟风声；静扰一榻琴书，动涵半轮秋水。清气觉来几席，凡尘顿远襟怀（参见【2-17】）。

窗牖无拘，随宜合用；栏杆信画，因境而成。制式新番，裁除旧套（参见【8-2】【8-3】）。

大观不足，小筑允宜（参见【3-51】）。

【2-1】沈园东苑，萝掩门墙（俞　东　摄）

【2-1】 围墙隐约于萝间

题语选自《园说》。计成的造园学体系中，生态学思想占有极其重要的地位，如"花木情缘易逗"（《掇山》），"环堵翠延萝薜"（《借景》）……而作为《园冶》总论的《园说》开篇更云："围墙隐约于萝间，架屋蜿蜒于木末。"围墙与架屋，已把园林建筑的营造统统包容于其中，而且两句的视角独特，引导人们观赏一般不被注意的墙上、屋顶、树梢、高处，为人们的园林审美别辟一境界，这实际上是要求园林必须有生命的绿色环绕覆蔽，具有宜人的生态环境。【∞→】

图为绍兴沈园的东苑门墙。据宋人周密《齐东野语》载，大诗人陆游和爱妻唐琬因婚姻不自由而被迫离索，十馀年后，二人又邂逅于绍兴沈园，陆游怀着满腔悲怨写了著名的《钗头凤》词："一怀愁绪，几年离索。错，错，错！""山盟虽在，锦书难托。莫，莫，莫！"不久，唐琬忧郁而逝，陆游也遗恨终生。沈园因这一爱情悲剧而名垂园林青史，今日沈园为按宋代风格所恢复扩建。图为东苑入口，此门质朴简洁，毫无华饰，藤萝缠绕，更增苍然古意，小有曲折的围墙均隐约于萝间，几乎不见墙体，门墙内外则杂树林立，一派沁人心脾的油油之绿，装点着、生发着其情浓浓的历史名园。

【2-2】 架屋蜿蜒于木末

题语选自《园说》。"架屋蜿蜒于木末"，这也是很少有人关注的园林景观，然而，计成却别具只眼，投以青睐，给以突出的强调，如前条所论，这是计成生态造园学思想的生动体现。

图为苏州拙政园西部倒影楼东窗所见。为了寻觅和品赏"架屋蜿蜒于木末"这一景观，摄影家登上了雅致的倒影楼，推开东窗俯视，映入眼帘的首先是拙政园西部波形水廊所架起的弯弯屋顶；其后，即是分隔拙政园中、西两部、具有曲折走向的园墙屋顶；再往远看，在错杂的木末丛中，还隐隐约约可见通往见山楼、逐步上升的爬山廊屋顶……此外，就是层层叠叠的浓荫树梢，还有藤的飘空，萝的攀爬，阳光的斑驳。这是一幅绿荫与屋顶互为亏蔽，二者相与蜿蜒的画面，它以浓、满、密、实为特色，但是，整个画面又妙在密中有疏，实中有虚。试看右下方，阳光射进廊间，气息流通，一片白亮……这是一幅特殊的、充满生态意味的画面，设若没有计成的启导，摄影家决不会把镜头破天荒地移向这类屋顶树梢，这应该说也是一种可贵的绿色指向。

【2-2】倒影楼上，东窗俯视（日·田中昭三 摄）

【2-3】 山楼凭远，纵目皆然［其一］

题语选自《园说》。凭远：凭高以望远。然：合宜，适宜。《淮南子·原道训》高诱注："然，犹宜也。"两句意谓，在山楼凭高眺远，纵目望去，一切都很合宜。计成主张造园应建楼，建山楼更好，能让人凭栏眺远，并要求尽量做到"纵目皆然"，这是很高的审美要求。

【2-3】集萃高筑看山楼（朱剑刚 摄）

苏州除虎丘、天平山等景区外，市区园林可供"凭远""纵目"的，那只有沧浪亭的看山楼了。沧浪亭虽始建于北宋，但此楼却为清同治年间所造。其本身可说就是一座山楼，它坐北朝南，建于印心石屋之上。

印心石屋的平面呈长方形，立面除一门二窗外，四面均用黄石堆叠成有凹有凸、亦岩亦壁的形态。石屋北部，延伸为山的馀脉，还叠有上楼的磴道。《相地》云："聚石垒围墙，居山可拟。"既然叠石的围墙尚可拟之为山，那么，印心石屋及其附近的叠石，当然更可视之为山了。

石屋之上，前半为三面开敞下有半墙的卷棚歇山方亭，后半则又建为卷棚歇山顶二层楼阁，石屋旁的磴道可登二楼，楼内有木梯可登三楼。总观石屋上的亭楼组合，前虚后实，前低后高，形态颇似"舫"。但省却了中舱及作为艫首的台，它还不在水中或水边，相反在"山"上，故只能称之为简约型的旱舫。总之，看山楼是一个集亭、楼、舫、室（石屋）、山五者为一体的别出心裁的集萃型构筑。

再说看山楼的功能。光绪初年，阙名《游沧浪亭记》写道："出石屋，仰见石屋上建高阁两层，有额曰'看山楼'……上之，则十万家烟火，八百里湖山，共收此处矣。"这是带有夸饰性的文学语言，但当时登上三层之高的楼，确乎可说是"山楼凭远"，"极目所至"（《兴造论》）了。而今，其"凭远"功能虽已消失，但那审美功能依然凸显，除了富于创造性的集萃建筑造型外，其屋顶层通过筑脊发戗，造成了流畅起伏的弧曲线和向上反翘的翼角群，表现出参差错落、秀逸高扬的艺术之美。

此片摄于寒冬雪消、树木凋零之际，其意是为了避免平时繁盛的树冠遮掩、干扰看山楼特殊的造型美和柔婉的曲线美，同时，摄影家还选最佳的方位，取仰拍的视角，于是，众多的翼角在空中如群凤联翩起舞，予人以飞扬、升腾的美感。

【2-4】 山楼凭远，纵目皆然［其二］

楼的特点是可以登高望远。汉末王粲著名的《登楼赋》写道："登兹楼以四望兮，聊暇日以销忧……凭轩槛以遥望兮，向北风而开襟。平原远而极目兮，蔽荆山之高岑……"

现存国内的风

【2-4】巍然凭远大观楼（江红叶 摄）

景园林，最能体现登楼以遥望远眺的，是云南昆明西南著名的大观楼。该楼始建于清康熙年间，它面临滇池，可远望西山，尽揽周围湖光山色。图为同治间重建、光绪间重修的大观楼，高三层，四角攒尖，上有宝顶，黄色琉璃瓦，红柱，底层明间的长槅与上两层的短槅均为红色，显得热烈壮观。此楼还逐层明显地往内收缩，具有"藏房藏阁"（《装折》）的特点，表现出一种气度和稳定的美感，其第二、第三层的明间特宽，是为了让人们登临眺远观遥，而底层两侧的次间则为白墙，辟有月牖，明间上悬"大观楼"匾，步柱上有紫底金字一百八十字惊世骇俗的长联，大观楼就因为这"古今第一长联"而名闻遐迩，引得古往今来的人们摩肩接踵地至此登临揽胜。

不妨摘引长联出句开端以供分享。作者气势磅礴地写道："五百里滇池，奔来眼底。披襟岸帻，喜茫茫空阔无边。看东骧神骏，西翥灵仪，北走蜿蜒，南翔缟素。高人韵士，何妨选胜登临……"五百里的滇池奔来眼底。引起了高人韵士的激情豪兴，于是，仰瞻遐瞩，展开了的广袤寥廓的视野，高咏方方胜景，点赞处处奇观（参见《品题美学》第274–277页），真是"山楼凭远，纵目皆然"了。

楼侧，还有长联作者——清代布衣寒士孙髯翁的塑像。大观楼虽非山楼，但借景的审美效果与本条题语合若符契。如今，此楼的借景视野已见缩小，摄影家于西南方位取侧拍近拍以突现大观楼这一巍然主体，而把辽远的借景空间留给受众去想象，以冀于有限中求得无限。

【2-5】 竹坞寻幽，醉心即是

题语选自《园说》。《园冶》作者计成极喜寻幽，一书之中，三致意焉：一则曰，"竹坞寻幽，醉心即是"（《园说》）；二则曰，"能为闹处寻幽"（《相地·城市地》）；三则曰，"寻幽移竹"（《立基》）。本条图释第一句。竹坞：竹林茂盛的山坞。宋陈亮《品令·咏雪梅》有"水村竹坞"之句。题语两句意谓：到竹坞寻觅清幽静美的意境，令人陶醉得就是如此（即是，有强调之意），其所写完全是实情。宋人叶梦得《避暑录话》写道："山林园圃，但多种竹，不问其他景物，望之使人意潇然。"因此也可以说，在竹文化历史悠久的中国，凡是园林，没有不多种竹的。

再看《芥子园画传·增广名家画谱》中的《竹趣图》，摹的是"六如居士"即明代画家唐寅的笔意，款署"秋农吴毂

【2-5】《竹趣图》（清·吴毂祥 绘）

祥"。图中，幽静的山坞千竿挺秀，萧然有拂云之气，风过处则玲琮悦耳，宛同乐奏，此图既有画意，又有乐韵。宋代著名画家李成《山水诀》云："野桥寂寂，遥通竹坞人家。"吴穀祥的笔下亦复如是，竹林中野桥寂寂，涧流淙淙，令人倍闻声喧，而桥上的韵士，宽衣大袖，意态潇然，诚可谓"醉心即是"。

【2-6】 轩楹高爽，窗户虚邻

题语选自《园说》。轩：作屋檐解。南朝梁沈约有《应王中丞思远咏月》，《文选》张铣注："轩，屋檐也。"楹：厅堂前部的柱子，故世称楹柱上的对联为"楹联"。轩楹高爽，意谓亭台、楼阁、堂轩等屋宇的前部乃至四周应该高爽。虚邻：即邻虚，就是邻接着虚空。两句均体现了计成的"虚灵"美学观（详见《探析》第404-407页），这一美学观值得作进一步的探索【∞→】。

图为苏州虎丘山巅的万家烟火轩，轩名出自清陆肇域《虎阜志》："［小吴轩］飞驾出岩外，势极险耸，平林远水，连冈断坞，烟火万家，尽在槛外。"万家烟火轩在小吴轩北，清人郭孙顺《登小吴轩》诗亦云："万家烟火当窗见，百里山岚倚槛收。"均极言其地势之高险，槛外视野之寥廓。《园冶·屋宇·轩》曾指出："［轩］宜置高敞，以助胜则称。"万家烟火轩及其南的小吴轩无不如此，均可作为《园冶》所论的典型例证。

万家烟火轩其实是面阔三间、较为进深、地处高爽、坐西朝东的廊，其东为一排"吴王靠"，楹柱间均特大开敞，取消了全部墙壁；其南是空透的砖细门宕；而西、北两面的粉墙上，分别是横四方、横八方的较大空窗以及洞门，故其门窗栏槛均显得极为空灵，或者说，均邻接着广阔的虚空，于是，每当红日投其光华于虎丘山巅，此廊轩檐下的卐川挂落也一起影落地上，予人美感，人们可自由地沐浴于阳光之下，全身心地享受光影之美，纵览槛外的平林远水，烟火万家。

【2-6】倚槛山巅：万家烟火轩（梅　云　摄）

【2-7】 纳千顷之汪洋

　　题语选自《园说》："纳千顷之汪洋，收四时之烂熳。"纳：收。顷：百亩为顷。两句以"千顷"对"四时"，囊括了极大的时空，显得气魄非凡。又以"汪洋"配"烂熳"，这两个水旁、火旁的叠韵联绵字，读来琅琅上口，音节响亮，既有悦耳的音律美，又有生动的描绘性，令人如睹渺弥不尽的水域和四季盛开的鲜花。这种和谐对称、整齐均匀的骈偶句，可谓"丽句与深彩并流，偶意共逸韵俱发"（《文心雕龙·丽辞》），在内蕴上。还体现了以小纳大、以少收多的美学思想。本条先释"纳千顷之汪洋"。

　　笔者曾参与上海松江泗泾颐景园小区的景观设计。《相地》云："卜筑贵从水面，立基先究源头，疏源之去由，察水之来历。"笔者据此查阅了有关方志。乾隆版《娄县志·疆域志》："泗泾以塘水名，亦曰'会波村'。"可见这里是四方塘水的汇聚地。嘉庆版《松江府志·山川志》：泗泾"纳通波泾、外波泾、桐泾、张泾四水，故名"。这交代了"泗"字的由来。光绪版《松江府续志·山川志》：又有"祥泽塘而东，为泗泾"之语，笔者为突出该园内外环境的水优势，特借其水名，品为"祥泽春漪"一景。

　　图中之轩名留云轩，取意于明陈继儒《梅花墅记》："沿洄而巡之，上'留云''借月'之章"。记文说偕友泛舟，吟咏"留云"、"借月"的诗篇，意谓留住了徘徊水中的天光云影，借

【2-7】"祥泽春漪"，汇波汪洋（江合春　摄）

来了倒映于水中的明月。留云轩面阔三间，轩前建临水平台，便于人们欣赏有来龙去脉的活泼泼的水景，并体现水的主题。

此图为进一步凸显水域的汪洋感，一是把留云轩推到了画面的右上角，而将更多空间让与了水；二是通过三面抵边，以示水域广阔，似可"纳千顷之汪洋"；三是凭借好风给力，让柳枝飘拂，涟漪沧漾，给人以活水泆溙不尽之感，如是，确能收到以小见大的美学效果。

画面取侧拍也值得点赞。英国18世纪美学家荷迦兹指出："大多数物体的侧面总要比它们整个的正面要可爱得多……当一个美丽的妇人的头稍为向一方偏时，就失去了两个半边脸的丝毫不差的相似之点……因此，被称之为头部的一种秀美的风度。"又说："假如允许一个画家有所选择，他宁愿画建筑物的角而不愿画它的正面"（《西方美学家论美和美感》第104页）。是的，正因为如此，人们不爱拍拘谨尴尬的正面像，而喜欢结合景物，拍身带侧势的旅游照。清人沈宗骞《芥舟学画编·传神》也说，画人物"须带几分侧相，乃能醒露。盖写人正面，最难下笔。若带侧……安虑神情之不活现哉！"中西美学都注意美的侧面律，这也可联系摄影作多学科的交叉比较研究【∞→】。此照拍摄留云轩，也让其"带几分侧相"，以显建筑物"秀美的风度"。再看右下方池畔置一景石，也以其"带侧"打破了画面下边单调的直线，增添了画面的平衡感。

【2-8】 收四时之烂熳［其一］

题语选自《园说》。烂熳：形容色彩鲜丽。唐韩愈《山石》："山红涧碧纷烂漫。"四时即四季，古代往往以春、秋二季代之。《诗·鲁颂·閟宫》郑玄笺："春秋，犹言四时也。"历来的风景园林四时品题系列，字面上往往只出现"春""秋"二字，如金代的燕京八景，只有"琼岛春阴"、"太液秋风"；南宋的西湖十景，只有"苏堤春晓"、"平湖秋月"……其原因诚如晋陶渊明《移居［其二］》所咏："春秋多佳日，登高赋新诗。"故本条及下条图释四时之烂熳，以春、秋概之。本条释春之烂熳。

图为苏州留园小蓬莱一带，其前平展着如镜的春水，背景为黑白分明的曲豀楼－西楼，它们以其连续的轮廓衬托着风物优美的中景和前景。

画面上，最惹人注目的是池上紫藤，其繁花联翩如紫云，嫩叶起翘似金绥。这浅紫蒙茸的大片连延，引蔓通津，一簇簇，一串串，如华鬈，似璎珞，引人步入蓬莱仙境……色彩，是光的舞蹈。颜文梁先生说得好："一切颜色都跃动于隐约之间，它们好像是自由自在地在寻求什么"（《色彩琐谈》第15页）。是的，就在这藤架上，黄和紫作为不饱和的互补色，更在跃动着意欲表现自己，其倒影入水，更混合了淡淡的青与绿在求动、求变……

园中三株细瘦纤巧的鸡爪槭，嫩嫩的树冠，春来如同片片红霞飘浮空中，它虽小而内在能量却不小，饱和度极高。美国鲁道夫·阿恩海姆转述俄康定斯基的话说："'任何色彩中也找不到在红色中所见到的那种强烈的热力。'尽管红色有强大的能量和照射强度，然而，'它只在自身之内闪耀'"（《艺术与视知觉》第740页）。在画面中，它们确乎是内在充盈，外向凸显，俏丽娇艳，倩美夺目，而且分布于画面的左、中、右，对构图恰好起着平衡作用，点缀得画面分外亮丽。

迎春花，又名满条金、金腰带。它迎春寒而早开，先群卉而吐芳，给园子里带来了东风的

【2-8】《留园之春》(朱剑刚 摄)

轻轻吹拂，而今，其金黄色的花朵虽多数凋谢，但换来了绿满枝条，益然春意。它作为池畔的近景，与清澈的池水互为辉映。

绿，是春之色彩，整个园子里，垂柳、榉树、枫杨、榔榆等，都抽出了嫩嫩的新绿，作为穿插，作为背景，它们染得园子里一派绿韵，其树干、树枝、树冠倒映于大片的池面，煞是好看。"水色，春绿"（宋郭熙《林泉高致》），绿色的春水，和春树、春花一样，令人神醉心迷。

岸上，还有人用相机在捕捉艳冶的春色，他（她）们也装点着"留园之春"。

【2-9】 收四时之烂熳［其二］

前条释春，本条释秋。古往今来，文学艺术家往往爱把春和秋作具体的比较。宋郭熙的《林泉高致》，称"春山艳冶而如笑"，亦赞"秋山明净而如妆"。现代文学家峻青的《秋色赋》写道："在我看来……秋天比春天更富有欣欣向荣的景象。秋天比春天更富有灿烂绚丽的色彩。"古今两家从不同视角比出了秋不同于春的魅力，本条继释秋之烂熳。

图为苏州留园中部明瑟楼一带及对面的山林，而重点为其前一片明净的秋水。不妨先从左边看起，空灵通透的绿荫轩迎着池面，最宜于人们凭栏观水。其屋上，青枫、榉树枝叶斜伸，交叠着褐色、棕色、红色、橙色……点染出浓浓的秋意。恰杭轩及其上层的明瑟楼，在掩映中展示着自身优美的造型。楼后，可见远方的绿树，那已是西部射圃的香樟了。

【2-9】《留园之秋》（朱剑刚 摄）

图的中间，黄与绿穿插着、交映着，池边一棵巍然耸立的银杏，高大、挺拔、丰茂、壮观，宋陈景沂《全芳备祖》后集卷七录有银杏诗："江南有佳木，修耸入天插"（刘原父）；"百岁蟠根地"，"凌云枝已密"（梅舜俞），均可借来赞美这棵古银杏。百岁、蟠根、修耸、入天、凌云、"枝已密"……谱写了一阕银杏崇高赞。这棵长寿树已有三百三十年的树龄，是以"百岁"为单位来计算的，它确确实实地见证了留园悠久的历史，这就是所谓"与园同寿"，这些，都是其内涵美。再从与之相关的形式美来看，它长势良好，入秋，则和另一棵山上的银杏一样，均呈现为密密丛丛一树金，仔细辨识，其中有浓浓的橙色、橘红、柘黄和鹅黄、细黄，甚至还有少量刚变色的黄绿……颜文梁先生说："热色最能和浓色调和。橙、黄、金相处最易调和"（《色彩琐谈》第6页）。两棵银杏浓重的金黄色、与绿荫轩屋顶上枫、榉浓重的红棕色，二者相互呼应，调和为一派热热烈烈，一派丽色之灿烂，它们和常绿树浓重的翠绿构成对比，相互竞争着表现生命之辉煌，并证实了"秋天比春天更富有灿丽的色彩"。《留园之秋》，是用浓笔重彩画就、设色绚烂的《秋色赋》！

《留园之秋》的树种搭配也值得一说。画中两棵银杏之间，有几株业已叶落的榔榆，其作用不可小觑。画诀云："画无枯树，则不疏通。"清笪重光《画筌》也说："密叶偶间枯槎，顿添生致。"榔榆在画中同样充当了枯树的角色，它们使画面不是一味的密实，而是导致了气息疏通。试看画面上，如果说，两棵银杏以其"凌云"的高度构成大起大落的"天际线"，那么，几株"落叶"的榔榆，又使"地平线"上密实延连的树丛至此显得空灵通透，从而"顿添生致"。

大片平静的水面文章更值得细品。春夏，水面落叶甚少；入秋，漂浮着的满是"蹼脚"（银杏古称，即鸭脚）——银杏叶。银杏的树叶，堪称秋之一绝。它飘飘落下，犹如金色的蝴蝶在空中翩跹起舞；落在地上，密密地织成一层软软的美丽地毯，让人脚也舍不得踩踏下去；落在倒映着蓝天碧树的水面，则一叶叶小小的金黄，随水漂流、汇聚、分散……，细看水面的飘飘荡荡星星点点中，还有条条红鱼穿游其间，点缀出又一种秋之绚丽灿烂。

【2-10】 梧阴匝地

题语选自《园说》。梧桐，又称青桐，树干无节而端直，树皮青翠光洁，故而元代大画家倪云林有洗桐的韵事。在庭院乔木中，计成爱梧，除了《园说》外，《相地·城市地》还提出"院广堪梧"，该节又有"虚阁荫桐"之句。梧桐的重要特点，是叶大如掌，其阴特多。"梧阴匝地"的"匝"，即布满，遍及。历来诗人爱咏梧，晋代的伏系之就有名诗《咏椅桐》："亭亭椅桐，郁兹庭圃，翠条疏风，绿柯荫宇。"四句十六字，概括了梧桐包括荫蔽庭院在内的诸多特色。

图为无锡惠山顾端文公祠中面阔三间的醇儒堂，顾氏即明代东林党领袖顾宪成。此堂宽广的庭院中有高梧两株，树干挺拔，玉立亭亭，青柯广叶，如张碧幄，荫蔽着整个庭宇，洒下遍地的佳绿，斑斑可爱，清阴堪掬。每当风雨天，梧叶受雨面大，其声悦耳可听，倍添静趣，古人最喜在此时读书。醇儒堂前步柱上悬有一副名联："风声、雨声、读书声，声声入耳；家事、国事、天下事，事事关心。"此联就是东林先生顾宪成在无锡城内创办东林书院时所撰，给当时人和后人以无限滋养，现悬于此，增添了祠院的历史文化内涵，而院内梧桐及其嘉阴，也就有了"象外之象"，"象外之意"。

【2-10】醇儒堂前，碧云嘉荫（梅　云　摄）

【2-11】 槐荫当庭

题语选自《园说》，意为槐荫正对着庭院。宋曹组《蝶恋花》有咏槐荫的名句："满地槐阴，镂日如云影。"这是一种独特的喻象，表现了独特的审美品察。"槐荫当庭"四字，就包容

【2-11】关庙庭院，古槐蔽天（虞俏男　摄）

了这种美。还应注意，计成特别喜爱槐树之荫，《相地》还有"雕栋飞楹构易，荫槐挺玉成难"的名言，它通过与雕栋飞楹的比较，突出了古树名木之难成，这是很重要的生态学思想【∞→】。

图为太原晋祠关帝庙的隋槐，已有一千四五百年的树龄。它老干粗壮，需数人合抱；树荫蔽天，仰首也难见其顶。红色的围墙、灰黑的屋宇和它相比，显得极其低矮；而人和它相比，更见其渺小。从美学范畴的角度说，这是一种"崇高"，正如德国古典哲学家康德所说，崇高"是无法较量的伟大的东西"，"是一切和它较量的东西都是比它小的东西"（《判断力批判》上卷第87、89页）。19世纪俄罗斯美学家车尔尼雪夫斯基也说："一件事物较之与它相比的一切事物要巨大得多，那便是崇高。"（《生活与美学》第18页）这棵任何树无法与之较量的稀世古槐，不但以其树龄把人们拉回到历史的时空之中，而且以其崇高的形象和蓬勃的生机令人肃然起敬，自感渺小！现实地看，关帝庙小小庭院也难以容纳其体量的庞大，它独立云表，托起了整个关庙一带偌大的绿色天地，并让一代代的人们分享它那森森的绿荫和生命的壮丽。

【2-12】 栽梅绕屋 ［其一］

题语选自《园说》。在中国悠久的文化传统里，梅既是"四君子"之一，又是"岁寒三友"之一；在中国的百花园里，它也居于首位。宋范成大《范村梅谱序》写道："梅，天下尤物，无问智愚贤不肖，莫敢有异议。学圃之士，必先种梅，且不厌多……"计成的《园冶》同样如此，除题语外，还有"屋绕梅馀种竹"（《相地·郊野地》），"探梅虚蹇"（《相地·傍宅地》），"锄岭栽梅"（《立基》），"应探岭暖梅先"（《借景》）……岂不也是强调"且不厌多"么？

图为苏州虎丘有一处栽梅绕屋的著名景观，雅称"冷香阁"。它建在虎丘千人石之西，踞于石砌高台之上。"冷香"二字，最具勾魂摄魄的魅力。但二字从何而来，尚需一考。在南朝，何逊《咏早梅》赞梅之"衔霜当路发，映雪拟寒开"，很早就把梅和霜雪严寒铸成一副名联。在唐代，朱庆馀《早梅》曰："艳寒宜雨露，香冷隔尘埃。堪把依松竹，良涂一处栽。"不但把梅松竹品为岁寒三友，而且首次将"香"和"冷"二字紧密相连，但"冷"居"香"之后。韩偓《早玩雪梅有怀亲属》则云："冻白雪为伴，寒香风是媒。""寒"已置于"香"前，但"寒"字不及"冷"字之有韵。至宋代，梅尧臣《依韵和正仲重台梅花》诗云："近腊寒

【2-12】冷香阁下，破腊喜看一树金（朱建刚 摄）

犹劲，先春气已承。冷香传去远，静艳密还增。"作为偏正词组，"冷香"终于脱颖而出，而且诗句还突出了梅花承气而先天下之春。再看虎丘"冷香阁"三个篆书擘窠大字，镌刻在高台的粉墙之上，短檐之下，分外醒目，颇增气概，特具吸引力。

　　冷香阁层层高台之前，还妙在先植蜡梅。蜡梅是梅的别种，古代二者不分，至宋代诗人黄庭坚才予以区别，但陆游还指出其"与梅同谱又同时"（《荀秀才送蜡梅十枝奇甚为赋此诗》），总之，二者是似而不似，不似而似。试看台前，在绮窗春讯尚姗姗之时，它已是檀心浅露，冻蕊含香，破腊喜看一树金。蜡梅作为冷香阁主景的前奏，妙趣无穷，伴随着人们在"千人石"旁拾级而上，令人似感正在"重重叠叠上瑶台"（宋苏轼《花影》）……

【2-13】 栽梅绕屋 ［其二］

　　冷香阁是面阔三间的二层歇山顶楼阁，四周由院墙围合成一个山林地的院落。其东入口，是紧邻着"冷香阁"三字篆书粉墙的一个团栾月洞门，门上隶书砖额曰"吹香嚼蕊"，四字的搭配，出人意外，耐人寻味，出自宋张孝祥《清平乐·咏梅》"吹香嚼蕊。独立东风里"。冷香阁楼下后步两侧有合角式洞门，各有砖额曰"暗香"、"疏影"，二者则又入人意中，因为宋林和靖的名联"疏影横斜水清浅，暗香浮动月黄昏"（《山园小梅》），早已深入人心。

　　冷香阁确乎具有"栽梅绕屋"的特色，周围均有梅，而以东、南两面为多，南面多红梅，东面还杂有绿梅，相较而言，绿梅比红梅开得早些。由图可见，当那红红的蓓蕾还刚缀满枝头，含苞待放，而绿梅已抢先以其蓬勃的生命力，化为秾华繁英，让人们看到了盼望已久的春光。如微观品赏，可见那一瓣瓣淡淡涸化的绿，有一种聚心力，向着深黄色花蕊渐次变深，这是一种晕染的淡雅，一种无声的清香，一种难觅的冷艳，堪称"玉雪为骨冰为魂"（宋苏轼《松风亭下梅花盛开再用前韵》）了。而再过若干天，红梅也会相继烂漫地绽开怒放……

　　冷香阁院落的大门朝南，正面题为"冷香阁"，反面则为篆额"明月前身"，四字撷自传为唐司空图的《二十四诗品·洗炼》："流水今日，明月前身。"两句含而不露，意韵深远，用在冷香阁，更发人深思：梅花和明月究竟是什么样的关系？

【∞→】寻之于宋代诗人笔

【2-13】冷香阁绕屋梅林（鲁　深　摄）

下，林和靖有"暗香浮动月黄昏"的名句，二者互为环境，互为映照；欧阳修《次韵王适梅花诗》中，"月明素质自生烟"，除了环境，还向"质"的境层升华；陆游的《宿龙华山中……月夜独观至中夜》诗，不但喻"梅花如高人"，而且赞"明月流水间，一洗世浊昏"。"明月流水"，与《二十四诗品》中的"流水今日，明月前身"，既可说是节缩，又可说是拓展，其意完全相惬。在诗人想象中，梅花的前身原来就是明月！所以如许清冷，如许洁净，如许遍体光华……

冷香阁现设为茶楼，倒也清雅幽静，一杯香茗在手，细品"吹香嚼蕊"，别有一番滋味。《园冶·园说》的"栽梅绕屋"，不只是要"冶"出生态环境，而且还要"冶"出一个诗意的环境。

【2-14】 结茅竹里，浚一派之长源

题语选自《园说》："结茅竹里，浚一派之长源；障锦山屏，列千寻之耸翠。"本条先释骈语的出句。结茅：即盖茅舍，此指构筑简陋的房舍。竹里，是一语双关，唐代著名诗人、画家王维的辋川别业有二十景，竹里馆为其中一景，它早以其幽深的意境名传诗史和园史。王维《竹里馆》咏道："独坐幽篁里，弹琴复长啸。深林人不知，明月来相照。"而计成在《园说》中只用"竹里"二字予以暗示，并未直接点明此典，故又可理解为一般结茅的地点，此手法为明典暗用。浚：疏浚，疏通水源。浚一派之长源：意谓疏通一片长长的水源，有源远流长之意。

从图上看，这里是有山有水的山林地风景园林。一位韵士风期高雅，意度萧散，独坐于幽篁里弹琴，无有世人相扰，并巧妙地把茅屋馆舍含蓄于画外，画面境界颇切《竹里馆》诗意。再看周围环境，确乎清幽绝伦，只有高悬的明月相照。此外，除了远方的青山，还有近处的泉瀑，从山涧曲曲折折而来，水石相击，琤琤琮琮，与琴音互为应和；还汇为一派碧漪，溶溶漾漾而去。在充满诗情画意的空间里，水声、竹韵、琴音，轻清随风，这种音韵的"织体"之美。令人悠然神远。

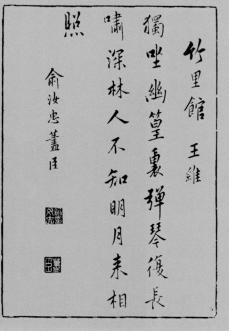

【2-14】《竹里馆》诗画合璧（选自《唐诗画谱》）

此图版左半为画，题"仿李成笔意"，无画家姓名，印钤"蔡氏元□"；右半为书法，书王维《竹里馆》诗，行楷，略具神韵，款署俞汝忠荩臣，印二方。本图作为"诗画配"，选自《唐诗画谱》，明集雅斋主人黄凤池编，为诗书画三绝合璧的版画精品。

【2-15】 障锦山屏，列千寻之耸翠

题语为骈语的对句（见前条）。障：通"幛"，用来遮隔视线的画幅或屏风，唐杜甫有《奉先刘少府新画山水障歌》。题语为意动用法，以……为障。锦：锦绣，此喻指如锦似绣的峰峦。障锦：以锦绣的峰峦为障。屏：即屏风，陈设于室内兼有装饰作用的障蔽物。山屏：以山为屏。障锦山屏：用"重言"辞格，即前后用不同词语重复强调同一个意思的修辞手法，如晋王羲之《兰亭序》中的"丝竹管弦"。题语的前句意谓，以如锦似绣的峰峦为屏障。列：横向排列，这里形容锦绣山峦如同长卷横向展开。千寻：古以八尺为一寻，千寻，用"夸饰"辞格，极言山之高。耸翠：指青翠的峰峦耸立着。从整句看，题语不避重复，用各种辞格，极力强化如锦似绣的、既高且长的、画障屏风般的青翠山峦。

江南园林，很少能借得如此之障锦山屏。图为承德避暑山庄的水心榭。此榭建于下湖和银湖之间，由一字排开的三亭组成，中间的亭，平面为长方形，重檐歇山顶，立柱八根；两旁的亭，平面为方形，重檐攒尖顶，各有立柱十六根极具节奏感；亭南北两端各有牌坊一座，更助成了其对称型。这组建筑构于八孔闸的长堤之上，其闸板可控制湖中水位。笔者曾概括水心榭的四大特点：音乐性的节奏；集萃性的建筑；实用性的功能；多方位的景效（《品题美学》第192-

【2-15】水心榭峰峦锦屏（张振光 摄）

194页），此景效也包括"障锦山屏，列千寻之耸翠"在内。

摄影家选择了从银湖往西北方向拍摄的视角，不但清晰地突显了水心榭建筑节律、对称的结构及其下部横亘的长堤，而且生动地展现了其后连绵的峰峦所形成的高低起伏的天际线，而山上植被繁密，山前松柳荫浓，确乎是水心榭最合适的翠障画屏，其青绿的冷色调，对比鲜明地烘托着其前红黄为主的暖色调的亭榭，再经长空丽日高照，显得分外绚烂，而倒影入水，更显风光无限，清帝乾隆《水心榭》诗云："一缕堤分上下湖，上头轩榭水中图。"是很恰切的写照。

【2-16】 虽由人作，宛自天开

题语选自《园说》。两句是计成所冶铸的经典名言，它是对千百年来以掇山为代表的造园实践历史经验所作的高度理论概括，既源于中国古代"道法自然"的道家哲学，又糅合为中国艺术、美学中的风格品评，其关键在"自然"二字。笔者曾写道："自然，就是自自然然，自然而然，或者说，近于天然或自然天成。这在古代艺术、美学、哲学中是极高的境界。"（金学智《中国书法美学》下卷第645页）题语就是这样要求虽经人工，但应臻于《老子·五十一章》中"夫莫之命而常自然"的境地，即让人看到并不是有心更不是刻意地去加工自然，而是让对象作为一个整体，犹如自然而然地生成的，毫无人工造作、零星雕琢的痕迹。"虽由人作，宛自天开"，突出了计成既不忽视"全叼人力"（《掇山》），又崇尚"自成天然之趣"（《相地·山林地》）的美学思想。

图为南京瞻园的湖石假山，为著名园林学家刘敦桢先生所主持设计，用《园冶·兴造论》的

【2-16】自然天成的湖石假山（张振光 摄）

术语说，是此工程遇到了真正的"能主之人"。就全国范围看，如果说，环秀山庄由戈裕良所掇的湖石假山是古代的经典，那么，瞻园南部的湖石假山则可说是现代的经典。对于此山，摄影家抱着虔敬的心情拍摄了一个系列，笔者从中精选了一帧。试看图中，宛自天开的峰峦，有若自然的岩崖、钟乳下垂的山洞、贴水而点的步石，峰回路转的曲蹊，以及周际簇拥着的草树藤萝……无不自然然，自然而然，与原生态的山林水壑无异，而且还将这些品类及其美点高度集中，予以凸显，真是难能可贵。特别是山石的叠掇，确乎做到了纹理一致，俨然一体，混成而无迹。

还应补充一条鲜为人知的资料。朱有玠先生《瞻园维修小记》写道："瞻园静妙堂南假山，系 20 世纪 60 年代刘敦桢教授主持整建、设计时所增筑，其目的［是］为自静妙堂南望增加对景，并使之与市区瞻园路市井气氛有所隔离。因此山之峰、峦、崖、洞、瀑、漂、汀步皆面北；而山之南麓则以堆土为之，植以松林、灌丛，以增进隔离之效果，并使假山有良好之绿色背景。掇山施工由王奇峰同志领队。王氏擅长戈裕良掇山法，因材施技，用大小石钩带联络以构悬崖溶洞，皆宛若天成，非施工详图所能表达。王且善解设计者之意图与意境，每于造型关键处所用石，皆征得刘（即刘敦桢先生）之首肯而后定位，勾缝以固定之。此诚难得人才际会之作也。后之来者，当珍视之。"（《岁月留痕》第 270 页）这条资料让人有悟于《园冶》"俗则屏之"（《兴造论》），"稍动天机，全叨人力"等原则、理念。

【2-17】 萧寺可以卜邻，梵音到耳

题语选自《园说》："萧寺可以卜邻，梵音到耳。"为骈语出句。萧寺：即佛寺。典出唐李肇《唐国史补》卷中："梁武帝造寺，令萧子云（南朝梁著名书法家）飞白（一种书体）大书'萧'字，至今一'萧'字存焉。"后因称佛寺为萧寺。唐李贺《马诗［其十九］》："萧寺驮经马，元从竺国来。"

【2-17】天平山庄卜邻古刹（鲁　深　摄）

卜邻：选择邻居。卜：占卜。但后来所说的"卜邻"，不一定有占卜行为。梵音：佛寺中的诵经声、钟磬声。《法华经·序品》："梵音深妙，令人乐闻。"题语两句意谓：选择佛寺为邻，深妙而令人乐闻的梵音就声声入耳。这也是一种借景——声借，当然还有用目和心所借之景。

图为苏州天平山"高义园－天平山庄"建筑群，主要为纪念北宋以"高义"著称于史的范仲淹而建。其中黄墙，东为咒钵庵，相传范仲淹之母礼佛于此，内有隶书砖刻"佛在者里（犹这里）"；其西紧邻着来燕榭，亦为黄墙。它们均建于石砌高台之上，背山面水，坐北朝南。其左侧则为由芝房、对桥山屋等组合成的矮小而幽曲的园林建筑；其旁又有较高大的范参议祠等；再越出图外，还有白云古寺，始建于唐，名白云庵，后又称天平寺……这些佛寺、园林、祠宇建筑互为穿插，相与为邻，参差错落于其间，突出体现了"邻嵌"（《兴造论》）的特点，构成"萧寺可以卜邻"的典型环境。

还应品赏此建筑群其后、其前的明山秀水。其后的山，明著名画家唐寅《天平山》诗云："天平之山何其高，岩岩突兀凌青霄。风回松壑烟涛绿，飞泉漱石穿平桥。千峰万峰如秉笏……"是的，山巅异石林立，岩岩突兀，直指苍穹，如同"万笏朝天"。建筑群坐落其前，共同领享了宝地风水。至于其前的水，则一派清澈明净，名十景塘，池上有贴水曲折平桥，红栏石柱，凡四折，名宛转桥，这更增添了山水的魅力。在这个天造地设的环境里借山借水借萧寺借梵音，真可说是"清气觉来几席，凡尘顿远襟怀"（《园说》）了。

此图还有可赏，它取特定视角，将曲折平桥红栏石柱和池岸栏杆在视觉中巧妙地连成一体，于是，它既成了区隔上山下水的分界，又成了联系上山下水的纽带，而且促成了山水画面的平远美学特征。再看图中隔水的天平山，是西高东低亦即左重右轻，为免画面失衡，镜头又选择了此岸滨水的石块，恰好让左上的山与右下的石隔水隔桥取得对角呼应和力学均衡。

【2-18】　远峰偏宜借景，秀色堪餐

题语选自《园说》，为骈语对句。偏：最；特别。《助词辨略》："偏，畸重之辞也。"堪：可以。餐：动词，当餐；吃。秀色堪餐：语出西晋陆机《日出东南隅行》："鲜肤一何润，秀色若可餐。"原用以形容妇人容貌肤色的秀美，后也形容山色的秀丽，以美餐来比喻峰峦之美的魅力。宋王明清《挥麈后录》卷二引李质《艮岳赋》："森峨峨之太华，若秀色之可餐。"题语两句意谓，远方山色秀丽，可以大饱眼福，此语特别适宜于园林的借景。

图为北京颐和园的鱼藻轩，其名取自《诗·小雅·鱼藻》。此轩靠近分割万寿山和昆明湖的长廊，沿湖石岸至此凸入湖中，成为一个方台，轩即建于台上。台及石岸均有石栏（巡杖栏杆）围护。这里曾是乘船游湖的一个码头，但又是一个建筑艺术珍品，它处于长廊西段，和处于长廊东段的对鸥坊呈对称布置，从左右两面助成了"云辉玉宇牌坊——排云门——排云殿——佛香阁"的中轴气势。鱼藻轩为卷棚歇山顶，连外廊面阔五间，廊轩之间由槅扇、挂落、雀替构成阔大的审美框格，而下部则内有木栏，外有石栏，其层次感和装饰性成了审美框格的有效补充，人们更愿意在这里往外观景赏美。

摄影家选择晴朗的下午来到这里，相机迎着审美框格向西，但见右面一排石栏的望柱逐渐

【2-18】鱼藻轩远借玉泉山塔影（张振光 摄）

远去，倍增了画面的节奏感和纵深感，其上的树丛又打破了画面的规整性。视线穿过湖面，远方的青葱山色亭亭塔影悠然入目，是一幅完美无缺、秀色堪餐的图画，这一经典画面，证实了计成的名言："远峰偏宜借景"。而迎入轩内的灿烂阳光，又给画面增添了温馨的、迷人的影调。

【2-19】 紫气青霞，鹤声送来枕上

题语选自《园说》。紫气：紫色的云气，古代以为祥瑞之气。《列仙传》说，老子西游，人望见紫气浮关。青霞：道教也常以其隐喻仙境。明袁黄《消摇墟引》："青霞紫气，映发左右，宛若游海上而揖群真，令人飘然欲仙，真欲界丹丘，尘世蓬莱也。"计成则以紫气青霞来为鹤声渲染仙气，因为在中国文化传统里，鹤被称为"仙鹤"，如《相地·江湖地》中的仙人王子晋，就是乘鹤来到缑岭的，《八公相鹤经》也说："鹤乃羽族之宗，仙人之骥。"

在园林文化史上，园林与鹤长期结下了不解之缘。唐白居易《池上篇》有"灵鹤怪石"之语；宋朱长文《乐圃记》说，园中有鹤室；明计成有"起鹤舞而翩翩"（《园冶·山林地》）的秀句；明代遗存至今的无锡寄畅园仍有鹤步滩，苏州的留园也仍有鹤所；清末苏州还有鹤园……《园冶》正是在园林的鹤文化链上，多次描颂了鹤，因其有着清高不凡、长寿延年、神仙灵禽等多种寓意。它还有悠扬的声音之美，"鹤声送来枕上"，典出自唐白居易《题元八溪居》："声来枕上千年鹤"。千年鹤，即积淀了千年文化意味之鹤。然而，今天园林却很少见到鹤的踪影，而其声更难捕捉，故本条具体品赏一幅国画。

【2-19】《桂鹤图轴》（清·沈　铨　绘）

图为清沈铨所绘的《桂鹤图轴》，画中一鹤正仰首唳天，《诗·小雅·鹤鸣》："鹤鸣于九皋，声闻于天。"可见其声之嘹亮。此鹤处于画面中央，亭亭立于石上，器宇轩昂，神态生动，丹顶白羽，纤尘不染，羽毛被画得细缕入微，光洁而带有透明感，更令人生敬生爱。石上的花卉，是鹤的映衬。旁有高大的桂树，其枝干屈曲有致，皴法老到，树冠还有点点桂花。再看石下的泉流，曲折而来，淙淙潺潺，似与鹤鸣相呼应。沈铨的画风远承黄筌，尤见精密谨严，妍丽典雅。他注重写生，故笔下花卉翎毛畜兽，无不栩栩如生，开创了"南蘋画派"，对日本颇有影响。此画现藏上海博物馆。

【2-20】　鸥盟同结矶边 ［其一］

题语选自《园说》。鸥：一种生活在海边或湖边集群性的水鸟、候鸟，随着季节的变化而进行周期性的迁移。鸥盟：与鸥鸟结盟，这除了生态意蕴外，还积淀着隐逸于水云乡之意。矶：露出水面的岩石或石滩。

笔者获悉2016年元旦昆明将举办第九届海鸥文化节，而最佳的观赏区就在昆明市中心的翠湖。于是欣然规往，亲见迁来昆明的海鸥，是一种红嘴鸥，羽毛丰满，毛色雪白，嘴、脚皆红，尾则为黑色，色彩鲜明，惹人喜爱。其身较壮，趾间有蹼，能游水，喜爱集群在水面漂浮。图为昆明翠湖的鸥鸟群，它们好像是有组织有纪律似的，但行动又不无先后，可谓极尽自由自在、和谐舒适之致……

中国古代哲人基于对鸥鸟习性的哲理沉思，《列子·黄帝》中出现了一则寓言故事。说的是海上之人有喜欢鸥鸟的，每天早晨到海上和鸥鸟狎游，鸥鸟来的数以百计。其父对他说："我听说鸥鸟都跟从你游，你捉来给我玩。"他明天到海上，鸟就飞舞而不下来了。这则著名的寓言颇能给人以启示：由于儿子与鸥鸟平等相处，所以鸥鸟越来越多，呈现出一派人鸟融洽相处的和谐气氛；其父则不然，要儿子捉来供其玩弄，使其失去集群和自由，这是对异类的不尊重，是反生态的残酷行径，于是，鸥鸟凭其"灵性"就舞而不下，这说明人对动物不能存有机心。《三国志·魏志·高柔传》裴松之注："机心内萌，则鸥鸟不下。"此言极是。

南朝以来，此寓言越来越多地被引用、被诠释、被演绎、被咏唱。如南朝梁江淹的"胸中去机巧……可以狎鸥鸟"（《杂体三十首·孙廷尉绰杂述》）；唐李白的"吾亦洗心者，忘机从尔游"

（《古风［其四十二］》）；杜甫的"相亲相近水中鸥"（《江村》）；宋辛弃疾的"今日既盟之后，来往莫相猜（《水调歌头·盟鸥》）……均倡导洗心去机，人与鸥盟，相狎相亲，物我俱忘。明代的《园冶》，不但有"鸥盟同结矶边"的名言，而且《相地·江湖地》还有"江干湖畔"，"闲闲鸥鸟"等深情抒写，这也是"鸥盟"历史发展链上必要的一环

【2-20】漂浮于翠湖的鸥鸟群（罗悠鸿　摄）

【∞→】，有助于生态伦理学的建设，表达了人类和鸟类应共生共存，建立亲和生态关系的美好理想。

【2-21】　鸥盟同结矶边［其二］

对于鸥鸟，还需继续说明：一是爱集群、爱自由的鸥鸟除了群体漂浮外，由于它们翼长而尖，更善也更爱飞翔，但无不是合群的行动，总之，这些都显示着它们与生俱来的群体性与自由性。二是昆明的鸥鸟，不是那里所固有的或所畜养的，而是从西伯利亚的贝加尔湖飞来的，它们一来就数以万计，除了在昆明翠湖外，还大批栖息在昆明的大观楼、滇池……它们选择了昆明这个春城前来越冬。待到热天将临，它们再告别迁徙，天冷再来，真是一年一度，候鸟有约，所以有人又称鸥鸟为信鸟。为了观照鸥鸟的自由群飞，不妨再易地以观。

图为日本滋贺县的琵琶湖，该湖是日本的第一淡水湖。它水域广阔，生态环境优越，四周山岭环绕，风景十分秀丽，是著名的旅游胜地，历史上的"近江八景"就分布在这

【2-21】琵琶湖鸥鸟群飞（日·牧野贞之　摄）

里附近。试看在画面上，无边无际的琵琶湖，灏淼潢漾，澜漪轻荡，在一派锃亮的旭晖下，浮光耀金，焕辉的烁，摄影家特地取逆光拍摄，于是，群鸥在强烈波光反衬下，但见一个个黑色的矫健身影，显得分外突出，它们拍打着自由的翅膀，任情地飞翔于澄湖低空，翻舞盘旋，姿态各各不一，然而无不灵活自如，显现出充沛的生命力，而掠近湖面的，水中还可隐隐见其倒影……摄影家所摄，仅仅是琵琶湖上鸥鸟自由群飞壮观场面之一角，已令人爱心倍增，目睹这生动鲜活的景象，谁也不愿存有机心，去伤害这群可爱的小精灵。

【2-22】 鸥盟同结矶边［其三］

在苏州园林，石矶最富于"鸥盟同结"意象的，是网师园，其石矶的视觉效果最佳。该园中部的水池——彩霞池，池周有多处石矶，从图中可见，有大而较平，有小而耸立，有挑出水面，有浅而贴水，并参差出入，它们大抵近于自然天成。陈从周先生在《苏州网师园》一文中，或赞其"明波若镜，渔矶高下"；或赞其"驳岸有级，出水有矶，增人浮水之感"；或赞其"俯视池水，弥漫无际……得力于溪口、湾头、石矶之巧于安排，以假象逗人"（《园韵》第111页）。短短一篇美文，竟三次提及其石矶，可见极为欣赏。

在园林池边，石矶有哪些文化意义和审美功能？其一是渔矶，这是古来就有的、供人垂钓的功能；其二是计成突出地强调的、供人同结鸥盟的功能。这些都是一种历史积淀的意象，或者说，是一种文化符号，它更多的是诉诸人们的审美想象。其三，更现实的，这就是其形象和形式的美，从立面看，它使水面与池岸之间有了较自然的层级过渡，或者说，使叠石岸有了高下起伏；从平面看，它更有效地丰富了水池的池岸线。从总体上看，苏州园林的池岸线，除了个别是规则型的而外，都是自由型的，但是，其池岸线的曲折变化毕竟不

【2-22】网师园池畔石矶（鲁 深 摄）

大，而当有石矶突出于池边，就使池岸线顿然发生了大曲折，大变化，它会使池岸线改变走向，屈曲盘绕，变得丰富起来。同时，水际石矶的形象本身就颇能吸引人，人们也爱站立或蹲坐其上，在水的包围中、与水的亲近中领悟垂钓、结盟或置身江湖的别趣。

【2-23】 上山看个篮舆

题语选自《园说》。篮舆：古代供人乘坐的交通工具，形制不一，一般以人力抬着行走，类似于后世的轿子。此句用东晋大诗人陶渊明乘坐篮舆游山的典故。与此句有关的还有《相地·山林地》："欲藉陶舆，何缘谢屐。"藉：借助于。陶舆：即陶渊明的"篮舆"。缘：凭借。"缘"，与上句的"藉"，为互文。谢屐：南朝宋山水诗人谢灵运游山的木履，上山去其前齿，下山去其后齿。

图为《篮舆图》，选自《三才图会·器用卷》。该书为明代文献学家王圻及其子王思义所编撰的百科式图录类书。现将该图的解说文字录下，并用括号作夹注式的简释："昔陶元亮（陶渊明，一名潜，字元亮）有脚疾，每有游历，使一门生与其子舁（yú，扛；抬）以篮舆。古无其制（古代没有这种制式），疑即元亮以意为之者（以自己的创意而制作的）。"这段文字，言之有据。《宋书·陶潜传》、南朝梁萧统《陶渊明传》均有类似记载，只是《三才图会》增以"每有游历"四字，而这正与《园说》的"看山上个篮舆"密合。它既为陶渊明所创，又为陶渊明所乘，故又称"陶舆"。

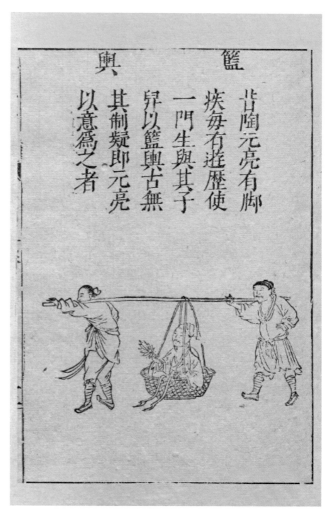

【2-23】《篮舆图》
（明《三才图会·器用卷》）

而这两句又紧扣"山"和"山林地"的命意。再看图中的陶渊明，虽画得不是非常到位，但可见其稳坐篮中，风度翩翩，飘逸不群，前后两人杠抬，似欲上山游历……

【2-24】 斜飞堞雉

题语选自《园说》。堞雉〔diézhì〕，或作雉堞，古代城上掩护守城人的齿状矮墙。《左传·襄公

【2-24】北固山上城墙（海　牧　摄）

六年》杜预注："堞，女墙也。"对于"堞"之"土"旁，《说文》段注："古之城以土，不若今人以专（砖）也。土之上间加以专墙，为之射孔，以伺不测。"雉：古代计算城墙面积的单位，后泛指包括女墙在内的城墙。

除了"斜飞堞雉"外，《相地·城市地》又云："竹木遥飞叠雉。"叠雉：这是对城上齿状矮墙的形象描述。计成还用"遥飞"、"斜飞"来抒写，一个"飞"字，表现了审美心理的似动感。这种似动感也常出现在古代诗词中，如宋辛弃疾《沁园春·灵山齐庵赋》："叠峰西驰，万马回旋，众山欲东。"山峰本是静止之物，但审美主体通过移情冲动所创造的意象，却是龙腾虎跃——重叠的群峰正向西奔驰，忽又掉头意欲向东，真有万马回旋之势。笔者曾指出，这种"移情是情感和想象两种心理活动共同作用的结果"，它"使得审美对象被真情点化，化假成真，化死为生，化物为人，化静为动，这样，有限的形象获得无穷的意蕴，洋溢着勃勃生机"（《美学基础》第215-216页）。

图为镇江北固山上的城墙。镇江多三国时吴国遗迹，故引得历代诗人常来此登临抒怀。辛弃疾《南乡子·登京口北固亭有怀》："年少万兜鍪，坐断东南战未休。天下英雄谁敌手？曹、刘。生子当如孙仲谋。"这是对吴大帝孙权的赞颂。据有关记载，孙权自吴迁京口（镇江），在北固山据险造城，"城周回六百三十步，内外固以砖壁，号'铁瓮城'"（元至顺版《镇江志》）。再说现在的城墙虽为后人所造，但城墙的旗杆上仍然炫耀地飘扬着"吴"字旗。此图特能表现"斜飞堞雉"或"竹木遥飞叠雉"的动势。试看，连绵的城墙曲折逶迤，女墙的一个个"齿"整齐地排列着，在线形透视作用下，它们不但由大而小地逐渐远去，而且一个挨一个如骨牌般掩叠着，构成一种虚实相间的节律，人们如移之以情感，诉之以想象，就会感到"斜飞叠雉"四字是对其斜势动感的最佳概括。若继之以闭目遥想，那么，远去的城墙或蜿蜒于竹末木梢之上，或时隐时现地游走于绿树丛中，其态势惟有选用"飞"字才能最准确地表达，而这种景观美也惟有城市地园林才能品赏到，江苏如皋倚城墙而建的水绘园，就能予人以"斜飞叠雉"的美感。

【2-25】　不羡摩诘辋川，何数季伦金谷！［其一］

题语选自《园说》。这是在写到园林优美境界时所说："不羡摩诘辋川，何数季伦金谷！"摩诘：唐代诗人王维，字摩诘。辋川：王维的私家庄园辋川别业，历史上极为著名，有二十景，他与裴迪各有诗咏。其《辋川集序》写道："余别业在辋川山谷，其游止有孟城坳、华子冈、文杏馆、斤竹岭、鹿柴、木兰柴、茱萸沜、宫槐陌、临湖亭、南垞、欹湖、柳浪、栾家濑、金屑泉、白石滩、北垞、竹里馆、辛夷坞、漆园、椒园等，与裴迪闲暇各赋绝句云尔。"

出句"不羡摩诘辋川"，意谓这里已建成了美好的园林，所以并不羡慕王维的辋川别业，这是以历史上彼时

【2-25】《辋川图［夏景］》（明·画像石）

彼地的著名园林为衬托，从而肯定此时此地的园林之美。对句是指石崇的金谷园，这留待下一条图释。辋川、金谷，在历史上均已消失，故只能借助于古代美术作品。

图为明代版画，共四幅，为摹《王摩诘山水图》而复刻，图下刻王、裴所咏诗，后转辗于嘉靖九年上石。本图为夏景，可见图中山峦层叠，林木茂密。左下方为数叠金屑泉，水流不歇。右下方则为欹湖，其中渔舟数叶，意象简古，极富动感。右上方有阴刻"摩诘辋川图夏景"七字。该图从章法看，体现出"主山最宜高耸，客山须是奔趋"（传·王维《山水诀》）的章法，云容水态，气韵高清。画像石从刀法看，其刀功坚实，线条流畅，圆劲秀润，趣在法外，堪称上乘之作。

【2-26】 不羡摩诘辋川，何数季伦金谷！［其二］

本条图释对句。何数：何必点数，意谓不在话下。季伦：即石崇，字季伦，西晋人，大富豪权贵，为官时掠夺财富无数，与王恺等以奢靡相尚，以斗富为乐。晚年辞官后，于洛阳城西北郊的金谷涧畔建河阳别业，"去城十里，或高或下，有清泉、茂林、众果、竹柏、药草之属……"（石崇《金谷诗序》）这就是著名的金谷园。"何数季伦金谷"，谓金谷园不必点数，这是通过否定历史名园，从而表达了对此时此地园林美的高度肯定。

此图轴为清画家华嵒所作。华嵒，字秋岳，号新罗山人，擅画山水、人物、花鸟等。图中，石崇居于主位，体态较魁伟，席地凭几而坐于圆形的锦毯之上，其爱姜绿珠则坐于一偏，正在吹箫，浓妆淡抹，无纤毫脂粉气。其衣裾随风飘拂，更增加了她的风韵和美，给人以雅若芝兰之感。周围有美女、侍童数人散立，但均画得较小。整个场面，令人想起石崇《思归引序》所说："家素习技，颇有秦赵之声"。细观石崇，双目注视着绿珠，并以手指轻捻须尖，正沉醉于洞箫声中。其身、脸还均微带侧势，这也有助于传其神情。至于环境，正是金谷园的一处土坪，前后群石错杂，花木扶疏，其中一棵柳作为主树之一，势既独高，枝复垂偃，甚有姿态，

【2-26】《金谷园图轴》（清·华嵒 绘）

可能受西晋潘岳《金谷集作》"青柳何依依"诗意的启发。另一棵主树古松，枝干纽裂，蟠虬得势，它作为近景，在构图中起着重要作用。全图衣褶线纹活脱，山石皴染得法，笔墨松秀，敷色古雅。在右上方"金谷园图"四字之左，有跋曰："壬子小春写于研香馆之东窗，新罗山人嵒"。画藏上海博物馆。

【2-27】 一湾仅于消夏

《园说》："一湾仅于消夏，百亩岂为藏春？"此联骈语两句，均用"反诘"辞格，是不疑而问，即用疑问句的形式表达确定的内容，正意在其反面。于：为。两句意谓：一湾水仅仅是为了消夏吗？百亩难道是为了藏春（用宋代刁约在镇江筑藏春坞之典）吗？其意是不仅仅为了藏春消夏。本条只图释出句，此句巧妙用了一个典——消夏湾。消夏湾在苏州太湖之滨曲凹处，梭山和龙头山之间。宋范成大《吴郡志·川》云："消夏湾，在太湖洞庭西山之趾，山十馀里绕之，旧传吴王避暑处。周回湖水一湾，水色澄澈，寒光逼人，真可消夏也。"清徐崧、张大纯也写道："消夏湾，又名消暑湾，深入八九里，三面峰环，一门水汇，仅三里耳。中多菱芡蒹

葭，烟云鱼鸟，别具幽致，相传为吴王避暑处。"（《百城烟水·苏州府》）计成将"消夏湾"三字之典拆开而用，语如己出。消夏湾门为两涯，中如天池。水抱山环，景物清幽，酷暑竟如入秋，消夏还堪消忧，为苏州一处著名胜迹。

而今，斗转星移，消夏湾被围成了鱼塘、苗圃和耕地，现仍属西山（今称金庭镇）。图为原消夏湾的核心部分，此处，可见一片片金灿灿的菜花，显示着将要兑现的丰盈；一片片绿油油的茶树，孕育着未来杯中的清香；此外，还可见高低错综的果树群，也蓬勃地生长着喜悦……而消夏湾数十顷的湖水，已全然不见踪影，唯有偶尔可见浅浅的野水，以及水边丛生的杂草，即小见大，可能会引发人们沧海桑田之感。

远方的群山，最高的是缥缈峰，旧时登临可隐隐见吴越诸山，亦为一胜迹。清初诗人吴伟

业《登缥缈峰》咏道："芳草青芜迷远近，夕阳金碧变阴晴。夫差霸业销沉尽。枫叶芦花钓艇横……"他也不免联系吴越春秋，发思古之幽情了。

【2-28】 夜雨芭蕉［其一］

题语改自《园说》："夜雨芭蕉，似杂鲛人之泣泪。"鲛人：神话传说

【2-27】今日苏州消夏湾（朱剑刚 摄）

中的人鱼。"鲛人之泣泪"，典出晋张华《博物志》（见《探析》第303–305页），两句意谓，夜雨滴在芭蕉上，其中好似夹杂着鲛人哭泣的泪珠，写得出神入化，美丽动人。但是，诉诸听觉的声音，要以诉诸视觉的图例进行诠释，颇有难度，何况还是"夜雨"是看不见的，故只能代之以白天。

图为苏州拙政园听雨轩，其庭院最能凸显芭蕉和雨打芭蕉的美，本条及下条拟以不同的图例进行阐释。

此听雨轩是遥远地上承明代拙政园三十一景之一的"芭蕉槛"而构建的。文徵明题《芭蕉槛》诗云："新蕉十尺强，得雨净如沐。不嫌粉墙高，雅称朱栏曲。秋声入枕飘，晓色分窗绿。莫教轻剪取，留待阴连屋。"这首五律的诗意，同样积淀在现今拙政园的听雨轩里。该轩坐南朝北，面阔三间，卷棚歇山顶，值得注意的是，朝南三间为一系列体现了整一律和对称律，装饰极简而内心仔玻璃特大的"蕉窗"，其作用不言而喻，是为了隔窗观蕉享绿。

是的，试看窗外，粉墙围合出一个扁长的南庭院，其中密植若干芭蕉，顿使这死角充满了生机活趣。透过蕉窗外望，但见长叶翩翻，摆风摇日，叠叠重重，嘉阴连延，给轩里投来了一片绿情。特别是在赤日炎炎的盛夏，芭蕉更能变酷暑为清寒，化蒸燠为幽阴，风不来时也自凉，令人身心为之一爽！此时，人们也许会想起明王守仁《书庭蕉》的诗句："檐前蕉叶绿成林，长夜全无暑气侵……"于是萌生"不雨也潇潇"之感。

一旦下雨，檐前绿蕉成林的空间，就顿成有声的听雨空间。宋代诗人贺铸《题芭蕉叶》咏道："隔窗赖有芭蕉叶，未负潇湘夜雨声。"听雨轩外，雨中也"赖有芭蕉叶"，淅淅沥沥，一叶叶，一声声，它们都被雨点打得湿透了。不妨再以系列蕉窗为框，横向地将其分成上、下两层来品赏。先看下层的一排蕉窗之外，由于蕉叶上主脉有向两侧分出的缕缕的平行脉，这样，叶面受水的积重就很不均匀，使得大大的叶片如波起皱；于是，叶面的凸处由于反光而幻为纯白，凹处则因受光少而显得更绿，这样一叶之上，深绿与纯白不规则地相间着，甚是悦目。再看上层的一排蕉窗之外，受雨的一张张蕉叶面互为反光，加以隔窗玻璃的光学作

【2-28】听雨轩蕉窗奇观（鲁　深　摄）

用，神奇离合，这些叶面竟大片大片地幻成淡淡的粉绿，其背后的粉墙也同样幻化了，它们在淡淡的粉绿色中已溶为一体，这真是难得一见的光色美学奇观！窗外廊间，对称地高悬的两盏小小宫灯，在大片的深绿、淡绿的统调中，放射着较弱的红光，这种互补、对比，使得画面的光色更为丰富而有意趣。

　　摄影家取逆光拍摄。轩内的窗框、柱子都是黑黑的，故而窗外的绿色显得更亮，其变幻更引人注目。而轩内的长几、雅石、盆花……它们隐隐的深色轮廓是造型上的有效点缀，使得画面更不单调，而每扇蕉窗四周又有简洁的镂空线纹作装饰，它也能起人美感，让人倍感这画面的"黑－绿构成"分外玲珑剔透。

【2-29】 夜雨芭蕉［其二］

　　本条承上条，将画面移至听雨轩室外，以一睹聆听芭蕉雨的别趣。

　　芭蕉别名"绿天"。宋人陶穀《清异录》这样写唐代草圣怀素的轶事："怀素居零陵，庵之东植芭蕉数亩，取蕉叶代纸学书，名所居曰'绿天蕉影'。"这一著名的佳话，使芭蕉获得了"绿天"的美名。苏州拙政园听雨轩四周，绕有回廊坐槛，供人们在室外或小坐赏绿天，或闲坐听蕉雨……这是一种清高雅兴！

　　听雨轩的南庭院虽扁长不大，沿墙植一排芭蕉，创造了一个令人眼前一亮的绿天荫蔽空间。在这里，人们会发现，芭蕉的大叶下，还植有丛丛细竹，这种蕉、竹两植，除了同具绿色外，其茎（竿）、叶的粗细、大小，更有巨大的反差。而一旦喜逢佳雨，其声响自是不同。宋人王十朋就有《芭蕉》诗云："草木一般雨，芭蕉声独多。"是的，雨中的蕉声与竹韵相比，有着大小之别，强弱之异，加之雨有疾徐，诸因交互错综，于是，"匝匝溃溃（zhǎzhǎ、滴水声），剥剥滂滂，索索淅淅，床床浪浪"（明沈周《听蕉记》），丰富着人们的听觉感受，引动着人们的诗兴乐情，令人或想起唐白居易《琵琶行》里的名句："大弦嘈嘈如急雨，小弦切切如私语，嘈嘈切切错杂弹，大珠小珠落玉盘……"或想起粤乐名曲《雨打芭蕉》，那流畅的曲调，轻快的旋律，间以顿挫的节奏，跳跃的音型，奏出一派活泼的情趣、蓬勃的生机……

【2-29】轩南庭院，蕉竹两植（鲁　深　摄）

　　拙政园的听雨轩庭院，是一个著名的园中之园，它西邻枇杷园，这同样是个著名的园中之园，园内有嘉实亭，和听雨轩近在咫尺，且没有什么围隔，所以也是一个听雨佳处，不过离蕉、竹略远一点儿，但是，远自有其远韵，正因为如此，嘉实亭也有人沉醉其中，不但目饱绿色，而且耳饱清韵，同时领受这暑气全消后的空气清新……

【2-30】　晓风杨柳，若翻蛮女之纤腰

　　题语选自《园说》。晓风杨柳，用宋代词人柳永《雨霖铃》中"杨柳岸、晓风残月"的名句为语典。若翻：好像翻舞着。蛮女：即小蛮。唐孟棨《本事诗·事感》：白居易"姬人樊素善歌，妓人小蛮善舞。尝为诗曰：'樱桃樊素口，杨柳小蛮腰。'"后以"小蛮"泛指歌姬。纤腰：用先秦"楚灵王好细腰"（《韩非子·二柄》）的事典。由于风俗的上行下效，故当时楚国女

【2-30】曲曲长廊，风中杨柳（嵇　娴　摄）

子常减肥以求"细腰",后多以"纤腰"形容女子。晋陆雲《为顾颜先赠妇往返诗四首〔其二〕》曰:"雅步袅纤腰,巧笑发皓齿。"

　　图为上海松江区泗泾颐景园小区的一条长而曲折的游廊,凡四五曲,长达十餘间,其入口为四角攒尖的来月亭,长廊紧接着此亭,弯弯曲曲地通往卷棚歇山顶的归云亭。游廊还伴有屈曲小溪穿流着,溪畔植柳,来月亭近旁柳尤多。春日,嫩柳婀娜随风,摇曳多姿,颇似小蛮之纤腰,又似古典小说所写:"腰肢如杨柳袅东风"(《水浒传》第八十一回)。来月亭悬清代著名书法篆刻家赵之谦的篆书联:"举头望明月;倚树听流泉。"联语分别集自李白的《静夜思》、《寻雍尊师隐居》二诗,此景精致而富于诗情画意。"举头望明月"之联,还令人联想起柳永的名句:"杨柳岸、晓风残月。"

【2-31】 移竹当窗

【2-31】五峰仙馆东窗竹丛
(日·田中昭三 摄)

　　题语选自《园说》。移竹:就是移植竹、栽种竹。古代文人不爱说"种竹",而乐用"移"字,因为竹正是移栽的,既符合事实,又比较雅。如唐代白居易有《问移竹》诗,皮日休《新竹》:"笠泽多异竹,移之植后楹。"释齐己《移竹》:"乍移伤粉节,终绕著朱栏。会得承春力,新抽锦箨看。"写得具体生动,充满生气。那么,移竹又为什么要当窗?答曰:便于欣赏。

　　笔者曾撰文赞颂作为"岁寒三友"之一的竹:"竹有四美。猗猗绿竹,如同碧玉,青翠如洗,光照眼目,这是它的色泽之美;清秀挺拔,竿劲枝疏,凤尾森森,摇曳婆娑,这是它的姿态之美;摇风弄雨,滴沥空庭,打窗敲户,萧萧秋声,这是它的音韵之美。竹还有意境之美,清晨,它含露吐雾,翠影离离;月夜,它倩影映窗,如同一帧墨竹……"(《中国园林美学》第209页)再从比德美学来看,它清高、绝俗、劲节、潇洒,有君子之风……故《世说新语·任诞》载有这样的故事:"王子猷暂寄人空宅住,便令种竹。或问:'暂住何犯尔?'王啸咏良久,直指竹曰:'何可一日无此君?'"这句名言不胫而走,自此,竹获得了"此君"的雅名。"移竹当窗",为便于随时欣赏此君多方面的美。

　　图为苏州留园五峰仙馆的一幅窗竹,极有韵趣,是移竹当窗的一种典范。人们透过简洁别致的八方式框架,可见框外凤尾森森,琅玕青青,高标劲节的君子之风就在目前。摄影家选择了正午时分来此拍摄,红日当空,洒下了一窗晴色,于是:竹叶,或为粉绿,或为草绿,均被深深的墨绿衬托着;竹竿,或深而近黑,或淡而近白,它们或重叠,或交错,浓浓、疏密、虚实相杂而成韵……坐对此君,真可说是"一日不可无,潇洒常在目"(宋司马光《种竹斋》)了。

【2-32】 分梨为院

题语选自《园说》："移竹当窗，分梨为院。溶溶月色，瑟瑟风声。"这展示了一幅幅园林画面，有声有色，是均应予高度评价的俊语秀句。但是，研究界对"分梨为院"一句的译注，却不甚到位。或作"分数棵梨，另成别院"（《陈注》）；或作"分种几株梨树另成别院"

【2-32】可园的梨柳池院（朱剑刚 摄）

（《全释》）……均系误读，且平淡乏味。其关键是没有注出语典，不明"分"为何义。其实，这是用了宋晏殊《寓意》诗中名句："梨花院落溶溶月，柳絮池塘淡淡风。"至于这个"分"字，为"给与"之义。《左传·昭公十四年》："分贫振穷。"杜预注："分，与也。"分梨为院，即特地给与梨花构筑一个院落，因为梨花有一种特殊的素淡之美，宜独立为院。计成写了"分梨为院"后，感到意犹未尽，或者说，感到晏殊的诗意还未用足，又紧接着续以"溶溶月色"，让梨花与月色相共。溶溶：朦胧之貌，于是，写出了诗情浓浓，画意溶溶……

中国园林有没有梨－月相共的诗意景观？答曰绝无仅有。清帝康熙不愧为晏殊的知音，承德避暑山庄康熙题三十六景中就有"梨花伴月"，并有康熙题额。此景在梨树峪中部，为封闭性院落，其中以"素尚斋"点出了景构所崇尚的素朴淡雅的审美风格，惜乎此景已不存。

苏州园林植梨树甚少，且缺院落感。近年修复的可园，差堪符合此意，它有幸被摄影家于春雨濛濛之际觅入镜头。正是：朵朵花蕾春带雨，恰似香雪玲珑，更见冷艳芳菲。秾华汰尽，足以骄红傲紫，淡淡丰神凉透肌，无语玉立池西。其院落，由粉墙、漏窗、月洞门等围合而成，门上砖额，妙在因隔着柳烟霏雨难以辨认，这是别一种的"溶溶"意象。院有清浅池塘，亦颇合晏殊诗意。然而，池岸以暖色调的黄石叠成，这与"素尚"淡雅的梨花不是很协调，设想若易之以淡青灰冷色的湖石掇砌，可能效果更好。但是，不谋而合，池边植有垂柳，这就让"柳絮池塘淡淡风"与"梨花院落溶溶月"相与匹配，孕育着意境的萌生。

尤可述者，画面的梨树以特写镜头拍摄，有助于凸显院落里这一极少的树种。再细赏梨花的春蕾，一个个小小的骨朵挺立枝头，淡冶带雨，色调素白而微带绿意，沁人心脾，惹人爱怜，又以其尚未绽放，不宜均以淡色粉墙为背景，故让其大部分处于粗壮棕褐的树干前，使其能在深色的背景上欣然跃出，入人眼帘。至于深色月洞门前斜出一枝，分外醒目，更可说是传神的一笔。

【2-33】 瑟瑟风声，静扰一榻琴书

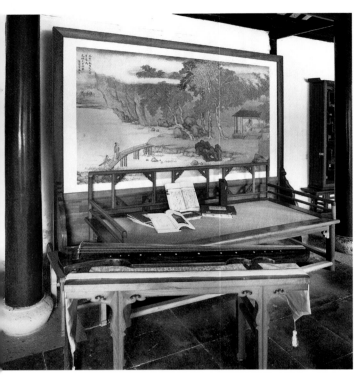

【2-33】寤言堂一榻琴书（郑可俊 摄）

题语选自《园说》："溶溶月色，瑟瑟风声，静扰一榻琴书……"瑟瑟：象声词，此状风声。汉刘桢《赠从弟〔其二〕》："瑟瑟谷中风。"榻：狭长而较矮的床形坐卧用具。《释名》："人所坐卧曰床……长狭而卑曰榻，言其榻然近地也。"《红楼梦》第七十一回："当中独设一榻，引枕、靠背、脚踏俱全，自己（贾母）歪在榻上。"一榻：满榻，形容书多。静扰：言月色风声静静地惊扰一榻琴书，即瑟瑟的风或翻动书页，或惊动琴弦，这种动中见静的意趣，有似于唐王维的《鸟鸣涧》："月出惊山鸟，时鸣春涧中。"是一种以不静写极静的手法，中国传统美学称作"反常合道为趣"。"扰"字为句中之眼，其妙在全句不用"声"字而令人似闻清风翻书声，琴弦振动声。

琴书：古琴（七弦琴）和书籍，为历来文人雅士清高生涯常伴之韵物。试看在中国文化史上，《晋书·隐逸传》：戴逵"常以琴书自娱"。晋陶渊明更咏道："乐琴书以消忧"（《归去来兮辞》），"卧起弄书琴"（《和郭主簿》），"衡门之下，有琴有书，载弹载咏，爰得我娱"（《答庞参军》），这一倾向，影响极大。在南北朝，萧思话"事务之暇，故以琴书为娱"（《宋书》本传），著名画家宗炳"妙善琴书"（《宋书》本传），而崔光也"取乐琴书，颐养神性"（《北史》本传）……直至计成所宗法五代梁的荆浩，其《笔法记》也说："名贤纵乐琴书图画，代去杂欲。"综而言之，雅好琴书已成为历代文人的一个悠久传统，这是一个值得研究的文化学课题【∞→】。计成《园冶》中，不但《园说》有"静扰一榻琴书"之语，而且《相地·傍宅地》还有"常馀半榻琴书"之句，这是琴书文化链中重要的一环。

图为苏州天平山高义园"寤言堂"，堂名取意于王羲之《兰亭序》："晤言一室之内"。《说文》段注："寤与晤义相通。"晤言一室之内：即相聚一室，面对面畅叙幽情心曲。该堂面阔五间，中三间为堂，左右梢间为夹室，东室陈琴书，西室设棋局，堂有榻，上悬"寤言堂"匾。榻前有琴桌，榻上乱陈散置线装古籍及书函，之所以如此胡乱铺开，命意既在"一榻"，又在一个"扰"字，以无声见有声。榻后还妙在悬有大幅山水画，画的右面，草堂内有高士倚桌而坐，桌上叠有线装古书，似在等待友人的到来；画的左面，一高士正走于桥上，其后跟随着抱琴的琴童，似欲去草堂实现二人的琴书雅集，而这又巧合于《园冶》"琴书"的主题，可谓妙绝！

园基不拘方向，地势自有高低；涉门成趣（参见【4-5】），得景随形，或傍山林，欲通河沼。探奇近郭（参见【5-3】），远来往之通衢；选胜落村，藉参差之深树。村庄眺野，城市便家。

新筑易乎开基，只可栽杨移竹；旧园妙于翻造，自然古木繁花。如方如圆，似偏似曲；如长弯而环璧，似偏阔以铺云。高方欲就亭台，低凹可开池沼。

卜筑贵从水面，立基先究源头，疏源之去由，察水之来历（参见【2-7】）。临溪越地，虚阁堪支；夹巷借天，浮廊可度。

倘嵌他人之胜，有一线相通，非为间绝，借景偏宜；若对邻氏之花，才几分消息，可以招呼，收春无尽（参见【5-6】【13-2】）。

驾桥通隔水，别馆堪图；聚石垒围墙，居山可拟（参见【2-3】）。多年树木，碍筑檐垣；让一步可以立根，斫数桠不妨封顶，斯谓雕栋飞楹构易，荫槐挺玉成难（参见【2-11】）。

相地合宜，构园得体。

（一）山林地

园地惟山林最胜（见【3-22】），有高有凹，有曲有深，有峻而悬，有平而坦，自成天然之趣，不烦人事之工（参见【2-16】并见【3-14】【3-28】）。

入奥疏源，就低凿水（见【3-5】）。搜土开其穴麓，培山接以房廊。杂树参天（参见【11-7】），楼阁（参见【5-13】）碍云霞而出没；繁花覆地（参见【11-7】），亭台突池沼而参差（参见【1-7】）。绝涧安其梁，飞岩假其栈（参见【11-5】）。

闲闲即景，寂寂探春（参见【11-7】【13-2】）；好鸟要朋，群麋偕侣；槛逗几番花信，门湾一带溪流。竹里通幽，松寮隐僻（参见【11-7】），送涛声而郁郁，起鹤舞而翩翩（参见【2-19】）。阶前自扫云，岭上谁锄月（参见【11-7】）。千峦环翠，万壑流青。

欲藉陶舆，何缘谢屐（参见【2-23】）。

（二）城市地

市井不可园也；如园之，必向幽偏可筑。邻虽近俗，门掩无哗（参见【4-5】）。

开径透迤，竹木遥飞叠雉（参见【2-24】）；临濠蜒蜿，柴荆横引长虹。院广堪梧（参见【2-10】），堤湾宜柳，别难成墅（参见【1-7】），兹易为林。

架屋随基，浚水坚之石麓；安亭得景（参见【3-28】），莳花笑以春风（参见【5-6】【13-2】）。虚阁荫桐（参见【2-10】），清池涵月（见【3-44】）；洗出千家烟雨，移将四壁图书。素入镜中飞练，青来郭外环屏。

芍药宜栏，蔷薇未架；不妨凭石，最厌编屏，未久重修，安垂不朽？片山多致，寸石生情；窗虚蕉影玲珑，岩曲松根盘礴（见【3-27】）。

足征市隐，犹胜巢居，能为闹处寻幽（参见【2-5】），胡舍近方图远？

得闲即诣，随兴携游。

（三）村庄地

古之乐田园者，居畎亩之中；今之耽丘壑者，选村庄之胜。

团团篱落，处处桑麻。凿水为濠，挑堤种柳。门楼知稼，廊庑连芸。

约十亩之基，须开池者三，曲折有情，疏源正可；馀七分之地，为垒土者四，高卑无论，栽竹相宜。

堂虚绿野犹开，花隐重门若掩。掇石莫知山假（参见【11-9】），到桥若谓津通（见【3-10】）。桃李成蹊，楼台入画。

围墙编棘，窦留山犬迎人；曲径绕篱，苔破家童扫叶。秋老蜂房未割，西成鹤廪先支。安闲莫管稻粱谋，沽酒不辞风雪路。

归林得意，老圃有馀。

（四）郊野地

郊野择地，依乎平冈曲坞，叠陇乔林，水浚通源，桥横跨水（见【3-10】），去城不数里，而往来可以任意，若为快也！

谅地势之崎岖，得基局之大小。围知版筑，构拟习池。开荒欲引长流，摘景全留杂树。搜根俱水，理顽石而堪支；引蔓通津（参见【13-21】），缘飞梁而可度。

风生寒峭，溪湾柳间栽桃；月隐清微，屋绕梅馀种竹（参见【2-12】）。似多幽趣，更入深情（参见【11-7】）。两三间曲尽春藏（参见【13-2】），一二处堪为暑避（参见【13-3】），隔林鸠唤雨，断岸马嘶风。花落呼童，竹深留客。任看主人何必问，还要姓字不须题。须陈风月清音，休犯山林罪过。

韵人安裹？俗笔偏涂。

（五）傍宅地

宅傍与后有隙地，可葺园，不第便于乐闲，斯谓护宅之佳境也。

开池浚壑，理石挑山，设门有待来宾，留径可通尔室。竹修林茂，柳暗花明。五亩何拘，且效温公之"独乐"（参见【0-8】）；四时不谢，宜偕小玉以同游。

日竟花朝，宵分月夕，家庭侍酒，须开锦幛之藏；客集征诗，量罚金谷之数。多方题咏，薄有洞天。

常馀半榻琴书（参见【2-33】），不尽数竿烟雨（见【3-35】参见【5-6】【9-3】）。洞户若为止静，家山何必求深？宅遗谢朓之高风，岭划孙登之长啸。探梅虚蹇（参见【2-12】【13-28】），煮雪当姬。

轻身尚寄玄黄，具眼胡分青白？固作千年事，宁知百岁人？

足矣乐闲，悠然护宅。

（六）江湖地

江干湖畔，深柳疏芦之际，略成小筑，足征大观（见【3-35】）也。

悠悠烟水，澹澹云山，泛泛鱼舟，闲闲鸥鸟（参见【2-20】）。

漏层阴而藏阁，迎先月以登台。拍起云流，觞飞霞伫。何如缑岭，堪谐子晋吹笙（参见【2-29】）；欲拟瑶池，若待穆王侍宴（见【3-52】）。

寻闲是福，知享即仙。

【3-1】涉门成趣，得景随形

题语选自《相地》。涉门成趣：谓进入园门游赏，即生成意趣，典出晋陶渊明《归去来兮辞》："园日涉以成趣。"这是强调了审美主体孕育情感、培养兴致的必要性。得景随形，用"倒装"辞格，谓随其地形情状而得以获观甚至主动发现种种景致。两句不仅适用于园林游赏，而且也适用于园林的设计营造。

图为苏州怡园的竹石小品，在四时潇洒亭月洞门北侧。它虽靠近出入内园的主通道，却往往不为游人垂青，而"园日涉以成趣"的摄影家，却以其善于发现的眼光摄下了这帧《竹石图》。试看，墙边袖珍型花坛中，植一片小小湖石，伴以数竿细竹，就使此幽雅小景颇饶文化意蕴，让人回眸历史……

在中国绘画史上，竹石相配昉自北宋，至元代随画竹艺术而盛，如李衎《息斋竹谱·自序》就有"一枝数叶，倚石苍苍"之语。至清代大师郑板桥，竹石相配登峰而造极，其题画诗一再咏道："竹君子，石大人。千岁友，四时春"；"写根竹枝载块石，君子大人相继出"；"竹枝石块两相宜，群卉群芳尽弃之"……这种"互妙相生"的现象，积淀为一种"关系美"，是园林意境美的生成规律之一（见金学智《中国园林美学》第309-312页）。郑板桥还特重主体与对象的情感交流，《题画竹石》写道："风中雨中有声，日中月中有影，诗中酒中有情，闲中闷中有伴，非唯我爱竹石，即竹石也爱我也。"这一系列意味深长的题跋，极大地丰富了中国的竹石文化传统【∞→】。

怡园月洞门侧的袖珍竹石小品，也应置于这一传统中来品赏。这幅立体竹石图，靠壁所掇立峰，符合于"上大下小，立之可观"（《掇山·峰》）的美学要求，而且它"以粉壁为纸，以石为绘"（《掇山·峭壁山》），左右新生细竹，青翠欲滴，显现着勃勃生机。而附近的四时潇洒亭，其题名也挺有意思，岁岁长青四时春，不正是"四时潇洒"吗？

再说说《竹石图》的诞生。某月某日上午九时

【3-1】门侧小品《竹石图》（张维明 摄）

许，摄影家来此寻美，恰好发现一缕阳光斜射在竹石上，真是"日中月中有影"。此光影不可小觑，它给画面带来了生动的气韵。试看，枝叶变得深深淡淡，饶有意趣，而影落墙上，翠竹竟部分地成了墨竹；石上的皴纹也更为分明，凹深凸浅，堪谓"皴拂阴阳"；而作为白纸的粉墙上，则光影斑斑，淡入虚无……此时，涉门品赏者若调动想象，联系意大利的达·芬奇"阴影是物体及其形状的表白"（《芬奇论绘画》第93页）这句画学名言来细加玩味，那么，这种中西美学交融的品赏，更会让人进入沉思空间，感动箇中意味无穷，主体情趣倍添，"非唯我爱竹石，即竹石也爱我也"。由此可见，墙旁壁隅，竹石虽小，但所得景境却不小，此可谓"涉门成趣，得景随形"也。

【3-2】选胜落村，藉参差之深树

题语选自《相地》。胜：即胜景、奇景，《掇山》就有"多方景胜"之语。落：动词，着落；下落；落脚点（意动用法）。落村：以村庄地为落脚点，即以其地的园林为归宿。藉〔jiè〕：动词，依凭；假借。深：草木旺盛貌。唐杜甫有"城春草木深"（《春望》）之句。题语两句意谓：选择胜景，着落于村庄地，既可依傍，又可借景于参差茂盛的树林。

图为婺源古山村。婺源县在江西东北，邻接安徽、浙江，该县幸存下来的古镇山村景观，在旅游成为时代风尚的今天，早已吸引得爱美的人们摩肩接踵而至，其中尤多背机扛架前来摄影的游人，因而被誉为"中国最美乡村"、"鼎级摄影基地"。此图所摄，为婺源石城村（程村和戴村），时值金红色的秋天。清晨，山坳里岚腾雾升，烟霞一片，连绵的山峦作为古村落背景，似

【3-2】婺源石城村之秋色（周仲海 摄）

以画笔所渲染的彩墨，大片地由下而上向山顶洇化晕开，而起伏的山顶轮廓线则由左而右逐渐地淡去，直至化为虚无，这是画面最精彩的部分之一，用清代著名美学家刘熙载的话说："山之精神写不出，以烟霞写之……诗无气象，则精神亦无所寓矣。"（《艺概·诗概》）此图亦复如此，它以金红色的烟霞为胜概，为精神所寓，显得气象万千，变动不拘。再看山坳的村落，大抵为徽派建筑，在一派烟岚弥漫中既若明，又若暗，隐隐约约，模模糊糊。而民居周围，还妙有参差茂盛的古木嘉树，其中以似火的红枫为主，经金红色的朝晖斜射而入，也显得明明暗暗，深深淡淡，得用"云兴霞蔚"这个词语来形容……"物色相召，人谁获安！"（《文心雕龙·物色》），于是，摄影家登上高处，通过色温的调控，用暖色系来表达，创作出这帧温馨幽雅的画意摄影。再联系题语来下审美判断：选择这一胜境如画的村庄地及其园林来落户，是幸运的、幸福的。

【3-3】旧园妙于翻造，自然古木繁花［其一］

题语选自《相地》。现存园林的事实是，较多是在旧园的基础上经翻修或扩建而保存至今的。题语深刻地总结出相地时处理旧园的一个重要原则，即不应将其夷为平地，另起炉灶，而是应在原有的基础上，尽可能按旧翻修为妙，其中特别应注意保护古树名木，因为它们是旧园多少年来的历史见证，是生态之魂，文化之根。著名古建专家郑孝燮先生一再指出："无根则枯，无源则竭"；"历史是根，文化是灵魂……历史长河不能割断，文化灵魂不能失落"；"只有保护才可以使它们'延年益寿'"（见《世界遗产与古建筑》2017年第1期）。这些都是带有真理性的。"旧园妙于翻造，自然古木繁花"两句，前句是因，后句是果，在保护的前提下翻造，园内自然而然会很快出现古木繁花的欣荣景象。在生态文明成为时代主旋律的今天，造园家、设计师仍应铭记这一重要原则。

图为苏州木渎的古松园，清末所建，百余年来，虽也经更迭修复，但其中明代遗物——已有五百年树龄的古罗汉松终于保存下来。此松不仅是全园的"当家树"，"镇园之宝"，而且当年园主购地置宅造园时，它已存在了数百年，故名其园为"古松园"。此松在宅第后园，它虽经磨历劫，但至今仍是高高耸立，筋骨老健，不凋不残，生机发越，荫蔽着庭园。值得推崇的

【3-3】古松园罗汉古松（童　翎　摄）

是，该园不仅环古树绕以木栅栏，立以介绍牌，说明此树的可贵价值，培养人们的保护意识，而且绕古树营建起双层长廊，下层除洞门外，一个个空窗均特大开敞，堪称空明洞达，便于人们环观古松；而人们如登临上层长廊，则更可尽情游观品赏。这种让人们从高低不同的双层方位瞻仰古树名木从而产生崇敬心理的特构，在国内似无二例，古松园也以雄辩的事实，证明了"旧园妙于翻造，自然古木繁花"的高论。

【3-4】旧园妙于翻造，自然古木繁花［其二］

本条承上条，续释题语。图为扬州清代旧园瘦西湖的古琼花。琼花，是一种珍贵而美丽的花。在历史上何时见于记载，需要一考。隋炀帝下扬州看琼花是出于传说，但唐李白就以琼花喻美女："西门秦氏女，秀色如琼花。"（《秦女休行》）这似是最早出现的"琼花"一词，不过难以从中了解琼花的具体形状。自宋开始，有关琼花的诗文一下子涌现出来，首咏者为宋初的王禹偁（945-1001），其《后土庙琼花诗二首并序》写道："扬州后土庙有花一株，洁白可爱，且其树大而花繁，不知实何木也，俗谓之琼花云，因赋诗以状其态。"诗句如："谁移琪树下仙乡，二月轻冰八月霜"，"春冰薄薄压枝柯，分与清香是月娥"。由此推断，琼花属木本，特点是树大花繁，其花洁白可爱，如冰似雪，并有清香。"不知实何木也"一句，显示了诗人实事求是的态度。自此，后人咏琼花往往援"扬州后土"为典，但问题是往往爱将其神化。其实，"谁移琪树下仙乡"只是诗意的描颂而已，对此实实在在的珍稀花树，王序以"俗谓之琼花"概之，这从本质上看，是对工匠精神及客观事实的肯定和尊重。宋李格非《洛阳名园记》云："今洛阳良工巧匠，批红判白，接以它木，与造化争妙，故岁岁益奇且广……"这种与"与造化争妙"的珍木奇卉，是花匠劳动和智慧的结晶，据研究，"俗谓之琼花"是聚八仙"接以它木"所创造的新品种，而事物的名称本来就是约定俗成的，"俗谓之……"一句，正反映了扬州花匠们及广大赏花公众对此新品种的一致认同，应该说，它来自聚八仙，却更胜于聚八仙。宋人赵以夫《扬州慢序》还指出：琼花"比聚八仙大率相类，而不同者有三"："琼花大而瓣厚，其色淡黄，聚八仙花小而瓣薄，其色微青"；

【3-4】瘦西湖雨中古琼花（蓝　薇　摄）

"琼花叶柔而莹泽，聚八仙叶粗而有芒"；"琼花蕊与花平，不结子而香，聚八仙蕊低于花，结子而不香"。这一比较，有较高的认知价值。

图为今日瘦西湖一棵硕大无朋、枝茂叶盛的古琼花，其特色可借用宋人诗句来描绘：它"树大而花繁"（王禹偁），"细蕊列蜂须"（胡宿《后土观琼花》），令人惊叹其生长的奇巧；"外围蝴蝶戏"（韩琦《琼花》），其周围的花瓣如翩跹戏舞的蝴蝶；"此花爱圆不爱缺，一树花开似明月"（徐积《琼花歌》），其树上每朵洁白晶莹的花蕊犹如颗颗珍珠聚成圆月……正因为如此，扬州旧园瘦西湖这一"古木繁花"，有其巨大的吸引力，而且即使在无花之日，甚至大雨滂沱之际，游人也会成群结队而至，来此倾听历史的呼吸，并以一睹其芳容为快。

【3-5】高方欲就亭台

题语选自《相地》："高方欲就亭台，低凹可开池沼。"方：土方，引申为地势。高方：高地；地势高的地方。低凹：地势低洼之处。题语此二句，以"高"、"低"二字领起，构成空间反差极大的骈辞骊语，体现了就势利用的原则，这对相地造园的设计实践极有指导意义，本条图释出句。

图为苏州拙政园中部山上的待霜亭。现拙政园的中花园，是承续明代特色的精华所在，它至今保存了以水为中心的特色，池水占总面积的一半以上。陈从周先生《苏州拙政园》一文指

【3-5】因地制宜的待霜亭（梅　云　摄）

出："文徵明《拙政园记》：'郡城东北界娄、齐门之间，居多隙地，有积水亘其中，稍加浚治，环以林木……'据此可以知道是利用原来地形而设计的，与明末计成《园冶》中《相地》一节所说'高方欲就亭台，低凹可开池沼'的因地制宜方法相符合。故该园以水为主，实有其道理在。"（《园韵》第101-102页）既然原来就是积水其中的低凹之地，那么就可以"入奥疏源，就低凿水"（《相地·山林地》），因势利导地开掘池沼，当然，挖出的土方又可用来堆山，这还决定了山体必然是土山——石包土的假山。拙政园池中的两座土山，正是园主们充分利用"低凹"使之转化为"高方"的可喜成果。

《兴造论》云："宜亭斯亭，宜榭斯榭。"这也是因地制宜的经典名言。土山高方之上，正是"宜亭斯亭"之

地，而这座六角攒尖的待霜亭，和歇山顶的雪香云蔚亭一东一西，建于横亘池中的土山之上，确乎极能藉此生发胜概。再说土山以其土多石少，故植被特别丰富，从山上到池边，可谓满眼碧鲜，把池水都映绿了。待霜亭的标胜引景，颇能吸引游人来此登临揽胜，它的成功，证明了"高方欲就亭台"这一命题的正确性、真实性。

【3-6】低凹可开池沼

本条承上条，继"高方欲就亭台"而再图释"低凹可开池沼"。

图为苏州拙政园东部芙蓉榭所临池沼。拙政园东部原为明末王心一的"归田园居"，当时，它是拙政园的东邻。王心一《归田园居记》写道："地可池，则池之。取土于池，积而成高，可山，则山之。池之上，山之间，可屋，则屋之。"这一连串名词转性为动词的精彩语句，简练而生动地体现了《兴造论》"因借体宜"中"因"、"宜"原则。据"可池，则池之"一句，可知这里地势一定低凹，"可开池沼"。后来，"归田园居"逐渐荒圮……直至20世纪五六十年代，才大体按原貌修建，并且合并为拙政园的东花园。历史地看，此园的营造经验值得研究。《归田园居记》云："可池，则池之"；"可屋，则屋之"。具体地说，也表现为"池广四、五亩，种有荷花……为'芙蓉榭'"。而今，芙蓉榭仍是东花园的一个重要景点，它既符合于《归田园居记》中的"可屋，则屋之"，又符合于《园冶·兴造论》中的"宜榭斯榭"。由此可见，《园冶》是我国造园实践历史经验、现实经验的高度概括和理论提升，升华为"因"和"宜"这两个园林美学范畴【∞→】。

再看现今的芙蓉榭，建于花园前部水池东端，坐东朝西，卷棚歇山顶，四面绕有回廊，装修极为精致，其本身就是一处幽雅美丽的景观。同时，它不但能供人小憩，而且又因其三面临水，凸出池上，更便于人们在其中观荷、赏鱼、亲水、品美，这是对因地制宜所开池沼的充分利用，也可看作是计成"因"、"宜"美学的典型例证。

【3-6】宜榭斯榭的芙蓉榭（梅　云　摄）

【3-7】卜筑贵从水面

题语选自《相地》："卜筑贵从水面，立基先究源头，疏源之去由，察水之来历。"卜筑：即通过占卜选择居地，即定居之意，后亦泛指择地建屋造园，而不一定有占卜行为。立基：确定房屋、假山等的基地、位置乃至方位朝向，即确定园林建筑布局的初步规划。《兴造论》："故凡造作，必先相地立基。"立基和相地一样，是规划设计的重要一环，是破土动工前必须首先进行的。上引《相地》语中的"贵"、"先"二字，还突出了水在造园、卜筑、立基中的首要地位，然而一般的园林建造，往往不够重视"疏源之去由，察水之来历"，所以计成的强调、提醒，是非常必要的。

图为杭州西湖的郭庄，为清末宋姓所建，俗称宋庄。后属郭姓，称郭庄，又称"汾阳别墅"，此名由于汾阳为郭姓郡望，唐代尤崇郡望意识，特别是由于唐代出了大功臣、著名军事家郭子仪，被封为汾阳王，人称郭汾阳，故郭庄又雅名"汾阳别墅"。郭庄的造园艺术，以理水为第一。童寯先生评道："汾阳别墅即郭庄，昔之宋庄也。""环水为台榭，雅洁有似吴门之网师"（《江南园林志》第38页）。郭庄"环水为台榭"的周边布局，就像苏州的网师园一样，在杭州宅第园林中最富水意。

郭庄卜筑选址于西子湖畔，是占了先天的有利条件。园中处于一角、上建赏心悦目亭的假山，不但有美可赏，而且还有一个实用功能，就是引西湖之水入园，假山下部很大的洞就是水

【3-7】郭庄：立基先究源头（王　欢　摄）

门，设有管控的水闸。于是，全园活水既回环于山岛馆阁，又缭绕于桥廊亭榭；既流淌于浣藻亭前的浣池。又渊淳于"一镜天开"的镜池……无处不是西湖的活水。

此图摄于离大门不远"香雪分春"临水的廊间。这里，上有花结子挂落，下有卐字栏杆，左右有廊柱，构成一个优美的画框，其中正面直对的是两宜轩，右面是浣藻亭，左面林木深处还遮隐着凝香亭。它们以水池为中心，均面水为势，构成环水而建的周边布局，用《园冶》的话语说，均体现出"卜筑贵从水面"的设计，特别是两宜轩更凌驾于水，其水环境更佳。还值得品味的是，摄影家为凸显郭庄对西湖水的引进，特别注重表现水的流动感，试看画面上，波光鳞耀，水流较急，令人想起《相地》所说的"疏源之去由，察水之来历"，耳际似闻活活（guōguō）流水声，这是画面最为传神的一笔。

【3-8】临溪越地，虚阁堪支；夹巷借天，浮廊可度

题语选自《相地》。在《园冶》中，此句争议最多。《陈注》："设若靠溪，可跨水而架以虚阁；假如夹巷，可凌空而接以浮廊"。此释尚通顺，但"靠"、"接"二字失当。而《全释》误读更多，特别是混淆了不同含义的"夹"和不同性质的廊，同时还杂进一些含糊玄虚之词，如"往复无尽"、"流动空间"、"暗度陈仓"、"出人意料"等，把问题复杂化，故受到《商榷》的质疑，但《商榷》又误释道："虚阁架于小溪水口之上，浮廊架于港口之上，正好借天光云影映水之景"，这种割裂，更是一种想当然。《析读》则认为是指若遇地块不完整，中间如被河溪等隔开，就可借用天空，用"浮廊"在上面跨过去，此释应予充分肯定。

【3-8】临流借天的北涧廊桥（蔡开仁 摄）

诸家之误主要是由于不理解这一错综语句的"互文"辞格，举例以明之。如北朝《木兰诗》的"当窗理云鬓，对镜帖花黄"，这种梳妆打扮是既当窗，又对镜，绝非各不相关地分别进行的。本条题语两句亦复如是，故不应分开作孤立的解释，而应将其参互地理解为：设若面临溪流或前隔巷弄阻住去路，就该用下跨地块、上借天空的方法，把虚灵、浮空的廊阁支架起来，从而度越过去。这两句在计成笔下，写得有变化，有气势，两两相对，琅琅上口，前以显后，后以明前，还具有铺陈藻饰，协调音节，寓变化于工整之美。

那么，这种亦廊亦阁的建筑今天叫什么？刘敦桢先生七十余年前的《中国之廊桥》一文就赋予"廊桥"之名（《刘敦桢文集》卷3第448页），笔者在征引的同时，举了拙政园小飞虹廊桥等一系列的典型实例（详《探析》第210-220页），本条再补证以浙南的著名廊桥。

图为地处浙江泰顺泗溪镇下桥村的北涧桥。泰顺地区，山高路险，村落分散，又被溪涧分隔，故多建桥，现存明清古木廊桥三十余座，著名的有北涧桥、溪东桥、刘宅桥、文兴桥、仙居桥、三条桥等。泰顺的桥，品类众多，或木或石，或拱或平，还有堤梁式桥（石碇步）等，被誉为"千桥之乡"、"浙南桥梁博物馆"。本条重点赏析北涧桥，它跨越于北溪之上，沟通此岸与彼岸，确乎是"临溪越地"；其桥身长52米，东首有石阶16级，西首却有石阶26级，又可谓"随基势之高下"（《兴造论》）；桥上建有廊屋20间，俨然一道长廊，故既是腾空而起的"借天"建筑，又是地道的"虚阁堪支"，人们还可在此歇脚避雨，故俗称风雨桥。

此片拍摄的机位较低，是为了借其后平桥的衬托，凸现了北涧桥的高高隆起，使其暗红色的身影益显其美。试看，廊桥凌驾空中水上，而脊端的龙饰，更助成其升腾之势，令人想起《易·乾·九五》"飞龙在天"之语。这里有两道溪水会聚而来，哗哗作响，见证了风水的神异。桥东首还有参天古樟，荫蔽森森，撑起了半边天。

蓝天白云下，青山绿水间，一道飞虹跨东西，诚乃不可胜收之美，无怪乎被赞为"世界最美廊桥"。

【3-9】倘嵌他人之胜，有一线相通……

《相地》云："倘嵌他人之胜，有一线相通，非为间绝，借景偏宜；若对邻氏之花……"这是《园冶》中字数最多的骈语之出句，与对句组成一段意味深永的绝妙好辞，但人们往往认为不过是玩弄对仗技巧，对造园并无实际价值，其实不然。

本条释出句。倘：假如。嵌：镶嵌，相互楔入。一线：形容空间极细微。间绝：隔绝。邻氏：邻居异姓的人。出句强调应尽可能注意利用原地些小的借景因素，不应轻易放过。

图为苏州艺圃响月廊窗景。此廊雅名"响月"，实是一半亭，亭后有一空窗，前置一金砖方桌，窗上悬"响月廊"之匾，两侧悬板联一副："踏月寻诗临碧沼；披裘入画步琼山。"如此陈设，则空窗俨然拟为一幅立体之画。但是，窗外却紧贴邻氏山墙，此窗与彼墙的间距仅数十公分，只留一条狭窄的夹缝，确乎可谓"一线"之地，不过它"非为间绝"。这窄小的空间之妙，在于"虚无中生有，夹缝中求景"。试看，其间仅植细竹数竿，在缺少阳光的狭小空间里居然也能成活。于是，窗框就是画框，画中虽然竿少、枝疏、叶稀，却极具清瘦之美，还颇合

【3-9】响月廊：空窗邻借（张维明 摄）

画理。清代墨竹名家郑板桥题画竹有云："一竿瘦，两竿够；三竿凑，四竿救。"又云："一两三枝竹竿，四五六片竹叶；自然淡淡疏疏，何必重重叠叠？"真是妙语如珠！响月廊空窗中以少胜多的画面，亦应作如是观。

尤妙的是，邻氏山墙是年代已久没有粉刷也难以粉刷的灰蒙蒙的旧墙，雨迹斑斑，剥痕累累，水漉渗化，如同国画中的水晕墨章，深深淡淡，迷迷濛濛。它作为"墨竹"的背景，犹如山水画中的远山近水，烟岚飘渺，还可见遥遥山麓湖畔，隐隐有蹊径，有人家。于是，小小窗外似乎意境无尽，令人直欲按对联指向"入画""寻诗"，而忘却了这是近在咫尺的一堵旧墙。

这种天然旧墙用作背景，许是不自觉的，但可说是园林史上距离近到不能再近的"借景"，而且它还联结着画史上有关"墙"画的、趣味盎然，发人深思的一个个小故事【∞→】：

邓椿《画继》载，北宋大画家郭熙让泥水匠用手"抢泥于壁"，胡乱地涂满墙壁，或凹或凸，乾后以墨随其形势晕成峰峦林壑云烟，有"宛然天成"之美，谓之"影壁"。

沈括《梦溪笔谈》载，北宋画家宋迪为求"天趣"，用半透明的绢素"倚之败墙之上，朝夕观之，观之既久，隔素见败墙之上，高卑曲折，皆成山水之象"，于是随意命笔，"境皆天就，不类人为"。

在西方，意大利文艺复兴时期大画家达·芬奇说："请观察一堵污迹斑斑的墙面……倘若你正想构思一幅风景画，你会发现其中似乎真有不少风景……"这方法"具有刺激灵感作出种种发明的大用处"。他强调说："我得提醒你们，时时驻足凝视污墙……"（《芬奇论绘画》第44—45页）

艺圃的窗景，不但和以上数例不谋而合，而且与计成"倘嵌他人之胜，有一线相通，非为间绝，借景偏宜"之论合若符契。

一天，笔者满怀发现的喜悦，带着相机去艺圃拍摄此景。不意泥水匠（注意：也是"泥水匠"）粉刷园内墙壁，见窗外邻氏"污墙"不美，刷了又补，使之"焕然一新"，而杰作"影壁"，亦随之烟消云散！于是，只能怅然若失，写下一篇题为《品空窗，忆旧墙》的短文（见《苏园品韵录》，第18—20页）。

俗话说，踏破铁鞋无觅处，得来全不费工夫。有一天，欣遇摄影家张维明先生，获悉他慧眼识珠，抓住机遇，早已把这帧极富天趣的"影壁"杰作拍了下来，编入《苏州艺圃》画册，使其成为"永远"。这一世上距离最近的借景得以在摄影中保存，乃艺圃之幸，推而广之，也是园史之幸。我又怀着失而复得的喜悦，将其编入本书，作为《园冶》名言的确切实证。

【3-10】驾桥通隔水，别馆堪图

题语选自《相地》。计成深知，桥是风景园林不可或缺的构景要素【∞→】，故《园冶》书中一再出现："到桥若谓津通"（《相地·村庄地》）；"水浚通源，桥横跨水"（《相地·郊野地》）；"疏水若为无尽，断处通桥"（《立基》）……，写出了桥与水的亲密关系，水流隔断岸路，断处就可驾桥。桥的形式是跨，功能是通，通往种种优美的景区、雅致的别馆……桥与水有相得益彰之妙：桥如虹，水如空，两相映照，诗情融融，画意浓浓。

题语中的"驾"字，下得绝妙。但《图文本》却误认为别字而改为"架"，这显得平俗呆板。

【3-10】花圃近旁毓秀桥（陈兰雅 摄）

"驾"本就有架构义。《淮南子·本经训》："大构驾，兴宫室。"高诱注："驾，材木相构驾也。"驾桥通隔水，不但文采灵动，而且富于凌驾的气势，表现出计成用词的诗性选择。

图为杭州花圃附近的毓秀桥，该桥系从萧山搬迁过来，桥龄已有数百年之久，古朴典雅，造型优美，而今静静地卧于水上，正是：驾桥通隔水，赵公堤顿成通途。它还点缀着水景，使这里成为富于水韵的游赏之地。

既然如此，摄影家缘何对毓秀桥不拍特写，不加强调，相反却推远以观？这是为了创造意境。唐张旭《桃花溪》诗云："隐隐飞桥隔野烟"。宋画家韩拙《山水纯全集》写道："有烟雾溟漠，野水隔而仿佛不见者，谓之迷远。"再看图中，确乎野烟溟漠，远处的毓秀桥隐隐约约，迷迷濛濛，仿佛不见其倩影，这是一种不强调的强调，特能孕育如诗似画的迷远境界，让人品之不尽，味之无穷。

摄影家另一目的，是为了同时突出作为近景的罕见的藤缠树。此树名合欢，落叶乔木，叶片如羽对生，夜间成对相合，故又名夜合树，花香袭人。宋韩琦《夜合》咏道："所爱夜合花，清芬逾众芳。叶叶自相对，开敛随阴阳……得此合欢名，忧忿诚可忘。"

图中的合欢树，生长于杂草丛生、野花稀零的水边，极富水乡野趣，镜头仅取其一段粗壮的主干，暗褐色树皮作为底色，衬托得缠树的紫藤特别美：叶色多变，既非一色的绿，又非一色的黄，而是体现为一种渐变——绿渐渐变黄，黄渐渐变橙，橙渐渐变棕……一枝之上，一叶之中，色彩均有微小的差异过渡，就像以水彩画笔渲染而成。再看细细的藤，围绕着树干如同草书的线条舞空……若凝神静观，看着看着，桃花溪上似会隐隐传来刘三姐的山歌："山中只见藤缠树，世上哪有树缠藤。青藤若是不缠树，枉过一春又一春……"

图中，远与近、虚与实，相反相成，取得了实者愈实而虚者更虚的效果，出色地体现了艺术辩证法【∞→】。摄影家藉此既诗化了毓秀桥，又凸显了藤缠树，可谓一举两得，一箭双雕。

【3-11】聚石垒围墙，居山可拟

题语选自《相地》。与计成同时代的文震亨在《长物志·室庐》中说："居山水间者为上，村居又次之，郊居又次之……"这写出了文人们对隐于真山的歆羡。再看题语，意谓聚石叠掇或部分地叠掇围墙，就可以比拟于山居。那么，这种"居山可拟"论的依据又何在？中国传统文化哲学认为，山以石成，石以山生，石与山存在着本源上的同构关系，故片石即可当山峰。《礼记·中庸》云："今夫山，一卷石之多……"这样，在园中盘桓于一峰一石间，就像游居于山林了，即所谓"户庭不出日游岳"（清郭淳《奉题寒碧庄十二峰》）。这实际上是一种假想性的审美满足（详见《探析》第297-298页）。

图为苏州拙政园著名的园中之园枇杷园，它主要由西北两面的云墙围合而成。在北面偏西的云墙上，辟有月洞门，上嵌"枇杷园"三字砖额。其西围墙之内主要以湖石叠掇和嵌入，展延为壁山，代替了云墙的下部。而云墙则在其上或其间一带延伸，让人"高低观之多致"（《掇山》）。石上有土，和土上杂生草木一样，此墙也恰似由山石自然生出。

更值得推崇的是西面的外墙，下部均以黄石为材，如镶嵌，似叠掇，墙山浑成，与草木一

体，颇为别致。尤其是月洞门两侧的黄石，为浑厚的壁山，门西之山直耸，门东之山横展，二者适成对比，但均可谓"求坚还从古拙，堪用层堆"（《选石》）。再看其石上苔藓斑驳，风格苍硬古拙，烘托得

【3-11】枇杷园墙石一体（梅 云 摄）

此云墙和洞门古意盎然，如在山间。

《园冶》和古典园林，都是取之不尽、读之不完的宝库【∞→】，上述"墙山"结合的艺术及其功能，至今似无人予以关注，更无人将其结合于计成的"居山可拟"论予以探讨。19世纪俄罗斯美学家车尔尼雪夫斯基曾指出，艺术的作用"是再现自然和生活"，并"充当它的代替物"（《生活与美学》第91-92页）。对于后一句，绝大多数学者均不赞同，但是，却至少适用于中国的"居山可拟"论。

"墙山"结合的艺术形式也有种种【∞→】，如：一、苏州耦园西部织帘老屋前的湖石假山，山洞上有短短的墙垣起伏于山石之间；二、著名园林学家童寯先生也曾言，南浔宜园"有时粉墙忽断，而叠石成壁续之，令人惊叹其意匠之奇"（《江南园林志》第14页）；三、苏州沧浪亭看山楼下的石室，以黄石叠掇，完全代替了墙壁，并与室外山体相连；四、扬州瘦西湖静香书屋，黄石与粉墙结合成景观，也风采别具……

【3-12】荫槐挺玉成难［其一］

题语选自《相地》："雕栋飞楹构易，荫槐挺玉成难。"计成通过对比，鲜明地表达了他的生态学立场（见《探析》第371-374页），本条只图释"荫槐"。这个"荫"字，一般注家只释其树冠成荫如《全释》《图文本》，其实它还另有不容忽视的历史文化意义。《周礼·秋官·朝士》："面三槐，三公（掌握军政大权的最高长官）位焉。"在先秦，外朝一般植槐三棵，为天子、诸侯、群臣会见处。后以"三槐"作为"三公"的代称，或作为王侯三公身份的象征。笔者曾据此指出，"在传统文化的语境中，槐树可说是'身份树'，它除了具有绿化、美化环境等作用外，还有荫庇人家，增辉户庭，凸显门第尊贵或抬高宅第身价等寓意……在古代诗文中，槐树有荫途、荫庭、

被宸等人文含义。"（《苏园品韵录》第130页）。因此，它常与宫廷殿堂、高官显贵、三公九卿等连在一起，如槐卿、槐庭、槐位、槐望、槐府、槐第……

盘槐，为国槐的变种，不那么高大，是具有特定装饰性的树种。图为苏州狮子

【3-12】狮子林门前盘槐（张　婕　摄）

林大门前对植的盘槐，其种植完全切合于古诗文所咏："作阶庭之华晖"（汉末王粲《槐树赋》），"爱表庭而树门"（晋挚虞《槐赋》），"绿槐夹门植"（晋潘岳《在怀县作》）……不能忽视狮子林这夹门而植的小小一对盘槐【∞→】，它们承载着两千多年来厚重的历史文化积淀，荫庇着偌大的被人们誉为"假山王国"的狮子林。

盘槐又称蟠槐、垂槐，其形象之美也值得品赏，一般的树枝总是由下往上生长，而盘槐的树枝却弯弯地向下，在树木的大家族中，除了垂柳外，很少看到这种倒垂的姿态美，但它与垂柳又颇多殊异。如果说，垂柳的姿态占得一个"秀"字，是一种阴柔之美，那么，盘槐却占得一个"健"字，带有一种阳刚之美，它壮实、坚挺，风吹不动，守护着府第的门庭。试看图中，其纵裂纹的褐色树干，托举起一朵不散的祥云，嫩色葱葱，生机悦人，绿意油油，不染纤尘。再细看其虬枝，蟠曲向下，如龙爪攫拏，枝条上又满缀着片片对称的翠羽，美妙不容佳人拾，密密簇簇垂好荫……它既有生态价值，又有文化价值，还有其审美价值。

在苏州网师园这一典型的宅第园林照墙前，也植有多年的盘槐一对，亭亭如盖，显现着"树门"、"辉户"、"荫庭"、"槐第"等历史积淀的意蕴。以此来品悟《园冶》中"荫槐"的这个"荫"字，就不会仅仅局限于自然生态、审美形式的理解，而会同时兼及其丰饶的文化生态含义，也就会对槐树倍加珍爱，推而衍之，及于一切花木。

【3-13】荫槐挺玉成难 [其二]

上条已释"荫槐"，本条再释"挺玉"之成难。挺玉：喻粗挺劲直的美竹。玉喻其质，挺喻其直，这在古代诗赋中常可见到，如"伟兹竹之标挺……会稽方润于碧玉"（唐吴筠《竹赋》）；"凌霜挺万竿"（明申时行《竹径》）；"挺挺参天结凤巢"（明丘濬《题周都尉墨竹》）。成难：说明槐、竹成长到如此高大很难，应妥加保护。

说到竹景，要数杭州"云栖竹径"最有名。20世纪末，它还列为杭州"西湖新十景"之一。据《云栖志》载，云栖寺附近所植毛竹最盛，夹道皆是，好事者爱其苍秀，常给资于寺僧，

【3-13】挺挺参天的云栖竹径（刘有平　摄）

嘱其毋动斧斤，以故每竿多书有"放生"等字。这是很有价值的生态学史料。清人汪垲还有长诗《云栖老竹行》，诗中如"戛云敲风百万个，岁久与树争圆肥……"写得极精彩："戛云敲风"，既夸竹梢之高可以"扫云"，又喻其相击于风中，声如戛玉敲金，铿锵悦耳；"百万个"，形容数量之多，"个"喻竹叶之状；"岁久与树争圆肥"，更赞其年岁之久，竹竿可与树干比粗。又如"岂知兹山富挺拔，十里浓碧沾人衣"。一个"挺"字，与《园冶》不谋而合。"十里浓碧"，写竹径之绵长，环境之幽碧，令人艳羡！

图为云栖竹径中的一段，石板路略带弯势，看不到尽头，而两侧挺挺拔拔，万竿参天，映得人面衣裾皆绿，倍感清凉幽静，令人回味入口处牌坊上的篆书联："万竿绿竹参天景；几曲山溪匝地泉。"此联是对这里色景、声景的绝妙写照。图中以红伞女子点景，令人想起宋代画院考试的故事。

据宋陈善《扪虱新语》载："唐人诗有'嫩绿枝头红一点，动人春色不须多'之句，闻旧时尝以此试画工，众工竞于花卉上妆点春色，皆不中选，惟一人于危亭缥缈、绿杨掩映之处，画一美妇人凭栏而立，众工遂服。"估计这妇人穿的定是红衣。以后，这故事就凝定为"万绿丛中一点红"的成语。此帧摄影，妙在抓拍到"万绿丛中一点红"，以红衬绿之美，以绿衬红之艳，可谓相得益彰。《云栖老竹行》还这样描写云栖："此境幽靓日罕睹，况当斜照穿林扉。"意谓在如此幽靓浓碧的竹林中，红日是很难看到的，更不用说斜晖穿进竹林了。然而，摄影家却等待时机，让穿进竹林仅有的几缕斜晖，恰好投射于行走女子的红伞之上。这画龙点睛的一笔，对照《云栖老竹行》的两句，更感难能可贵。

【3-14】养鹤涧：自成天然之趣（朱剑刚 摄）

【3-14】园地惟山林最胜

题语选自《相地·山林地》："园地惟山林最胜，有高有凹，有曲有深，有峻而悬，有平而坦，自成天然之趣，不烦人事之工。"这是对山林地优势的高度概括，实例如苏州原为佛寺园林、今为园林风景区的虎丘颇为典型。不妨略摘历代有关诗文作为赞美山林地四个"有"字句的书证：

有峻而悬——剑池之悬崖峻壁，俯仰惊心，宋王禹偁有"岩岩虎丘，沉沉剑池，峻不可以仰视，深不可以下窥"（《剑池铭》）之赞；宋朱长文有"万丈澄潭挟两崖，削成奇壁自天开"（《剑池》）之颂……

有平而坦——如"千人坐"之盘陀数亩，平坦如砥。《太平寰宇记》："涧侧有平石，可容千人，故号'千人坐'。"而释虚堂有"苍崖险处坦然平"（《千人坐》）之咏；明沈周有"石概奇谿窈，此以平为美"（《因杨君谦见和复作一首》）之评……

有曲有深——虎丘之"曲"，山路逶迤，水流宛转。南朝陈张正见有"重岩标虎踞，九曲峻羊肠"（《从永阳王游虎丘山》）之诗；宋蒲宗孟有"长松绕步水湾环"（《游虎丘》）之句。至于"深"，宋代楼钥云："池深惊地裂"（《虎丘》）；叶适云："划开阴崖十丈悬"（《虎丘》）……

有高有凹——"高"如元周伯琦云："小吴轩高出半天，吴城俯见一点烟"（《小吴轩》），极言其高耸山巅。《虎阜志》引顾湄："飞驾出岩外，势极峻耸"……

再说"凹"，如图所摄白莲池东的养鹤涧。据史志载，此乃清远道士养鹤之处。清远道士是传说性的人物，其《同沈恭子游虎丘》云："我本长殷周，遭罹历秦汉……"自殷至唐，已历两千年，《全唐诗》将此诗收入"仙"类。对于养鹤涧的景色，清任志尹《清远道士养鹤涧》写道："窈窕青山曲，中涵幽隐泉。夕阳笼半峡，老树俯层烟。鹤迹犹怀古，仙栖不记年……"再看图中，洞亦在灵山之曲，地势凹陷，幽隐泉正在淙淙流淌。这里，林莽蒙密，植被丰富，浓荫蔽空，翠丛覆地，葱郁静谧，冷然阴森，一派原生态的盎然野趣。作为背景的石墙上，还嵌有阴文楷书"养鹤涧"三个颜体大字，这也与此地的历史文化环境相符。因颜真卿写过一首《刻清远道士诗因而继作》，岩上此刻虽早已不知去向，但颜诗却仍赫然列于《全唐诗》中，这给负载着大量神奇传说的虎丘，又涂上了一笔亦真亦幻的神异文化色彩。

言归正传。虎丘不但是文化堆叠起来的山，而且是自然地势极为优胜的山，养鹤涧就是最集中的双重明证，而后者还可用《相地·山林地》的话说："自成天然之趣，不烦人事之工。"

【3-15】楼阁碍云霞而出没［其一］

题语选自《相地·山林地》，对此，《陈注》译作"楼阁高耸，好像有碍云霞的出没"，误。如果"碍"义为"有碍"，那么有些诗句就很难解释，如唐杜甫《堂成》："桤木碍日吟风叶"。树木再高，绝不会有碍于太阳；宋韩琦《登广教院阁》："老柏参天碍远山"。老柏在近处，怎会妨碍到远山呢？"碍"义应是遮蔽。题语还用了"倒装"、"夸饰"等辞格，"楼阁碍云霞"在解读时，应还原为"云霞碍楼阁"，全句意谓：由于山林地云霞烟岚的遮蔽，使得楼阁时隐时现，出没变幻，这是夸饰其高。

图为上海豫园湖石环拱中的快楼，摄影家拍摄本条题语之所以青

【3-15】朱楼杰阁，云卷霞舒（周仲海 摄）

睐于此，是由于以湖石为代表的立峰历来被喻为"云"或"霞"，如苏州留园有冠云峰、瑞云峰、岫云峰、一云峰、朵云峰、拂云峰、断霞峰；拙政园有缀云峰；南京瞻园有倚云峰；杭州花港观鱼有绉云峰；北京中山公园有青云片……至于历史上，宋代开封艮岳有留云峰、搏云峰、卿云万态峰；明代太仓弇山园有簪云峰、白云屏、锦云屏……在现实和历史的园林时空里，真是一派云山云海！

再看图中这座朱楼杰阁，矗立于假山"抱云岩"之上，在层层浮云环抱中益见其高。它建立在"亞"字形台基上，结构复杂精巧，上有矮栏，下有回廊，上下两层，各有四面八翼角，轩轩然欲与其旁的云峰比高。在阳光的辉耀下，这座玲珑剔透的建筑显得分外绚烂华丽，如同仙山楼阁，而包围着它的湖石，则云卷霞舒，各具姿态：或如春云闲逸，舒卷自如；或如夏云奇峰，腾起怒涌；其高者危耸，低者沉凝，怪者突兀，灵者飘动，可用"卿云万态"来形容，它们和楼阁互掩互映，令人心爽神悦地想起"楼阁玲珑五云起"（唐白居易《长恨歌》）的著名诗句来。

【3-16】楼阁碍云霞而出没［其二］

前条图释"楼阁碍云霞而出没"，主要是契合于湖石象征或文化积淀，而本条则主要契合于真实的云遮雾障。

图为承德避暑山庄的上帝阁，俗名金山亭，是移植镇江金山寺妙高峰慈寿塔而建构的，六角攒尖，上下三层，高高耸立在澄湖东面的金山岛上，成为湖泊区的制高点之一，它在园林整体意境生成中起着主体控制、标胜引景的重要作用。摄影家曾长期生活在承德，熟悉和喜爱避暑山庄，他为拍雾中的此山此阁，是经过了长年累月的等待，因为避暑山庄并非经常有雾，只是到了秋季气温骤降，水面才起重雾。他在一个无风而大雾弥漫的早晨来到这里。鉴于此时色彩饱和度极低，故特选黑白影调来表现，以增独特的艺术效果。

对于雾所生成的距离感、朦胧美，英国美学家布洛的《心理距离说》一文写道："围绕着你的是那仿佛由半透明的乳汁做成的看不透的帷幕，它使周围的一切轮廓模糊而变了形"（《美学译文》[2]第94页）。是的，试看山上参差成林的绿树、亭阁的红柱碧栏，均隐却其本色，统统化作灰调，而且建筑物的立体也变了形，化为平面，其物质实体的重量也似已消失，在移情心理影响下，亭阁似亦随湖上如梦般的雾霭在慢慢升腾——这是整个画面的中间层次。

再看远景：淡淡的远方，连绵着的山色由于云雾遮隔和空气透视而出没于有无之间，峰巅隐然一亭，其柱子更似有而若无，它就是作为山岭区制高点之一的四面云山亭。在画面上，此亭此山不但是上帝阁极佳的衬托，而且是绝妙的点题，雾霭把"四面云山"和"楼阁碍云霞而出没"混朦在一起了。

还不应忽视作为近景的几株高大的芦苇，它茎秆秀擢，叶叶锋锐，不但让人感受到这"蒹葭苍苍"的秋意野趣，而且以其最深色、最简单的剪影，点缀了画面大片的灰黑调子，使其不致单一，而湖上船夫持篙的一叶扁舟，则划破了湖水的平静和空间的岑寂，赋予画面以动感。

细细品味审美空间里的"近-中-远"这三个层次，可见除了近景而外，其他景物——岚

【3-16】云雾隐现上帝阁（黎为民 摄）

光、水色、遥岑、远树等，它们和摄影家的情感一起，无不在微微地晕开，渐渐地洇化，若隐若现，渺渺无拘，上帝阁在此环境中，真是"楼阁碍云霞而出没"了。

【3-17】繁花覆地

题语选自《相地·山林地》："繁花覆地，亭台突池沼而参差"。两句是一组完整的意象，但是，以一张照片很难同时完美地加以反映，因为摄影艺术不同于由"活动照相术"发展起来的现代电影艺术，可用蒙太奇来进行剪辑、组合，故本书只能将其分为两图进行形象诠释。本条只释"繁花覆地"。

图为苏州拙政园东部新辟的"繁香坞"景观。明文徵明《拙政园诗三十一首·繁香坞》小序写道："繁香坞在若墅堂之前，杂植牡丹、芍药、丹桂、海棠、紫瑶诸花……"诗云："杂植名花傍草堂，紫薇丹艳漫成行。春光烂漫千机锦，淑气薰蒸百和香……"此景是很有特色的，它原在拙政园中部，但早已不存。现在的东部，原为明末王心一的"归田园居"，久废，20世纪中叶并入拙政园，作为其东部。近年来在东部偏东一带辟为"繁香坞"一景，有竹篱、茅舍、竹廊、竹屏等。图中所摄，为所编扇形竹屏，中有海棠形窗，草坪上置放大量盆花，给人以

"春光烂漫千机锦"之感，还似闻"淑气薰蒸百和香"。这种更多地见出人工的"繁花覆地"，在景观设计上是有突破的，它体现着创新精神，洋溢着时代气息，但又没有脱离明代拙政园的文脉，让其在一个古典园林的角隅占一席之地，这是值得赞许的，它对现代公园的景观设计，也有一定参考价值。

【3-17】春光烂漫千机锦（鲁　深　摄）

【3-18】亭台突池沼而参差

题语选自《相地·山林地》，《自序》中还有与此意相近的"构亭台错落池面"。对此，诸家的不足主要是没有联系具体实例来论析，因而不免空泛抽象，且易于致误（见《探析》第313-316页）。

图为苏州拙政园东园西南部的涵青亭，它是图释题

【3-18】参差复杂的涵青亭（日·田中昭三　摄）

语的佳例。

先从二维平面看，设若这里没有亭，那么，这里仅是一个矩形水池，其南又紧靠着一道平直的园墙，单调呆板，无景可赏。然而该园却在池南岸建一呈"凸"字形屋基平面的倚墙半亭——涵青亭，坐南朝北，突出于池上，这就在平面上打破了僵直板律的直线。英国美学家荷加斯指出："多样性在美的创造中具有多么重要的意义……人的全部感觉都喜欢多样，而且同样讨厌单调。"（《美的分析》第26页）是的，从形式美的视角看，园林的池岸线不宜直线一条，因为它太规则，缺少多样性，不易使人产生视觉美感，故应易之以曲线。而涵青亭的建造，就消除了园墙和池岸的双重单调，体现了形式美的参差律，见证了多样性在美的创造中的重要作用。具体地说，原来单调的矩形水池，由于有了"凸"字形的涵青亭突出池上，就变成了一个较大的"凹"字形水池，它使池岸线形态变得丰富复杂，出现了"参差其界"的多样性的美。这种"亭台突池沼而参差"或"构亭台错落池面"的创造，使无景处有景，少景处多景，吸引着人们来此小坐赏美。可见，参差律对于造园设计很有价值。

再从三维立面看，涵青亭面阔三间，为组合式半亭，一主两副，众多的柱子撑起了结构复杂、造型特美的屋顶。它由三个卷棚歇山顶组成，拥有大小不同、朝向有异的十个坡面，向池的立面还有四个戗角翼然起翘，显现着轻灵优雅的风采，联系环境来品赏，这正是"构亭台错落池面"的美。

在明代，江南私家园林很少有"亭台突池沼而参差"的建构，而计成却在书中两次论及，这在当时无疑是一种创新，而今已成为普遍。还需说明，题语中的"亭台"，亭不论从哪一维度看，其景效均极佳，台则不然，江南园林很少有高台，而平台不但往往面积很大，不能改变池岸线的直线形态，而且其自身也是直线，何况它又缺少高度，立面效果亦欠佳。故今天应将题语中的"亭台"作为复词偏义来读，其中"台"义殆已虚化，只是音节上的陪衬。

【3-19】绝涧安其梁

题语选自《相地·山林地》。绝：险恶；没有通路；没有活动馀地。《孙子·九变》："绝地无留。"贾林注："溪谷坎险，前无通路曰绝。"绝涧：意为险峻而无通路的山涧。安：安置；安放。梁：即桥，包括石梁，这里主要指石梁。《山林地》"绝涧安其梁，飞岩（高险的岩崖）假（凭借）其栈（栈道）"两句，均写险绝之景，指出山林地园林应有此类险景，是很有必要的。

图摄于苏州留园中部。这里的地形，颇有文化内涵可说。《淮南子·天文训》载远古神话：共工怒触不周之山，于是"天倾西北"，"地不满东南，故水潦尘埃归焉"。这是对祖国地形——西北多山，东南多水的朦胧概括和解释。中国园林的总体布局，往往自觉或不自觉地契合于此，这在荣格心理学派美学称之为代代相传的"集体无意识"，有人则称之为"历史积淀"。留园确乎如此，刘敦桢先生指出，其"西北两侧是连绵起伏的假山，石峰杰立，间以溪谷，池岸陡峭"（《中国古代建筑史》第338页）。笔者进而这样描述道："西北山峦连绵，偏北的山巅上，耸立着六角的可亭，为中部制高点之一。园西部为爬山廊，爬至靠西墙的闻木樨香轩，则为中部另一制高点。由假山分布这一地势来看，整个中部是向东南方水池桥岛倾斜的，这也体现了'地不满东南'的史、地文化意蕴。"（《苏州园林》第59页）再看现实景观，图中黄石叠掇的溪岸颇为陡峭，涧水泓渟，

【3-19】山涧深曲，石梁纵横（日·田中昭三 摄）

摄入镜头的竟有三条石梁，它们有高有低，有近有远，还有方向的不同，真是纵横交错，丰富而有变化，可见摄影家对此饶有兴味，故多所发现。当然，还有其他的石梁不可能都拍到，但是，足以见出这里一带的险情陡势，也显示了这里山涧石梁的意境深远。总而言之，此景观的设计是成功的，摄影也是成功的。

【3-20】闲闲即景，寂寂探春

【3-20】雨中寂寂江南春（朱剑刚 摄）

题语选自《相地·山林地》。闲闲：轻松闲散、从容自得貌。寂寂：寂静无声貌。即景：指即景分韵一类群体作诗的方式，这里主要指观看眼前景物。探春：探寻春色之美。题语八字，既有音律美，又有画面感，画出了浓浓的诗情、溶溶的春意。

图为苏州留园西部"活泼泼地"水阁附近，其旁有曲桥蜿蜒，其下有溪涧穿流，环境偏僻幽静，何况是在春雨绵绵之日，打着伞来此的游赏的人甚是寥寥，故此园林的情氛，既可谓"闲闲"，又堪称"寂寂"。然而，摄影家却不辞跋涉之劳，雨淋之苦，偏偏要扛着三脚架冒雨前来探春寻美，在静谧中捕捉灵感，享受意境，诚所谓"意贵乎远，不静不远也"（清恽寿平《南田画跋》）。

试看留园清寂无喧的西部，淅淅沥沥的雨声中春意倍浓，红色的桃花开得正欢，绿色的柳烟如幕低垂，溪畔还散点着一些不知名的黄色小花……物色相召，情思勃发。《文心雕龙·物色》云："灼灼状桃花之鲜，依依尽杨柳之貌"，"诗人感物，联类不穷"。摄影家沉浸在闲散幽静的心境中，满意地按下了快门。联类所及，还突出了作为近景的树干上的苍苔——绿绿的、肥肥的、厚厚的，茸茸的，成功地凸显了江南雨天滋润的感觉。苔之美，还如初唐四大家之一的王勃《青苔赋》所咏："处阴背阳，违喧处静，不根不蒂，无花无影。"作为近景，屈曲交叉地密布着苍苔的硕壮树干，不但美化了画面的构图，而且助成了园林的静境。

【3-21】好鸟要朋

题语选自《相地·山林地》。好鸟：美好的鸟。三国魏曹植《公宴》诗："潜鱼跃清波，好鸟鸣高枝。"两句饱含着对禽鱼小生命的热爱之情，此后，"好鸟"一词一直被沿用，如南朝梁吴均《与宋元思书》："好鸟相鸣，嘤嘤成韵。"直至明末，阮大成为计成《园冶》所写的《冶叙》中，还有"好鸟如友"之句。要〔yāo〕：通"邀"。晋陶渊明《桃花源记》："便要还家。"要朋：邀集朋友。此句借好鸟以以烘托山林地优美悦人的生态

【3-21】桃花枝头绿翘鸫（刘有平　摄）

环境，同时，"拟人"辞格的运用，也渗透了作者强烈的喜悦之情。

图为桃花枝头的绿翘鸫，此鸟属雀形目、鸫科，羽毛灰褐，头黑色，喉胸白色，腹以下黄色，方尾黑色，腿细劲，喙微弯，食浆果和昆虫，口轻舌利，爱鸣善歌，其声悦耳动听，为长江以南地区常见的留鸟。图中一对绿翘鸫，歇于粗肥不平的桃枝之上，左面一只，正自在地仰天啼春，口中粉红色的舌尖清晰可见；而右面的一只，侧过身去应声鸣叫，此动作使其梢翅略见上耸。二鸟的顾盼呼应之态，十分生动，特别是眼睛，虽也是黑色而且很小，但圆润光泽中传达出"要朋"之情，亦可用顾恺之美学名言"传神写照，正在阿堵中"（《晋书·顾恺之传》）来描述。摄影家轻轻地、小心翼翼，怀着友善的内心喜爱，好不容易抓拍到这一刹那最佳状态，摄成一帧工笔翎毛画般的精品。

再看树干，也酷似花鸟画法，《芥子园画传·青在堂画花卉翎毛浅说》云："木花与草花不同，更有根与皮之别。桃桐之皮，皴宜横……"是说与松皮之鳞、柏皮之纽等有异，桃树、梧桐之皮宜以枯笔横皴，图中桃皮正体现此皴法，其断枝结节，"用笔"也极老到，特别是斜逸而出的桃枝，更是圆润自然，生动得势。还值得一说的是，除了双鸟及斜逸的主枝外，其后面繁密交叉的花、枝、叶……在画中统统被虚化了，显得模模糊糊而不甚确切，这一处理，既有利于突出作为主体的双鸟形象，而自身又成了必不可少的烘衬背景，从而使主体不显得单调。摄

影作品对主次、虚实、取舍的把握，是颇为出色的。

【3-22】群麋偕侣

题语选自《相地·山林地》。麋：鹿的一种。雄的有角，像鹿，头像马，身像驴，蹄像牛，性温顺，以植物为食，原产我国，系珍稀动物，亦称"四不像"，这里用作鹿的通称。偕：同；俱。《诗·秦风·无衣》："与子偕行。"侣：伴侣；同伴。汉王褒《四子讲德论》："于是相与结侣，携手俱游。"题语显示了造园相地，选址于山林地的优越性，在这种山林地园林，随时可见到麋鹿相偕伴侣群游的景观。从园林史上看，古往今来，有些园林颇爱蓄鹿，如唐代王维辋川别业二十景有"鹿柴"；清代承德避暑山庄乾隆题三十六景有"驯鹿坡"，至今此地仍建有望鹿亭……但总体上说，自古以来，有鹿群的园林毕竟是极少数。

图为日本奈良的东大寺鹿群。奈良为日本著名的宗教文化胜地，其地为山岳性气候，雨量充沛，空气湿润，土地肥沃疏松，极利于树木生长。由图可见，作为中景的，是连绵的丰茂的一带树林，苍苍翠翠，郁郁葱葱。而其后的远景，则是青山隐隐，烟岚浮动……东大寺园林，属于较理想的山林地，如《相地·山林地》所说，"园地惟山林最胜"。这里名闻遐迩的，是放养了大量的鹿，林中、池畔、路边、屋旁，遍地皆是，见人不惧，与人相亲，这是极佳的生态环境。而最招人欣赏的，是图中高低不平、嫩绿丰肥的草地上，大大小小结伴而行的鹿，自由自在地在吃草，其棕色的毛皮在绿色草地的映衬下，显得特别可爱，看着看着，人们耳际似乎

【3-22】东大寺山野鹿群（日·牧野贞之 摄）

会响起古老《诗经》的琅琅咏唱："呦呦鹿鸣，食野之苹……"（《小雅·鹿鸣》）或想起《园冶·园说》中语："养鹿堪游。"

【3-23】槛逗几番花信

题语选自《相地·山林地》。槛〔jiàn〕：栏杆。唐李白《清平乐》："春风拂槛露华浓。"逗：引来；招来；招惹。唐李贺《李凭箜篌引》："石破天惊逗秋雨。"花信：花信风的简称，犹言花期，由于这是应花期而吹来的风，故曰"信"。由于风应花期，我国古代就产生了"二十四番花信风"的节令话语，初见于南朝梁宗懔《荆楚岁时记》，此外，还有梁元帝萧绎的《纂要》、宋程大昌的《演繁露》等，诸说有所不一。一般认为自小寒至谷雨计四个月、八个节气，每五日为一候，共二十四候，每候为一花信。历来诗人们爱花，故诗中常提及"花信"，如宋范成大《闻石湖海棠盛开〔其一〕》："东风花信十分开，细意留连待我来。"槛逗几番花信：意谓栏杆前一次次招惹到应花期而吹来的风。几番：犹言一次次或多次。元乔吉《小桃红·指镯》："花信今春几番至……"

图为苏州网师园曲尺般连接着射鸭廊的竹外一枝轩，这是著名的开敞型华轩，轩壁月洞门内有小庭，两侧各植丛竹，若由轩壁洞门两侧的方形空窗看，其框景正是婆娑的竹影，洞门上榜曰"竹外一枝轩"，取意于宋苏轼《和秦太虚梅花》中的"竹外一枝斜更好"。苏诗此句虽未

【3-23】竹外一枝轩瘦梅含苞（郑可俊 摄）

言明是一枝什么，但从诗题特别是诗中"西湖处士"、"孤山山下"等语，可知就是梅花。梅花有四"贵"：贵瘦不贵肥，贵疏不贵繁，贵斜不贵正，贵合不贵开。苏轼拈一枝斜梅入诗，则更妙绝。而隐于孤山的西湖处士林和靖，其咏梅名句"屋檐斜入一枝低"（《梅花五首［其三］》）中，也有"一"、"斜"二字，正是诗人所见略同。

竹外一枝轩前，也妙有一株梅，瘦瘦的，稀稀的，在屋檐之下斜逸而出，逗引着信风的到来，人们无论依凭于射鸭廊还是竹外一枝轩的栏槛，都可观赏到这竹外一枝的姿致之美，并联想起"风有信，花不误"之谚。再说这八个节气二十四候，第一是小寒，一候就是梅花……而宋周辉《清波杂志》卷九"花信风"也说："江南自初春至首夏，有二十四番花信，梅花风最先……"

摄影家趁着小寒，在射鸭廊内守候着梅花四"贵"中的第四"贵"——贵合不贵开，俟其含苞欲露，将开而未开之际，将其定格为一幅含蓄隽永的诗意画。

【3-24】门湾一带溪流

题语选自《相地·山林地》："槛逗几番花信，门湾一带溪流。"上句的"逗"，与下句的"湾"互为对文，均为动词。本条图释下句，湾：通"弯"，即弯着，此用法带有近代汉语特征。《西游记》第九十七回："湾着腰梳洗"。《山林地》此句意谓，门外弯着一条如带的溪流，这突出了所处水环境的优美。

图为昆山西南的水乡古镇周庄的张厅，这座饱经沧桑的明代古宅，地处狭窄的小弄中，其特点是"轿从门前进，船从家中过"。人们从宅第的大门进入，在"暗"与"旧"的空间里探寻历史幽梦，经过了面阔三间而开间较窄的两进，就豁然一亮，兴味驱遣着人们踏上其家跨河的

【3-24】周庄张厅宅内清流（梅　云　摄）

平石桥，漫步来到对岸较宽的临水"平台"。这平台，可能是在张厅一进老屋废房留下的残基上"收拾"而成的。于此回首四顾，但见河流在桥那边一段极窄，至平台一带就宽起来，鳞鳞水波，悠悠水流，流经一家家的水码头（吴语称"踏渡径"），而这才是昔日人们与水零距离接触的真正"平台"。河边粗壮的老树，年复一年，日复一日，亲见她们无数次下去、上来，下去、上来……直至人不见，树犹在。来周庄的游人难以捕捉这一个个逝去的生命，惟见鹅鸭嬉水，尚能感受到这最鲜活的生命存在，感受到这"门湾一带溪流"的古与今、动与静之美。

【3-25】竹里通幽

题语选自《相地·山林地》。计成爱竹【∞→】，《园冶》书中仅是写景，"竹"字就出现了十八次，他还爱用"竹里"之典，寓以唐王维辋川别业二十四景之一的"竹里馆"及其诗作之意，并体现为巧用"双关"的辞格。对此，本书在"结茅竹里"（《园说》）条已将其作为山林地园林予以重点图释，此外，书里还有"通泉竹里"（《立基·亭榭基》）亦有此意，故本条不再联系竹里馆，而移之城市地园林来图释其本义。

图为上海青浦区大观园的潇湘馆庭院。潇湘馆为林黛玉所居，《红楼梦》第十七回这样写道："忽抬头见前面一带粉垣，数楹修舍，有千百竿翠竹遮映，众人都道：'好个所在！'……"

【3-25】潇湘馆凤尾森森（周仲海　摄）

宝玉所题联曰:"宝鼎茶闲烟尚绿;幽窗棋罢指犹凉。"图中的庭院也有这种意境,植物除了少量杂树外,以竹为主,竹的品类较多,其竿有高,有矮,其叶有起翘,有下垂,有瘦而小,有长而大,甚至有的还覆盖地面与书带草为伍。众多的翠竹,凤尾森森,龙吟细细,渲染得这里一片绿意凉情。图中作为近景,有两株较高大的石笋,直立、挺拔,不但和翠竹具有某种同构性,而且起着平衡画面的重要作用,而一个"笋"字也耐人深味。至于其旁的南天竹,也算是一种竹,也以其细小调节着画面……

典型环境显现着典型性格。不只是潇湘馆庭院里潇洒清秀的翠竹,而且其中一条美丽雅洁、纤尘不染的花街铺地,也体现着林黛玉"洁本洁来还洁去"(《葬花辞》)的性格。这条花街,在两侧翠竹相揖相让中弯弯地通往幽处,通往缺月弯弓般的小石拱桥,通往六角亭及其后所掩的漏窗房舍……还应看到,在这氤氲着翠情绿意的庭院里,亭角的红灯笼、树杪桥畔的暖色调,也诱引着人们入胜探幽。

【3-26】松寮隐僻

题语选自《相地·山林地》。松寮:犹松窗。《一切经音义》卷一:"寮,窗也。"明刘侗、于奕正《帝京景物略·嘉禧寺》:"方丈（室）……无寮不松荫"。题语中的"寮",用"借代"辞格,借部分代全体,即借窗代屋,松寮指松林中的小屋。隐僻:隐藏于偏僻之处。

金代李山所绘《风雪松杉图》,主景为落落群松,背景则为壁立千寻、白雪皑皑的群峰,而一株株长松,似在与群峰迎寒争高。从松枝的斜势和松尖的弯势看,可想见山上风力之猛。然而远近高低的群松,却依然挺拔不屈,令人顿生敬意。再看松林荫蔽下,还有篱栅围合的小院,其中茅屋数楹,极幽闲隐僻之趣,为幽人所居。此图正契合于题语"松寮隐僻"之句。图

【3-26】《风雪松杉图》(金·李山 绘)

左上有清帝乾隆题跋，诗云："千峰如睡玉为皴（白玉般的雪代替了山峰的皴法），落落拏空本色真。茆屋把书寒不辍，斯人应是友松人。"挖掘了"松寮"中的人文内涵。图右有"平阳（今山西临汾）李山制"款书，"平阳"朱文印。李山，画史无传。该图属北方山水画风，得荆浩、范宽遗意。现藏美国弗利尔美术馆。

【3-27】送涛声而郁郁

　　题语选自《相地·山林地》："松寮隐僻，送涛声而郁郁……"联系前句，此涛声即松风声。在中国审美文化史上，松风声被认为是山水之清音、天地之清籁。清张潮《幽梦影》写道："山中听松风声，水际听欸乃声，方不虚此生。"这是对审美经验的一个历史性表述。

　　回眸往昔，早在南朝梁，被誉为"山中宰相"的陶弘景，就"特爱松风，庭院皆植松，每闻其响，欣然为乐"（《南史·陶弘景传》），这是听松风声的滥觞；在唐代，皮日休《惠山听松庵》诗："殿前日暮高风起，松子声声打石床"。这是又一种听法；在宋代，四大书家之一的黄庭坚有著名的《松风阁帖》，画家马麟有《静听松风图》，图中两棵古松下坐一高士，正在潜心谛听；在明代，拙政园三十一景有"听松风处"，大画家文徵明《听松风处》诗云："疏松漱寒泉，山风满清听。空谷度飘云，悠然落虚影。红尘不到眼，白日相与永。彼美松间人，何似陶弘景。"而陈继儒《小窗幽记·集素》则这样写道："松风溪响，清听自远。"八字所示声景也值得玩味。明张凤翼《乐志园记》，写到来爽阁"外有松一株，数百年物……风起涛鸣，泠泠然，空山幽涧，余制'听涛亭'赏之"【∞→】，这是中国听觉审美史之一瞥。

　　而今，苏州拙政园仍有"松风水阁"，阁内有"一庭秋月啸松风"之匾；无锡惠山寄畅园有"石床听松"一景，古松下有石床，可枕卧以听松，以前，二胡演奏家阿炳曾于此

【3-27】《天平山巅，松风涛声》（唐　悦　摄）

创作了《听松》的乐曲，这里还建有听松亭……可见，听松的题材遍及风景园林、诗歌、散文、绘画、书法、音乐等诸多领域【∞→】，这一文化现象值得研究。

图为苏州天平山的松风涛声。此佳作的诞生，经历了一个过程。简言之须备三个条件：一为时，须待大风之时，作者经多次试拍，风小树梢不动，风势难以表现，所谓"有风无雨，只看树枝"（传·唐王维《山水论》）。二为地，即环境之美，"岩曲松根盘薄"（《相地·城市地》），"松桧郁乎岩阿"（清笪重光《画筌》），可见松往往依山傍岩而生。三为物，即松本身的形相要壮美，能入画。据此，摄影者一次次等待有风之日，在山下拍，在林间拍，在路边拍，在高义园附近拍，以山为背景拍，从山上往下拍……先后不下数百张，均不够理想。一日，冒着特大狂风，攀登山顶，敞怀四望，但见一片激飓飘飞、风云变色的壮阔景象。经反复选择，以山上一棵极富动态之松为主，将其定格为《天平山巅，松风涛声》。

试看低调－暗调的画面上，天空乱云飞渡，让人想起汉高祖刘邦的《大风歌》，"大风起兮云飞扬"，而山上群松均因之而摇曳……耳际如闻劲风谡谡，松声阵阵。似海浪涌动，似波涛夜惊，尤其是那棵主松，迎风傲立山头，雄姿英发，高低偃仰，似舞似翔。清代大画家石涛在《苦瓜和尚画语录·林木章》中写道："吾写松……如三五株，其势似英雄起舞，俯仰蹲立，蹁跹排宕……"那棵主松也是如此起舞，大气磅礴，充满张力，足以令人尘襟荡涤，神情振奋！

细心的人们还会发现，有一条磴道曲曲折折通往最高巅，那是供人登临观松听涛的。正是：远上天平石径偏，涛声郁郁响云天。

【3-28】千峦环翠，万壑流青

题语选自《相地·山林地》。在计成所相地块里，他最钟情山林地，所以《山林地》一开头就赞美道：其地势"有曲有深，有峻而悬，有平而坦，自成天然之趣，不烦人事之工"。妙峰山虽不是园林，却也是突出体现了几个"有"字、地势优越的著名风景区。它位于北京门头沟区与昌平区交界处，为西山北麓主峰，最高峰称为"金顶"，远远超出于玉泉山、香山等山之上，系距京城最近的千米以上的高山。它素以古刹、奇松、怪石、溶洞等蜚声遐迩，山顶除著名的碧霞元君祠外，还有玫瑰园，山谷下有樱桃沟。

图为妙峰山顶的连心亭，建在离碧霞元君祠附近一块突兀而出的巨大岩石上，位置极佳，可谓据一峰之形胜。连心亭构筑较别致，由两座四角攒尖顶的方亭交搭而成，其平面如《铺地·诸砖地》所说的"方胜"，有着吉祥等寓意。周围多古松，或幹若游龙，或顶若华盖……万山丛中有了这别致的连心亭，用园林美学语言说，就体现了"安亭得景"（《相地·城市地》）。它"作为园林中虚灵的'活眼'，作为必不可少的生态'场'"，有着"览聚景观、标胜引景、吐纳云气，创造意境等方面的深层功能"（金学智《中国园林美学》第132页）。人们在此亭环视或远眺，映入眼帘的是苍翠连绵的山峦起伏，若有若无的青山隐隐……展开着"千峦环翠"的壮阔画面，而远方的盘山公路，在视域中斗折蛇行，曲折延伸，看不到尽头。再看亭岩之下，则是万丈悬崖，深不见底，摄影家巧妙地把"万壑流青"的幽深画面，留给了人们的想象。再如图的左下

【3-28】妙峰山巅连心亭（周仲海 摄）

方，白色杜鹃一丛丛开得正艳，有助于打破画面一色的青翠。所有这些，均可说是"自成天然之趣，不烦人事之工"（《山林地》）的出色范例。

作为著名风景区的妙峰山及其双亭，是很有魅惑力的，它把《山林地》所说"有曲有深，有峻而悬"的地势、"千峦环翠，万壑流青"的特色，均化为活生生的具体景观，让人们在游赏中拓展观照视野，放飞审美心胸。

【3-29】必向幽偏可筑

题语选自《相地·城市地》："市井不可园也；如园之，必向幽偏可筑。邻虽近俗，门掩无哗。""园之"的"园"，名词作动词用，意为在这里造园。计成认为，城市里如果要造园，一定选择幽偏之处，并且掩起门来，避免尘俗和喧哗。

图为晚清著名学者俞樾在苏州所建曲园的大门，俞樾《余故里无家……》一诗写道："曲园虽偏小，亦颇具曲折……勿云此园小，足以养吾拙。"在这个园里，他除了开门接待中外学者而外，就是闭门著书，竟撰成《春在堂全集》二百五十卷。而今，其大门依然紧闭着。这令人想起东晋大诗人陶渊明《归去来兮辞》所咏："园日涉以成趣，门虽设而常关。"苏州很多

【3-29】曲园：门虽设而常关（童 翎 摄）

园林往往都有这样一个特点，即选址于狭隘幽曲的小巷深处，这样可以避免官宦人等的喧嚣干扰。如曲园所在的马医巷（今称马医科），至今还是一条窄窄的小巷。又如网师园，清人梁章钜《浪迹丛谈》指出："园中结构极佳，而门外途径极窄……盖其筑园之初心，即藉以避大官之舆从也。"再如艺圃，门或开在十间廊屋，或开在文

衙弄，至今均极狭，才通人，真是"必向幽偏可筑"了，这几乎成了苏州园林的一个传统。至于有些园，原来也处于小巷，是后来门前才开辟为大道的。

【3-30】安亭得景［其一］

题语选自《相地·城市地》："安亭得景，莳花笑以春风。"亭是风景园林中最常见的也是最重要的个体建筑。安：安置。得：获得；获致；赢得。安亭得景：恰当地安置了亭，就可能赢得美景。莳：就是移植，即更换到别的地方去栽种，江南地区称将秧苗移插于田中为"莳秧"，而古诗中则往往爱称移栽花卉为"莳花"。以：在此作"于"解。笑以春风，即笑于春风之中。计成在此节凭其生花妙笔，通过"拟人"辞格，倾注了人对花的一片深情。于是，花儿迎着春风喜笑欢舞，人们脑际浮现出一幅幅情景交融的春意图画。

图为杭州花港观鱼的牡丹亭。花港观鱼，为杭

【3-30】花港观鱼之牡丹亭（周仲海 摄）

州"西湖十景"之一，扩建后更凸显了"花"、"港"、"鱼"三大特色。就"花"来说，推出了"花中之王"牡丹，特辟以其为主题的牡丹园，而牡丹园的中心，又是居于土石山上的"牡丹亭"。亭匾红底以金字题署，闪耀着洋洋喜气、灿灿艳色，此亭之名，既是写实，又撷自明代汤显祖脍炙人口的名剧《牡丹亭》，这就更可谓文采的烁，英华吐纳。

　　摄影家特于杭州牡丹怒放的时节登此妖娆花山，以茂密硕大的牡丹花丛作为前景，让重檐八角攒尖的牡丹亭居于中景，并略偏侧，而左面又以磴道的几块湖石压重。于是，出现了平衡和谐的构图。再品牡丹之美，"牡丹，花之富贵者也"（宋周敦颐《爱莲说》），被誉为"国色天香"，百花丛中最鲜艳，众香国里最壮观，人们历来以其为兴荣昌盛、幸福美满的象征。试看亭前硕大的牡丹，雍容华贵，富丽堂皇，正是：羽生复叶，美质润比碧玉；霞蔚繁花，娇容笑迎春风。设若人们在亭内凭栏畅赏，许会联想起唐李白《清平调》中的名句："云想衣裳花想容，春风拂槛露华浓……"

【3-31】安亭得景［其二］

　　继续图释"安亭得景"。图为云南昆明的石林，这是举世罕见的风景名胜，是大自然鬼斧神工雕凿而成的奇景杰构。远眺，莽莽苍苍，混然黑灰青白森林一片；近观，石峰、石柱、石锥体，矮者仅数米，高者数十米，拔地而起，参差错落，怪状异形，令人目不暇给，惊诧莫名！

　　峰回路转，奇观寻访不尽……然而，偌大的自然天成的茫茫石林景区，依然需要"安亭得景"。对于这一点，笔者曾写自己的体悟道："天然的景观再奇再美，也还需要适当而有'度'

【3-31】石林丛中之望峰亭（罗悠鸿　摄）

的人为加工，如踞于峰巅的极少的亭子，它除了可以起人登临之兴，于此登高望远外，还能极大地美化眼前画面的构图。试想，此一幅优美的画面中，如果没有这一画龙点睛的小小亭子，将会多么令人遗憾！而且还可以由此进而深思：有了这小小的一点儿人工点缀，这里就不再是荒无人迹的原始石林，不再是'异己的存在'，而是有了一点儿如同身在园林的亲切之感，感到这里是人们可亲可游的原生态环境。"（《品题美学》第270–271页）笔者至今仍持这一观点。试看，图中小小的望峰亭，比起石林茫茫无际的崇高美来，可谓微乎其微，极不足道。但是，它不可或缺，因为它代表着人力营构之美，用马克思的哲学语言说，是"人的本质力量的显然外化了的表现"（《手稿》第101页），因而它也是这一带美的光辉的一个有效辐射源。

【3-32】洗出千家烟雨

　　题语选自《相地·城市地》，此节写造园于城市地的优越性。千家烟雨，典出宋苏轼词《望江南·超然台作》："试上超然台上看，半壕春水一城花。烟雨暗千家。"题语用"千家烟雨"四字为典，含蓄了无限意蕴于其中。

　　苏轼于熙宁九年（1076年）守密州（今山东诸城），造园修台于城北，其《超然台记》云："园之北，因城以为台者旧矣，稍葺而新之。时相与登览，放意肆志焉。"是说园林与城墙相连，而城上原有台，苏轼稍加修葺，名曰"超然台"，于是，一个很有特色的城市地园林建成了。苏轼

【3-32】《苏城千家烟雨中》（朱德锋 摄）

《超然台记》写道："凡物皆有可观。苟有可观，皆有可乐，非必怪奇伟丽者也……雨雪之朝，风月之夕，予未尝不在，客未尝不从……曰：乐哉游乎！"

计成用苏轼之典，意谓在城市地园林登高以观，固然有可能看到远方的山川名胜，但即使看到的只是城里万户鳞鳞，"半壕春水一城花。烟雨暗千家"，也是很值得品赏的借景（主要是远借、俯借），这是接受了苏轼"凡物皆有可观"的美学，同时，又易之以一"洗"字，削弱了苏词的"暗"义，让雨中或雨后的景色既朦胧又明晰，这就更可观可乐。

图为宽视角、大空间的《苏城千家烟雨中》，拍的是著名的阊门城内外远眺景象。近景是阊门城楼，双层歇山顶，三圈门，城墙往两侧延伸，被葱葱的绿树掩映着，而城内的昔日繁华也令人想见。《红楼梦》第一回曾这样赞道："这东南有个姑苏城，城中阊门，最是红尘中一二等富贵风流之地。"红楼梦一系列故事就是从这里开始的。再看图中，大雨似乎刚刚转小，城门外的马路，犹如河道一样，朦胧而隐隐闪光；城内街道的积水，则倒映出商店的身影。统观全图，摄入镜头的建筑物绝大多数是两坡顶旧宅民居，粉墙黛瓦，鳞次栉比，高低错落，不齐而齐，其中偶尔穿插着极少红房子，恰恰成为极佳的反衬。总之，它们经由雨的洗礼，屋宇显得更为澄净，轮廓显得更为分明，然而又无不笼罩在青濛濛的烟雨之中。再由中景而远景，景观更走向依稀模糊，淡淡地，如诗似梦般隐隐约约，惟有那高耸于城北的报恩寺塔，打破了平远伸展的不尽画面，表现出美的引领功能。

摄影家是有心人，选择了天刚破晓之际，冒着滂沱大雨赶到阊门，从高处拍摄到了尚处沉睡中的城市画面，显现了雨霏霏的千丝万缕，湿漉漉的千家万户，从而见证了"洗出千家烟雨"之美，也见证了"凡物皆有可观"，"非必怪奇伟丽"的美学。

【3-33】移将四壁图书

题语选自《相地·城市地》，此六字似乎极易理解，其实不然。四壁图书：并不是说四面墙壁真的堆满了图书，连门窗都被堵住，而是说满室都是图书。四壁，极言其多、满。图书：也不是今天所说图书馆里的图书，而是指图和书，具体地说，是图画和书籍等。与计成同时代的祁彪佳，其《寓山注·烂柯山房》也写道："昔人所谓卧游，犹借四壁图书。"在这里他还以"卧游"来突出了这个"图"字。"移将"的"将"，是语气助词。用在动词后作为词尾，以助语气，以明动向，如唐白居易《长恨歌》："钿合金钗寄将去。"李商隐《碧城三首〔其三〕》："收将凤纸写相思。"

题语此句，是写由于月光移动，将枝叶之影透过书斋芸窗，移向室内的图书。这一景观，不但以动写静，极富诗意，发人想象，而且它通过描写，巧妙地点出了文人园林贵在有书香，或者说，园林里书斋必不可少。从历史上看，园林的人文价值，恰恰是与该园藏书的质、量等成正比的【∞→】，这是园林美学的一条规律。从宋代司马光独乐园的读书堂"聚书出五千卷"（《独乐园记》），直至清代苏州网师园的万卷堂，都离不开书的传承，这还可以从历代的大量园记中见出，有关的园林文献，往往还对书斋环境有具体的描述，如书籍满架，明窗净几，陈列文房四宝、法书名画、钟鼎彝器等。

图为苏州网师园面阔三间的殿春簃所旁拖的复室——小小的书斋，它确乎就体现为这样的陈设，这样的环境，如架上有立轴筒，几上有青铜器，展开卷轴，身入唐宋；摩挲彝器，亲见商周；翻阅经史，则更是沉浸醲郁，含英咀

【3-33】文气氤氲，书香馥郁（张维明 摄）

华……这里曾有联曰："灯火夜深书有味；墨华晨湛字生香。"再看桌上地面，也是一尘不染。网师园有了这个书斋，就有了浓浓的书卷气，就有了人文精神的辐射源，使得全园文气氤氲，书香馥郁。当然，这只是还原性的展示，但也颇有其史学价值和认识价值，有助于人们更好地了解作为世界文化遗产的苏州古典园林及其历史，特别是更好地了解江南文人园林的底气。

【3-34】素入镜中飞练，青来郭外环屏

题语选自《相地·城市地》。素，《小尔雅》："素，白色也。"镜，喻水池，《屋宇》章也有"镜中流水"之语，亦喻池溪。练：已经练制过的白色熟绢。飞练：喻瀑布。唐徐凝《庐山瀑布》有名句云："今古长如白练飞，一条界破青山色。"题语两句，亦为写景状物名句，令人想起杜甫《奉酬李都督表丈早春作》中的"红入桃花嫩，青归柳叶新"。此两句，首先亮出红、青二色，给人以视觉的冲击，予人以鲜明突出的印象，然后再引出具体的景物来，足为春天桃嫩柳新的景象传神，因而博得后人的击节赞赏。计成所冶铸的"素入镜中飞练，青来郭外环屏"同样如此，它以"素"、"青"两种颜色字置于句首，这不是先"声"夺人，而是先"色"夺人；接着，又用"入"、"来"二字强调其动势，使色彩更活将起来，从而把泻入水池的瀑布、郭外屏障般的青山写得极富生机，可谓以骈偶蓄气势，以形色传神韵，本条图释出句。

图为上海青浦区大观园蘅芜院的瀑布。据《红楼梦》，蘅芜院为薛宝钗所居。贾宝玉所题蘅芜院之匾为"蘅芷清芬"，题诗则有"轻烟迷曲径，冷翠湿衣裳。谁谓池塘曲，谢家幽梦长"之句。图中的院子略具此意境，一座高低错落的湖石假山，主峰耸拔，次山偃塞，瀑布从山洞口悬泻而入屈曲池塘，可谓白练界破青山色。宋郭熙的画论《林泉高致》，要求画中水"欲喷薄，

欲激射……欲瀑布插天，欲溅扑入地"。蘅芜院的瀑布似有此气势。试看，水沫飞溅，山石、池岸、铺地，全都湿润了，甚至连空气也有湿度，致使青苔杂草，嵌合于山罅石缝地面，显现出小生命的活力，故时虽进入秋冬季节，却仍然生机

【3-34】蘅芜院瀑布悬泻（周仲海 摄）

勃发，冷翠中不乏暖意。从画面构图看，主峰偏左，次山掩映着六角攒尖的滴翠亭，右上方稍露鸳鸯厅的水戗一角，三者使画面取得了动态平衡，并更突出了"素入镜中飞练"的主景。

【3-35】片山多致，寸石生情

题语选自《相地·城市地》。致：韵趣，宋代绘画美学家郭熙的山水画论就名为《林泉高致》。题语八字，乃情至语、警策语、绝妙语，妙就妙在拈出"片"、"寸"二字，突出山石之少与小，但生发的情韵，却要求多多，即所谓"多致"，故其中的美学意蕴值得一探。

先看《园冶》一书，就一再要求少中含多，有限中见无限。例如："别有小筑，片山斗室，予胸中所蕴奇，亦觉发抒略尽……"（《自序》）片山、斗室是少，却能发抒胸中无尽之奇；"不尽数竿烟雨"（《相地·傍宅地》），数竿是少，烟雨的不尽却是多，朦朦胧胧，咫尺之外见苍茫；"略成小筑，足征大观"（《相地·江湖地》），约略而成的小筑，却足以成就这无限的洋洋大观；与计成同时代的文震亨也说，"一峰则太华千寻，一勺则江湖万里"（《长物志·水石》），一块石、一勺水，却能象征千寻万里。一、小、片、寸、斗……这就是中国意境美学的出发点【∞→】。

图为苏州网师园中部曲廊之侧很不规整的小花坛。此曲廊之南，是蹈和馆的北山墙，其北，是濯缨水阁的后檐墙，这段"之"字形的曲廊，就游走于二者之间。值得注意的是，花坛之东是网师园最大的黄石假山，摄影家不去拍摄，而其西这极不起眼、片山寸石的小花坛，却受到青睐。这里，如果说，倚墙不大的湖石立峰是"片山"，那么，错落地横置的花坛石，则可称为"寸石"。坛上，除了一株大树外，都是南天竹等的小树杂草，衬托得片山寸石楚楚有致，颇有些小小山林气象，而这后檐墙恰恰成了这片山林的背景墙。清代绘画美学家恽寿平在《南田画跋》中写道："一片石亦有深处，绝俗故远，天游故静。古人云，

【3-35】倚墙花坛一角（朱剑刚 摄）

咫尺之内，便觉万里为遥。"此花坛亦然。人们若寂然静虑，神与物游，也会萌生此感。此外，盎然的野趣、偏侧的曲致、狭窄的空间、相互协调的分寸感……统统都是这里独特的美。

摄影家之所以对此时此地情有独钟，还由于墙上、峰顶、木末、草间，照射到一缕缕柔和的、脉脉的斜晖，显得斑斑点点，影影绰绰，牵动着人的情思。德国古典美学家黑格尔指出："光是极轻的，没有重量和抵抗力……在光里自然才初次走向主体性……光就是一般物理界的'我'"（《美学》第3卷上册第234页）。剥去这玄奥的外壳，其合理内核是说，光有强烈的抒情性，画家、摄影家可以借光影来抒写自我的主体情愫。是的，人们在这帧片山寸石的照片中，也确乎感受到了光中有情，情中有光。

【3-36】窗虚蕉影玲珑

题语选自《相地·城市地》。窗的特点就是"虚"，虚才能收纳窗外景色。计成以一个"虚"字，表现了对门窗审美功能的准确把握。芭蕉，形、色、声、质俱美，植于虚灵的窗外，阴、晴、雨、雾皆宜。计成爱芭蕉，书中除了"夜雨芭蕉，似杂鲛人之泣泪"（《园说》）、"半窗碧隐蕉桐"（《借景》）等极美的意象外，特在此"蕉"字后缀以"影"字，使其更富意态神韵。玲珑：明彻可爱貌，此词既是客观状物，又凸显出主体的一颗喜爱之心。题语六字，高度凝练，诗情画意跃出。

图为苏州网师园西部殿春簃蕉窗，此窗为精雕细镂的木质花窗，边框是极难制作的乱纹，难就难在其寓不规则于规则之中，在不整齐中见出整齐的美。再看窗外，明媚玲珑的芭蕉，摇风弄日，卷舒自如。最可喜的是，稚嫩的芭蕉长得与窗极其适称，其叶不顶框，框后留出大片空白，构成了最佳的章法。故可作如是评价：它在窗外长得不大不小，不高不矮，增之一分则太长，减

【3-36】殿春簃芭蕉框景（郑可俊　摄）

之一分则太短。可以设想，摄影家为了拍摄此景，不知多少次来到窗前，终于盼到了这一天，将其摄成一帧不可企及的经典画面。细心的人们许会发现，窗外还有细竹嫩叶，穿插点缀在芭蕉的大叶之间，这不但倍添画趣，而且一旦承雨受风，蕉声竹韵，会催人顿生"大珠小珠落玉盘"之想。笔者珍爱此帧摄影，曾饱蘸深情题道："诗情、画意、乐韵，三者交响：优美的乱纹花窗，巧作画框；窗外赖有芭蕉，不负夜雨潇湘。"（《网师园》画册第86页）

【3-37】足征市隐，犹胜巢居

题语选自《相地·城市地》。征：求。《史记·货殖列传》："物贱（此处物贱）之征贵（求彼贵处卖之）。"足征市隐：足以求得市隐，亦即实现市隐。市隐：此指隐于城市。《晋书·邓粲传》："夫隐之为道，朝亦可隐，市亦可隐。""犹胜巢居"的一个"犹"字，表达了园地选择的意向——城市地，其"巢居"之典用得绝妙。

对于"巢居"，一些译注大抵不确，且对巢父其人不太了解，《陈注》说是"构屋树上而居"；《全释》说是"原始时代人栖宿树上之谓"，且均无出典；《图文本》则释为"筑巢而居"，引汉应劭《山泽》："尧遭洪水，万民皆山栖巢居，以避其害。"虽有书证，却使其普泛到天下"万民"，这是取消了计成所举隐逸人物的典型个性。《图文本》又引唐陈子昂《感遇》诗，却未指出"巢居子"为何人……总之是语意模糊不定，远离了"隐居"之义。

其实，题语两句，"隐"、"居"二字互为对文出现于句末，已巧妙地点出"隐居"之旨。巢居：巢父之居，即巢父之隐，典出晋皇甫谧《高士传》："巢父者，尧时隐人也，山居不营世利。年老以树为巢而寝其上，故时人号曰'巢父'。"与其同时的还有许由，合称"巢、许"或

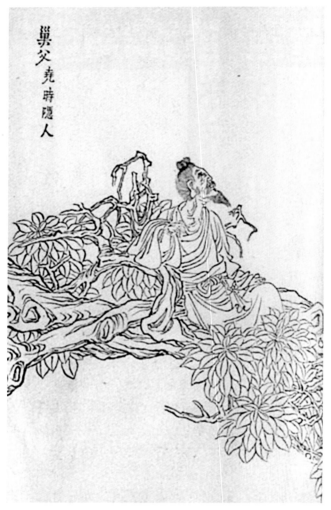

【3-37】《巢父图》（清·《高士传》图谱）

"巢、由"。早在汉代，巢父已被推举为中国隐逸文化之祖，《汉书·古今人表》已列其名，当时文人们也乐于征引此典，如："巢父木栖而自愿"（王符《潜夫论·交际》）；"绍巢、许之绝轨"（蔡邕《郭有道碑文》）；"尧、舜在上，下有巢、由"（《汉书·薛方传》）；"昔唐尧著德，巢父洗耳"（《汉书·逸民传论》）。尔后，北周庾信的《小园赋》，开小园登上历史舞台之先河。其开篇落笔即为："若夫一枝之上，巢父得安巢之所"……明末计成既推出巢父以明己志，又以时代之不同、生活条件之殊异，说明选择市隐的可能性、必要性。

《巢父图》选自晋皇甫谧《高士传》，清咸丰八年萧山王氏养和堂图谱刊本，书中所有高士，每人一图一传。此图中巢父，清癯瘦削，描绘得异常生动，其仰首视天之态，表现出一身傲骨。人物的衣纹，主要用琴弦描，并汇融其他笔法，树叶则用夹叶法。庾信说，"一枝之上，巢父得安巢之所"。此图恰恰为其传神写照。

【3-38】掇石莫知山假，到桥若谓津通

题语选自《相地·村庄地》，上句言叠山技艺之高，没有人知是假山；下句言善于设疑，以孕育山重水复，柳暗花明之趣，意谓园内溪流阻隔，境界扑朔迷离，难以到达彼岸，突然至渡口竟发现有桥可通，欣喜何如！若：训作乃、竟然，暗示几经曲折，出乎意外地如愿以偿。

图为苏州环秀山庄湖石大假山。刘敦桢先生评道："前山全部用石叠成，外观为峰峦峭壁，内部则虚空为洞……从局部到整体……形象和真山一样"（《苏州古典园林》第69页）这一稀世杰构，可作"掇石莫知山假"的典型例证。设若人们从北面补秋舫循磴道入山，穿谷度涧，登峰跨梁，很可能迷不知其所之，如是攀上历下，拐来绕去，突然发现缘峭壁有石径可行，尽头可见三曲石栏梁桥——此时此地此桥，又可谓"到桥若谓津通"的典型例证。一山一桥，实证了题语之妙。

摄影家别具匠心让边廊在画面上占有一定空间，在感觉上倍增比重。此章法所表现的视觉

【3-38】假山曲桥妙相连（周苏宁 摄）

智慧有四：

一、改变画面纵横比：一般从南面拍此假山，总是矩形横向构图，此图则有变化，若以第一根廊柱为界，除去左面边廊，则基本上近于正方形，这就表现出与众不同的构图创意。

二、增加画面景深：由于假山偏右，镜头就可向纵深方向探寻，不但摄入了问泉亭，而且让其后的补秋舫隐隐约约，给人以境界不尽之感，同时暗示可由此舫循磴道上山。

三、引人走进画境：图中的边廊，位置突出，朱柱红栏，雅洁可凭，而假山桥池则是廊内理想的观赏对景。但是，廊内却"空空如也"，这是"虚位以待"【∞→】。试看图的近处分明留有路径，能有效地导人走进廊中亦即画中，借用王朝闻先生《欣赏，"再创造"》一文所言："把看画的人吸引到作品所构成的境界之中，使他成为无形地在作品中活动的人物"（载《鉴赏文存》第121页）。于是，人们设身处地，发挥审美想象，变一般的欣赏为主动的"再创造"。

四、以直映曲之妙：边廊的屋基平面是直，粗粗的廊柱更是直，栏杆也是直，但直能反衬画中之曲：石栏梁桥是曲，弯弯池水是曲，假山处处是曲，草丛绿树是曲，问泉亭屋面更是双向反曲……曲与直，互依对方而存在，直贵有曲衬，曲贵直在旁，互映互补，相得益彰。

【3-39】曲径绕篱

题语选自《相地·村庄地》。篱是农村极具代表性的景物，题语四字简要地揭示了村庄地园林的典型特色，若再让两篱夹以曲径，更构成了富于田园风光的景观美。

图为苏州沧浪亭南端的一条绕篱的曲径，通往月洞门内的院落。画面上景物较简单，但

【3-39】沧浪亭角隅空间（日·田中昭三 摄）

其组合和内涵却不简单：曲曲的篱，弯弯的路，圆圆的洞门，青青的翠竹……组合成一幅风格清幽的画面。

先说路旁的竹，这是沧浪亭最富特色的植物，自宋以来，历代秉承了宋代园主苏舜钦《沧浪亭记》之意，花木以竹为主。此墙角的竹虽不多，却挺拔而苍翠，撑起了一个生态空间，以其为主，还和近旁高低不同的杂树、小草，融合成小小的绿色天地，有意思的是，连矮篱也染得带上了幽微的绿意。

次说弯曲的路，带有S形，就这么揉而曲之，两旁再夹以矮篱，缀以竹树，就进入了传统诗画理论的领域："似往已回，如幽匪藏"（传·唐司空图《诗品·委曲》）；"揉直使曲……为游不足"（清袁枚《续诗品·取径》）；"路要曲折，山要高昂"（宋李成《山水诀》）；"刻意纡曲，却自古雅"（清方薰《山静居画论》）……诗品画论，聚焦了"曲径通幽"这条园林意境美的规律。

再说团栾的月洞门，其形完满，其境幽秘，在小小的、暗暗的"圆"中，隐隐还可见翠竹曲篱，却不知伸向何方，真是"似往已回，如幽匪藏"，这就倍添了曲径的导引性和洞门的魅惑力……

小小的空间，集纳了如许的美感，创造了不尽的意境，既体现了造园家设计的艺术智慧，又体现了摄影家准确的审美选择，此片不愧为意境美的精品佳作。

【3-40】稻香村茅屋归农（陈兰雅 摄）

【3-40】归林得意，老圃有馀

题语选自《相地·村庄地》。归：中国古代社会一种特殊的历史文化现象，如归林、归耕、归田、归山，亦通于归隐或回归自然。对此，本条拟先作一历史扫描【∞→】：在先秦，《吕氏春秋·赞能》云："子何以不归耕乎？"在汉代，张衡《归田赋》更云："追渔父以同嬉，超尘埃以遐逝"，"苟纵心于物外，安知荣辱之所如"。这在中国文化史上最早表达了士大夫文人以"归"来对抗、远离黑暗丑恶社会的意愿。接着，晋陶渊明《归去来兮辞》云："归去来兮，田园将芜胡不归？"《宋书·王弘之传》："王弘之拂衣归耕。"唐李白《行路难〔其二〕》："行路难，归去来。"宋欧阳修有《归田录》，为晚年辞官归隐后所作笔记。再如金、元之际的刘祁曾回乡隐居，题其室曰"归潜"，其书名《归潜志》。明袁宏道《真定大悲阁》："相逢低两眉，但诉归林计"……"归林得意"只有置于上述历史文化的大背景上，才能理解其深层意义。得意：领会意趣。《庄子·外物》："得意而忘言"。

图为上海青浦大观园的稻香村茅屋。《红楼梦》第十七回写到，贾政等人"转过山怀中，隐隐露出一带黄泥墙，墙上皆用稻茎掩护……里面数楹茅屋，外面却是桑、榆、槿、柘各式树稚新条，随其曲折编就两溜青篱。篱外山坡之下，有一土井，旁有桔槔（按：亦称'吊杆'，一种原始的提水工具）、辘轳之属；下面分畦列亩，佳蔬菜花，一望无际。贾政笑道：'倒是此处有些道理……未免勾引起我归农之意。'"宝玉题其名为"稻香村"。图中的茅亭正是井亭，亭中有一口土井，旁有支架，装有可用手柄摇转的轴。若绕以绳索，系以水桶，可汲取井水，这是农村风光的象征。和《红楼梦》中怡红院、潇湘馆、蘅芜院、秋爽斋、栊翠庵等相比，稻香村风光质朴，独具个性，是对富贵、典雅、清幽等风格的一种调节，突出地体现了园林意境生成的空间分割律。

再说"老圃有馀"。《论语·子路》："樊迟……请学为圃。〔子〕曰：'吾不如老圃。'"杨伯峻《论语译注》译"老圃"为"老菜农"，这里泛指老农，意为愿作老农。有馀：即有剩馀。那么所"馀"为何？应该说，是馀闲、馀乐。晋陶渊明《归园田居〔其一〕》："户庭无尘杂，虚室有馀闲。"《桃花源诗》："怡然有馀乐。"《屋宇》结语亦云："意尽林泉之癖，乐馀园圃之间。"

【3-41】引静桥藤蔓景观（俞 东 摄）

【3-41】引蔓通津，缘飞梁而可度 [其一]

题语选自《相地·郊野地》，诸家均不解"蔓"为何义，《举析》力主"沟渠"说，理由是不可能"有那么长的藤蔓，越过渡头，还要从桥梁上飞渡过去，这样的景观，在园林实例中可是从来不曾有过的"。于是《陈注》二版放弃"藤本"说，改为"河流"说。此外，《全释》《图文本》主张"小溪"、"水脉"说，《商榷》则主"小径"说（详见《探析》第308-334页），总之，统统认为是比喻。本书与诸家有异，力主"藤本"说。

先释词句。蔓：即藤蔓，为一切攀缘植物的代称。津：渡口。缘：循、沿。题语两句，后句是对前句的补充解释，意谓藤蔓沿着桥梁可以度到对岸。至于所谓"飞梁"，并非一定指高跨度的拱桥，也可指一般的桥和石梁。

图为苏州网师园中部彩霞池池隅的引静桥，这是一座袖珍型小石拱桥，长仅两米多，三步即可跨过，它和跨越其下的微型溪涧——槃涧匹配互成，比例恰好，构成了微型的水体景观。此景观以其独特的魅力吸引着游人来此盘桓、摄影、品赏、跨越……笔者在《小桥引静兴味长》文中写道："溪涧的两壁，萝蔓藤葛，丛生杂出，垂荫水上。计成在《园冶》中说：'引蔓通津，缘飞梁而可度。'引静桥的外侧面，也巧妙地用了'引蔓通津'的艺术手法。密叶繁枝的攀缘植物，由此岸沿桥跨津，通向彼岸，把小桥装饰得苍古浑莽，意境、气韵俱佳。再看大半个圆形的桥孔，虽已隐没在苍绿丛中，但是，在彩霞池附近俯观，又可发现被藤蔓所掩的桥孔倒影，若明若灭，若隐若现。这也是颇有意趣的景观。"（《苏园品韵录》第49-52页）

网师园的引静桥以小巧精致著称，然而其缘桥跨津的藤蔓，也特色别具，带有天趣之美，为园林增添了一道苍然古朴和蓬勃生机相融互洽的风景线。

【3-42】引蔓通津，缘飞梁而可度 [其二]

本条继前条再释"引蔓通津"。融光桥，又名柯桥大桥，位于绍兴柯桥镇的古运河上，为单孔石拱桥。此桥桥身高，跨度大，网师园的引静小桥与其相比，不可同日而语。该桥在《嘉泰会稽志》中已有记载，可见南宋时已存在。明代仍用原石料按原桥型重建，故仍可视作宋桥。该桥与绍兴的八字桥、广宁桥、光相桥等多座古桥合称"绍兴古桥群"，列为全国重点文物保护单位。

【3-42】融光桥藤蔓景观（陈兰雅 摄）

　　图中的融光桥，春日，藤蔓郁郁葱葱，长势极为旺盛，其藤茎不但纵横伸展，纷披倒垂，而且竟无需攀缘，凌空地俏然上伸，欣然翘举，几乎蔽亏了整个桥的侧立面，成为自身顽强生命力的象征。这一罕见的景观，以确凿的事实，雄辩有力地证明：高跨度的大桥，同样可以缘桥而"引蔓通津"。对此，摄影家取近距离拍摄，意在凸显大型古桥上的蒙茸绿色，并暗示古镇邈远的时间意蕴，一举两得地赞赏其历史文化和生态野趣之美。

　　还值得品味的是，桥下悠悠的古运河，从往古流到当今，逝者如斯夫！而半掩半露的桥孔中，则又别是一番景象，阳光投向水面，反射到弧形的拱券上，光影闪烁跳荡，成了特富魅力的活跃角色。视线通过桥孔，再由近及远，可见驳岸、码头、人群、车辆、小舟、船夫……俨然一杂然纷呈、热闹非凡的小天地。

　　最后回到文题上来。《中国大百科全书》"建筑·园林·城市规划卷"中"江南园林"条目，揭出江南园林的特点之一是"多植蔓草、藤萝，以增加山林野趣"（此条目收入童寯《园论》第152页）。这让人体悟到，计成为什么把"引蔓通津，缘飞梁而可度"这种审美景观和艺术手法，放在《相地·郊野地》里提出来，这绝不是随心所欲的偶然，而是别具匠心的结撰，因为郊野地造园，应以"野趣"为高。

【3-43】小西湖畔桃柳相间（俞　东　摄）

【3-43】溪湾柳间栽桃

　　题语选自《相地·郊野地》。此为出句，对句为"屋绕梅馀种竹"。"溪湾"对"屋绕"，均为主谓短语，故"溪湾"应释作溪水弯曲或溪岸弯曲。柳间栽桃：在柳树间隔中栽种桃树，形成桃红柳绿相映的鲜明景观。《郊野地》此句，是概括了历史和现实时空里花木配植的一种模式。早在晋代，谢尚《大道曲》就有"青阳二三月，柳青桃复红"的描写，但这可能是植为道旁树，或道旁的大片杂植，不过它尚未植于水边，助其成长，自觉地形成构景模式。

　　中国风景园林史上，桃柳间植的杰出景观，出现在宋代杭州西湖的苏堤。明张岱《西湖梦寻·苏公堤》写道：苏轼守杭时，"筑长堤，自南至北，横截湖中，遂名苏公堤，夹植桃柳，中为六桥……"这是渗透了人文因素的桃、柳间植景观。自此，垂柳依依不尽，夭桃灼灼颜开，形成了民谣所谓"西湖风景六条桥，一株杨柳一株桃"。且苏堤迤逦特长，倒影入水则红绿倍之，其系列性的节律之美更蔚然可观。明代文人们特喜点赞此景，如："堤两旁尽种桃柳……想二三月，柳叶桃花，游人阗塞"（张京元《苏堤小记》）；"绿烟红雾，弥漫二十馀里"（袁宏道《新桥望湖亭小记》）；"红翠烂盈，灿如锦带"（田汝成《西湖游览志》）；"烟柳幕桃花"（张岱《苏堤春晓》）……这一典型景观一直影响到清代的北方皇家园林，如清漪园（即今颐和园）的西堤六桥间，就按此模式夹植间种，清帝乾隆御制诗有"柳桃改观六条桥"之咏。而今，这一模式被各地湖滨、堤岸、河边、池畔广为采用。计成"溪湾柳间栽桃"之语，在理论上概括了和契合于苏堤以来桃柳相间而栽的成功经验。

　　图为苏州可园池畔的桃柳间植景观。此池甚小，但按明文震亨"一勺则江湖万里"（《长物志·水石》）的美学观，它被风雅地品为"小西湖"，并在池边月洞门的砖额上，赫然镌此三字，不禁让人浮想联翩。此池当然不可能筑堤，只能在参差起伏、弯环绕池的叠石岸边，翠柳间适当栽以绯桃。池周建筑均甚低，有助于突出中心水池以萌生"西湖"感。而粉墙黛瓦的衬托，又有助于人们集中注意，去欣赏这桃容柳眼，这明媚春光，这倒影如画，这"烟柳幕桃花"的艳色馨香之美……画面右边，水际又有小舟一叶，也融入了"溪湾柳间栽桃"的悠闲意境。

【3-44】月隐清微

题语选自《相地·郊野地》，写带有朦胧感的月色之美。回眸诗史，中国诗人向来有月亮情结【∞→】，笔者曾写道："在诗人笔下，明月是光明纯洁的象征。它美丽、清新、宁静、温柔：'秋月照白壁，皓如山阴雪'……它对诗人是十分亲切的；'暮从碧山下，山月随人归'、'举杯邀明月，对影成三人'；它激起诗人对幸福童年的追忆和美丽的幻想：'小时不识月，呼作白玉盘……'"（《在李白笔下的自然美》）唐诗有关名句，还有"露从今夜白，月是故乡明"（杜甫《月下忆舍弟》），"明月松间照，清泉石上流。"（王维《山居秋暝》），"烟笼寒水月笼沙"（杜牧《泊秦淮》）等；宋词名

【3-44】诸葛村夜月（黎为民 摄）

句，有"月上柳梢头，人约黄昏后"（欧阳修《生查子》）；"云破月来花弄影"（张先《天仙子》）等，可谓难以点数。千百年来，人们的团圆、别离、相思、乡愁、伤感、觅静、审美、遐想，均缩结于月，寄情千里光，中国人的心，和月融为一片了。

计成也特爱以月构景，《园冶》书中"月"字特多："溶溶月色"（《园说》），"清池涵月"（《相地·城市地》）"曲曲一湾柳月，濯魄清波"（《立基》），"峰峦飘渺，漏月招云"（《掇山·池山》），"举杯明月自相邀"（《借景》）……月色能孕意境，月色能移世界，计成笔下的月色，无不予人以优美的情怀。

图为诸葛村夜月。浙江兰溪的诸葛村，又称诸葛八卦村，为全国重点文物保护单位，是三国时蜀汉名相诸葛亮后裔的聚居地。此村据说是南宋末年其后裔为纪念先祖而按八卦演绎构建的。村中心的钟池一半水塘一半陆地，各有井一口，形状如同太极阴阳鱼，富于象征意味，其周围还有八条小巷向四方辐射……

本片所摄为其中之一。这条狭窄小巷两侧壁立的墙体，也把深蓝色天幕范围成一条窄弄，还依稀可见马头墙梯级般的轮廓。在窄弄上方，高悬着一轮尚未完全团栾之月，隐隐的，朦朦的，月光微弱，然而，天空却因其淡淡的清辉而美丽，小巷，也因其淡淡的清辉而迷人。而古

宅门前一盏盏红红的灯笼，就成了月光的补充，成了整个清幽画面唯一的暖色。灯笼上清楚可见"诸葛"二字，这是村庄的标志；石库门侧，隐然可见"孔明"等的隶字，这是小巷的骄傲；小巷正对的墙上，还有蛛网般的八卦图，于是，小巷神秘地拐了个弯，更显得幽深莫测……

人们寓目，已不见当年洁白的粉墙，它不断经受风的侵蚀、雨的渗漉、漫漫岁月的积淀，已嬗变为一片片灰黑色洇迹。在幽深窄巷里，古宅和古宅在对话，在和作为见证之月对话，"人有悲欢离合，月有阴晴圆缺"，如是年复一年，月复一月，它不断地写着自己的史志，在清微月色映照下，还展开着小溪般流淌不尽的梦境。而寻梦人来到这里，就走进了古老的历史。

"月隐清微"，勾引起人们淡淡的、隐隐的乡愁。乡愁，是人们心头清微的月色；月色，涤洗着人们心中形形色色的尘世污垢，让人们守住一片静穆、一片清幽……赵鑫珊先生的话语也发人深思："阳光叫我们入世，月光叫我们出世。"（《建筑是首哲理诗》第60页）

【3-45】似多幽趣，更入深情

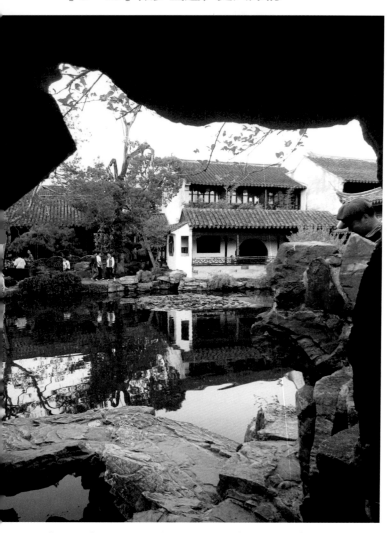

题语选自《相地·郊野地》。题语的读解，关键在"幽"，此字可训三层意思。一是隐；隐蔽。这与山密切相关。《说文》："幽，隐也。从山……"段注："取遮蔽之义。"可见幽来自山林。二是静；静谧，与喧闹相对。南朝梁王藉《入若耶溪》："鸟鸣山更幽。"三是深；深远。《尔雅》："幽，深也。"《诗·小雅·伐木》："出自幽谷。"毛传："幽，深。"故幽深往往连用。至于"幽""趣"二字连用，如宋梅尧臣《送张中乐屯田知永州》："莫将车骑喧，独往探幽趣。"在园林里，只要静心探寻，这种幽趣在在皆是，它更能引人进入深情的境地。

图为苏州网师园中部以山洞为不规整审美之框所窥得的幽趣。对于作为审美框格的门窗，笔者曾写道："当一个人面对着无限纷纭复杂、一切都交织在一起的景色，他的视域往往漫无边际，注意力往往不够集中，不知看什么是好……美

【3-45】山洞：不规整的审美框格（童　翎　摄）

对他来说也显得很分散，如果有了门窗作为审美框格，就像画家、摄影家有了取景框一样，情况就不同了。框格把框中之景和四周的景物隔离开来，把框中之景从纷纭复杂的美的王国里选择出来，给原来没有界限的景色划出了界限，使之独立。于是，审美的眼睛就能摒除一切干扰，全神贯注，仔细品赏框中美景了。"（《中国园林美学》第335页）这是指通过框格所反复选定的结果而言。网师园中以"云冈"黄石山洞为框格，其审美与规整的门窗趣味又自不同。图中的洞框，主要处于上部，它或是凹进，或是凸出，极不规则，至于图的下部，主要由曲折的黄石池岸形成，也极不规整，这上下所合成的特殊框格，最能生发一种野意、幽趣，而这个"幽"字，本来就和具有隐蔽深静之感的山、山洞有着本然的联系。再看框格内，近处是静静的一片池水，对岸是竹外一枝轩、看松读画轩一带，岸上虽有一些人物，却毫无喧嚣之感，相反能以动显静，就像"鸟鸣山更幽"一样。而景物倒影轻轻地摇漾于水，上下相映成趣，更勾引起无限的悠悠深情……

【3-46】休犯山林罪过

题语选自《相地·郊野地》。《园冶》的哲学，深受《周易》这个中国文化源头的影响（详见《探析》第15页），《易·繫辞下》曰："天地之大德曰生。"这可视作《相地·郊野地》中"休犯山

【3-46】闽乡榕林印象（蔡开仁　摄）

林罪过"的逻辑前提，而"休犯山林罪过"，则可看作是由"天地之大德曰生"所推出的结论。这前后两个命题判断，就体现着"因为……所以……"的推理关系，故而"休犯山林罪过"这个否定判断，也鲜明地体现着《周易》生态主义的哲学立场。至于"罪过"一词，则是明冯梦龙短篇小说《灌园叟晚逢仙女》的"关键词"，《借景》章还将小说情节概括为"欣逢花里神仙"，这同样表现着生态哲学的主题（详见《探析》第367-369页）。计成带着对天地可贵的敬畏感，将小说中"罪过"一词移植到风景园林领域，组成"休犯山林罪过"的警语，于是，中国哲学史上深刻的生态哲学理念变得通俗易懂，可供雅俗共享。

图为福建太姥山西南侧霞浦县杨家溪风景区入口处。这里有绵长的海岸线和壮美的滩涂（地貌学称"潮间带"），是摄影家们常来的驻足之地。该地有一棵特具南方风采的巨大榕树，树龄已越数百年，粗壮的树干呈黑褐色，大可数抱，依然迸发出无尽的生命力。它立足大地，巍然翁郁，枝茂叶盛，四季常青。清屈大均《广东新语·木语·榕》云："榕，容也，其荫大。"是的，它不仅荫蔽着来往的路人，还把它绿色的福祉布向四方……从绘画的章法看，这棵气势磅礴的古榕乃是宗主树，而小路另一侧的榕树，则以其倾斜旁逸之势趋向之，朝揖之，于是，画面出现了宾主相顾之意，欹正相形之象，而其后又有一派阳光，万颖注射，经浓浓绿荫的筛滤而消释了它的金光灿烂，变成了灰白青绿的渲染，混和着迷迷濛濛的水汽蒸腾，这种"水晕墨章"，同样达到了中国画气韵生动的境界："远视苍苍，近视茫茫，自然生动矣，非气韵而何？"（清布颜图《画学心法问答》）

画面之美还在于有人：手牵水牛、穿着朴实的农夫正回首欲语；肩挑双桶、乡俗打扮的农妇则若有所思地行走在林间小路上，摄影家使用手动曝光，中焦距以求得人物画面的动态变化，而逆光的运用更使得人物的轮廓鲜明，于是，画面倍增田园诗般的郊野情趣。淳朴的农人们虽不懂得"与天地合其德，与四时合其序"（《易·乾卦·文言》）的哲学，但他们有自己的"哲学"，这就是信奉和敬畏"天命"，尊崇自然的秩序——春生，夏长，秋收，冬藏。必须勤勉农事，按时耕耘。历史事实昭示：正是千千万万的他们及其劳作，构成了令人缅怀的农耕文化。

还有一个细节：画面上居于宾位的榕树有一较粗的断枝，这似是特意留下的一个问号，让人联系"休犯山林罪过"的命题来深思，然而摄影家没有给出答案，其妙在以不了了之……

【3-47】竹修林茂

题语选自《相地·傍宅地》，是对傍宅地园林环境美的生动描写，其典出自大书法家王羲之的名篇《兰亭序》，原句为"茂林修竹"，为了和下句"柳暗花明"组成骈辞俪句，故用"倒装"辞格，于是，两句一倒一顺，读来既铿锵悦耳，又饶新鲜辞趣。

图为绍兴兰亭的茂林修竹。兰亭在绍兴西南的兰渚山下，相传越王勾践曾在此植兰，汉时又设为驿亭，故名兰亭。这里是东晋书圣王羲之诞生"天下第一行书"——《兰亭序》的胜地。对此，笔者曾这样描述道："永和九年，暮春之初，天朗气清，惠风和畅……山阴道上又应接不暇，'此地有崇山峻岭，茂林修竹，又有清流激湍，映带左右'"。而"'萧散名贤，雅好山水'的王羲之，他和孙统、孙绰、谢安、郗昙、支道林等一行风度翩翩、洒脱不拘的江左名

【3-47】绍兴兰亭茂林修竹（江红叶 摄）

流，来到兰亭'畅叙幽情'，并举行流觞曲水，修禊赋诗的游艺盛会，可谓'群贤毕至，少长咸集'……"（《中国书法美学》上卷第100页）于是，茂林修竹也因而生辉。计成撷此四字以描颂傍宅地园林，笔下也就不同凡响，其文化品位必然大为提升。

图右侧，赫然入目的是一座三角攒尖的鹅池碑亭，这是兰亭一处标志性建筑。据说王羲之爱鹅，曾写《黄庭经》换白鹅。唐李白《王右军》诗咏道："右军本清真，潇洒出风尘。山阴过羽客，爱此好鹅宾。扫素写《道经》，笔精妙入神。书罢笼鹅去，何曾别主人。"据传"鹅池"二字为右军王羲之所书。再看图的前面，是山间一片乱石铺地，其后有修竹千竿，正在和畅的惠风中玎玎琮琮，摇曳作响，竹林中还穿插着较粗大的嘉木茂树，均应了《兰亭序》中"茂林修竹"四字，给人以无限遐思……

【3-48】柳暗花明

题语选自《相地·傍宅地》。四字在《园冶》里，不仅是写傍宅地园林，而且还普遍地适用于各类园林；尤应一探的，是其深度内涵还联结着色彩美学的某种现象，联结着园林意境的美学规律。

从色彩美学的视角看，光和色不可须臾离，色彩必须经过光照才能显现。光作用于视觉，

【3-48】池畔花柳的美学意蕴（郑可俊　摄）

才使人产生这种或那种颜色感。视觉可分光觉和色觉。光觉系统包括明暗以及浓淡、黑白等；色觉系统包括红、绿、青、黄……然而，人们却爱把色觉联系于光觉（明、暗），如把绿的柳枝、红的桃花说成是"柳暗花明"，这是由于绿、青、蓝、紫、黑等均属暗色调，而红、橙、黄、白等则属亮色调。色彩不但有明、暗之分，而且还有进、退之分。红、橙、黄、白等属于进色，给人以向前方突出的感觉；绿、青、蓝、紫、黑等属于退色，给人以向后方退缩的感觉。图为苏州拙政园中部池边的桃柳，桃花就显得特别明亮、硕大、突出、炫目，而池畔一棵棵柳树，则统统显得较灰暗、较缩小，似乎在往后退。除了这一原因而外，这种现象还由于红与绿是对比色，通过对比，则亮者愈亮而暗者愈暗，这都是由于光觉系统通过视觉在起作用。

"柳暗花明"四字，典出南宋大诗人陆游的《游山西村》："山重水复疑无路，柳暗花明又一村。"这一千古名句，还形象地体现了奥旷交替的园林意境规律，它表达了风景园林审美由幽奥空间忽而进入敞旷空间时的惊喜。笔者曾写道："人们在游赏山水园林时，对前面即将出现的境界，总会有一种估计，一种预期心理，如果不出所料，就会感到平淡乏味；相反，如这种接受期待被打破，被否定，就会陡然产生一种出于意外的惊异感"。或者说，由"疑无路"而"又一村"，是"写出了反预期心理空间的忽然出现"，这种心理陡转，"就是一种美感的极大满足"。正因为如此，陆游的诗句才"转化为众口相传的成语，转化为园林审美的名言警句"（《中国园林美学》第281页）。不只如此，柳暗花明的豁然开朗，还往往是人生境界的某种实现，比喻困顿中喜逢转机，由逆境转化为充满希望的顺境。因此，它还饱含着深刻的哲理意蕴，具有极大的概括性。由"柳暗花明"一语，可窥探《园冶》语言耐人品味的含金量。

【3-49】不尽数竿烟雨

题语选自《相地·傍宅地》。中国艺术重意境，重含蓄，本条题语也体现了这种美学观【∞→】，以下拟将题语分三层而简述之。

不尽：这是内涵层面，中国艺术评论倡导和赞赏"不尽"的含蓄美。如论山水画，则曰"藏处多于露处，而趣味愈无尽矣"（明唐志契《绘事发微·丘壑藏露》）；论园林，则曰"地只数亩，而有纡回不尽之致"（清钱大昕《网师园记》）……

数竿：这是数量层面，极言其少。清代画竹大师郑板桥一再题道："一方天井，修竹数竿"（《竹石》）；"一竿瘦，两竿够"（《题画竹》）；"一两三枝竹竿，四五六片竹叶"（《题画竹》）；"两枝修竹过墙来"（《画竹》）……

烟雨：这是形态层面，蒙蒙如烟的雨雾是极佳的艺术朦胧美，诗如"多少楼台烟雨中"（唐杜牧《江南春绝句》），"远近青山烟雨中"（宋黄庭坚《和裴仲谋雨中自石塘归》）；画如宋赵令穰有《春江烟雨图》，米友仁有《湖山烟雨图》；风景品题系列如明代历城八景有"鹊华烟雨"，清代扬州瘦西湖二十四景有"四桥烟雨"；园林如嘉兴、承德避暑山庄，均有烟雨楼……

既然如此，那么，"不尽数竿烟雨"的画面何处寻？摄影家寻到了扬州清代留存至今的个园。个园主人嗜竹，不仅园内植竹，而且园名题为"个园"。"个"字，就是三片竹叶的形象，两个"个"字即为"竹"。再说古代画竹，有"写影"之法。五代后蜀的李夫人，曾摹写映在窗上的历历竹影，是为墨竹之滥觞，直至清代的墨竹大师郑板桥，其画也多得之于"纸窗、粉壁、日光、月影之中"（《画竹》）。摄影家在墨竹写意传统的启迪下，选择了阳光较柔和的傍晚时分，以粉墙为背景，并降低相机的饱和度，于是，镜头里居然出现了一帧"画意摄影"的墨竹精品。试看迷迷濛濛的画面上，隐隐约约数竿修竹，浓浓淡淡、疏疏密密互为融和，其边缘

【3-49】个园墙上，竹影婆娑（陈兰雅 摄）

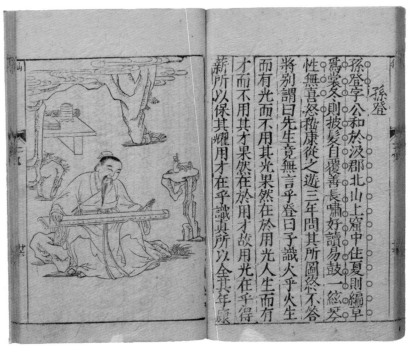

【3-50】《孙登图》（明·《消摇墟》）

无不渐次模糊，于是，竹间似有雾情雨意弥漫浮动，氤氲不尽，令人感到竹中有竹，竹外有竹，"虚实相生，无画处皆成妙境"（清笪重光《画筌》）。

【3-50】岭划孙登之长啸

题语选自《相地·傍宅地》。孙登，三国时魏人，隐士，异人，善长啸以舒怀。《晋书·阮籍传》："籍尝于苏门山遇孙登，与商略（即商量讨论）终古（即'永远无绝'）及栖神（即凝神静气，归复于一，为道家保本养元之术）导气（即摄气运息，为古代一种养生术）之术，登皆不应，籍因长啸而退。至半岭，闻有声若鸾凤之音，响乎岩谷，乃登之啸也。"可见，孙登的长啸远胜于竹林七贤之一的阮籍。

图选自明万历绣像本《消摇墟》。这是一部表现道教神仙思想的书，一图一文对照。所谓绣像，原指以丝线绣成的佛像或人像，后亦指为通俗小说所绘用线条勾勒、描写精细的图像，也包括某些一图一文相对照的书中图像。对于孙登，《消摇墟》言其"于汲郡北山上窟中住，夏则编草为裳，冬则披发自覆。善长啸，好读《易》，鼓一弦琴，性无喜怒"……这已予以神化。图中的孙登，正坐在石上操一弦琴。其后即为山洞，石桌上一函书，大概就是所读的《易经》，但并未画其"编草为裳"，或"披发自覆"，但风度确乎不凡。

"岭划孙登之长啸"一句。岭：即《阮籍传》中"至半岭"的"岭"。划〔huà〕：象声词，此形容啸声。宋苏轼的《后赤壁赋》，有"划然长啸，草木震动"之语。岭划：岭上划然响起。此句与上句"宅遗谢朓之高风"一起，意谓宅第所附的园林即傍宅地园林，应该体现这类文人韵士的风范，如明文震亨《长物志·室庐》所言："要须门庭雅洁，室庐清靓，亭台具旷士之怀，斋阁有幽人之致。"

【3-51】略成小筑，足征大观

题语选自《相地·江湖地》，两句有着深刻的哲学意蕴和普遍的价值意义（详见《探析》第335-339页）。小筑：小型精巧的园林建筑。《园说》也有"大观不足，小筑允宜"之语。征：求得；

【3-51】万千气象的艺术创造（朱剑刚 摄）

赢得，也可引申为实现。大观：景观繁富多彩，境界辽廓无穷。苏州网师园有砖额曰"网师小筑"，但其境界却不小，如中部水池，清钱大昕《网师园记》就誉为"沧波渺然，一望无际"。

为什么小小网师园有如此之大效果？这是由于一系列创造性的艺术处理，如充分利用周边布局的优势；池面水体聚而不分，集中利用；小桥曲梁不架于池上，而架于水湾溪尾；高大建筑（看松读画轩、小姐楼）均退居二线；池周的一线建筑（如沿墙边廊、竹外一枝轩、射鸭廊等）均低矮空透；池岸灵活，虚涵中空，扩大了水体意境；水面不植荷藻，只种睡莲；引静桥与槃涧构成袖珍天地所起的反衬作用……于是，水池小中见大，近中见远，渺渺乎一望无际。

网师园又为了避免周边一律小巧低矮的平淡，特让月到风来亭高高地耸立于沿墙边廊之前，而高树绿荫又森森地衬托于墙后屋间，特别是还有宋代古柏槎牙的枝干倔强地超拔于高空……于是画面穿插繁富，空间有效地扩大了。

这帧照片不但以最佳拍摄角度尽可能集纳以上特色，而且天气的选择也非常理想。天朗气清，湛蓝的天空白云在升腾、飘散，这种放射性的构图，有助于在审美心理上拓展画面的高空，特别是古柏伸往空中的枝干，以一大朵白云作为背景，可谓妙极！白云的边缘不高不低，恰到好处，突出了古柏枝干矍铄擎云的姿态。这里，时机的把握是关键，若升腾的白云过低或过高，均有损于古柏的形象，所谓"过犹不及"。而摄影家正是待到这最佳的时刻，在咔嚓声中表现出对"度"的精准把握。若再把审美的目光从高空移向水面，可见"天光云影共徘徊"，这蓝天白云也拓展了池水的"深度"，沉潜到水底之天……

美的摄影使园林艺术更精彩，网师小筑，在摄影的推助下，更加洋洋大观，气象万千！

【3-52】《太湖秋意图》（张维明 摄）

【3-52】悠悠烟水，澹澹云山

　　题语选自《相地·江湖地》："悠悠烟水，澹澹云山，泛泛鱼（鱼、渔为古今字）舟，闲闲鸥鸟……"在《园冶》中，计成从来没有这样用一串累累如珠的叠字来形容所相的地块，可见他对此特别钟情。在他笔下，江湖烟水，辽远无际，峰峦飘渺，云雾迷蒙，是多么令人舒心的山水画长卷！

　　图为一帧太湖摄影杰作，又可看作是一帧彩墨漉漉渗化的湖山秋意图，人们的眼界，许会由此而一放。宋代诗人苏舜钦的《望太湖》，从时空无限交感的高度落笔，写道："杳杳波涛阅古今，四无边际莫知深。润通晓月为清露，气入霜天作暝阴……"这种诗意在此图中也有所反映：霜天，木叶飘零，气入暝阴，更助烟波之浩渺，三万六千顷的太湖如梦般地荡漾开去，而七十二峰也与水沉浮，不知何处寻，惟见远处三山岛，如淡彩之一抹，似眉眼之盈盈。

　　画面还妙在突出了色调深浅的层次和对比：近景，超然物外轩的歇山顶翼然起翘，在开始转黄的树丛陪衬下，黛色黝黝，轮廓清晰，最为分明。但还不容忽视，作为上部的最前景，屈曲交叉、几乎光秃秃的树枝，和转为暗红色并已凋零殆尽的树叶，它们的作用均不可小觑，一方面，有效地凸显了画面的萧萧秋意；另一方面，又美化了画面的构图，使得画面不致单调空疏。再看中景，两只渔舟在缓缓飘浮，船身已呈灰黑，人在棚中，更使画面闲闲寂寂，平平静静。至于远景，则淡彩晕染，融入迷茫，展开了水天一色的"天然图画"，它更易诱人寻梦，怪不得计成将江湖地视作理想家园，《相地·江湖地》的结尾写道："何如缑岭，堪谐子晋吹笙；欲拟瑶池，若待穆王侍宴。"澹澹湖山，如瑶池，似缑岭，而悠悠闲闲的江湖地园林，就是惬意无限的仙境。

【3-53】漏层阴而藏阁

题语选自《相地·江湖地》。阴：通"树成荫而众鸟息"（《荀子·劝学》）的"荫"，即树木枝叶形成的树冠部分。但此通假义所有辞书均罕载，故需丛证。《文心雕龙·定势》："槁木无阴。"唐李白《虎丘山夜宴序》："松阴依依，状若留客。"传唐司空图《诗品·纤秾》："柳阴路曲。"明祁彪佳《寓山注·柳陌》："数株垂柳……许渔父停桡碧阴，听黄鹂弄舌。"例句中"阴"，皆为"荫"即树冠。层阴：层层树荫。

《园冶》注家释题语，大抵未解"漏"字之妙。《陈注》译作"山阁为层阴暗隐"，注引陆冲诗"重峦有层阴"，这就变成了山峦的层阴了。《全释》译作"树幽深以藏阁"，"漏"字被跳过了，《图文本》亦然……

漏：液体、气体或光线等从孔隙中渗出或透出，本条中指光线。唐韩愈《南海神庙碑》："云阴解驳，日光穿漏。"漏层阴：应指日月光华穿漏过一层层亦即重重叠叠的林木枝叶。藏阁：掩藏着、遮蔽着楼阁。从语法角度看，此句是兼语式，"漏"是动词谓语，"层阴"是其宾语，同时"层阴"又兼作下面"藏"的主语。全句意谓：日光（或月光）穿漏过层阴；层阴掩藏着楼阁。题语六字，极富光影画意之美。

图为苏州留园中部东北的远翠阁，该阁坐北朝南，歇山顶，上下两层，下层名自在处，

【3-53】层荫翳蔽远翠阁（童　隽　摄）

上层名远翠阁。该阁北面为墙，西、南、东三面均有廊环绕。此图由西向东拍摄，但见日光穿漏过层层树荫，在屋顶、叶间、墙上、廊中，特别是地面，闪闪烁烁，斑斑驳驳，筛下了大大小小的光圈、变灭不定的光斑，这是光的协奏，影的舞蹈……

由于日光的强烈照射，树荫的层层掩翳，近处由西往东的廊还看得较清楚，而处于中景侧面的阁，其下层翼然起翘并伸出于前的屋檐已影影绰绰，不易看清，而其上层往后缩进的阁，则需经仔细辨认，才能发现檐前的滴水瓦，檐下的明瓦窗……这真可说是"漏层阴而藏阁"了。若联系《江湖地》下句"迎先月以登台"来理解，此光应是含情脉脉的月光，柔和而富于诗意，但是，它极不易拍摄。图中代之以强烈的日光，就活跃地进入镜头，实现了外光的动态表现。

【3-54】何如缑岭，堪谐子晋吹笙

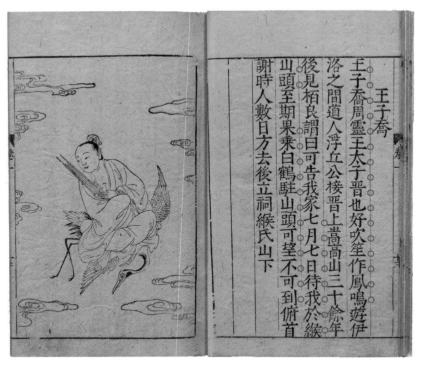

【3-54】《王子乔图》（明·《消摇墟》）

题语选自《相地·江湖地》。子晋：见汉刘向《列仙传》："王子乔者，周灵王太子晋也。好吹笙作凤凰鸣。游伊洛之间，道士浮丘公接以上嵩高山。三十馀年后，求之于山上，见柏良曰：'告我家，七月七日待我于缑氏山巅。'至时，果乘鹤驻山头，望之不可到。举手谢时人，数日而去。亦立祠于缑氏山下及嵩高首焉。"题语"吹笙"：明版内阁本《园冶》及其他各本均作"吹箫"，误。其典源《列仙传》就作"吹笙"。唐白居易《王子晋庙》亦为"子晋庙前山月明，人闻往往夜吹笙"。故勘正。

再释"何如"：哪里像，用反问语气表示比不上。这里又反用其意，表示可比；比得上。缑〔gōu〕岭：即《列仙传》所说的"缑氏山"，后多指修道成仙之处。堪：能够，可以。谐：此字用来状写吹笙奏乐，特妙。谐：即和谐；协调。中国古代音乐美学认为，音乐应追求多样统一造成的和谐，而切忌同一。如古老的《书·舜典》就有"八音克谐"之语，《左传·昭公二十年》亦云："'和'与'同'异……若琴瑟之专一，谁能听之？"《国语·郑语》更说："声一无听，物一无文。"这都说明了音乐美必须遵循和谐律，说明同一种乐器、同一个旋律往往没有人要听，必须既多样又统一。

题语两句意谓：江湖地的云山堪与缑岭相比，这里甚至可以协和着子晋吹笙。具体设想这一美妙情景：仙人子晋在山头吹笙，凡人们则在山下演奏其他乐器，上下相互应和，这许是琴笙协奏，许是笙箫和鸣……这样所奏乐器，其音色、旋律就表现为多样统一，具有丰富的审美意味，从而避免了"声一无听"的同一，这是"和而不同"之美的极境。

图为明万历绣像本《消摇墟》中的《王子乔》，其文字与《列仙传》略有小异。图中，子晋手持凤翼般的云笙，身乘白鹤，神朗气清，意态自若，四面缭绕着祥云，既如将降临人间，下驻缑氏山头，又似已会见过时人，下望凡尘，欲永离人间，白日飞升。《江湖地》还接着写道："寻闲是福，知享即仙。"这是说，优美的江湖地就是仙境，寻找到闲逸就是一种"福"，懂得享受也就是"仙"，其意实际上是对现实中江湖地园林的充分肯定。

凡园圃立基，定厅堂为主。先乎取景，妙在朝南。倘育乔木数株，仅就中庭一二。筑垣须广，空地多存。任意为持，听从排布，择成馆舍，馀构亭台；格式随宜，栽培得致。选向非拘宅相，安门须合厅方。

开土堆山，沿池驳岸。曲曲一湾柳月，濯魄清波（参见【3-44】）；遥遥十里荷风，递香幽室（参见【13-3】）。编篱种菊，因之陶令当年；锄岭栽梅，可并庾公故迹。（参见【2-12】【13-28】）

寻幽移竹（参见【2-5】），对景莳花。桃李不言，似通津信；池塘倒影，拟入鲛宫。一派涵秋（参见【13-4】）。重阴结夏。疏水若为无尽（参见【5-6】），断处通桥（参见【3-10】）；开林须酌有因，按时架屋。

房廊蜒蜿，楼阁崔巍（参见【5-13】），动"江流天地外"之情，合"山色有无中"之句。适兴平芜眺远，壮观乔岳瞻遥。

高阜可培，低方宜凿。

（一）厅堂基

厅堂立基，古以五间三间为率（见【4-14】），须量地广窄，四间亦可，四间半亦可，再不能展舒，三间半亦可。深奥曲折，通前达后（参见【13-27】），全在斯半间中，生出幻境也。凡立园林，必当如式。

（二）楼阁基

楼阁之基，依次序定在厅堂之后。何不立半山半水之间，有二层三层之说？下望上是楼，山半拟为平屋；更上一层，可穷千里目也。

（三）门楼基

园林屋宇，虽无方向，惟门楼基要依厅堂方向，合宜则立（参见【5-9】）。

（四）书房基

书房之基，立于园林者，无拘内外，择偏僻处随便通园，令游人莫知有此。内构斋、馆、房、室，借外景自然幽雅，深得山林之趣。

如另筑，先相基形：方、圆、长、扁、广、阔、曲、狭，势如前厅堂基，馀半间中，自然深奥。或楼或屋，或廊或榭，按基形式，临机应变而立。

（五）亭榭基

花间隐榭，水际安亭，斯园林而得致者，惟榭止隐花间，亭胡拘水际？通泉竹里（参见【3-25】），按景山颠，或翠筠茂密之阿，苍松蟠郁之麓。或假濠濮之上，入想观鱼；倘支沧浪之中，非歌濯足。亭安有式，基立无凭。

（六）廊房基

廊基未立，地局先留，或馀屋之前后，渐通林许。蹑山腰，落水面，任高低曲折，自然断续蜿蜒，园林中不可少斯一断境界（参见【4-14】【5-17】【5-20】）。

（七）假山基

假山之基，约大半在水中立起。先量顶之高大，才定基之浅深。掇石须知占天，围土必然占地，最忌居中，更宜散漫。

【4-1】当正向阳，堂堂高显

题语改自《立基》："凡园圃立基，定厅堂为主，先乎取景，妙在朝南。"《屋宇·堂》："堂者，当也。谓当正向阳之屋，以取堂堂高显之义。"从两条可见，计成十分重视园林中厅堂的地位及其朝向和功能。

堂作为园林的主体建筑，其特点一是"正"，即处于轴线正中，不偏斜，以正面示人；二是"明"，开敞显豁，对着南，向着阳，光线较充足明亮；三是"大"，所谓"堂堂"，就是建在较高的台基上，显出大而壮伟的气度体势，而且面阔至少三间。

图为苏州拙政园中部的远香堂，是江南园林厅堂的代表。此堂位居该园中轴，是最重要的主体建筑，歇山造，正脊饰有鸱尾。面阔三间，四周缭以回廊而不设墙壁，廊柱间檐枋下饰以挂落，下设砖细半栏坐槛以供坐憩。特别引人注目的是四周雅致优美的长窗，均嵌以玻璃，框内饰有花结，是典型的四面厅，显得高敞、明亮。图中可见，正由于其"妙在朝南"，故而东南方的阳光能大片地透过落地的玻璃长窗，照进四面厅，而其中所置一堂高低错落，排列有序的清式家具，在阳光照耀下，也显出庄重的气度、繁丽的造型，助成着四面厅"堂堂高显"的风采，借用清人沈元禄语说，"奠一园之体势者，莫如堂"（引自童寯《江南园林志》第35页）。

厅堂还有一个重要特点就是"先乎取景"。远香堂首先所取的，就是南面作为对景的黄石

【4-1】四面厅远香堂及其对景（朱建刚 摄）

假山。该山气势较雄峻，中有萦纡磴道，其上则老树苍郁，草蔓蒙茸。假山对远香堂来说，就突出体现了一个"当"（即"对"）字。而人们置身此堂，假山就是中距离观赏的极佳对景。远香堂作为四面厅，其特点还能四面纳景，而围绕着它所造之景，更是面面不一，景景殊致，如绣绮亭、枇杷园、小沧浪、得真亭、倚玉轩、荷花池……可见此堂取景的丰美优裕。

【4-2】格式随宜，栽培得致

【4-2】水边红果南天竹（鲁　深　摄）

题语选自《立基》。有人认为《园冶》轻视花木，故不设专章，其实不然，散见于各章节，有不少精彩论述。如本条就体现了植物配置的重要思想。其意是说，和建筑、掇山等一样，栽培也不应拘于固定的模式，而应随其所宜，使其富于意趣。

现实地看，江南园林池畔水边培植最多的是迎春花。它确乎有优长，如一年中最早冒寒迎春，其绿色的枝条上缀满黄花，给园景带来了春的气息和蓬勃生机。它还特能掩丑，哪里的池岸太直，不美，一旦种了它，就把种种败笔全给掩盖了。但其不足也很明显，即其枝茎丛生旁逸，四向披散的绿丛所占空间太大，甚或遮满了曲折小溪，使人们不见清流；或掩盖了池岸的优美造型，还使池沼相形变小；或将苦心经营的虚灵水口全遮掩了，令人只见其枝叶；或是遮挡了水边立峰之半，人们难见其玲珑绰约的全貌……这类问题在小园里显得更突出，还很少有人关注，并加修剪控制，于是成为江南园林的一大遗憾。

图为吴江同里退思园水香榭北的水湾。鉴于水面较窄，故这里不种迎春花而种体量不大的南天竹，这是智慧的选择。试看图中，水边参差的湖石岸形象较佳，且以贴水为美，故既不宜遮没，又不宜全然裸露，于是让南天竹离披向水，玲珑低亚。如宋杨巽斋《南天竹》所咏："花发朱明雨后天，结成红果更清圆。"特别是自深秋至寒冬，其一簇簇下垂的艳红细果粒粒饱绽，颗颗浑圆，犹如珊瑚成穗，夹在绿叶丛中，分外可爱，给百花凋谢的园林带来了红色和喜气。

【4-3】曲曲一湾柳月，濯魄清波

题语选自《立基》。湾：此指一片深入陆地的水域。濯：洗涤。宋王安石《车螯》："清波濯其污"。魄：圆魄，喻明月。南朝梁武帝萧衍《拟明月照高楼》："圆魄当虚闼，清光流思延。"清波：清澈的水流。题语两句，是一首清丽的诗，也是一幅朦胧的画。

图为杭州西湖十景之一"曲院风荷"的湖光月影。关于西湖在不同天时条件下不同的美，宋苏轼有《饮湖上初晴后雨》："水光潋滟晴方好，山色空濛雨亦奇。欲把西湖比西子，淡妆浓抹总相宜。"这成了西子湖晴、雨皆美的绝唱。但到了明代，汪珂玉的《西子湖拾翠馀谈》又有新发现，也铸成名句："西湖之胜，晴湖不如雨湖，雨湖不如月湖……"这一体悟也颇有道理。

春秋佳日，西湖的三五之夜确乎有其迷人魅力：素月流天，圆魄临空，人们伫

【4-3】"曲院风荷"湖光月影（陈兰雅 摄）

留于湖畔堤边，仰观，喜清质之悠悠；俯视，恋澄晖之蔼蔼。若"俯流玩月"（《借景》），更能勾起不尽的神思：湖月，有蕴藉之美，隐约模糊，箇中难见玉兔捣药；湖月，有寂寥之美，静谧幽绝，波心荡，冷月无声……

图为杭州西湖"曲院风荷"之春夜，既有柳，又有月。摄影家选择了最佳视角，设置相机小光圈，采用平均测光法，降低色温，按下快门，一帧浓重地弥漫着蓝色影调的《曲曲一湾柳月，濯魄清波》诞生了。这一杰作对于摄影的美学价值有其实证意义。美国美学家奥尔德里奇论及各类艺术时，曾认为"摄影仍然是一种次要的艺术"，"摄影机并不能使艺术家充分控制色彩，运用色彩来自由地塑造"，因此它缺少"创造性"和"表现性"（《艺术哲学》第86-87页），此论之误，在于其滞后性而缺少前瞻性。试看《柳月》之作中，蓝宝石般的天，沉浸于蓝宝石般的水，水天一色，连远方的桥，远方的岸，远方的屋，远方的山……都溶入了蓝色的影调之中。而闲闲的柳枝无语地低垂着，疏疏密密，参参差差，打破了画面的孤寂，作品的创造性和表现性在于：以安静的蓝色伴人入梦，让人于梦中看到清波正溶和着摄影家的潋潋情愫，在濯洗朦朦胧胧的圆魄，使其更清纯，更美丽……

【4-4】遥遥十里荷风，递香幽室

题语选自《立基》。此为对句，与出句"曲曲一湾柳月，濯魄清波"构成骈语。十里：用"夸饰"辞格，极言荷风吹得悠忽遥远，飘渺无垠。递香幽室：意谓传送荷香至幽偏静谧的雅室。题语写得发人遐思，空灵而难以把捉，真可谓"遇之匪深，即之愈稀。脱有形似，握手已违"（传唐·司空图《二十四诗品·冲淡》）。曲曲……遥遥……，此"六四－六四"式复联型骈辞俪语，对仗工整，平仄谐调，从形式到内涵，均予人以清丽舒悦的美感。

图为苏州拙政园西部的主体厅堂鸳鸯厅。该厅体量较宏大，由槅扇飞罩分隔为南北两厅。南为十八曼陀罗花馆，向阳，宜冬春居住；北为卅六鸳鸯馆，其下地梁由石柱支撑，挑出水上，面向荷池，由于凉爽背阳，宜夏秋居住。该南、北厅均设长槅，根据需要可启闭，而南、北两隅各有耳室，窗格均嵌以菱花形蓝色玻璃和海棠形无色玻璃，二者巧妙地互为"图－底"。这种鸳鸯厅南北左右各拖耳室的建构，在国内贵为孤例，加以厅北菡萏遍池，鸳鸯嬉水，引得游人蜂拥而至。

拙政园素以莲荷为传统特色花卉，东、中、西部均辟有荷池而以中部为最，但此西部池中，也是一片红裳翠盖，色香宜人，即使在无花时也能给人以"接天莲叶无穷碧"（宋杨万里《晓出净慈寺送林子方》）之感，并令人联想起中部的广池盛荷，香远益清。西部的卅六鸳鸯馆和中部的远香堂，虽有云墙隔分，但氤氲飘浮，同样是室幽而香清，是名副其实的"遥遥十里荷风，递香幽室……"

【4-4】卅六鸳鸯馆池荷飘香（日·田中昭三 摄）

【4-5】编篱种菊，因之陶令当年

题语选自《立基》。计成及其《园冶》，深受东晋诗人陶渊明的影响，这值得作为课题探究【∞→】。试翻开《园冶》其书，明引暗用陶典的语句比比皆是，如："凡结林园……地偏为胜"（《园说》），出自陶诗"结庐在人境……心远地自偏"（《饮酒［其一］》）；"径缘三益"（《园说》），出自《宋书·陶潜传》中的"以为三径之资"；"看山上个篮舆"（《园说》），出自《晋书·陶潜传》中的"向乘篮舆"；"涉门成趣"（《相地》），"邻虽近俗，门掩无哗"（《相地·城市地》），出自陶渊明《归去来兮辞》中的"园日涉以成趣，门虽设而常关"……可见其最心仪陶氏诗文。直至《自跋》中的"隐心皆然，愧无买山力。甘为桃源溪口人也"更可见计成最憧憬的，就是陶渊明笔下的桃花源。而句中的"隐心"乃至全书的隐逸意识，均可追溯到被品为"古今隐逸诗人之宗"（南朝梁锺嵘《诗品》）的陶渊明。

再释题语。编篱种菊：出自陶渊明的名句"采菊东篱下，悠然见南山"（《饮酒［其一］》）。因：承袭，传承。之：指代以下的"陶令当年"。陶令：就是陶渊明，他曾任彭泽令，故称陶令或陶彭泽。两句意谓：应

【4-5】《陶渊明像》（明·王仲玉 绘）

遥承陶令当年的东篱赏菊之风。纵观中国绘画史，以陶渊明为题的画作颇多，此选明王仲玉所绘《陶渊明像》，其笔法秀逸，线条流畅，近于白描，人物宽袍大袖，迎风飞舞，富有动感。《宣和画谱·人物叙论》说："人物最难工，虽得其形似，则往往乏韵。"但此《陶渊明像》则不然，其神态散淡旷达，乐天委分，任真自然，颖脱不群，的是"陶彭泽傲骨清风"（清郑绩《梦幻居画学简明·论肖品》），可谓得其神韵。人物上方有隶书《归去来兮辞》全文，本条未录。北京故宫博物院藏。

【4-6】寻幽移竹

题语选自《立基》。移竹：即移植竹、栽种竹（参见【2-31】）。

图为竹林掩映中的石楼庵。此庵位于苏州光福镇西南弹山南坡半山腰，是太湖风景名胜区

【4-6】竹林掩映石楼庵（张维明 摄）

景点之一，历来也是邓尉探梅必到之处。清葛芝《石楼庵记》写道，无声禅师"恶（wù，不喜欢）其显（显露）也，修竹蔽之，从下而望，不知其内之有居人"。这是出色地写出了竹林的掩蔽功能，笔者概括风景园林的意境生成，其中有"亏蔽景深律"。"'亏蔽'的作用，是通过一定遮隔，使景观幽深而不肤浅孤露"。至于"景深"，则是指"审美感受、审美想象中前景延至后景的空间深度"（《中国园林美学》第289页）。石楼庵前的修竹，至今还历史地传承着、积淀着无声禅师以"蔽"求幽求静求深求远的美学观。

再看画面上，满是挺拔的修竹，一派绿意萧萧，翠影离离。宋叶梦得《避暑录话》说："山林园圃，但多种竹……望之使人意潇然。"此言良是。试想，处于山腰的庵门如果没有竹林亏蔽，就必然显露无遗，毫无幽深清静的意境可言，而无声禅师"萧然闲素"（《石楼庵记》）的情怀，也无由萌生和寄托。题语意谓寻觅幽静之境作为移竹之所；但倒过来也可这样理解：移竹可以移境，可使境变得幽深清静。画面效果正是如此，这里不用说尘嚣罕至，就说阳光也被竹林蕉荫所遮挡，影落黄墙，可感受到这影影绰绰，阴阴凉凉。若在这绿色空间里走进石楼庵寻幽，那么曲径、踏跺、石栏、圈门……联系意境美学来想象，庵内确乎寂静无声，似深不可测，它还连通着玄而又玄的"道"。《老子·十五章》有云："古之善为道者，微妙玄通，深不可识。"无声禅师的"修竹蔽之"，提到哲学高度来观照，堪称"善为道"矣。

【4-7】池塘倒影，拟入鲛宫

题语选自《立基》。鲛宫：为鲛人所居，又称龙绡宫。鲛人：传说中的人鱼，或居于海底的异人，龙属。会织布，名为"鲛绡"，泪出即成珠，名为"鲛珠"。《述异记》卷上："南海出鲛绡纱，泉室潜织，一名龙纱，其价百馀金。以为服，入水不濡。"这类奇思异想，吸引得古代诗人们咏唱不绝。再说池塘，江南园林里司空见惯，它一般面积不大，即使是其中的倒影摇漾，也没有多少魅力。那么，怎样才能激发人们欣赏池塘倒影的审美意兴，怎样才能让人从有限的池塘水面品赏到或者想象出无限的美？计成的妙法之一是导入有关"鲛人"、"鲛宫"的神话传说，从而吸引人们的审美注意，拓展人们的想象空间。

图为苏州留园中部明瑟楼的倒影。这一东、北两面临水的明瑟楼，为二层建筑。从屋顶看，东面为卷棚歇山顶，西面则是硬山顶，与涵碧山房毗连，构成一个奇特复杂的建筑综合体，明瑟楼下，为三面开敞的恰杭（航）轩。这样，恰杭轩负载着明瑟楼，后拖着涵碧山房，犹如一艘画船，浮于鳞鳞水面正向东启航。人们看到这一船形组合，会顿悟"恰航"之名的寓意。

然而，摄影家却意不在此，她遵循计成的思维指向，将审美目光移向明瑟楼前的池塘，拍摄到一幅神异倒影的迷人画面：

试看左上部，大片叶丛在微弱的水光和强烈的天光作用下，凸显出其墨绿、浓绿、深绿、浅绿、嫩绿的各自差异，它们或明或暗地相互夹杂着，谱出了"绿"的色阶；再往右延伸，又可见边缘屈曲的荷叶、静静浮水的睡莲，各以其灰绿、湖绿点缀着画面；而下部，飘动于蓝蓝天上的白云，已沉入了池底，并成为构图的中心和一派亮色；右部，明瑟楼倒耸于水，其飞举的戗角竟碰到了池畔灰黑的景石；楼上一系列明瓦支摘窗，仅一扇开启着、其馀则均紧闭，它们以其淡淡的红色勾画出引人注目的韵律，而恰航轩的一排美人靠，则在黑暗中呈显着亮丽的红色，却又被绿叶半遮半露……总之，这是光、色、线、形交错幻化的变奏曲。在计成的思维导向下，池底的明瑟楼会让人想起"百尺深泉架户牖"（唐李颀的《鲛人歌》）的"龙绡宫"，正是：

【4-7】恰杭轩池塘倒影之魅（包　兰　摄）

池中竟然有楼阁，却从水里看闭启。"天琛水怪，鲛人之室……何奇不有，何怪不储"（晋木华《海赋》）。明瑟楼倒影入池塘的画面，光怪陆离，变动不居，这个亦宫亦楼的神异建构，既在深渊之底，又在九霄之上，启人异想天开，让人远思无尽……

【4-8】一派涵秋

题语选自《立基》。一派：一大片，多形容景色、气象等。一派涵秋：意谓一派秋色沉浸于江水或池水之中。涵：沉浸。在古代诗史上，"涵""秋"二字几乎形成了某种固定联系。唐杜牧《九日齐山登高》："江涵秋影雁初飞"。宋辛弃疾《木兰花慢》："正江涵秋影雁初飞"。元鲜于必仁《中吕·普天乐·平沙落雁》："山光凝暮，江影涵秋"……计成在"涵秋"之前，冠以"一派"，更突出了大片秋色及其在水中的倒影。

图为苏州天平山古枫林。天平山有三绝：红枫、怪石、清泉。这里山前有枫香数百株，每年深秋，树叶呈绿、紫、红、橙、黄诸色，层林尽染，如锦似绣……

摄影家为了凸显"涵秋"诗意，让水面占画幅的一半以上。先看画中一株临水古枫，是为画面主体，其粗壮的树干，逆光呈焦茶色，遍身累砢不平，这被称为"瘿"。明谢肇淛《五杂俎》卷十："五岭之间多枫木，岁久则生瘿瘤。""木之有瘿，乃木之病也。而后人乃取其瘿瘤

【4-8】天平山古枫林水中倒影（朱剑刚 摄）

砢礒者……南甖多枫，北甖多榆。南甖蟠屈委特……"天平山较多的古枫自明至今，已有三、四百年树龄，甖瘤砢礒，虽带龙钟之态，却大抵长势良好，姿态可入画，其水中倒影，更见疙疙瘩瘩，古意盎然，耐人寻味。再看池畔树旁的小木屋和屋后的一株株枫树，均映着阳光，艳如丹砂，烂若红霞，浓笔重彩，明亮夺目，它们虽仅处画面一角，却与大片水天形成淡与浓、轻与重之有意趣的对照，正是：秋水共长天一色，红树与斜阳齐辉。

此佳作还有一个重要特色，就是追求摄影的风格化，即增加色彩的饱和度，削弱物象的立体感，强化明暗的对比性，例如小木屋，就颇有套色木刻感，向阳的一面闪着红光，阴影部分则既深且浓。至于远方的树，由于逆光和空气透视，一律变成近似平涂的青紫，与天光水色相映……稍远的池边，作为中远景的几株树，颇引人瞩目，有的绿色正在变黄，有的红色正在变紫，其设色又让人联想起西方新印象主义的点彩派，该画派认为，"'色的分解'的目的是赋予色彩以最大可能的光亮，通过相并排列的色点在眼睛里产出具色彩的光"（《宗白华美学文学译文选》第221页），也就是说，让视觉来完成色彩的混合。图中作为中远景的繁密树叶不止一色，其树冠宛同一个个相异的色点排列而成，显现着色彩的转变和光的炫耀，其倒影也染上了淡青……这一切，都体现出"一派涵秋"的主题表达和风格化追求。

【4-9】重阴结夏

题语选自《立基》。重阴：即浓荫。结夏：旧时僧人自农历四月十五日起，静居寺院九十日，不出门行动，谓之"结夏"。宋范成大《偃月泉》："我欲今年来结夏"。但题语仅取其意，谓在浓荫下纳凉、避暑，这是揭示了园林的一个特点和功能。

图为苏州以苍古风格见长的沧浪亭，山上古木参天，箬竹遍地，到了夏日，更是繁木嘉荫，蓊郁蔚盛，而山顶这座著名的石亭，更被覆盖在浓浓的重阴之中，连亭内也染上了隐隐的绿意。再看附近，高高低低的石块，远远近近的树干，无不带有这种条件色。从摄影美学的视角分析，

【4-9】沧浪亭山林荫浓（嵇　娴　摄）

构图的巧妙还在于：暗调的大片包围中透露出小片的亮调，因而特别显眼，而深色暗调的亭影又恰好落入小片的亮调之中，于是，"深－浅－深（亭）"层层突出了全图的主体。总之是，这座连阳光也几乎难以射进的土山，这座下有绿地、上有绿天的古老石亭，堪称避暑胜境、结夏良所。

再结合园林史的视角看，大量事实均说明，高大的绿色树群确乎能遮荫生寒，略摘几段诗文为证。明代，祁彪佳《寓山注·松径》云："劲风谡谡，入径者六月生寒。"张岱《陶庵梦忆·不二斋》云："高梧三丈，翠樾千重……但有绿天，暑气不到。"清代，乾隆帝避暑山庄《古栎歌碑》云："乔树有嘉荫，仙境称避暑……况复透风爽，实不觉炎苦。"赵昱《春草园小记》："老桧阴森，盛夏可以逃暑。"这些有关绿色树群的描写，不约而同地指向一个主题，就是重阴、透风、生寒、结夏、避暑。

【4-10】疏水若为无尽，断处通桥

题语选自《立基》。疏水：疏通水源。若为：就是"为若"，亦即"是如此"。这种特殊的组合，表达了一种肯定的甚至赞美的情感态度，计成爱用这种组合，在《园冶》里多次出现。题语两句意谓：疏通水源竟然是如此地没有穷尽！可在断处通以桥梁。这突出地表现了计成重视理水的造园思想。

图为上海松江区泗泾颐景园十景之一的"蓬壶烟霞"。笔者曾参与设计，将图左面这座池山拟为人间仙境，以体现《园冶·掇山·池山》之语："莫言世上无仙，斯住世之瀛壶也"（见《品题美学》第404-406页）。蓬壶、瀛壶：均为传说中海上三仙山之一，见汉《史记·封禅书》。至东晋，王嘉《拾遗记》又言其如壶："海上有三山，其形如壶，方丈曰方壶，蓬莱曰蓬壶，瀛洲曰瀛壶。"（参见【5-8】）

泗泾颐景园此景的优势，是水面较阔大，且系活水。故循

【4-10】瀛壶池山，烟霞紫虚（江合春 摄）

《园冶》之意，将此池中岛山题为"瀛壶"（即"蓬壶"），岛山上六角攒尖之亭，名为紫虚亭（三国魏曹植《游仙诗》："排雾凌紫虚"），图右的小型石拱桥，名为烟霞桥（宋郭熙《林泉高致》："烟霞仙圣，此人情之所常愿而不得见也"）。据《史记·封禅书》，海上三仙山"及到……风辄引去，终莫能至"。故在蓬壶岛与烟霞桥之间有水的"断处"，"就水点其步石"（《掇山·池山》），掩以草木丛，而池面则波纹荡漾，似有"无尽"之感，契合于题语"疏水若为无尽，断处通桥"，并以此景说明："缥缈海外属虚妄，仙境原在现实中"，完全是"能至"的（《品题美学》第408页），这是一种不成熟的尝试。

【4-11】楼阁崔巍

题语选自《立基》。楼与阁在本来意义上，是有区别的，但历史上早就被连用甚至作为两层以上建筑的统称。唐白居易《长恨歌》："楼阁玲珑五云起"。崔巍：山高峻或雄伟貌。汉东方朔《七谏·初放》："高山崔巍兮水流汤汤。"后来，也用以形容楼阁等类高层建筑。

图为苏州耦园东花园的魁星阁与听橹楼。就苏州园林而言，耦园的面积虽不很大，但其东、西二园的楼阁却较多，摄影家为体现"楼阁崔巍"的主题，别出心裁选择了其中体量很小而又相并的听橹楼和魁星阁，表现了独特的视角和方法。列析如下：

独特的视角——他不拍西花园平面呈倒"凹"形且衍展特长、面积特大的藏书楼，也不拍朝南向阳，属于堂正型建筑的补读旧书楼，或显示园主夫妇双双偕隐的双照楼，却去拍偏于一隅、面积极小的听橹楼和魁星阁。因为他深知，有的楼虽然堂正向阳，或横向展列很长，但突出了横向的"阔"，其纵向的"高"在视域里必然有所削弱，而有些小楼阁，虽然面阔有限，缺少堂皇的气派，但在纵向上通过拍摄有可能使其显得较高耸，这就是《老子·二章》所说"长

【4-11】耦园魁星阁与听橹楼（张维明 摄）

短相形（相互比较对照），高下相盈（相互包容和转化）"的辩证法【∞→】。

独特的方法——清人刘熙载的《艺概·文概》，极赞《史记》的笔法"寓主意于客位，允称微妙"。这不但是文学写作的妙法，而且是造型艺术的妙法【∞→】。一般的构图布局，往往将主体形象作为前景，体量大，占主位，而次要的宾体作为中景并置于偏侧。本图则不然，将"山水间"这一建筑的轩柱屋檐作为特大的前景，而把需要突出的"主意"——表现"崔巍"的魁星阁与听橹楼作为中景，置于偏侧，这无疑使其体量相形变小了，但其审美效应却不小，特能吸引人们的视线。试看，一楼一阁，虽均以北面示人，但却挺耸于台基之上，纵向地直立着，整饬地排列着，众多的翼角指向上空，给人以升腾的似动感，故体量虽小而不乏崔巍之致。

值得注意，这两幢以红为主调的建筑造型，还被不高的绿色树丛从下面衬托着。著名画家颜文梁先生指出："对比色可以增加鲜明度……由于对比的缘故，各增加本色的鲜明，所谓相得益彰，这就是馀色、补色的原理。"（《色彩琐谈》，第6-7页）图中的魁星阁、听橹楼，正是由于绿色矮树的簇拥、补充，显得特别鲜明醒目，其所处位置虽较偏侧，却成了受众心目里的主体中心，相反，体量最大、作为前景的"山水间"粗粗的柱子、大大的屋面，均成了陪衬，在人们心目中不占多少地位，特别是上面一排整齐地斜列的滴水瓦，还衬托着由透视规律所制约的近大远小的楼阁形象，似乎成了画框极富节奏感的花边，装饰着、凸显着这崔巍的一楼一阁，协助了"寓主意于客位"的成功。

【4-12】动"江流天地外"之情，合"山色有无中"之句

题语选自《立基》。"江流天地外，山色有无中"，是唐代大诗人王维《汉江临眺》中的名句，广为历来诗人、画家所激赏。两句意谓，阔远的江面看不到边际，水天连成一色，就像流在天地之外一样；山色也由于极远，更表现为若有若无之美。此画意完全符合于西方画学所说的"空气透视"。事实是空气并非纯透明、无色彩的，物体在近处还看不出空气的间隔和色彩，但远方的山就能借以看出空气的色彩了。因为山自身颜色的消失，就是空气的间隔所致，如远山淡淡的青灰色，这就是极远距离中空气不完全透明的色彩。

图为漓江两岸的近山及层层叠叠的远山，它们是王维名句的极佳例证。笔者曾写道："葱郁的近山是浓绿色的，远山则变为淡青或淡紫色的，更远则更淡，更无颜色，轮廓形态也随之而更不明确，朦胧模糊。"（《王维诗中的绘画美》）这就是空气透视的差异规律。图中，不但可看到近山的墨绿是如何渐渐地消溶为远山的青灰，而且还可见山色由浓渐淡的若干层次，从而领悟山愈远，色愈淡以至若有若无的透视规律。

再回到王维诗句中来。笔者赞道："王维着意用他的传神妙笔写最远最远的山色，远到若有若无，若隐若现……然而又没有完全消失。这种透视在诗、画里都是很难表现的，他却毫不费力，用五个字轻描淡写，信手一挥，不加雕琢地表现出来。在中国诗史上，还没有过把江和山放到这么远的距离之外而又这样成功地、如画地加以描写的。"（同上）总之是，两句既为诗家极致，又入画家三昧，有着辽阔的境界，生动的气韵，馀味不尽的画意，浑化脱化的情趣，故而计成极为服膺，将其巧妙地组合为"动……情，合……句"的骈语，不但极意推崇，而且取法

【4-12】漓江天地外，山色朦胧隐远空（方梦至 摄）

乎上，强调造园要重视借景特别是远借，而这在相地立基时，就应胸有成竹，认真谋划。

【4-13】适兴平芜眺远

题语选自《立基》。适：舒适；畅快。元贯云石《粉蝶儿·西湖》："任春夏秋冬，适兴四时皆可。"题语此句，形容词作使动用法，意为"使……舒适、畅快"。兴：审美主体的意兴；情趣。平芜：草木繁茂的平旷原野。唐高适《田家春望》："出门何所见，春色满平芜。"唐姚合《夏日登楼远望》："避暑高楼上，平芜望不穷。"眺远：即远眺。宋苏轼《念奴娇·中秋》："凭高眺远，见长空，万里云无留迹。"题语用"倒装"辞格，意为遥远地眺望平芜，使人意兴舒适，情趣畅快。这是对远借、俯借及其审美效果的生动描写。

图为苏州灵岩山登高眺远。灵岩山又称砚石山，在苏州西南，被誉为"秀绝江南第一峰"。其所以名闻遐迩，除了山顶有灵岩寺外，还有联结着说不尽吴越春秋故事中的西施馆娃宫等。山上一路多奇石，所谓"物象宛然，得于仿佛"（宋孔传《云林石谱序》），相传有"十二奇石"或"十八奇石"等说，如山腰的陡崖上，有巨石巍然突兀，色紫黑如砚，极似一只大龟，正昂首远眺太湖，吴人俗称"乌龟望太湖"，其上则镌刻"望佛来"三字隶书。这里也是一个极佳的观景点，试于此处远眺，则屋舍、道路、桥梁、田畴、林木、草野、河流……均奔来眼底，山前笔直的水道，即传为吴宫遗迹的"采香径"，俗称"一箭河"。如再穷目力以观，则更是平芜杳霭，川

【4-13】灵岩山腰，远眺平芜（张维明 摄）

原弥烟，旷远茫茫一片，用《兴造论》的话说，是"极目所至……不分町疃，尽为烟景"。

　　当然，还可再上山巅。北宋的朱长文曾适兴登临眺远，写道："尝登灵岩之巅，俯具区，瞰洞庭，烟涛浩渺，一目千里，而碧岩翠坞，点缀于沧波之间，诚绝景也。"（《吴郡图经续志·山》）这是何等寥廓的视野！

【4-14】全在斯半间中，生出幻境

　　题语节自《立基·厅堂基》："厅堂立基，古以五间三间为率，须量地广窄，四间亦可，四间半亦可，再不能展舒，三间半亦可。深奥曲折，通前达后，全在斯半间中，生出幻境也。"此话颇难解读，研究家们大抵不能把握"半间"概念的真实内涵，《全释》甚至认为"半间"云云是"故作惊人之笔"，"却不指明'半间'在何处？是什么样的'幻境'"。其实，应联系《立基·廊房基》一段话作贯通的理解。该节云："廊基未立，地局先留，或馀屋之前后，渐通林许。蹑山腰，落水面，任高低曲折，自然断续蜿蜒。"其中"馀屋"也是个重要概念。

　　在研究诸家中，《析读》最早发现"半间－馀屋"的内在联系。笔者曾继而在传统建筑以"间"为单位的基础上，对其作了较充分的逻辑论证（见《探析》第222-227页）。《析读》还举出苏州网师园的殿春簃即是三间半生出幻境的佳例。本条拟以左右二图相拼之法，具体论证网师园"半间－馀屋""通前达后……生出幻境"的命题。

从相拼的左图可以看到坐北朝南、面阔三间的殿春簃明间的一部分，以及东次间的全部，其前即是殿春簃面阔三间的前檐廊，廊东尽头，其南连通着一条单面廊，北连通着一条狭弄，廊－弄是相接的，其阔度均不足一间，故曰"半间"。再看这狭弄的西墙，就是殿春簃的东墙，故也可用计成的语言称之为

【4-14】由殿春簃通往看松读画轩（梅　云　摄）

"馀屋"，或者说，是与"以……三间为率"的殿春簃相紧挨的半间"馀屋"。若将这原来就并建的三间和半间合起来，即是所谓"三间半亦可"。

如从单面廊北望这黑黝黝的半间狭弄，尽头的门外隐隐有芭蕉；如半途就折东（见相拼的右图），则眼前一亮，豁然又临"异境"，这就是面阔比殿春簃大得多的看松读画轩，其主题、格局、气派、氛围、庭院等均与殿春簃迥然有异，加以阳光射入，就更有"生出幻境"之感。

这半间馀屋狭弄的"通前达后"功能，还表现为如不往北进入看松读画轩，而由单面廊往南，则又可直通小小壁山的幽洞；若向西环视，则是殿春簃的前庭院，可见翼然半亭，一泓冷泉，扶疏花树，玲珑峰石，景色楚楚可人；若折东数武，由"真趣"洞门出，则更别有天地，网师园主景区的旖旎风光尽收眼底……

殿春簃旁的半间馀屋并不是孤例，如苏州狮子林燕誉堂的东侧，也有半间馀屋，也非常典型，它也是通前达后，幻境连连，令人寻味不尽。这类实例颇多，均可证实计成"半间－馀屋"理论的美学独见性和概括的普遍性。

【4-15】水际安亭

题语撷自《立基·亭榭基》："花间隐榭，水际安亭，斯园林而得致者。"句中的"而〔不读ér，应读néng〕"为动词，表能愿，意为"能够"。《玉篇》："而，能也。"致：意态；情趣；意趣。《亭榭基》句意谓：花间掩映着榭，水际安置着亭，这是园林最能获得意趣的。花－榭、水－亭，是积淀了园林审美经验一种配置模式。

图为北京陶然亭公园的浸月亭。陶然亭不但是全国四大名亭（还有滁县醉翁亭、绍兴兰亭、长沙爱晚亭）之一，而且早已历史地扩展为胜迹众多的特大景区，其一个重要特色，是广纳中国亭文化精粹，构成华夏名亭园景区，园内集中仿建了中国各地的历史名亭，有醉翁亭、兰亭、鹅池碑

【4-15】浸月亭：临水赏月（周仲海 摄）

亭、少陵草堂碑亭、沧浪亭、独醒亭、二泉亭、吹台等，还有浸月亭。

浸月亭在江西九江市城南甘棠湖中。唐元和十年，大诗人白居易遭诬陷贬为江州司马，翌年，作《琵琶行》，长诗的特点之一是"以江月为线索"（清沈德潜《唐诗别裁》），诗中四次出现"江""月"二字，后世为纪念这位"江州司马青衫湿"的才华横溢的大诗人，在此水际安亭，取诗中"别时茫茫江浸月"句，取名"浸月亭"。至宋代，又易名烟水亭，现代又被仿建于北京陶然亭景区，额以金色篆书"浸月亭"三字。亭建于池边矶上，六角攒尖，宝葫芦收顶，勾头戗，其筒瓦屋面曲度特大，勾头瓦与滴水瓦交替而成的檐口，呈特大的弧曲线，在绿树背景的映托下，展现着优美的造型。亭周围基本上都是水，符合"浸月"诗意，设若在三五明月之夜，团栾的月亮"浸"于水中，人们在亭内赏月，是多么惬意！"水际安亭"的优越性也充分显示出来。此时如遇轻风吹过，水面起波，月色更溶漾琐碎可玩……浸月亭一面傍路，更易吸引游人入内小憩，这又体现了《屋宇·亭》所说："'亭者，停也'，所以停憩游行也。"

【4-16】或假濠濮之上，入想观鱼……

题语节自《立基·亭榭基》："或假濠濮之上，入想观鱼；倘支沧浪之中，非歌濯足。"假：凭假；即构架于。支：支架；构建。两句论亭榭的构建，应赋予深厚的历史文化内涵，而最理想的，就是"濠濮"与"沧浪"，计成在这里串起了三个著名的典故：一是庄子与惠子"游于濠梁之上"，关于是否"知鱼之乐"之争（《庄子·秋水》）；二是东晋简文帝入华林园，感到"会心处不必在远，便自有濠濮间想"，觉鱼鸟"自来亲人"（《世说新语·言语》）；三是《楚辞·渔父》中的《沧浪之歌》："沧浪之水清兮，可以濯吾缨……"

在中国园林审美史上，这三个与鱼与水有关的典故一直流传不绝，如现存的风景园林，北京北海有"濠濮间"，承德避暑山庄有"濠濮间想"，杭州西湖十景之一有"花港观鱼"，东莞

【4-16】观鱼处：瑟瑟清波见戏鳞（张振光 摄）

可园有"观鱼簃"，上海豫园有"鱼乐榭"，无锡寄畅园有"知鱼槛"；在苏州，不但有"沧浪亭"，而且其中有"观鱼处"，拙政园有"小沧浪"，天平山有"鱼乐国"，留园有"濠濮亭"，冠云台还有"安知我不知鱼之乐"之匾；昆明翠湖有"此即濠间，非我非鱼皆乐境"之联……这类景构可谓不胜枚举，体现出传承不绝的文脉。

图为苏州沧浪亭的"观鱼处"。不同于一般苏州园林以围墙把自己封闭起来，沧浪亭是苏州唯一半敞开式的园林，该园一条复廊，廊的一面弯弯地面对着园外清流，其东端为一个四角攒尖方亭，建在石栏围绕的临水平台上，原名"濠上观"，后改为"观鱼处"，这两个题名均取意于"濠濮"典故以及宋代园主、著名诗人苏舜钦的《沧浪观鱼》："瑟瑟清波见戏鳞，浮沉追逐巧相亲……"亭有联曰："共知心如水；安见我非鱼。"联语以"水"、"鱼"二字置句末，其文化意蕴更显得沉甸甸的。

"观鱼处"是向园外借水的理想建构，也是让人们亲水、观鱼的最佳处所。唐杜甫《水槛遣心》云："细雨鱼儿出，微风燕子斜。"这是观察精细入微的经验语。而摄影家也是有心人，为了将鱼跃出水摄入镜头，他选择了细雨濛濛的日子来到对岸，以垂钓般的耐心等待着、等待着……。"鱼儿"不负有心人，摄影家终于如愿以偿。试看，水面不仅可见细小的雨点，而且还有两处鱼儿跃出水面飞溅而起的白沫，看来鱼还不小。特别可喜的是，此片所摄是苏州沧浪亭的观鱼处景观，它连通到历史文化深处，这就更有其特殊的价值意义。它还让人们懂得：摄影是守候的艺术，是等待与捕捉的艺术，而照片的成功，正补偿了所付出的宝贵时间代价。

【4-17】绣绮亭与倚虹亭（鲁　深　摄）

【4-17】亭安有式，基立无凭

题语选自《立基·亭榭基》。该节列举了亭榭可立基于花间、水际、竹里、山巅、翠筠茂密之阿、苍松蟠郁之麓、濠濮之上、沧浪之中，最后以此两句作结。亭安、基立：均动宾倒置，即"安亭"、"立基"。无凭：没有一定的依据，意谓随其所宜，可灵活地处理。亭安有式：即安亭有一定型式，如从屋基平面看，有"三角、四角、五角、梅花、六角、横圭、八角至十字"（《屋宇·亭》）等；从屋顶结构看，"汉朝由木构架结构而形成的屋顶有五种基本形式——庑殿、悬山、囤顶、攒尖和歇山……"此外还有重檐（刘敦桢主编《中国古代建筑史》，第64页），以后又有卷棚顶等。

图为苏州拙政园的绣绮亭和倚虹亭，它们颇能说明和证实"亭安有式，基立无凭"的句意。

图右为绣绮亭，立基于拙政园中花园主体建筑远香堂东面的山上，屋基平面呈长方形，坐东朝西，卷棚歇山顶。绣绮亭之名，是由于这里山坡上遍植牡丹，春日一派秾芳艳丽。"绣绮"二字，是对牡丹的美誉，这在唐诗里并不少见，如"回风舒锦绮"（李端《鲜于少府宅木芍药》，木芍药为牡丹别称）；"照地初开锦绣段"（白居易《牡丹芳》）；"殷鲜一半霞分绮"（吴融《红白牡丹》）……牡丹喜燥恶湿，宜栽于山坡，故绣绮亭立基于山上是"得其所哉"。

图左为倚虹亭，它是拙政园东、中两个花园的主要出入口，为方便起见，必须立基于平地。这两个花园由长长的复廊界隔着，廊壁一系列漏窗，使两园隔中有透，透中有隔，美景共借，风光互通。倚虹亭屋基平面呈方形，歇山顶，倚廊壁而建，亭名的"虹"字，分明是将复廊喻为美丽的长虹了。

这帧摄影之妙，还在于让绣绮亭和倚虹亭各占画面之半，其中一根笔直的树干成了二者的分界线，使双方空间基本相等。这根分界线不是别的，竟是绣绮亭山坡上已有两百多年树龄的古圆柏。然而它更重要的作用，是通过画面的一分为二，强化了绣绮亭和倚虹亭的对比：前者近，后者远；前者大，后者小；前者高，后者低；前者在山巅，后者在平地，近水边……可见它们的立基没有固定的依凭，完全是随其所宜，适合于它们功能需要，正如《屋宇·亭》所说，是"随意合宜则制"。

　　凡家宅住房，五间三间，循次第而造；惟园林书屋，一室半室，按时景为精。方向随宜，鸠工合见。家居必论，野筑惟因。

　　虽厅堂俱一般，近台榭有别致。前添敞卷，后进馀轩。必用重椽，须支草架。高低依制，左右分为。当檐最碍两厢，庭除恐窄；落步但加重庑，阶砌犹深。

　　升栱不让雕鸾，门枕胡为镂鼓？时遵雅朴，古摘端方。画彩虽佳，木色加之青绿？雕镂易俗，花空嵌以仙禽。

　　长廊一带回旋，在竖柱之初，妙于变幻；小屋数椽委曲，究安门之当，理及精微。奇亭巧榭，构分红紫之丛；层阁重楼，迥出云霄之上；隐现无穷之态，招摇不尽之春。槛外行云，镜中流水，洗山色之不去，送鹤声之自来。境仿瀛壶，天然图画，意尽林泉之癖，乐馀园圃之间（参见【3-40】）。

　　一鉴能为，千秋不朽。堂占太史（参见【0-8】），亭问草玄。

　　非及云艺之台楼，且操般门之斤斧（参见【1-1】）。探奇合志（见【5-3】），常套俱裁。

（一）门楼

门上起楼，象城堞有楼以壮观也，无楼亦呼之。

（二）堂

古者之堂，自半已前，虚之为堂。堂者，当也。谓当正向阳之屋，以取堂堂高显之义（参见【4-1】）。

（三）斋

斋较堂，惟气藏而致敛，有使人肃然斋敬之义。盖藏、修、密、处之地，故式不宜敞显。

（四）室

古云，自半已前，实为室。《尚书》有"壤室"，《左传》有"窟室，《文选》载"旋室便娟以窈窕"，指"曲室"也。

（五）房

《释名》云：房者，防也。防密内外，以为寝闼也。

（六）馆

散寄之居曰"馆"，可以通别居者。今书房亦称"馆"，客舍为"假馆"。

（七）楼

《说文》云：重屋（参见【6-10】）曰"楼"。《尔雅》云："陜而脩曲为楼。"言窗牖虚开，诸孔娄娄然。造式，如堂高一层者是也。

（八）台

《释名》云："台者，持也。言筑土坚高，能自胜持也。"园林之台，或掇石而高上平者；或木架高而版平无屋者；或楼阁前出一步而敞者，俱为台。

（九）阁

阁者，四阿开四牖。汉有麒麟阁，唐有凌烟阁等，皆是式。

（十）亭

《释名》云："亭者，停也。"所以停憩游行也（参见【4-15】）。司空图有休休亭，本此义。造式无定，自三角、四角、五角、梅花、六角、横圭、八角至十字，随意合宜则制（参见【4-17】并见【5-14】），惟地图可略式也。

（十一）榭

《释名》云：榭者，藉也，藉景而成者也。或水边，或花畔，制亦随态（参见【5-3】）。

（十二）轩

轩式类车，取"轩轩欲举"之意，宜置高敞，以助胜则称（参见【2-6】）。

（十三）卷

卷者，厅堂前欲宽展，所以添设也。或小室欲异"人"字，亦为斯式。惟四角亭及轩可并之。

（十四）广

古云：因岩为屋曰"广"。盖借岩成势，不成完屋者为"广"（参见【1-2】）。

（十五）廊

廊者，庑出一步也，宜曲宜长则胜。古之曲廊，俱曲尺曲。今予所构曲廊"之"字曲者，随形而弯，依势而曲。或蟠山腰，或穷水际，通花渡壑，蜿蜒无尽（参见【5-6】），斯寤园之"篆云"也。予见润之甘露寺数间高下廊，传说鲁班所造。

（十六）五架梁

五架梁，乃厅堂中过梁也。如前后各添一架，合七架梁列架式。如前添卷，必须草架而轩敞。不然前檐深下，内黑暗者，斯故也。如欲宽展，前再添一廊。

又小五架梁，亭、榭、书房可构。将后童柱换长柱，可装屏门，有别前后，或添廊亦可。

（十七）七架梁

七架梁，屋之列架也。如厅堂列添卷，亦用草架。前后再添一架，斯九架列之活法。**如造楼阁，先算上下檐数，然后取柱料长，许中加替木。**

（十八）九架梁

九架梁屋（参见【6-3】），**巧于装折**（见【5-3】），连四、五、六间，可以面东、西、南、北，或隔三间、两间、一间、半间，前后分为（参见【6-3】），须用复水重椽，观之不知其所。或嵌楼于上，斯**巧妙处不能尽式**（见【5-3】），只可相机而用，非拘一者。

（十九）草架

草架乃厅堂之必用者。凡屋添卷用天沟，且费事不耐久，故以草架表里整齐。向前为厅，向后为楼，斯草架之妙用也，不可不知。

（二十）重椽

重椽，草架上椽也，乃屋中假屋也。**凡屋隔分不仰顶，用重椽复水可观**（参见【6-18】）。惟廊构连屋，构倚墙一披而下，断不可少斯。

（二十一）磨角

磨角，如殿阁攒角也，阁四敞及诸亭决用。如亭之三角至八角，各有磨法，尽不能式，是自得一番机构。**如厅堂前添廊，亦可磨角**（见【5-28】），当量宜。

（二十二）地图

凡匠作，止能式屋列图，式地图者鲜矣。夫地图者，主匠之合见也。假如一宅基，欲造几进，先以地图式之。其进几间，用几柱着地，然后式之列图如屋。欲造巧妙，先以斯法，以便为也。

［图式］

〈九架梁五柱式〉此屋宜多间，随便隔间（参见【6-3】）……

〈地图式〉凡兴造，必先式斯。偷柱定磉，量基广狭，次式列图。……

〈梅花亭地图式〉先以石砌成梅花基，立柱于瓣，结顶合檐，亦如梅花也。

【5-1】当檐最碍两厢，庭除恐窄

题语选自《屋宇》。当：中；中正。《集韵》："当，中也。"《尸子·贵言》："心不当则国亡"。檐：屋檐，此用"借代"辞格，借部分的檐代整体的屋。当檐：即中屋；正屋；主屋，此指厅堂。碍：妨碍；阻碍，此为意动用法，以……为碍。厢：正房两侧的房屋。《广韵》："厢，亦曰东西室。"又称厢房或隔厢，而两层的则称楼厢。《西厢记》第三本第二折："待月西厢下，迎风户半开。"当檐最碍两厢：意谓作为正屋的厅堂，最以两侧构建厢房为碍。庭除：庭院。明朱柏庐《朱子家训》："黎明即起，洒扫庭除。"明文震亨《长物志·花木》："桃、李不可植庭除。"恐窄：惟恐变得窄小，因如果是这样，那么庭院里就不可能构建景观了。

图为苏州艺圃东部第三进正屋（楼房）两侧的楼厢及庭院。艺圃的建筑，主要有东、西两进，其西面的博雅堂，前庭不建两厢，故庭院较宽，内砌花坛、置立峰，小有景观堪赏；东面第二进为著名的东莱草堂，也是重要厅堂，而其后的第三进，则厅堂不但没有名称和匾额，而且其前庭不但两侧建厢，而且是建了楼

【5-1】正屋、楼厢与庭院（梅　云　摄）

厢，但由于是住宅区，故而似不复考虑"庭除恐窄"和采光问题，它与第二进的规模也显然内、外有别。再看其两侧的隔厢特大，东面还通作避弄，供女眷仆人出入。可见这一进已属私密性较强的住宅部分。本条恰好觅得此例以图释题语，试看此庭院，由于两侧楼厢大，挤去了庭院一定空间，加以庭院进深不够，甚至连一般庭院所对植的梧桐、玉兰或桂花都没有空间，因为这有碍于树冠发育，故仅置盆栽苏铁一对。观此可悟计成《屋宇》章的考虑是多么周到，连建筑上种种可能发生的问题，均事先予以提醒、交代。

附带一说，此图似还有一个间接作用，即很多年逾古稀的文人，以前正是从这种狭窄的楼厢和逼仄的庭除里走出去的，而今再次看到这种古建，能帮他们找回昨天，找回即将消逝的记忆……

【5-2】画彩虽佳，木色加之青绿

题语选自《屋宇》，历来对此句没有确诂。《陈注》一版："画彩虽好，如将白木涂上青绿，究属不雅。"此释前后不免矛盾。《举析》："画彩虽然好……只宜涂以青绿"。《全释》："彩画虽

富丽堂皇，不如涂青绿色而淡雅"。青绿究竟是"富丽"，还是"淡雅"？它算不算"画彩"？……都混淆不清。其实，以上误释，其源盖出自将"虽"释作"虽然"。

杨树达《词诠》："虽，反诘副词。《广雅·释诂》：'虽，岂也。'"也就是"难道"。以此来读题语，意谓：木色上加以青绿，这种画彩难道佳吗？这个反问句，以否定的形式表达了江南园林建筑装修的审美观。如刘敦桢先生所指出：苏州园林"建筑的色彩，多用大片粉墙为基调，配以黑灰色的瓦顶，栗壳色的梁柱、栏杆、挂落，内部装修则多用淡褐色或木纹本色，衬以白墙和水磨砖所制灰色门框窗框，组成比较素净明快的色彩。"（《苏州古典园林》第32-33页）这是对江南私家园林建筑的淡雅风格所作的准确概括。

那么，应怎样认识和评价《园冶》对青绿画彩的否定呢？

先看北方皇家宫殿建筑错彩镂金、浓艳富丽的装饰风格，梁思成先生概括道："故宫彩色的华丽。上自房顶下至基坛，没一件不是鲜明夺目……下半（指柱的部分和梁枋以下的全部）多是红色……上半多用青绿作主要色"（《清式营造则例》第41-42页）。这是对北方皇家宫殿及园林建筑浓丽风格所作的准确概括。

图为北京天坛祈年殿内部构架，中心四根红色的"龙井柱"（通天柱）顶天立地，象征一年四季，春夏秋冬，柱身遍饰宝相花为主的金色图案，闪耀出富丽堂皇、满密华贵的风格美。值得注意的是其门窗上部的梁枋特别是圆形藻井，由两层斗拱及一层平棊组成，其中除龙凤图案外，其他部件均为青绿色的彩画，真可说是青色的王国、绿色的世界，它们和柱子的金、红二色，多元共处，构成了浓丽纷繁，金碧辉煌的建筑装饰系统。

【5-2】祈年殿内的青绿世界（周仲海 摄）

北方和江南，浓丽与淡雅，其园林建筑的装饰美学，反差竟如此之大，这是历史地形成的两大地域风格，然而，在形式趣味的领域，应承认二者都是美。而计成对浓丽风格的否定，也是无可非议的，因为他是代表一个地区风格（江南园林风格）的理论家、倡导人。而若站在风格美学的客观立场，则应该说，"每一种有价值的风格都有存在的权利，它们都是艺苑百花之一，都有其竞开怒放的必要……"（金学智《中国书法美学》下卷第597页）

由此不妨略加展开。中国俗话说："萝卜青菜，各人所爱。"朱光潜先生在《谈趣味》一文中写道："拉丁文中有一句成语说：'谈到趣味无争辩。'……文艺不一定只有一条路要走……日落的景致和日出的景致各有胜境，根本不同，用不着去强分优劣。"（《朱光潜美学文集》第2卷第484—486页）对于南北园林不同的装饰风格美，也应作如是观。

【5-3】奇亭巧榭，构分红紫之丛

题语选自《屋宇》，它突出地表达了计成的奇巧观。在《园冶》一书中，"奇""巧"二字大量出现，体现着计成的美学理想。如"性好搜奇"，"胸中所蕴奇，亦觉发抒略尽"（《自序》）；"古公输巧"，"园林巧于因借"，"巧而得体"（《兴造论》）；"探奇近郭"（《相地》）；"探奇合志"（《屋宇》）；"巧于装折"，"巧妙处不能尽式"（《屋宇·九架梁》）"今之柳叶生奇"（《装折》）；"触景生奇"（《门窗》）；"瘦漏生奇，玲珑安巧"（《掇山》）……可见，"奇"与"巧"在《园冶》中是作为美学

【5-3】留园恰杭轩框景（张维明 摄）

范畴提出来的，而《园冶》研究界对这两个范畴，至今无人问津【∞→】。题语中"奇亭巧榭"为互文，全句意谓奇巧的亭榭，分别构建于姹紫嫣红的空间里。

图为留园中部恰杭（通航，见本章【5-5】）轩框景。这里，上有流丽纤巧的弓川挂落，下有以曲为美的弓字吴王（鹅项）靠，左、右各有轩柱，构成了雅致的审美框格，它们虽不在同一个平面上，但逆光外望，俨然成了赏心悦目、卓有成效的大型"取景框"。德国美学家莱辛曾说："自然中的一切都是相互联系着的；一切事物都是交织在一起……这种无限纷纭复杂的情况……必须取得一种能够给原来没有界限的自然划出界限的本领。……艺术的使命就在于使我们在美的王国里省得自己去进行这一工作，使我们便于集中自己的注意力。"（《西方文论选》上卷第433页）此论言之有理。相机的取景框就起了这样的作用，这也就是为什么摄影家所摄的风景照，总比原来风景更美的道理，因为它经过了精心的艺术选择，显得更集中，更合理。而且四面均有边界，框外的景物不再来干扰人们的视线。试看恰杭轩的审美框格所构框景，景物丰富而集中：清浅的池水、起伏的山石、高耸的乔木、低矮的灌木……在一派疏疏密密、错综有致的绿色烘托中，踞于山上的可亭，恰恰处于画面的构图中心，而近旁的树木也尽可能不去遮掩它，而是"让"与空间，使其分外突出。可亭，就是一座"奇亭"，奇就奇在它作为制高点，发挥着主体中心应有的作用：突显、控制、整合、凝聚……画面上如果少了它，就会显得松散无神，一切皆虚。

再看框景偏右，艳丽的红枫、蒙茸的紫藤更引人注目，它们不但切合于"构分红紫之丛"的题语，而且以其亮丽的色彩让人联想起画外或园里的万紫千红，特别是架上连延起伏的紫藤，更耐人品赏，在绿色背景映衬下，藤花垂垂，藤叶串串，浅紫扶疏，直欲令人置身架下尽赏而饱览之。清汪士慎《过环溪看藤花》写道："东风池馆春将尽，步履藤廊日正曛。密蕊离离支暮色，柔丝缕缕弄清芬。玲珑石上纡花绶，烟霭林中驻紫云……"这是用了"紫云金绶"之典。在留园，人们伫立轩榭，奔来眼底的美不胜暇给，联系题语，如果把可亭品为"奇亭"，那么，恰杭轩恰恰就是"巧树"。榭的基本特征是"藉景而成"，三面或四面开敞，"或水边，或花畔，制亦随态"（《屋宇·榭》），恰杭轩不过其上有楼而已，而它的巧，就在"巧于装折"（《屋宇·九架梁》），巧作画框，在四面界定了美景，装饰和优化了画面。

【5-4】层阁重楼，迥出云霄之上

题语选自《屋宇》。对于园林里作为层高型建筑的楼阁，《屋宇》写道："层阁重楼，迥出云霄之上……"这是用"夸饰"的辞格，极写楼阁之高。

图为广东东莞可园的可楼。可园为岭南四大名园之一，其中的可楼系中国古典园林中除了塔及北京颐和园佛香阁而外，楼层最多的"层阁重楼"，有四层之高。晚清可园主人张敬修在《可园记》中写道："居不幽者志不广，览不远者怀不畅，吾营可园，自喜颇得幽致，然游目不骋，盖囿于园，园之外不可得而有也。既思建楼，而窘于边幅，乃加楼于可堂之上，亦名可楼。楼成，……凡远近诸山……莫不奔赴、环立于烟树出没之中；沙鸟江帆，去来于笔砚几席之上。劳劳万象，莫得隐遁。"文字写得极其精彩，畅人心怀，扩人视野，充分说明了楼阁的借景功能。再看图中可园的可楼，其前为双清室，又称"亞"字厅。有了这一华丽奇巧的双清室的映衬

【5-4】可园四层之高的可楼（陆 琦 摄）

和烘托，可楼显得更为高耸而挺拔。若登楼以观，游目骋怀，诚可谓远近诸山，奔来眼底，"劳劳万象，莫得隐遁"矣！

摄影家拍摄作为"层阁重楼"的可楼，取纵长方形构图，仰拍角度，均为了凸显其高，作品可说是对层阁重楼之建筑的一阕礼赞。

【5-5】隐现无穷之态

题语选自《屋宇》："隐现无穷之态，招摇不尽之春。"两句不愧为描颂园林艺术美的著名骈语，本条仅释出句。隐：隐蔽；隐没。现：显露；露出，二者反义相对。题语意谓：隐隐约约在变幻中显现出无穷无尽的美景。

此图与【5-3】同样是苏州留园恰杭轩框景，但主题不同，重点有异。恰杭：取意于唐杜甫《南邻》："秋水才添四五尺，野航恰受两三人。"杭，通"航"。《正字通》："杭，与'航'同。"《诗·卫风·河广》："谁谓河广，一苇杭之。"恰杭轩之所以题"航"之名，因该轩是融"集萃型"、"象征型"（金学智《中国园林美学》第128-130页）于一体的特殊画舫。恰杭轩与其上层的明瑟楼均坐西朝东，其前有平台石栏，东、北两面临水，此台正是画舫的艉首。该轩东、南、北三面开敞，犹如紧连艉首的前舱，它们浮于水面，向着前方，拖着中、后舱——面阔三间的涵碧山房正在启航。宋欧阳修《画舫斋记》写道，"虚室之疏以达，则栏槛其两旁，山石崒嵂，佳花美木之植，列于门檐之外，又似泛乎中流，而左右林之相映，皆可爱者，故因以舟名焉"。恰杭轩也如此，它不但三面虚疏通达，栏槛两旁，而且其外景尤佳：南庭院空间虽小，却也山石崒嵂，花木佳美；北面水域较阔，盈盈隔水，则是亭山桥廊，风光更美。但是，其空间总不免有所局限。摄影家为了以相机追求无限，特于有雾之日来此华轩，眼前但见极富装饰性的审美框格，其功能借沈新三先生的话说，"景物欲免散漫，束以……门窗曲槛"（龙熹祖《中国近代摄影艺术美学文选》第309页），于是，此框中出现了如画的朦胧美——

试看，近处曲折蜿蜒的紫藤架和石板桥，浮游于水面之上，延往"小蓬莱"岛。笔者曾写道，它"是对传说中东海三神山——蓬莱、方丈、瀛洲之一的比拟象征。这里，北面和东面均有低栏曲桥通往对岸，桥上建花架，缠紫藤，人们闲步池边，或伫立桥头，虽不见嫣红，却满眼姹紫……再环顾四周，立于水面的石幢，翼然起翘的可亭，古雅别致的濠濮亭，造型优美的曲溪楼……它们和山石、花木互为掩映，令人恍如置身仙境……"（《苏州园林》第5页）而今，这种种景色在审美框格内更是若隐若现，若有若无，它们沉重的物质特性也仿佛被蒸发掉了，统统融化在带有暖色调的雾气之中，成了隐隐约约、模模糊糊的影子，可望而不可即，如同披上了一层羽纱。南朝诗人沈趋《赋得雾》云："窈郁蔽园林，依霏被轩牖。睎有始疑空，瞻空复如有。"于是，人们似感到在舟中又在梦中，两岸景物迷濛，其"无穷之态"不可捕捉……

还应指出，此审美框格左略宽，右略窄，这种不平衡更能生发出动感，就像船行江中由舱内外望，岸上景物总是近大远小……而画面右下方，"斜方景"的美人靠之前花几上的盆花，又丰富、美化了框中构图。

【5-5】恰杭轩雾濛依稀（郑可俊　摄）

【5-6】招摇不尽之春

题语选自《屋宇》："隐现无穷之态，招摇不尽之春。"上条已释出句，本条主要释对句。招〔sháo〕摇：动词，逍遥；遨游。汉扬雄《甘泉赋》："徘徊招摇。""无穷""不尽"两句，以互文凸显了艺术意境的魅力，也提出了极高的审美诉求（参见【3-49】）。

回眸中国美学史，与"无穷""无尽"相关的理论批评颇多【∞→】，在诗美学中，"使味之者无极，闻之者动心，是诗之至也"（南朝梁锺嵘《诗品序》）；"近而不浮，远而不尽，然后可以言韵外之致耳"（唐司空图《与李生论诗》）；"言有尽而意无穷者，天下之至言也"（宋姜夔《白石道人诗说》）。在绘画美学中，"闲闲数笔，而其意思能令人玩索不尽"（清沈宗骞《芥舟学画编·神韵》）；"山虽一阜，其间环绕无穷；树虽一林，此中掩映不尽"（清郑绩《梦幻居画学简明》）。在园林美学中，计成所造扬州影园，郑元勋《影园记》曰："至水而穷，不穷也"。又曰："大抵地方广不过数亩，而无易尽之感。"再看《园冶》中，一则曰，"收春无尽"（《相地》）；二则曰，"疏水若为无尽"（《立基》）；三则曰，"之"字曲廊"蜿蜒无尽"（《屋宇·廊》）；四则曰，"不尽数竿烟雨"（《相地·傍宅地》）；五则曰，"岩、峦、洞、穴之莫穷"（《掇山》）。本条题语"隐现无穷之态，招摇不尽之春"，可看作是此类美学的升华和总括。

图为杭州西湖十景之一的"花港观鱼"。花和鱼，是这里的主题景观，这帧摄影佳作处于构图中心的，正是这条"观鱼廊"，而首先作为前景映入人们眼帘的，则是枝头为稀稀绿叶所衬托，密密的、娇俏的、粉红色的垂丝海棠，由素色樱花伴同着，花光灼灼，绽放出春之烂漫，也绽放出一派蓬勃生机。试看，花儿们一朵朵在微风中跃动于枝头，还在以模糊的光晕遮掩自己的笑脸呢！真可说是"莳花笑以（于）春风"（《相地·城市地》）了。

高低曲折的轩廊，均以竹制成，别具新意，它还以"之"字曲向两端斗折蛇行，至图右则为绿树所遮，故"无易尽之感"。廊中，人不多，但至图左的池畔、路边、石上，招摇赏春的人却不少，三五成群，人似花，花枝招展；花似人，一抹脂痕，人面海棠相映红，确乎可谓"此

【5-6】"花港观鱼"春意娇俏（王　欢　摄）

中掩映不尽"……

　　然而还有妙处，画面中心恰好没有什么花，这一构图，不知是摄影家有心的寻觅，还是花儿们无意的留空，于是就让其中长长的曲廊分外突出，也分外妖娆，而处于深色背景上的一系列柱子，有节奏地倒映在桃花水里，谱成了一曲节奏欢快的轻音乐……这得用"使味之者无极"或"招摇不尽之春"来加以点赞。

【5-7】槛外行云，镜中流水

　　题语撷自《屋宇》。槛：不读"门槛"的"槛［kǎn］"，应读"凭槛"的"槛［jiàn］"，意为栏杆、栏板，常装于亭廊之侧、轩阁之前。行云、流水：出于宋苏轼著名文论《答谢民师书》。其评谢氏文章风格云："大略如行云流水，初无定质，但常行于所当行，常止于不可不止。文理自然，姿态横生。"

　　"行云流水"这一著名比喻，经相沿习用，已凝定为成语。二者虽一在天，一在地，但其悠闲自如之态则同。题语中在二词之前，分别冠以"槛外""镜中"，则应合读为对水廊或水亭的水中倒影的描述，这是《园冶》中极富诗情画意的写景名句，在园林借景的体系里，应属于"俯借"。但注家们对此各有所解，《陈注》认为上句不是写倒影，而是形容建筑之高，这一解释有其一定的合理性，故本书并不反对；《全释》则认为，句中"含'镜花水月'虚幻不可捉摸的意思。喻景境的奇妙"，但又"并非写景"，而"含有道家出世之想"，"园林创作要追求生机勃勃的自然之'道'的意境。如单从景的描写是无法解释

【5-7】波形廊水中倒影（虞俏男　摄）

的……"此释太玄太虚，本书不敢苟同。

图为苏州拙政园西部波形廊、倒影楼一带水景。它首先给人的感觉是如"镜"。"镜喻"的第一特点是指水面的平静，能准确地反映其上之物。但有人也许会问：水中的楼影、树影不是略有摇曳吗，怎么可说是"镜"呢？其实，如镜之平是相对的。宋朱熹《观书有感》写道："半亩方塘一鉴开，天光云影共徘徊。问渠哪得清如许？为有源头活水来。"既然有源头活水就不是绝对的平静，然而诗中的"一鉴（镜）开"却已得到了一致的认同。"镜喻"的另一特点是"清如许"的"清"，即清澈明净。东晋大书法家王献之的《镜湖帖》是最好的说明，帖中有云："镜湖澄澈，清流泻注。"既有"清流泻注"，就必然不是死水无漪之绝对的平静，然而历来的人们均称之为"镜湖"。因为只有清澈明净，才能如镜般清晰反映。再看图中长廊槛外的溪流，水平如镜，一片空明，天空的倒影是蔚蓝色的，而水中蓝蓝的天上，白云显得分外轻柔，舒卷自如，它随着缓慢的波光而摇曳，有着微微的涟漪。至于被特地命名的"倒影楼"，二层楼房均被倒置，且与云天连作一体，正是：水底画楼出，云间翼角浮……

作为互文的"槛外行云，镜中流水"，不妨合在一起来描述：栏外微有涟漪的水，如镜子般展开着，水面上"天光云影共徘徊"。人们如凭栏以观，可见"镜中"的云在悠悠地徘徊，水在微微地流动……再看图右，游廊起伏，坐槛蜿蜒，随形而弯，依势而曲，人行其上，俯视其下，与天光云影一起徘徊，真会有行云流水之感，这种任其自然而然的闲适状态和悠然心态，正是计成心目中所向往的园林理想境界。

【5-8】境仿瀛壶

题语撷自《屋宇》。计成为求古典建筑的精致完美以及园林景观臻于理想境界，在此章提出："境仿瀛壶，天然图画。"这取法乎上、严格要求的纲领性八个字，闪耀着理想主义的光华。其《掇山·池山》还认为，瀛壶仙境应建立在现实的土地上，这就是"住世之瀛壶"（参见【4-10】【11-13】）。这些名言的深度内涵值得探寻。

那么，古人想象中的飘渺仙山究竟是什么样的？这只有到古代绘画中去寻觅，故本条遴选了清代界画名家袁江所绘《海上三山图》。海上三山出于古代的蓬莱神话。《史记·封禅书》："威、宣、燕昭（齐威王、齐宣王、燕昭王）使人入海求蓬莱、方丈、瀛洲，此三神山者，其传在勃海中，去人不远……未至，望之如云……临之，风辄引去。"晋《拾遗记》又言其形如壶，所谓"三壶，则海中三山也"。自秦皇、汉武以来，皇家园林创造了一水三山模式，表达了对理想境界的向往与探寻，它甚至对江南私家园林也颇有影响。

清代画家袁江在糅和历史、现实与理想的基础上，塑造了海上三山的形象。试看图上，背景寥廓，大海茫茫，一派变幻莫测的云水飘渺，而山则宛在云海中突兀涌起，雄奇险峻陡峭，并似乎无根地在随风渐渐漂移。在建筑景观方面，画家更发挥创造性的想象，其笔下楼阁崇闳，台榭壮丽，结构繁复，色彩绚烂，形式极为奇巧，在现实中确实罕见，以示这是区别尘世的海上三山宫阙。图中还可见画家用笔工严，设色妍丽，整幅风格富丽堂皇，恰恰最适合表现仙山楼阁。此图系画家晚年作品，现藏南京博物院。

【5-8】《海上三山图》（清·袁江 绘）

【5-9】门楼

　　题语选自《屋宇·门楼》："门上起楼，象城堞（堞［dié］：城上如齿状的矮墙，又名女墙）有楼以壮观（使景观雄伟宏壮）也，无楼亦呼之（门上如没有楼，也以'门楼'称呼它）。"门楼，就建筑内部来说，是序列的第一个入口，它往往面对主体建筑厅堂，起着烘托、强调、装饰的作用。《立基·门楼基》说，"要依厅堂方向，合宜则立"。《营造法原》还说，门楼是"门头上施数重砖砌之枋；或加牌科等装饰，上复以屋面，而其高度超出两旁之塞口墙者"（第96页）。具体地说，门楼大体可分为两类：一类是精雕型，可包括斗栱、人物雕刻等，清钱泳《履园丛话》卷十二："大厅前必有门楼，楼上雕人马戏文，玲珑剔透。"如苏州网师园万卷堂前的"藻耀高翔"门楼。另一类是简约型，如网师园撷秀楼前的"竹松承茂"门楼。

　　图为网师园著名的"藻耀高翔"门楼，这里拟从上而下，逐层予以详细、具体的介绍品赏：

　　屋顶正脊，筑为亮花筒哺鸡脊，顶为歇山，水戗发戗，翼角高高起翘，如翚斯飞，与"高翔"之义相契合。檐下为六组砖质仿木结构"牌科"（北方称斗栱），呈现出层层排叠、整齐而错出的美，而一个个弓形起翘的凤头昂，既契合于文藻灿耀之情，又契合于鸣凤高翔之势。

　　牌科组群之下，为上枋，刻为连续卷草纹样的浅浮雕，上枋两侧，还刻为狮子滚绣球，柔软飘拂的彩带竟然也是以坚硬的砖质刻就。枋下，也悬有一排小巧纤美、质脆易折的砖细挂落，它被精致地雕出，亦堪称绝技！

　　挂落之下，中间为"字碑"，额以"藻耀高翔"四字。字碑两侧的方宕，称"兜肚"，其前雕为细巧的平座栏杆，恰好使其后的兜肚成了颇为进深的戏台。且不说东面戏台"上演"的故

【5-9】网师园"江南第一门楼"（郑可俊 摄）

事是"周文王访贤"，但看西面的戏台，"上演"的是"郭子仪上寿"，戏名《满床笏》，六个人物刻画得活灵活现，表现出不同的身份、不同的个性，不同的动作，他们相互以手、眼呼应着。人物之外，还有鸠杖、围桌、栏杆、台阶、石狮、礼车、花竹、盆景……真是"戏台小天地"。在这咫尺空间内，可谓屋里有屋，人后有人，物中有物，景外有景，在雕刻艺术上集砖雕、微雕、精雕、透雕、多层雕于一体，令人叹为观止！

字碑和兜肚之下，复悬有一排砖细挂落，其下即是下枋，此枋以深浅浮雕结合的手法体现出圆寿、祥云、百福的吉祥文化，同时又与"郭子仪上寿"等戏文内容相契合。

再看门楼下部，墙门两旁的砖礅称垛头，下称勒脚，特别是"八"字形开着的实拼木质门上，遍体钉以水磨砖。关门后既可防火，又可防盗，可说是最早的"防盗门"了。对此内涵繁茂丰富、形相优美悦目、绝艺世间一流的"藻耀高翔"门楼，笔者曾评之为"江南第一砖细门楼"（详见《苏州园林》第261–269页），这绝非虚誉。

【5-10】斋：气聚致敛，藏修密处

题语改自《屋宇·斋》："斋较堂，惟气藏而致敛，有使人肃然斋敬之义。盖藏、修、密、处之地，故式不宜敞显。"这是通过对中国古典哲学的引用，揭示了斋的功能特点，说明斋让人志气内守，情致收敛，有使人肃然斋敬之意。斋敬：即洗心虔敬。《易·繫辞上》："圣人以此洗心……以此斋戒。"由此，又引申出修身反省之义。

再释"藏、修、密、处之地，故式不宜敞显"。《礼记·学记》："君子之于学也，藏焉，修焉……"孔颖达疏："藏，谓心常怀抱学业也；修，谓修习不能废也。"可见藏与修即专心向学，修习不废。密：《玉篇》："密，止也，默也，深也。"《易·繫辞上》："退藏于密。"可见"密"就是退藏于深默之境。处〔chǔ〕：动词。《易·繫辞上》："君子之道，或出或处……""出"即出仕，"处"是其反，即居家不仕，隐退安居。据此，计成推出斋"式不宜敞显"的结论。

【5-10】网师园之集虚斋（梅　云　摄）

图为苏州网师园的集虚斋，其名取自《庄子·人间世》："气也者……惟道集虚。虚者，心斋也。"虚，也就是使心灵臻于一片空明之境。集虚斋位于网师园中部水池西北角的竹外一枝轩后，其中隔一狭小天井。斋前有粉墙、洞门、空窗等掩映着，有丛竹摇曳着，有长窗间隔着，符合于"斋，宜明净，不可太敞"（明文震亨《长物志·室庐》）和"退藏于密"等特点，特别是"集虚斋"三字之匾，更能将人们心灵导向"虚壹而静"（《荀子·解蔽》）的境界。

总之，包括书房在内的斋，有其养性守静的独特个性，笔者曾写道："由于传统含义的历史积淀，作为古典的个体建筑，斋的典型功能是使人或聚气敛神，肃然虔敬，或静心养性，修身反省，或抑制情欲，潜心攻读……这在北京宫苑个体建筑的题名上明显地反映出来。例如，紫禁城御花园有养性斋；宁寿宫花园有抑斋；北海有静心斋……斋往往能使人产生特殊的心理效应。对于审美主体来说，园林中需要清心静性这种精神生活的调节。"（《中国园林美学》第124页）

【5-11】曲室便娟以窈窕

题语选自《屋宇·室》："《文选》载'旋室'便娟以窈窕'，指'曲室'也。"《文选》：书名，南朝梁昭明太子萧统选编，又名《昭明文选》，为我国现存最早的诗文总集，也是诗文分类的典范和开先河者。旋：通"璇"，美玉。旋室：《淮南子·地形训》高诱注："旋室，以旋

【5-11】"翠玲珑"三连曲室（童　翎　摄）

玉饰室也。"便娟:《文选·鲁灵光殿赋》李善注:"回曲貌。"即回环曲折之貌。窈窕:乃深远之貌。晋陶渊明《归去来兮辞》:"既窈窕以寻壑,亦崎岖而经丘。"意谓所寻经的丘壑崎岖而深远。计成引经据典,以"便娟"、"窈窕"形容"曲室",既突出其曲折性,又显示其深远感,房室回环曲折,必然会给人以深远之感。

现存园林中很难找到这种回环而曲折的房室。图为苏州沧浪亭的"翠玲珑"三连曲室,这无论从其雅名还是从其实景来看,均显现着沧浪亭的历史积淀和个性特色。宋代创建沧浪亭的著名诗人苏舜钦在《沧浪亭记》中,就有"前竹后水,水之阳又竹"等语,其《沧浪怀贯之》诗又有"日光穿竹翠玲珑"的妙句,曲室"翠玲珑"之名即由此而来,而今此三连曲室的前前后后,均植有青青翠竹,氤氲着一派幽意静趣。

此室位于沧浪亭东南,人们如在明道堂东南角经曲廊两折,即可步入"翠玲珑"第一曲室,此室较小,墙上有冰裂纹方形砖框花窗,矮矮的半墙上,设有加长的系列半窗,靠墙有几、桌陈设,其他别无长物,窗外则绿荫宜人（见本图右半）。此室东南无门,紧连着第二曲室,此室较开阔,但也是一式加长系列半窗,靠墙也是几、桌,而砖框花窗的方形则易之以六角形,这是同中之异。第二曲室东南亦无门（见本图左半）,可看到其紧连着作为主室的第三曲室,视线穿过此室的落地长窗,又隐隐其可见前庭院的翠竹倩影……此主室面阔三间,悬有"翠玲珑"之匾,室内柱上楹联、书画镜片、家具款式、桌上盆景,无不聚焦这个"竹"字（详见【6-8】）,可谓巧于设计,"精而合宜"（《兴造论》）,值得细细品味。

本图还可细品的是,由于门窗外多竹,翠影离离,绿情幽幽,故室内偏暗,白天往往要借助宫灯,灯光照亮了大红的流苏,于是,室内出现了红光和窗外映入的绿光同时并存的现象。意大利文艺复兴时期大画家达·芬奇通过对色彩的研究指出:"同样美观的色彩之中,凡与它的直接对比色并列的颜色最悦目……绿与红都是直接对比色。"（《芬奇论绘画》第120页）是的,但存在着两种情况:红与绿强烈地对比、互为反衬,则色彩鲜明悦目而刺激;而"翠玲珑"则是又一种情况,红与绿轻微地互渗着,柔和地互补着。试看大片窗上,红中渐次地洇绿,绿中渐次地洇红,此种少见的色相奇观,其悦目在于两极对比而又趋于相与渗融。

【5-12】侠而脩曲为楼

题语选自《园冶·屋宇》:"《说文》云:重屋曰'楼'。《尔雅》云:'侠而脩曲为楼。'言窗牖虚开,诸孔娄娄然。造式,如堂高（高出）一层者是也。"除了说明楼是"重屋"即两层的建筑外,它还揭示了古代楼的三个特点:一是"侠",同"狭",即狭窄;二是"脩",也就是高而且长;三是"曲",即曲折。此外,如果窗牖虚开,那么,就是"诸孔娄娄然",亦即显得通透而空明洞达。但明版原本等此句均作"㥯[lóu]㥯然",误（见《探析》第499、632-633页）。

图中的楼,为苏州耦园的藏书楼,体现为"堂高一层"的"重屋"。其平面呈"凹"字形。但摄影家所选,不取其西半部供读书、平面近方形的部分,而是其最富于"侠而脩曲"之典型特征的东半部,它既狭又高且曲,从而突出了此楼窄长齐整之美。

再看楼前庭院,有挺拔的翠干,参差错落的峰石等,景观较丰富。至于此楼揕槛上一排齐列的

【5-12】耦园藏书楼（虞俏男 摄）

系列半窗之所以紧闭不开，而不是"窗牖虚开，诸孔娄娄然"，这是由于藏书不宜风吹日晒。此外，藏书还忌火，故庭院里花坛湖石围拱着一口水井，这是意愿性的点睛之笔，因为水能克火。

【5-13】镇江焦山文昌阁（蓝　薇 摄）

【5-13】阁者，四阿开四牖

题语选自《屋宇·阁》。阿［ē，不读ā］：山坡；斜坡。三国魏嵇康《幽愤》："采薇山阿"。《园冶·装折》："台级藉矣山阿（借山坡以为台阶）"。又由山坡引申出倾斜义，用来喻称建筑屋顶的坡面。四阿：即四坡面屋顶。《周礼·考工记·匠人》："四阿，重檐。"郑注："四阿，若今四注屋。"贾公彦疏："四阿，四溜者也。"屋宇四边的屋檐，可使雨水从四面流下，即今庑殿顶，这也被用以借指四角攒尖的坡顶形式。四阿开四牖：即四坡屋面之下，四面均开设窗牖。

阁，更多地为层高型建筑。《一切经音义》引《仓颉篇》："阁，楼也。"故阁更多地与楼相连。《相地·山林地》："楼阁碍云霞而出没。"《立基》："楼阁崔巍。"语例均突出其高。

　　图为镇江焦山的文昌阁，屋基平面呈方形，三层（古代风景园林中可算特高者），粉墙黛瓦，屋顶歇山造、花筒脊、鱼龙吻，有垂脊、戗脊，其水戗高高起翘，确乎具有"楼阁崔巍"的特点，四面可开窗，是比较典型的阁。除这种类型外，根据苏州园林中阁的实况，刘敦桢先生指出："阁与楼相似，重檐四面开窗……平面常作方形或多边形（多边形如拙政园的浮翠阁），屋顶作歇山顶或攒尖顶……拙政园的浮翠阁、留园的远翠阁均为二层例子"（《苏州古典园林》，第36页）。这说明在不同的时空里，阁的形式既有其共同性，又可以有其多样性。

【5-14】造式无定：梅花亭

　　《屋宇·亭》："造式无定，自三角……梅花……至十字，随意合宜则制"。本条主要图释梅花亭。在历史上，梅花亭的形式罕见，只有如明刘侗《帝京景物略·李皇亲新园》所述："入门而堂，其东梅花亭……砌亭朵朵，其瓣为五，曰'梅'也……亭三重，曰'梅之重瓣'也。"此种构筑，可谓别具匠心！

　　图为苏州光福邓尉山香雪海的梅花亭，为现存梅花亭极具典型性的适例，为"南方中国建筑之唯一宝典"——《营造法原》作者姚承祖的代表作。《屋宇·［图式］梅花亭地图式》说："先以石砌成梅花基，立柱於瓣，结顶合檐，亦如梅花也。"香雪海的梅花亭大体如此，但它不是立柱于瓣，而是立柱于两瓣之间，可见亭确乎是"造式无定"，"随意合宜则制"。再看香雪海梅花亭往下凸出的"仰顶"，自边缘至中心，有凸出、深凹相套的梅花形聚焦着主题，它结构复杂，颇为别致。墙上地上也多梅花形，宝顶还有踌躇满志的立鹤，寓意于宋代诗人林和靖的"梅妻鹤子"……

　　再说说香雪海，它是我国著名赏梅胜地之一。明姚希孟《梅花杂

【5-14】光福邓尉山梅花亭（朱剑刚 摄）

咏序》写道："梅花之盛，不得不推吴中，而必以光福诸山为最，若言其衍亘五六十里，窈无穷际……""香雪海"之名极有意境，为清康熙间江苏巡抚宋荦所题。邵长蘅《弹山吾家山游记》云："山高仅廿仞，其上少花，多巨石薛驳，下视则千顷一白，目滉漾银海中……公（宋荦）欲题以'香雪海'，予曰：'极佳，可以汉隶镌崖石上也。'"而今依然如其所说，山上少梅，而多薛驳巨石，下视则是千顷一白的银海。

　　再看崖石之上，宋荦所书并非汉隶，而是正书加姓氏款："香雪海 商丘宋荦"。摄影家特让此七字处于图之左下角，令人想起了古画的落款。明沈颢《画麈·落款》云："元以前多不用款，款或隐之石隙，恐书不精，有伤画局。"此两行字在图中起压角作用，能助成画局，倍添韵趣。此图上部留白较多，亦属中国画的章法，而此虚疏之空灵，与下部山石之重实恰成鲜明对比，助成了"画幅"的稳定感。从"设色"、"用笔"上看，薛驳巨石决定了它是青绿与浅绛前所未有的特殊结合，而折带皴也自然而富于表现力，可谓"依皴合掇"（《选石》）。此图成功地体现了立足摄影本位，尽可能借鉴国画的可贵尝试。

【5-15】榭：藉景而成，制亦随态

题语组自《屋宇·榭》："《释名》云：榭者，藉也，藉景而成者也（金按：今本《释名》无此语。

【5-15】工巧精致的芙蓉榭（朱剑刚 摄）

不过释义及其方法均不错。见《探析》第500—501页）。或水边，或花畔，制亦随态。"这是对榭这种个体建筑类型所作的高度概括，指出榭总是依凭于附近美景而实现自我，其规格制式也随其形态而异。两个"或"字，举出了榭的典型环境，故人们往往称之为水榭或花榭。

图为苏州拙政园东部依临于荷池的芙蓉榭。芙蓉为荷的别称。该榭最符合计成的定义，既凭藉于水，又凭藉于花。而宋辛弃疾《卜算子》又以"红粉靓梳妆"咏荷，芙蓉榭也富于这种女性的装饰性格（见《中国园林美学》，第127—128页），它以精巧典雅的内外檐装修吸引着人们的审美视线。试从正立面往里看，其华饰有多层：最外层，是周围坐槛上以曲木排列为美的"美人靠"；第二层，是隐现于上部檐下，以"疏广减文"（《装折·风窗》）为美的卐川挂落；第三层，是室内前部的圆光罩，罩框上为极难制作的、非直线型的乱纹，它整中见乱，乱中见整，于无规律中见规律，其漏空纹样中还嵌以花瓶等饰件，使得圆光罩更趋细密巧丽；第四层，为榭后部的方形落地罩；最后，又隐约可见美人靠和挂落两层。这些装修，精致细腻，玲珑剔透，层层掩映，立体错综而美饰成文，其工艺令人叹为观止，甚至会想起桃核刻镂而成的微雕。

【5-16】轩：宜置高敞，助胜则称

题语组自《屋宇·轩》："轩式类车，取'轩轩欲举'之意，宜置高敞，以助胜则称。"轩怎么会类似于车？《说文解字繫传》："轩，大夫以上车也。"轩是古代供大夫以上的人乘坐的车，车厢前高后低。式：式样。轩轩：仪态轩昂貌。《世说新语·容止》："诸公每朝，朝堂犹暗，唯会稽王来，轩轩如朝霞举（举，飞）。"高敞：此指高而空敞之地。以：使。《战国策·秦策一》："向欲以齐事王攻宋也。"高诱注："以，犹使也。"以助胜则称：使其（轩）能助长这里的胜景，若能如此，那么就与轩之雅名相适称。

图为苏州留园的闻木樨香轩。这里多桂花，木樨系桂花的别称。《罗湖野录》："黄鲁直（北宋诗人黄庭坚字）从晦堂和尚游时，暑退凉生，秋香（桂香）满院。晦堂曰：'吾无隐，闻木樨香乎？'公曰：'闻。'晦堂曰：'香乎？'尔公欣然领解。"留园此轩的品题，撷自这一闻桂香而悟道的禅宗公案。此轩位于留园中部池西的山上，为中部制高点，坐西面东，背倚云墙，三面开敞，卷棚歇山顶，两侧翼角轩轩欲举，直指蓝天。此处南、北均有沿墙的爬山

【5-16】轩轩欲举的闻木樨香轩（俞　东　摄）

廊导引而至，既宜秋日赏桂。亦宜夏日纳凉。据以环视，还可拥揽中部山池上方的广阔空间，典型地体现了"宜置高敞，助胜则称"的特色，是苏州园林最成功的轩之一，也是计成理论的极佳例证。

【5-17】随形而弯，依势而曲［其一］：平地廊

题语组自《屋宇·廊》："廊者……宜曲宜长则胜……'之'字曲者，随形而弯，依势而曲。或蟠山腰，或穷水际，通花渡壑，蜿蜒无尽……"《立基·廊房基》又说："廊基未立，地局先留……通林许。蹑山腰，落水面，任高低曲折，自然断续蜿蜒，园林中不可少斯一断（一段）境界。"随形而弯，依势而曲的"之"字曲廊有多种品类，就其所占地局而言，由《园冶》所论进一步抽绎，有"蹑山腰"或"蟠山腰"的爬山廊，"落水面"或"穷水际"的凌水廊、临水廊，此外，还有与高空廊相对而言的平地廊，等等。

本条图释平地廊，这种类型的廊最多，占廊的绝大多数，然而，成功的佳例却并不多。苏州拙政园中部的柳阴路曲廊，可说是其中最富有代表性的杰作。"柳阴路曲"作为语典，出自传为唐司空图的《二十四诗品·纤秾》："碧桃满树，风日水滨。柳阴路曲，流莺比邻。"四句描画出一派蓬蓬春色。此廊始自荷风四面亭西的平曲桥，缘水池弯弯地伸向西南，导入"别有洞天"月洞门，同时，在离平曲桥不远处又分出一路伸向西北，在平地上随其所宜而曲折行进，然后或通往看山楼的楼廊，或通往西部的倒影楼。

图为"柳阴路曲"的三岔路口，向左即通往"别有洞天"，向右即在平地上自由曲折，人们在此"之"曲廊里不论向哪个方向信步而行，都会感到异常舒心，尤其是一路绿柳缘池，如

【5-17】拙政园柳阴路曲廊（童　翎　摄）

帘幕垂垂，似烟霭濛濛，若漫吟《诗品》中的秀句，即使时非春日，脑际也会浮现"风日水滨"之想，耳管会似闻流莺间关之声……

柳阴路曲廊，其本身就是优美的建筑景观，它在平地上朝多个方向游走，具有点缀穿插、贯通联络、分割空间、增加层次景深等多种功能。

【5-18】随形而弯，依势而曲［其二］：高空廊

苏州虎丘前山有一条山崖曲廊，它位于云岩寺塔之南，致爽阁之东，剑池西侧的岩壁悬崖之上，地势高险，是为高空廊，廊名"巢云"。从《乾隆虎阜志》的《风壑云泉图》上，可看到有连接着"双井石梁"（即双吊桶）的"巢云"之廊，它建于剑阁之上。《虎阜志·名迹二》又载，"巢云阁，在铁华岩上"。"巢云"二字，其意是极言廊阁之高而临空，上摩云天，行云可巢于此廊阁，这恰恰与《借景》中的"行云故（特地）落（停留；止息）凭栏（廊或阁中供人依凭的栏槛）"同意。

图为此廊之一段。全廊由空廊、单面廊等组成连续体，缘岩壁走向凡五折，迤逦于高空，两端各有方亭，北亭有草书"巢云"之匾。廊的两侧，或为卐字栏杆，或为坐槛半墙，或为粉墙空窗……均出现在高空，而槛前窗外，仅见高高的树梢木末，似可感到空中行云"故落凭槛"，有一处，其岩壁下即沉沉剑池，真是"危乎高哉"！这种"飞廊"构建于山巅，令人

【5-18】虎丘山上巢云廊（童　翎　摄）

联想起清帝康熙为虎丘所书之匾："路接天阊"。

【5-19】随形而弯，依势而曲［其三］：爬山廊

刘敦桢先生列论廊的类型说："爬山廊建于地势起伏的山坡上，不仅可联系山坡上下的建

筑，而且还可以廊子自身造型的高低起伏，大大丰富园景。如留园涵碧山房西面至闻木樨香一段，拙政园见山楼西面爬山廊等。"（《苏州古典园林》第38页）

苏州留园中部倚西园墙而建于山巅的"闻木樨香轩"，南、北各有一条随形而弯、依势而曲的爬山廊，南廊始自涵碧山房西，止于闻木樨香轩；图为更有意味的北廊，它遥承远翠阁前的直廊，折北而为靠近北园墙逶迤西行的"之"字曲廊，至西北角折南而呈缓升之势，接着，连通石梁廊桥，跨越小小窄涧，延伸为真正的爬山廊，这段廊曲度虽不大，曲折也不多，但却

【5-19】留园中部爬山廊（周苏宁 摄）

较陡，曲折也自然，最后止于闻木樨香轩，可谓"任高低曲折，自然断续蜿蜒"。但是，要完整地将此廊摄入镜头却非易事，若稍远从侧面拍，则多林木的遮挡；若从其东侧近旁拍，大树的撑杆又回避不了，会破坏画面的完整；若站在石梁上拍，虽无任何遮挡，但又必须以舍弃妙趣无尽、苏园绝少的石梁廊桥为代价……

英国著名摄影家大卫·普拉克尔说："绘画是构造图像的艺术，摄影是选择图像的艺术。"（《摄影构图》第19页）此言不错，摄影是一种审美选择。此帧摄影，通过反复选择，最后把机位定在紧倚着西园墙的旁边，这样，既无撑杆的遮挡，又完整地再现了爬山廊的起点——简朴而别致的石梁廊桥，而且既有一根根廊柱形成的有序节奏，又有曲折多变的屋顶、蜿蜒自如的双行半墙形成的优美旋律，而丽日所投射的光影，还为旋律增添了一段段华彩。

【5-20】随形而弯，依势而曲［其四］：凌水廊

"之"字曲廊，还可以营造出"落水面，任高低曲折"（《立基·廊房基》）之美。

图为苏州拙政园西部一面凌水一面倚墙的波形廊，南端自"别有洞天"月洞门入口开始，北端止于"倒影楼"前。此廊立基于水面、与水十分贴近，既有左右曲折，又有上下起伏；既有波势，又有动感，绝不生硬板律、矫揉造作，而是富于自然而然的蜿蜒之致，堪称稀世杰构。

笔者曾撰专文《在起伏上思考——拙政园波形水廊品赏》抒写自己的感受："起步伊始，一二十武之内似乎是平舒而笔直地向前，然而脚步却微微地、渐渐地有向上迈进的感觉。当经过身旁四五根廊柱时，水廊已到了第一波状线的波峰。接着，慢慢地往前循着缓坡下行，同时右弯而左拐地经过四五根廊柱，就来到一座临水的小小'半亭'，是为'钓台'，其下沧浪之水可掬。从起伏上看，这里是第一波状线的波谷；从平面曲度上看，这又恰恰是第一波状线涡卷的休止。轻波与微涡，竟结合得如此之自然！这一段的造型，起伏和曲度虽不大，但正由于微微地升降，缓缓地回旋，才如同委婉清扬的旋律，给人以舒适而悠扬的美感……由水亭较大

【5-20】妙趣无穷的波形水廊（郑可俊　摄）

角度地向右折，地面坡度也随之而较大幅度地向上伸展，这确实能给人以一波刚平、一波又作之感，而且它不同于第一波状线的轻起缓伏，而是略为突然，因此只要经过身旁两三根廊柱，就达到第二波形线的波峰。更妙的是，水廊的这一高处，其下恰恰是一个较大的水洞——'涵洞'，故而这一高处又不妨称为廊桥的桥面。当人们一过桥面，水廊就表现为往左的一个较大的急转弯，接着，就来到一座楼——'倒影楼'前。这里，就是第二波状线的波谷；从平面的曲度看，它又恰恰是第二波状线漩涡的终点。起伏与涡曲，在幅度上也竟是结合得如此之巧妙！还值得品赏和回味的是，水洞附近一段的升高与急转，又如同乐曲昂扬的高潮，把人们的审美情绪也推向了高峰，旋即戛然而止，曲终而馀韵未已。"（《苏园品韵录》，第23～24页）

　　再连接这两段波状线作为一个艺术整体来看，可说是有起有伏，有张有弛，既契合于起承转合的诗法之妙，又契合于一波三折的书法之美。其长波郁拂间，有缓按，有急挑，有左牵，有右绕，漫步其上，宛如凌波，又如置身扁舟之中，泛于江湖之上，给人以起伏飘荡之感。

　　人们如在对岸隔溪观照，映入眼帘的，不止是水廊白色半墙坐槛凌架水上、倒映水里形成反向对应的波状线，还有水廊屋面也呈现出波澜起伏、横向展开的线形美，同样给人以柔婉、优雅、秀美、波动之感。如果变换角度作微观的品赏，那么，又可发现水廊上部是风格柔美的卷棚顶，屋坡面相交处呈弧波形的线和面。而水亭两侧的戗角，也是两条反向的波状曲线……真可谓无处不曲，无处不波了。

　　如再把波形水廊放在水环境中来品赏，那么可见廊下是水，廊边是水，当清风吹拂，水面便碧波荡漾，漪澜成文。于是，波形水廊和廊下水波，更是上下互映，相与起伏，显得妙趣无穷。这时，人们审美的心波，许会随之而起伏，而荡漾……

【5-21】两廊一体化的复廊（日·田中昭三　摄）

【5-21】随形而弯，依势而曲 ［其五］：复廊

　　刘敦桢先生指出："复廊即两廊并为一体，中间隔一道墙，墙上可设漏窗，两边都可通行。这种形式在园林里的应用，既可分隔景区，又可通过漏窗使一景区和另一景区互相联系，增加景深，还能产生步移景异的效果。此类复

廊作为内外景色的过渡，尤觉自然，如怡园坡仙琴馆之西，沧浪亭西北隅……以及拙政园与归田园居之间，均有此类复廊设置。"（《苏州古典园林》，第37页）论述得非常周到全面。

图为苏州怡园坡仙琴馆之西的复廊，它南起南雪亭，随形而弯，依势而曲，长达十一间之多，曲折向北，止于锁绿轩。从总体上看，怡园可分东西两区，东部是以石文化为贯穿线索的建筑庭院区，西部则有假山、洞府、水池、画舫、亭榭、曲桥、花树……景物丰富，是为山水风物区，而两景区之间，全靠复廊加以分隔，设若没有此复廊，那么，两大景区的特色就必然会互混，致使各自失去其独特的魅力。然而，复廊的功能还在于使两个景区分而能连，隔而不绝，让双方气息交流相通。这样，人在廊内，既能清晰地欣赏本景区的美，又能通过漏窗隐约地窥赏到另一景区的美，而且移步换景，窗窗景色各异。这种若隐若现的框景，特能逗引人们的美感和游兴。另外，此复廊和其他廊一样，还有其通道功能，这是不言而喻的。

沧浪亭东北隅的复廊也不妨顺便一说。此弧曲形复廊西起面水轩，东至观鱼处，廊一面向内沿山而走，另一面则借景园外清流，这就既弥补了园中水体的匮乏，又形成了开敞性与众不同的结构。陈从周先生写道："园周以复廊，廊间以花墙（即漏明墙），两面可行。园外景色，自漏窗中投入，最为逗人。园内园外，似隔非隔，山崖水际，欲断还连。此沧浪亭构思之着眼处。若无一水萦带，则园中一丘一壑，平淡原不足观，不能与他园争胜。园外一笔，妙手得之。"（《园韵》第113页）其妙还在于系列漏窗对内外山水远近的转换。山上沧浪亭有联曰："清风明月本无价，近水远山皆有情。"人们游走于外廊，左右所见，就是近水远山；游走于内廊，左右所见，则又是近山而远水了，可谓意趣无尽。

【5-22】润之甘露寺

题语选自《屋宇·廊》："予见润之甘露寺数间高下廊……"这是计成论述了廊之后所举的例证。本条只图释此廊的地址："润之甘露寺"。

润：润州简称，今镇江。甘露寺，镇江著名古寺，坐落于长江之滨的北固山上。三国吴始建，相传建寺时甘露适降，故名。唐李德裕加以增辟，晚唐卢肇《题甘露寺》诗有"北固岩端寺"之句。宋迁建今址，后屡毁屡建。

今甘露寺雄踞于北固山腰的高台上。山门为三楼式牌科门楼，主楼居中，副楼辅弼，瓦条龙吻脊，歇山顶，翼角飞举，似欲腾空而起。正中的砖细上枋之下，为大片磨砖墙，有角花，中央刻有特大的"佛"字，其下的字牌上，阴刻"古甘露禅寺"五字。下枋之下，为拱券形山门，显得雄伟轩昂，器宇不凡。两侧的寺墙均为"实滚"（即以砖扁砌）清水墙，经风侵雨蚀，亦古意盎然，而其最大特点是墙面不涂红色或黄色，而一任其砖瓦的黑灰本色，显现出质朴含蓄之美。这是特具历史意义、文化艺术价值的古建名构，京剧《龙凤呈祥》有《甘露寺》一折，演的是刘备甘露寺相亲，故事来源于《三国演义》。

【5-22】北固山上甘露寺（蓝　薇　摄）

【5-23】甘露寺数间高下廊

计成在《屋宇·廊》中，论述了廊的特点及自己"之"字曲廊的独创性后，举了两个典型例证。一是自己为仪征汪士衡寤园所造的"篆云廊"，另一是"予见润之甘露寺数间高下廊，传说鲁班所造"，本条图释后者。

"数间"，廊的长短，一般以间为单位来计算，两根廊柱之间为一间。"高下廊"，即建于山坡地、有磴级往下或往上的廊。试看如下两图——往下或往高所摄之同一条"甘露寺数间高下廊"：

右图为从高往下所拍摄。这条两端出入口有厚实圈门的空廊，从甘露寺东侧由高往下，层层叠落，廊两侧有较粗的红色方柱，柱下有方础。两柱之间，铺设石质磴级八九级，旁有石条相夹，应该说，这就是有屋顶的磴道。磴道两旁，又有扁砖仄砌的坡路作为补充。廊经数间，即有一段平地，让人稍事平息，然后再往下……这种名副其实的高下廊，今亦称"叠落廊"。廊外，还有作为防护的砖砌半墙栏杆随廊高下，若有断开，则其左或右往往有路可通往其他景区。

左图为从下往高所拍摄。廊从山下通往山上。人们往上攀登时，仰首即可见巍然耸立的甘露寺，于是，游兴倍增。倘人们在起点以圈门为框向北上方望去，不但可见廊远而道长，一个个磴级呈现出分明的节奏，而且映入眼帘的是磴级愈远愈小，节律也由分明而模糊，这种渐次感，是又一种框景之美。

计成说，此廊"传说鲁班所造"。这确实是传说，但说明在较长的一个历史时段里，这种廊的形式还是前所未有的独创，所以人们才将其高攀到能工巧匠之祖的鲁班身上去。而在计成之后较长的历史时段里，"润之好事者"们又将其附会到三国故事——刘备相亲上去，说这里埋

【5-23】甘露寺东数间高下廊（蓝　薇　摄）

伏了刀斧手云云。此廊在上世纪末又经重修……这都是后来的事，但"中岁归吴，择居润州"（《自序》）的计成，在明末确实是亲眼看到了这条富有创意的长廊，这却并非传说，故引为例证。据于此，笔者寻寻觅觅，来到镇江，终于找到了这条高下廊并用作图释。这条在"古甘露禅寺"旁，风格宽大敦实、个性独具的高下廊，不论附会以什么传说，但它是确确实实有一定历史价值的建筑存在。

【5-24】许中加替木

题语节自《屋宇·七架梁》："如造楼阁，先算上下檐数，然后取柱料长，许中加替木。"先算上下檐数：这是说，如要建造楼阁，就必须先计算楼阁上、下两层檐之间相隔之数，即其尺寸、长度。然后取柱料长：取，取得，算出。柱料长，柱子用料的长度，一般以步柱的长度来计算。许中加替木：容许其中加以替木。

【5-24】豫园仰山堂梁垫（周仲海 摄）

替木：今苏州匠作称"梁垫"或"垫梁"，刘敦桢《苏州古典园林》称为"梁填"。《营造法原》："梁垫，垫在梁端下连于柱内之木条。"（第108页）祝纪楠先生补释："为传递荷载，扩大支座作用。"并说："梁垫有的做成如意卷的花纹，其底部雕刻成金兰、佛手、牡丹等镂空图案作为装饰的，就称为蜂头。"

（《营造法原诠释》，第359、89页）

图为上海豫园仰山堂上的梁垫。它是在梁（更多的是轩梁）的端部所设置的垫块——雕花短横木，故称梁垫。梁垫与梁端、柱端相接处均有榫头，它们和梁端、柱端的卯眼做到镶榫合缝，结成一体，这种互为镶嵌就增加连接的牢度，与梁、柱一起承受着上部压力，这是其力学功能；同时，它三面均施雕饰，有明显的审美功能。

至于鸳鸯厅扁作梁的两端，梁垫用得尤多，如苏州拙政园十八曼陀罗花馆－卅六鸳鸯馆、留园的林泉耆硕之馆等。

替木也常用于楼阁等二层建筑，《园冶》中"替木"出现了两次，均为论楼阁建造，如上引《屋宇·七架梁》。豫园仰山堂也是两层建筑，上层为卷雨楼，其梁垫就是堂之上、楼之下附于扁作大梁下的雕花木质长方体，其体量虽小，但装饰审美功能却异常突出，还是不可或缺的建筑构件。

还值得一说的是，摄影家不但同时摄下了"仰山堂"匾的一角，巧妙地显示了此梁垫的具体所在，显示了此古建厚重的文化内涵；而且还摄下了大梁所悬雅致的六角宫灯，其红红倒挂的流苏，使得厅堂高雅、庄重、文静、亮丽……

【5-25】磨角，如殿阁攙角［其一］

题语选自《屋宇·磨角》："磨角，如殿阁攙角也。"这是《屋宇》章的一大难点，拟连续四条构成一组详作图释。磨角：即今天所说的戗角，但计成称之为"磨角"，还用"攙角"来解释它，今天人们已难以理解此二词的含义了，这由于受到行业、地区、时代的三重制约。首先，它们是流传于建筑工匠间的职业语言，是流行范围较窄的"行话"；又因使用于计成故乡吴方言地区及其从事营造的由常州延至镇、宁一带，这是地区方言的限制；再者，"磨角"流传到明末，当时的匠师们已感生疏，所以计成要重加诠释，这是时代的隔阂。然而，往事又越过近四百年，今天，其义又需进一步考证、诠释。

【5-25】沧浪亭嫩戗发戗（朱剑刚 摄）

《广雅》："撅［là］，折也。"《集韵》："撅、揭，折也。"又："揭［zhá］，重接貌。"这些训释，可帮助人们得出"磨角＝撅角＝折角＝重接"的结论（详见《探析》第262–267页），而以木构件按特定要求实现这种"重接"并进一步加工，就成为今天飞翘的戗角。《营造法原》：发戗"为南方中国建筑之特征，其势随老嫩戗之曲度。戗端逐皮挑出上弯，轻耸、灵巧，曲势优美。"（第58页）

图为苏州沧浪亭的"磨角－撅角"亦即戗角。江南园林建筑屋角的发戗，可分为水戗发戗和嫩戗发戗两种，前者主要是老戗与角飞椽的相接，后者主要是老戗与嫩戗的相接（均为"重接貌"），而后者更为轻耸秀举，沧浪亭用的就是后者。

为了让读者既能整体地看到沧浪亭及其山林环境，又能清晰地观察嫩戗发戗的结构细部，摄影家去该园拍摄了一次又一次，总不够理想，因受制于檐下暗部与建筑其他部位光影的明显反差，还有天气状况、空气质量、树木枝叶的遮掩等问题。待到11月初的一个早晨，平射的阳光、清朗的空气、初秋的色相、终于均为成功地拍摄提供了条件。是日也，天气特好，阳光特丽，沧浪亭檐下的阴影终于在后期的处理中消失了，于是，一切细节均明晰地进入了人们视野，真是"功夫不负有心人"！试看亭的翼角构成：粗实端头起线的老戗、轻灵而上翘的嫩戗、斜插于其间的千斤销、戗端呈斜角的猢狲面、长而起翘的弯遮檐板等，均清清楚楚地呈现出来。

沧浪亭为歇山顶石柱方亭，雄踞于山巅的石台之上，檐下饰有斗栱，庄重端严，品位极高，而其嫩戗发戗又曲势优美，翩翩欲飞，戗尖起翘特高，直指苍穹，这均表达了后人对宋代创建此园的诗人苏舜钦的尊崇。

还应一说，该亭石柱上镌有"清风明月本无价，近水远山皆有情"一副名联，涂以石绿，显得十分古雅。上联出自苏舜钦的《过苏州》，下联出自北宋大文豪欧阳修的《沧浪亭》，它为清代景仰欧、苏为人的梁章钜所集，后由晚清著名学者俞樾书写，此联不但凝铸了欧、苏的深厚友情，而且还是风景园林审美的名言警句。

【5-26】磨角，如殿阁攒角 [其二]

人们还常说飞檐翼角。其实，飞檐与翼角既有区别，又有联系。飞檐是屋檐的起翘，翼角是屋角的起翘，二者互为牵制，因戗角的起翘必然带动屋檐的起翘。飞檐翼角，是中国古典建筑顶式结构的重要特征。

飞檐翼角的价值意义，可从真、善、美三位一体的视角来看，如果说，工程技术发展到一定的历史阶段，匠师们对屋角屋檐起翘在结构力学上能作精准的把握，这是合规律性的"真"，那么，其合目的性的"善"就是其功能，如屋檐的起翘反曲，采光效果比不起翘的要好，它还有利于雨天保护建筑的外围墙面，特别是能减轻暴雨时由屋顶下泄雨水易冲坏墙基及其近旁地面之弊。不过，飞檐翼角最重要的价值还是"美"。

笔者曾这样描述飞檐翼角正立面所显示的美："黑格尔在谈到西方建筑结构里，安稳是基本的定性，建筑就止于安稳，因此还不敢追求苗条的形式和大胆的轻巧……如果一座建筑物轻巧而自由地腾空直上，大堆材料的重量就显得已经得到克服'……哥特式建筑，则确实具有腾空直上的特征。然而，黑格尔的论述似乎更适用于中国古典园林、宫殿寺观的某些建筑，特别是适用于江南古典园林的建筑。"（《苏园品韵录》第274页）这里拟举例加以赏析。

图为上海豫园九狮轩正立面。不妨先借用《文艺心理学》的一句话："艺术要摆脱一切才能获得一切"（《朱光潜文集》第1卷第16页）。由于本

【5-26】九狮轩飞檐翼角（周仲海 摄）

书不用墨线图，只用照片（还有少量古画），故而为了突出品赏重点，摆脱片子中其他一切景物对飞檐翼角的干扰，试将建筑物的周围均变暗，让其在深色背景上跃出，这样就显现出九狮轩分明突出的整体形象。由图可见，该轩面阔三间，其外有廊有台，凌驾于池上。它从下而上可分为三个层次，除了下面的台基层、中间的屋身层外，上部的屋顶层为卷棚歇山顶，这里试析其屋脊。由于它是卷棚顶，所以没有正脊（平脊），这就让人容易把注意力集中于两侧的垂脊和斜向的戗脊。抽象地看，这是两条左右分张的优美曲线，它们先垂直地由上而下，接着再斜向延展，最后又反向弧曲地由下而上，夸张地指向上空，其戗尖几乎超过了卷棚屋顶的实际高度。由于经过这种起翘高扬的大胆处理，原来屋顶大堆材料的重压就显得已被克服，出现了翩翩欲飞的轻巧姿态，如同鸾凤展彩翼、雄鹰奋双翅，还似乎带起了整个建筑物在"自由地腾空直上"。这种不止于安稳，而敢于追求"大胆的轻巧"的飞檐翼角，这种变单调为丰富，变生硬为柔和，变静止为飞动，变沉重为轻盈的顶式结构，是我们民族一个了不起的艺术创造。

【5-27】磨角，如殿阁攒角［其三］

本条进一步从艺术史学的视角追寻戗角 – 飞檐翼角的起源，说明中华民族的屋顶何以会萌生翼然腾飞的独特形式。

【5-27】卷雨楼侧立面：腾飞的翼角群（周仲海 摄）

早在《诗经》时代，人们就用诗句来描述这种美了。《小雅·斯干》歌咏周王宫室，有"如鸟斯革（鸟类张翼举翅），如翚（五色的野鸡）斯飞"的名句。但从建筑史实看，周代绝没有如此先进的工程技术水平。飞檐翼角一直要到汉代才见雏形，如汉赋中某些有关的描写，出土的某些汉代明器以及画像砖上屋角略微上翘的形态等。那么，周代为什么会出现这种"文化超前意识"？

艺术史告诉人们，一个民族的古代文明中，总有一两种艺术领先发展着：古希腊体现着人体意识的雕刻，与体育竞技相互促进着；中国乐舞文化的飞翔意识，则与飞鸟有着悠久的渊源关系。《山海经·海外西经》："诸夭之野，鸾鸟自歌，凤鸟自舞。"其实这是体现了飞翔意识的图腾乐舞。《左传·昭公十七年》写少皞氏说，当时"凤鸟适至，故纪于鸟，为鸟师而鸟名"，如凤鸟氏、玄鸟氏、青鸟氏、丹鸟氏、鸤鸠氏、爽鸠氏……少皞以鸟名官，竟展现了一个飞鸟翔舞的世界！这类传说，反映了当时的飞鸟崇拜，而《史记·夏本纪》还记载，虞舜时"鸟兽翔舞，箫韶九成，凤凰来仪"。

笔者曾联系今天的京剧艺术写道："从远古发端的羽舞及其以飞舞为美的文化意识，至今还积淀在京剧之中，《花果山》里的美猴王孙悟空……头上均饰有的左右分张的雉（即'翚'）尾，挥舞这种雉尾的动作被称为'翎子功'，这是另一种形式的'如翚斯飞'之美。还应指出的是，甲骨文里的'美'字，就是头戴长长的雉尾在跳舞的形象"（《苏园品韵录》第271页）。除此而外，其他艺术如敦煌壁画"飞天"、舞剧《丝路花雨》、舞蹈《红绸舞》……也都以飞舞为美。

再说建筑的飞檐翼角，自汉至晋而走向成熟，这是飞翔意识长期孕育的结果。在宋代，大文学家欧阳修在《醉翁亭记》中历史地铸就"有亭翼然临于泉上"的名句，自此，"翼然"二字不翼而飞。再看在现实中特别是在江南一带，不只是"有亭翼然"，而且殿堂楼阁等也往往翼然高高地起翘，成为民族的、地方的独特风格。

图为上海豫园卷雨楼侧立面的翼角群，这是特地为本书拍摄的。摄影家为了充分突出"如翚斯飞"的群体形象，一是选择对象，选中了翼角最多、结构最复杂的个体建筑——卷雨楼；二是选择角度，选定楼下仰山堂东面的回廊作为拍摄点，由此看去，翼角在画面上最多、最集中、最理想；三是选择季节和天气，他自夏待到秋，几个月来，偏多阴雨连绵，好不容易等来了秋高气爽的晴日，选蓝天白云为背景取机仰拍，既尽量利用绿树作围拱衬托，又尽量避免树叶对翼角的遮挡，还表现出高度的艺术夸张，终于一帧杰作诞生：极富动态美的画面上，白云升腾，苍松起舞，众多的翼角层现叠出，秀逸高扬，犹如一群鸾凤张翼奋举，飞向蓝天，足以振人精神，发人神思，引人遐想……

"如鸟斯革，如翚斯飞"，中国古典建筑独树一帜的屋顶造型，体现了传统民族文化中的一种飞扬感、超越感、自豪感，表征着我们民族追求自由腾飞的艺术精神和浪漫情调！

【5-28】磨角，如殿阁攒角［其四］

上海豫园的双层建筑"仰山堂–卷雨楼"，是一处著名的建筑胜景，人们统称之为"卷雨楼"，笔者赞其有三绝：

一是环境美。建筑离不开环境，再好的建筑若不得其所，也会极大地贬值。此楼环境特佳，隔池与大假山相望。陈从周先生写道："豫园之精华，首推大假山，此为江南现存明代黄石

【5-28】卷雨楼正立面：集萃型建筑之美（陈兰雅 摄）

假山之最巨者，出名匠张南阳之手，张以画家而业叠山，所构此山多丘壑之美，一涧中分，清泉若注，而面水楼台，虚实互见……石壁森严，飞梁临涧，平桥缘水，皆因山势而作层次，高下相间，错落有致，形成山有态而水有容，波光潋滟，凭栏舒展成图。"（《书带集》第100-101页）生花妙笔，描述了建筑与环境相互因依的美学关系。

二是品题美。豫园很注意建筑的品题。此建筑底层为仰山堂，品题撷自《诗·小雅·车辖》："高山仰止，景行行止。"此处意谓景仰作为对景之大假山的崇高美。堂内额曰："此地有崇山峻岭。"字字珠玑的七个字，为晋王羲之《兰亭序》中名言。品题极大地深化了堂与山的文化内涵，提升了它们的境界。上层卷雨楼，则撷自初唐四杰之一王勃《滕王阁诗》的颔联："画栋朝飞南浦云，珠帘暮卷西山雨。"上句被用作豫章八景之一"南浦飞云"的品题，下句被用作豫园"卷雨楼"的品题。这一组文采斐然的品题，都是搜求于象，心游于境，情融于物，采撷于文的璀璨成果。

三是建筑美。卷雨楼是风格繁富的集萃型建筑，其科技价值和艺术价值均臻全国一流，但有些古代园林史对其却一字不提，可见不知这种富丽繁茂风格的价值。陈从周先生主编的《中国厅堂·江南篇》则指出："此楼外观奇特，形制多变，突破了一般古典建筑讲究对称的格局，尤其是飞檐众多，起翘特高"（第128页）。这就必须联系《园冶·屋宇·磨角》来理解："如厅堂前添廊，亦可磨角"。仰山堂是典型的厅堂，它不但前旁均添轩廊，而且明间、次间前还筑台凌驾池上，使整体的建筑平面呈"凸"字形，而临水半墙均装鹅颈椅（美人靠），凭栏可仰观高山，俯赏游鱼。上层的卷雨楼也呈"凸"字形，同样前添曲折楼廊，于是，上下两层均可大量高高地发戗。鸾凤竞相张翼奋举的"卷雨楼"，极富创新精神，是综合了堂、楼、廊、台的集萃型建筑杰构。

【5-29】保圣寺宋代磉石特写（梅 云 摄）

【5-29】定磉

题语选自《屋宇·[图式]地图式》："凡兴造，必先式斯（画这种地图式。式，动词）。偷柱定磉"。偷柱：抽减立柱的数量。定磉：决定磉的位置和数量。定磉是建筑设计非常重要的一步，一般都画成平面图即"地图"。

磉[sǎng]：柱础（柱下端的石礅）下的方形石。《广韵》："磉，柱下石也。"《正字通》："磉，俗呼础曰磉。"此二释不很精准。柱下石一般由两个石制部件构成，一是上面大抵呈鼓状的石礅即柱础，亦称鼓礅，二是垫在其下的方石，与地相平，称磉或磉石，二者合称磉礅。有的书称柱础为"柱顶石"，亦似欠妥，因为"顶"是在上面的，而磉礅恰恰是置于柱子下面的，故《广韵》释"磉"为"柱下石"。不过，磉礅也多连成一体的。

鼓礅、磉石，是中国传统建筑重要的石构件。其作用一是承载与传递上部的负荷，使其分散至较大面积，并防止建筑物的塌陷；二是使柱脚与地坪隔离，防止地面湿气侵蚀其上的木柱。三是露明部分使垂直的柱子下部产生美的变化。

从建筑美学视角看，磉礅的露明部分属石雕艺术，装饰性颇强。可分为素作和雕作两类，其造型和浮雕花纹经过了长期的历史发展，还体现出时代特征。如殷商时代多为天然石块；汉代出现了圆形、覆斗形及部分动物纹；佛教盛行的南北朝，莲瓣形出现较多；唐宋时期，多覆盆式，雕饰花纹较多；元代素作较多；明清时期，北方官式建筑多鼓镜，他地则各式随意。总之，造型有鼓镜、覆盆、花瓶、瓜楞、如意、方梯、鼎形、六面锤等式，浮雕花纹有卷草、莲瓣、盘长、蟠龙、云凤、狮兽、人物、宝相花等，而且注意造型与花纹互为配合，翻出无穷意趣。

图为苏州角直（甫里）白莲寺遗址柱础磉石。《百城烟水·苏州府》："白莲讲寺，宋熙宁六年僧惟吉建，即陆龟蒙（唐诗人）别业。"后毁，仅存大殿遗址及分布于遗址上的青石柱础磉石，隐约可见当年遗制。此遗址又在惟吉所修的唐保圣寺内，保圣寺今存。图为遗址上的覆盆式宝装合莲（合莲又称俯莲）柱础，合莲有三层，每个莲瓣上还雕有极其细致的装饰性花纹，系稀世石雕精品。

保圣寺两侧廊间还陈列有大量古磉礅，如唐代的盆唇式八角磉礅、宋代的覆盆式素平磉礅、覆盆式铺地莲华磉礅、覆盆式牡丹写生华磉礅等。白莲寺遗址上还置有一个唐代双八角形素平磉石，形制特殊，有卯眼一大、八小，为国内所罕见。保圣寺罗汉堂内珍贵地存有举世闻名的唐代大雕塑家杨惠之残留的壁塑罗汉九尊，殿柱下磉礅也刻有覆盆式牡丹纹样。白莲寺遗址以及保圣寺，可谓世不多见的柱础磉石博物馆，极具中国美术史之价值意义。

凡造作难于装修，惟园屋异乎家宅。曲折有条，端方非额。如端方中须寻曲折，到曲折处还定端方。相间得宜，错综为妙（参见【8-3】）。装壁应为排比，安门分出来由。

假如全房数间，内中隔开可矣，定存后步一架，馀外添设何哉？便径他居，复成别馆（见【6-17】）。

砖墙留夹，可通不断之房廊；板壁常空，隐出别壶之天地。亭台影罅，楼阁虚邻。绝处犹开，低方忽上。楼梯仅乎室侧，台级藉矣山阿（参见【5-13】）。

门扇岂异寻常，窗棂遵时各式。掩宜合线，嵌不窥丝。落步栏杆，长廊犹胜，半墙户槅，是室皆然（参见【1-2】）。古以菱花为巧，今之柳叶生奇（参见【5-3】并见【6-1】）。加之明瓦斯坚（参见【8-8】），外护风窗觉密。

半楼半屋，依替木不妨一色天花；藏房藏阁（参见【2-4】），靠虚檐无碍半弯月牖（月牖，参见【2-4】）。借架高檐，须知下卷。出幕若分别院，连墙拟越深斋。

构合时宜，式征清赏（见【6-13】【6-14】【6-15】【6-16】并见【8-5】）。

（一）屏门

堂中如屏列而平者，古者可一面用，今遵为两面用，斯谓"鼓儿门"也。

（二）仰尘

仰尘，即古天花版也。多于棋盘方空画禽卉者类俗。一概平仰为佳，或画木纹，或锦，或糊纸，惟楼下不可少。

（三）户槅

古之户槅，多于方眼而菱花者，后人减为柳条槅（见【6-1】），俗呼"不了窗"也。兹式从雅，予将斯增减数式，内有花纹各异，亦遵雅致，故不脱柳条式（见【6-1】）。

或有将栏杆竖为户槅，斯一不密，亦无可玩。如棂空，仅阔寸许为佳，犹阔类栏杆、风窗者去之。故式于后。

（四）风窗

风窗，槅棂之外护，宜疏广减文（参见【5-15】），或横半，或两截推关，兹式如栏杆，减者亦可用也。在馆为"书窗"，在闺为"绣窗"。

［图式］

〈户槅柳条式〉时遵柳条槅，疏而且减，依式变换，随便摘用（见【6-1】）。

〈冰裂式〉冰裂，惟风窗之最宜者，其文致减雅，信画如意，可以上疏下密之妙。

【6-1】相间得宜，错综为妙

题语选自《装折》，两句是计成论园林建筑装修时提出的一条艺术形式美规律，说明艺术应力避单纯一律，而只有通过变化，做到相互间隔得其所宜，这种交错综合，构成了形式的美。这一观点源自《易·繫辞上》："参伍以变，错综其数，通其变，遂成天地之文（文：即形式美）。"这条规律，可以户槅柳条式为例。

【6-1】苏州盘门四瑞堂系列长窗（梅　云　摄）

《装折·户槅》："古之户槅，多于（于：为；作；做成）方眼而（而：如）菱花（像菱花形状的纹样）者，后人减（减：减省；简化）为柳条槅。"计成特别重视这种体现了减省原则的柳条槅，并反复予以强调，《装折》说，"古以菱花为巧，今之柳叶生奇"；《装折·户槅》说，"兹式从雅，予将斯增减数式，内有花纹各异，亦遵雅致，故不脱柳条式"；《装折·［图式］户槅柳条式》说，"时遵柳条槅，疏而且减，依式变换，随便摘用。"书中还附有柳条式及其变式若干例，直至今天，这种柳条槅仍有很强的生命力，在佛寺道观、风景园林古建、现代商贸店铺……都可见到这种型式。

图为苏州盘门景区四瑞堂的系列长窗（即户槅中的长槅），其内心仔就是柳条式，纯粹由纵横交错的线条（木条）构成。细加分析，每扇窗内有纵向的直线八根，它们粗细一致，间距一致，这用德国古典美学家黑格尔的话说，"整齐一律……是同一形状的一致的重复，这种重复对于对象的形式就成为起赋与定性作用的统一"（《美学》第1卷第173页）。但这种一致性形式太单调，需要"不一致"来介入，故又交错以横向的上、中、下三组线条，每组各五根。这也符合《周易》所说的"参伍以变，错综其数"，并与《园冶》的［图式一］相似。尤应指出，其横向直线与纵向直线也一样等距排列，这不但是为了求得一致，而且更是为了求得不一，因为除三组线条等距间隔的"密排"外，其他上、中、下之间均为空缺，均为只有纵线没有横线的"密排"。这种密排与密排的交错，用黑格尔美学语言说，是"一致性和不一致性相结合，差异闯进这种单纯的同一里来破坏它……由于这种结合，就必然有了一种新的，得到更多定性的，更复杂的一致性和统一性"（《美学》第1卷第173页）。这种间隔排列"不一致"的"一致性"，以中国美学语言来表达，就是"相间得宜，错综为妙"。

四瑞堂系列长窗这种纵横、疏密交错的纹样图案，既简单，又复杂，用《园冶》的话语概括，是"亦遵雅致"（《装折·户槅》），"今之柳叶生奇"（《装折》）。该堂在每扇窗内还悬有精美细致的湘帘，于是，光线更见柔和，花纹更见细腻，更显得文静雅致，真可喻为"柳叶生奇"了。

【6-2】装壁应为排比

　　题语选自《装折》。装：装配。壁：墙壁。排比：有排偶、对称、并列、整齐诸义。那么，装配为什么离不开墙壁？这源于千百年来形成的古建传统，其中墙壁有着重要的范式功能，对装配起着范围、制约等作用（详见《探析》第146-148页）。题语意谓：装配与墙壁有关的屏门、门窗等，都应左右对称，并列匹配。其中家具陈设，也应服从这一整体的形式要求。总之，被墙壁所范围的有关装修之物包括家具陈设等，均应服从"排比"这一形式美的对称律，从而表现为中轴分明，左右对称，高低大小一致、整齐规则有序。

　　图为苏州网师园万卷堂。该堂面阔三间，明间较阔，次间较窄，这是为墙壁所规范的。具体地看，厅堂左右的墙壁是两两相对，大小一律，甚至墙上的大理石挂屏亦形式一致。明间的陈设布置，居中有"万卷堂"额，下悬《古松图》，其前设天然几、供桌、诸葛铜鼓各一，形成了一条分明居中的轴线。而轴线左右各有对联、花几、盆花、坐椅、茶几、满杌……它们在"装壁排比"的整体氛围中，无不两两相比，对称齐同。至于两旁的次间，椅、几等也同样以排比齐一为律则。而厅堂两壁的后步柱之间，系列性屏门——白缮门也体现着严格的对称。再从万卷堂前部往里看，黑色步柱上的白色抱柱联、悬于枋上的红亮宫灯，也极为醒目地对称排列着。总之，厅堂的前后左右，无不是"装壁应为排比"。

【6-2】万卷堂的装壁对称结构（朱剑刚 摄）

【6-3】隔间：
定存后步一架

【6-3】玲珑馆的隔间艺术（鲁 深 摄）

题语选自《装折》："假如全房数间，内中隔开可矣；定存后步一架，馀外添设何哉？"四句是以不同的方式、角度对"隔间"的强调，试分述之：

假如全房数间：这里的"间"，非指面阔方向的"间"（即开间的"间"），而是指进深方向的"间"。此句是写"隔间"必具的前提或必要的对象。

内中隔开可矣：内中：全房（即全屋）之中。隔开：指按进深方向将其前后隔开。前一句言"间"，此后一句言"隔"，分隔的结果是"隔间"的实现。

定存后步一架：这是第二句的具体化。即隔到什么程度，要有一个最低的限度，即至少一定要保存其后面的一步架。

馀外添设何哉？借"反诘"辞格之否定，进一步肯定前句。意谓整个房屋中的构架，除了隔间以外，还要添设什么呢？意思是没有了。当然还可以"前添卷"，但这属于另一个逻辑标准。

"隔间"这个关键词，虽未在《园冶》正文里以突出位置出现，但在不甚显眼处以及［图式］中却一再出现。文中如"九架梁屋……隔三间、两间、一间、半间，前后分为"（《屋宇·九架梁》）；"此屋宜多间，随便隔间"（《屋宇·［图式］九架梁五柱式》）；至于［图式］，更在多处柱旁注明"隔间"，此种反复强调，充分说明"隔间"之重要与必要，惜乎历来的研究家们均未之见，故多为误读误释。

至于隔间的方法，主要是《装折·屏门》中所说的屏门，《屋宇·［图式］小五架梁式》还在柱旁注明："此童柱换长柱便装屏门"，这更明确指出种种建筑均可用屏门来隔间。此外，隔间还可用落地的槅扇（长槅）、画屏、纱槅等。

图为苏州拙政园中部枇杷园内的玲珑馆。该馆坐东朝西，面阔三间，进深为五架梁，其明间的"定存后步一架"，是以六扇由玻璃芯仔和夹堂、裙板等构成的银杏木长槅来隔间（两端以黑色方柱为界），长槅下部雕二龙戏珠、案头清供、花卉盆景等，颇有艺术特色。其较宽大的前间，明间设长窗六扇，次间及南北均为半墙短窗，中配一堂家具，显得明亮精致，雅洁宜人；其所隔出较窄的一架后间，上为回顶，南、北为茶壶档式洞门，形成一条过道，但其过道间也间有美可赏，如一面为木质雕刻艺术长槅，另一面为齐整的短窗，开窗可见听雨轩北庭院，小池畔芭蕉摇曳……质言之，玲珑馆及其"定存后步一架"，堪称隔间艺术的典范。

《装折》还说："便径他居，复成别馆。"这是具体写隔间的一个十分重要的功能，即过道通达功能。就玲珑馆来说，其过道间的南洞门，可由廊导向西南方绿荫掩翳的听雨轩；其北洞门，可由廊导向疏朗雅丽的海棠春坞庭院，这两个去向，均可谓"便径他居"或"复成别馆"，因为听雨轩庭院和海棠春坞庭院，都是拙政园著名的园中之园，至于"他居"，也就是"别馆"，这是骈文的"重言"辞格。

【6-4】别壶之天地

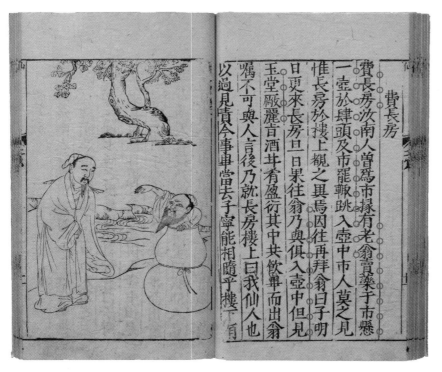

【6-4】《壶公图》（明·《消摇墟》）

题语选自《装折》："别壶之天地"（参见以下【6-5】【6-6】【6-7】三条）。

别壶之天地：或作壶中天地、壶天等。故事首见于《后汉书·方术列传下》："费长房者，汝南人也，曾为市掾（市掾［yuàn］：古代属官通称）。市中有老翁卖药，悬一壶于肆（市肆商铺）头，及市罢（待到市散），辄跳入壶中，市人莫之见，唯长房于楼上睹之，异（感到诧异）焉，因往再拜，奉酒脯。翁知长房之意（动词，认为）其神仙

也，谓之曰：'子明日可更来。'长房旦日复诣翁，翁乃与俱入壶中，唯见玉堂严丽，旨酒甘肴盈衍其中，共饮毕而出，翁约不听（允许）与人言之。后乃就楼上候长房曰：'我神仙之人，以过见责（因犯了过错被处罚），今事毕当去'，子宁（宁［nìng］；难道）能相随乎？……"这一著名故事就此流传开了。此图选自明万历绣像本《消摇墟》，一面为文字，一面为图像。图中老翁下半身已钻进葫芦之中。

此类故事又见北魏郦道元《水经注·汝水》："昔费长房为市吏，见王壶公悬壶于市，长房从之，因而自远，同入此壶，隐沦仙路。"道家典籍也多有这类壶中别有天地以喻仙境的传说。《云笈七签》卷二八引《云台治中录》："施存，鲁人。夫子弟子，学大丹之道……常悬一壶如五升器大，变化为天地，中有日月，如世间，夜宿其内，自号'壶天'，人谓曰'壶公'。"

"壶天"的故事特富想象力。对园林空间的艺术创构颇多启迪。北周庾信的《小园赋》，开首就是"一壶之中，壶公有容身之地"。唐白居易《酬吴七见寄》也有"谁知市南地，转作壶中天"之语。明王世贞《弇山园记》还概括道："[楼]颜（题其匾额）之曰'壶公'，谓所入狭（入口狭小）而得境广（中间的境界广大）也。"明末祁彪佳《寓山注·瓶隐》又云："昔申菟有涯放旷云泉，常携一瓶，时跃身入其中，号为'瓶隐'。予闻而喜之，以名卧室……"这是又一种"壶隐"。直至清代，常熟有壶隐园。苏州也曾有壶园……

计成在《园冶》中，也三援"壶天"事典，除"别壶之天地"外，还有《门窗》："伟石迎人，别有一壶天地。"门窗虽小，框外却隐现着不尽的美。《选石·湖口石》："东坡（苏轼）称赏，目（即品）之为'壶中九华'……"

【6-5】砖墙留夹，板壁常空 [其一]

题语节自《装折》："砖墙留夹，可通不断之房廊；板壁常空，隐出别壶之天地。"这上、下两句，骈偶成文，琅琅上口，但对其内涵的理解，研究界却颇多争议，这也是由于不了解"互文"辞格。其实，上句的"砖墙"与下句的"板壁"为互文，可合读为"墙–壁"。留夹：是特意在建筑物和建筑物之间、或建筑物和其他景观之间留出的夹弄，以其作为一条通道。常空：指两侧或一侧墙壁间常常留出空窗、漏窗、洞门，以破除其封闭格局。至于"可通不断之房廊"、"隐出别壶之天地"，是分别指夹弄的实用通达功能和审美观赏功能，而后一种审美功能，是指墙上留"空"后，可让人窥望门窗外之景，从而引发壶中别有天地之感。

图为苏州艺圃博雅堂东侧备弄。所谓备弄，是指横向多进的建筑物之间留出纵向狭长的夹弄。备弄原称"避弄"，也可说是宅内正屋旁侧的通行小弄，供女眷、仆人行走，以避男宾和主人。明文震亨《长物志·室庐》："忌旁无避弄。"可见这种规制古代较普遍，而今却成了珍稀。其历史文化价值主要是反映了古代宗法社会家族、伦理文化的等级制度，显示了宅第中男与女、主与仆之间的界限。

【6-5】艺圃博雅堂东侧备弄（张维明 摄）

博雅堂东侧备弄也有"可通不断之房廊"和"隐出别壶之天地"的功能。它是一条联结东、西两路多进屋宇的纽带。艺圃的北部，东路自南至北依次为世纶堂－东莱草堂－后厅；西路则为延光水阁－博雅堂等。这条备弄的入口，一面为博雅堂前檐廊东端洞门，一面为世纶堂前庭院西侧的塞口墙。步入备弄，可感受其极狭窄，两人迎面得擦肩而过。又由于它穿连着多进，且以封闭为主，因而给人以深长、幽暗之感；但又因墙上有这样、那样的留"空"，甚至向天井敞开，于是，弄内就显得明暗交替，有些变幻不定，其中每一道或强或弱的光，都可能让人萌生壶中别境之感。试看，近处墙上有一方漏窗之影，此窗似有若无的光线透漏出模模糊糊的花纹，这是朦胧向美感的投射。人们如拐弯，窗外正是一个小小天井，以前这里曾略点湖石花树，引诱着人们审美的眼光。如再往前折东，还可通往东路的主体厅堂——东莱草堂，堂内有一口罕见的古井，令人因颇感诧异而引起思索。总之，此弄从头往里看，一根根柱，一重重门，均增加着景深，它影影绰绰，明明暗暗，似对人眨着神秘的眼睛。而备弄所悬几盏宫灯，给黝黑点上了亮光，给阴暗带来了暖意，照得上部的椽子和望砖隐隐可见……

【6-6】砖墙留夹，板壁常空［其二］

图为苏州狮子林立雪堂前的复式夹弄（亦被称为复廊）。它生动地体现了"砖墙留夹，可通不断之房廊；板壁常空，隐出别壶之天地"的特点与功能。此弄南北走向，由三道墙相夹而成（见《探析》第231–232页），并着重在"窗"字上做文章，其巧妙的设计值得品赏。

东面的粉墙，辟一般园林少见的系列圆形空窗（见右图），其加厚的水磨砖边（即《门窗［图式］》所谓"内空须用满磨"），稳重敦厚，显得圆融完备，禅意盎然，应了佛典"圆通""圆觉"之义。狮子林是元代著名禅寺，立雪：典出《景德传灯录》禅宗二祖慧可向达摩立雪求道，一夜至天明"积雪过膝"的故事。元时狮子林已有供讲经传道的立雪堂，后虽屡变而遗意犹存。圆窗外的立

【6-6】复式夹弄三壁之窗各异（俞　东　影）

雪堂庭院，就有栩栩如真的叠石狮，狮子为佛门神兽，与佛教关系密切，而此夹弄透过圆窗，即可见石狮、竹丛、立雪堂，真是"景即是禅，禅即是景"，可谓佛门的"别壶之天地"。

西面的粉墙，辟六角形系列砖框空窗，一个个隐现出别院风光，或山石，或亭廊，或花树，或台榭……最有味之景是黄石叠掇的"小赤壁"水门（见左图），其中倒映出石砌的露台一角，令人想起清载滢《补题邸园二十景·凌倒景》小序："值风静波澄，历历可鉴，幻耶，真耶？非笔墨所能到也。"

中间的粉墙，也别具匠心，设一系列木质方形花窗，框内彩色玻璃拼为图案，虽不透明，却有着五光十色的闪烁，增添着砖墙所留夹弄的形式美和趣味性。三道墙，三种窗，形式不同，趣味各异。当人们走出这复式夹弄，则又可通往立雪堂、修竹阁、御碑亭、扇面亭……这也是"不断之房廊"，"别壶之天地"。

【6-7】砖墙留夹，板壁常空［其三］

题语详前，本条再作补充：此"夹弄"之"夹"，大多为《屋宇》所说作为过道的"半间""馀屋"，它既纵向连通"不断之房廊"，又常在横向两壁设置洞门、空窗、漏窗，甚至一面为天井……其"常空"的功能，是隐现出别院的"壶中天地"、迷人的旖旎风光。

图为苏州留园入口处窄长曲折地穿插着天井小厅的过道夹弄，其空间大小不一，宽窄不一，明暗不一，走向也有所不一，一路基本上没有什么动人景观，只是让人们徐徐行进，而又不感乏味……这种导引外来游人所进入的过道空间（见《探析》第332-333页），有着隔断园外尘嚣，使人排除俗念，收敛视域，净化心理等美学功能。而夹弄尽处，如图所摄，为经过由暗而明、由窄而宽的"暗转"后所面临的"古木交柯"天井前廊。笔者曾这样点赞："迎面是一排精巧典雅、图案各异的漏窗，影影绰绰，迷离扑朔，窗外主景区如画的山光水色，似真似幻，隐约可见，让人想起《老子》的道家之言——'惚兮恍兮，其中有象；恍兮惚兮，其中有物'，令人

【6-7】留园入口过渡空间之妙（郑可俊 摄）

品味不尽……，这，是一种审美的掩映，一种艺术的延宕。"（《苏园品韵录》第3-4页）图中欲扬先抑的扑朔迷离，还表现为可选择的多向性。如往北，依然是漏窗隐约，曲折地达到西楼底层，这里，既可至中部山水主景区，又可至东部以五峰仙馆为前列的设计精彩，广为识者所赏的建筑区；如往西，既可至俯观水景的绿荫轩小坐，又可品赏"古木交柯"花台后经"华步小筑"而去涵碧山房……这种四面八方变幻多端的空间逗引，可说是地道的"隐出别壶之天地"了。

俗话说："良好的开端，是成功的一半。"留园的入口空间至"古木交柯"前廊这条夹弄正是如此。另外，此图的成功，也离不开摄影家对留园建筑空间艺术的熟稔，以及镜头所摄几乎是超广角的迷人视野，它确乎能令人萌生"别壶天地"之感……

【6-8】门扇岂异寻常，窗棂遵时各式

题语选自《装折》。门扇：为双扇或单扇的门，这里泛指门。门扇岂异寻常：门难道有异于寻常吗？意为门是平常的，不求高贵富丽。棂：窗或栏杆上雕有花纹的木格子，此指窗上的花格。窗棂遵时各式：窗棂应遵循当时流行的各种样式，不断翻新。

图为苏州沧浪亭的"翠玲珑"室，其周围多竹，取宋代沧浪亭主人苏舜钦《沧浪怀贯之》"日光穿竹翠玲珑"诗意题名，可见是以竹为主题。从室内看，确乎是隐隐然绿意氤氲，使得作为外檐装修的系列半窗分外优美清新，其窗棂用了卐字夔式组合纹样，棂间的"卍"与"卐"还相对成文，颇富创意和装饰性，令人眼目一清，感受一新，这统统用得上"翠玲珑"三字来形容。《装折》紧接着题语，对装修工艺提出"掩宜合线，嵌不窥丝"的要求。意谓掩闭上门窗要能做到密合，拼嵌之处窥不见一丝缝隙。"翠玲珑"的窗基本符合于这一要求，整体上表现出

【6-8】翠玲珑装修陈设之美（朱剑刚 摄）

细、匀、齐、密、雅、巧、精、新等的形式美。不妨进而品赏其内涵美，室内的书画屏条均以竹为题；对联为"此君联"，体现东晋王徽之赏竹"何可一日无此君"之典；桌椅多用细巧的竹节式，加以所悬精巧简洁的"翠玲珑"之匾，共同聚焦着一个"竹"字，甚至连桌上置放的一盆龟背竹，也呼应了"竹"字，当然它还有净化空气的功能。为了体现以上特征，摄影采取严格的对称性构图，风格平整精雅，展现了这种内容与形式和谐统一的美。

此室还体现了"诗人感物，联类不穷"（《文心雕龙·物色》）的特色：沧浪亭之竹——苏舜钦之咏（翠玲珑）——何绍基（清书法家）之联（此君联）——翠玲珑之匾——书画家之屏条（竹主题）——工艺美术之桌椅（竹节式）……这是"历时性 + 共时性"的集成创构。无独有偶，狮子林的问梅阁亦类此，取意唐王维《杂诗》"来日绮窗前，寒梅着花未"的名句，阁外有红梅、白梅，阁内悬"绮窗春讯"匾，三面绮窗均作梅花纹，隔间屏门的书画均以梅为主题，台凳地面亦呈梅花形，也是联类不穷的艺术空间。当然，其装修陈设的精致度尚不及沧浪亭的"翠玲珑"。

【6-9】加之明瓦斯坚

题语选自《装折》。明瓦：用蛎壳（贝类）外层磨制成半透明的薄片，装在窗棂上借以封闭和采光。这种半透明的薄片，称为明瓦，又称蛎壳、蠡壳。《营造法原》："明瓦为半透明之螭（金按：此'螭［chī］'字误，应作'牡蛎［lì］'的'蛎'）壳，方形，以竹片为框嵌镶其内，钉于窗外。故其花纹之搭配，常限于明瓦之大小。"（第43页）这讲得非常具体、清楚。清

【6-9】见山楼上明瓦窗（鲁　深　摄）

黄景仁《夜起》诗："鱼鳞云断天凝黛，蠡壳窗稀月逗梭。"诗中的蠡壳窗就是明瓦窗。

由于明代尚无现代意义上的玻璃，只能用薄纸糊窗，或以绫或纱糊。薄纸虽比绫的透明度高，但又缺少坚牢度，特别是经不起风吹雨打，若代之以明瓦，采光效果就不比糊纸差，而坚牢度则不可同日而语，故曰"加之明瓦斯坚"。

图为苏州拙政园见山楼上的明瓦窗，这是横向矩形的和合窗，其形制较特殊，装于两枕之间，是上下推关的，推出去，用摘钩支撑，故北方称为支摘窗。这种和合窗以边挺与上下横头料构成框架，中间为矩形空宕，镶嵌玻璃；周围则嵌两排明瓦，且有一定花纹。这样，中心透明，周围半透明，光线柔和，装饰效果好。试观楼上明瓦窗外观的形式美：如果说，枕与窗框呈现为较粗的深色的"面"，那么，嵌明瓦的木条则可说是深色的"线"，其间还饰有小小的"花

结子",颇为好看,而明瓦呈为略灰而微微闪光的柔润白色,至于矩形空宕所嵌玻璃,则呈现出不同的反光……于是,整个楼上的明瓦窗系列,显现出古朴雅致的风格、含蓄内敛的个性,以及节律性的美,尤能见出江南古建的装修史。

【6-10】半楼半屋,藏房藏阁

【6-10】上层略收的胜瀛楼(虞俏男 摄)

题语节自《装折》:"半楼半屋,依替木不妨一色天花;藏房藏阁,靠虚檐无碍半弯月牖。"本条重点图释题语八字。

楼为"重屋",作为整体,它上半既是楼,又是屋,故曰"半楼半屋"。而分隔这上层半楼半屋的,是楼板(包括"替木")或楼板加天花板,所以说"依替木不妨一色天花"。此句是说,不妨以没有藻饰的纯一色的天花板,作为这上层半楼、半屋的重要分隔。

"藏房藏阁",这最易误读。《陈注》:"藏房藏阁:犹言隐藏的房或阁,亦即'密房'、'密阁'。"这是字面上的空泛解释,脱离了前后语境。《全释》译作"深房奥阁的居处",同样是望文生义的孤立解释。本书认为,"藏房藏阁"与"半楼半屋"为互文,"藏房藏阁"亦即隐藏着的上层的半楼半屋,意谓上层的楼阁可造得较为隐蔽,即往后退缩,人们如站在堂前或檐下,往往不易发现。刘敦桢先生《苏州古典园林》也写到,楼阁"上层每较下层略为收进"(第36页),即略往里收缩、退进。

图为太原著名祠庙园林晋祠的胜瀛楼,晚清曾是"晋祠内八景"之一,品为"胜瀛四照",而今则设为"游客中心"。其上层为面阔三间的楼,红柱彩枋,歇山顶,两翼起翘不高,显得稳健华美,呈现出典型的北方建筑风格。再比较其上、下两层的"共面阔",上层三间明显地窄于下层三间,具有"收进"的特点,这还由于下层绕有回廊,于是,下层的面阔显得更宽绰,而上层的楼则相反往后、往里退藏。若再比较上、下两层的屋面特别是其翼角,下层也显得特别开张,犹如鹏鸟展翅,而上层与之相比,则相形见绌。"藏房藏阁"这种上窄下宽、上退下出、上小下大、上轻下重的建筑结构,还给人以一种稳定的美感。

【6-11】藏房藏阁，靠虚檐无碍半弯月牖

题语选自《装折》："半楼半屋……藏房藏阁，靠虚檐无碍半弯月牖。"前八字上条已图释，无碍：亦即不妨。本条进而补释：作为"重屋"的楼阁，其上层往往比下层房屋缩进一、二架。而如果下层房屋前一、二架又是廊的话，那么，其伸出于前的"檐"就必然是"虚檐"。这上层面阔三间的楼阁，如果只有明间设窗，那么两侧次间靠虚檐处的墙上不妨各开小小月牖（即圆窗）；这退藏的楼阁如果明间和次间均设窗，那么其侧面的山墙不妨开一小小月牖。

再说这种靠虚檐的窗，既可以似一轮满月，如《门窗》中所示的"月窗式"，又可以是"半弯月牖"，如《门窗》中所示的"片月式"。这两种窗相比，以"月牖"为多，因

【6-11】同里商业街的虚檐月牖（梅　云　摄）

为圆月易做而片月难工，圆月采光足而片月光线弱。而"靠虚檐无碍半弯月牖"一句之所以不提"月窗式"，而只提"半弯"的"片月式"，是为了让对句"半弯月牖"的"半"，和出句"一色天花"的"一"相对，从而使上下联两句的数词相映，骈俪成文。

图为吴江同里古镇的商业街，它虽几经修建，但其转角处仍然还可贵地保留了古老的装折传统，而且下层恰恰是廊。除了其上层为"半楼半屋"、"藏房藏阁"外，更有这"靠虚檐无碍半弯月牖"。人们如在街头作整体观照，可见楼层或是伸出，或是缩进；屋脊或是平展，或是起翘；垛头墙上耸起的封火墙（屏风墙），或是两阶，或是三阶；楼上所开设的窗牖，或是矩方，或是团栾。它们均以黑白两种极色，织就了明朗素雅的韵律，体现为进退相让，高下相倾，曲直相济，方圆相形……其中圆圆的月牖特别惹人注目，这也见证了《园冶》所述的门窗装折，至今仍然有其生命活力。

【6-12】出幕若分别院

题语选自《装折》，研究家们解读，均未中肯綮。《陈注》："帷幕隔开，如分别院。"《全释》指出："这句话恐怕译者自己也说不清是什么意思，房屋内用帷幕隔开，怎么会像分开的另外的

露天庭院呢？"并释道："出幕，有不经建筑的主要门户从室内走向他处别院的意思。"亦失当。《商榷》："通过对门户的巧妙安装，对空间的巧妙分隔，使人走出帘幕恍若到了另一座庭院"。此亦系误释，既未指出如何的巧妙，又脱离了题语的历史情景特别是文学背景，且无书证，故空泛不实。

笔者一向主张应将园林美学与文学、审美心理学等结合起来研究，故曾具体分析帘幕在宋词和园林中的作用，指出"词境的深静要借助于'隔'，至于园境，更离不开'隔'，正因为如此，宋代词人特别爱写'帘幕'，写到庭院时更爱突出'帘幕'……'帘幕'，已成为词人们深静情境的艺术符号。"（《中国园林美学》第47、288页）宋欧

【6-12】异化：帘幕隔出别院感（江红叶 摄）

阳修《蝶恋花［其九］》："庭院深深深几许，杨柳堆烟，帘幕无重数。"庭院之所以深深，就因为有无数垂垂的帘幕在遮隔着，掩映着，能给人以含蓄不尽之感。

帘幕具有突出的分隔功能，人们若从帘内向外望，颇能生成或陌生，或深静，或微茫的感觉。如"垂下帘栊"（宋欧阳修《采桑子》），"莺声似隔，篆烟微度，爱横影参差满"（宋高观国《御街行·赋帘》），通过隔与漏、意与象、情与景的互生，庭院似乎异化了，化为陌生的、景深的、微茫的"别院"（见《探析》第238-244页）。

不过，历史到了清代、近代，由于种种原因，中国的帘幕文化渐趋消退，开始淡出历史。同时，隔帘观照、诗咏帘幕等风尚亦见衰落，但深受中国文化影响的日本，至今仍存此遗风。图为日本京都大德寺廊侧小庭，上下两帧景物相同，只有无帘、有帘之别，但予人的印象却不同：上图显示出明朗清晰的本相：枯山水布局、平铺的白砂、耸立的山岛、近处的石灯笼……均一清二楚，至于镂空的悬球，经光照落在帘上的黑影也很明晰。但下图则不然，透过一条条

密排的、狭窄漏光的帘缝，帘外一切都显得隐隐约约、模模糊糊，失去了正色本相，异化为别一个陌生的世界，真可谓"若分别院"了。所以古代画家爱"隔帘看月"（明董其昌《画禅室随笔》），因为能看出别趣来。

再释题语中的"出""分"二字。对于帘幕，研究家们释"出"为走出，不确，应是挂出。"分"，《玉篇·八部》："隔也。"此处即指以帘幕分隔门窗内外空间。这样地隔帘外望，则能见出陌生、新奇、朦胧、幽静等异相，于是，"别院"之意境乃出。当然，这离不开审美主体"疑似""移情"等心理，故计成用一"若"字概之。题语意为：挂出帘幕，好像是隔出了"别院"。

【6-13】构合时宜，式征清赏 [其一]

题语选自《装折》。时宜：时尚。征：求；取。《吕氏春秋·达郁》高诱注："征，求也。"清：俗之反。题语谓建筑装修的构制既应形式趋新，切合时尚，又应求气格清雅，避免低俗。两句揭示了创新与传统的关系，这一原则的广域性意义则远不止此，它普遍适用于历史和现实中风景园林、城市建筑、雕塑艺术等众多领域【∞→】。故本条及以下三条作为一组，拟通过图释来重点实证和阐发计成这一创新美学观。本条以避暑山庄水心榭的牌坊为历史例证。

水心榭建于山庄银湖和下湖之间的长堤上，是既多样又统一的集萃型造景理水工程（参见【2-15】），它体现了真善美的相谐，是杰出的艺术创构（《品题美学》第192-194页）。被清帝乾隆题为三十六景之一。

【6-13】水心榭的创意牌坊（黎为民 摄）

本条重点品赏桥堤两端的牌坊，它们两面均有清帝康熙想落天外的题额："晴霄虹亘"（亮丽壮观的长堤，好似雨后放晴横亘云霄的一道彩虹）、"远碧鲸横"（远方的碧山浮于绿水，宛同巨鲸横贯湖面）、"圆嵩澄霞"（在璀璨霞光映照下，此地犹如佛界胜境，闪耀着一派澄辉）、"阆风涤翠"（西王母所居昆仑圃的"阆风苑"，其阆风仙气吹来，濯涤着这里的青山、苍松、翠柏……）四块题额，给牌坊焕发出无尽的奇想异彩。遗憾的是，此牌坊清末已毁，故所有出版物均谓"现已不存"。

而今，一个世纪后，牌坊复建于桥堤两端，重显了昔日完整的辉煌。本图为"阆风涤翠"牌坊侧影，是从长堤北端偏西拍摄的。为了烘托水心榭斑斓的异彩，摄影家选择了朝霞乍现的背景，使得景色既灿烂，又朦胧，牌坊上隐约可见"阆风涤翠"四个金色大字，远山上则挺立着似被阆风濯涤的疏疏密密的松影……

再析牌坊别致的结构。木质牌坊一般可分两种，或是柱出头而无楼，或是柱不出头而有楼，但此牌坊却既有楼，柱又出头（俗称冲天柱），为四柱三楼式，卷棚悬山顶。此牌坊并非新建，而是按历史上富于创意的旧貌恢复——四根冲天柱中间的两根落地，两侧的边柱则不落地，呈垂花柱状，这在当时无疑突出地体现了一种首创精神，这有史册可稽。清代著名的文臣画家钱维城（1720-1772年），于乾隆十七年奉旨绘康熙题避暑山庄三十六景诗后，于乾隆十九年（1754年）又奉旨绘《御制避暑山庄再题三十六景诗》，当时桥堤两端已有垂花柱牌坊，它不囿于固定模式，不是四柱均落地，而是两柱冲天而不落地。这种结构放到那个时代里来看，应该说是空前未有的，同时也契合于"从雅遵时"（《墙垣》）的原则。因此可以说，包括牌坊在内的水心榭，气势恢宏，大雅不凡，体现了引领时代的康乾风格，真可谓"构合时宜，式征清赏"了。

【6-14】构合时宜，式征清赏［其二］

《园冶》强调不脱离传统的艺术创新【∞→】，当今苏州相门的"姑苏情结"雕塑，可说是体现了这一原则的突出表征。

相门在苏州古城之东，多少年来，它守望着姑苏的东大门。而今"姑苏情结"作为城市雕塑，选址于此地极有眼光。黑格尔指出："艺术家不应该先把雕刻作品完全雕好，然后再考虑把它摆在什么地方，而是在构思时就要联系到一定的外在世界和它的空间形式和地方部位。"（《美学》第3卷上册，第111页）相门的"姑苏情结"正是这样，它后面即是贯穿苏城的主动脉——干将路。据《吴郡志》载，相门原称干将门，简称将门，因吴王使干将铸剑于此，后讹为匠门，再讹而为相门。"姑苏情结"的"结"，就是从干将冶炼、吴王称霸这些历史故事开始，悠悠远远，而今又别致地物化为"窗"型现代雕塑。

笔者的《"姑苏情结"赞》写道："暾始旦兮东方，旭晖耀兮干将。姑苏风情万千种，萃结集兮此'窗'。'窗'呈海棠之形。海棠，娇俏雅逸，色泽悦目，在群芳谱独占一席……而作为工艺图案，其造型也联结着苏州园林，如狮子林有海棠形洞门，沧浪亭有海棠形漏窗，留园有十字海棠槅扇，拙政园有软脚万字海棠铺地……它已积淀为一种符号。'姑苏情结'与苏州园林文化血肉相连，一脉相承，然而它不墨守成规：走出园林围墙，矗立街头广场，这是一种开放；墙是必须有的，没有墙就没有窗，但屋顶却被扬弃，这是又一种创新；墙体不在同一平面上，它吸纳了西方现代派解构方法，将墙体析而为二，一前一后，坚实而又错位，这更是一种再创造……这种寓古于今，推陈出新的造型，诞生于改革开放的年代，面向着改革开放的工业园区，故人们又称之为'开放之窗'，这至为恰当。"

文章继而写道："这个'窗'，有异于园林的空窗，其中悬挂着一个大大的、红红的'中国结'。这个'结'，作为吉祥文化秀，也联结着苏州园林的工艺装饰。它原名'百吉'，概指其结点之多，以谐'百事大吉'之音；又称'盘长'，一根红线，盘而长之，联而通之，以寓'福祉绵长'之意。这种纹样符号，曾铺砌于拙政园池畔花街、雕刻于网师园梯云室落地罩上……而演绎为中国结，红红火火，堂堂皇皇，更见繁茂盛昌，流苏飘扬。而'姑苏情结'却又别出心裁，变易而为海棠造型，其心仔还选自园林窗棂的灯景式冰裂纹样，这在沧浪亭翠玲珑，狮子林花篮厅、拙政园兰雪堂等也可亲切地看到。而今，冰纹海棠型红红的'姑苏情结'，就高高挂在'开放之

【6-14】"姑苏情结"雕塑（朱剑刚 摄）

窗'上，意味丰饶深永，在苍松簇拥下分外醒目，喜气洋洋。"

"姑苏情结"四字，也耐人寻味。"姑苏"，由上古时代吴地最早的园林——吴王姑苏台发端，又穿越时空，进入张继的《枫桥夜泊》，成为唐诗的压卷；至于"情结"，则是瑞士心理学家荣格的术语，已被国人普遍运用。"姑苏情结"，胎萌于苏州园林，融合着雕塑手法，绽放着时代风光。联结古今中外，情系四面八方，既典雅，又时尚，"从雅遵时，令人欣赏"（《墙垣》）！

【6-15】构合时宜，式征清赏 [其三]

"构合时宜，式征清赏"，也就是《墙垣》所说的"从雅遵时，令人欣赏"。既要时尚创新，又要清雅而不脱离传统，二者互补相兼，其创造就特能耐人品赏【∞→】。

图为苏州古城区街头的公交车站，它与园林之城苏州体现出一种风格上的协调性，或者说，体现出传承性与创新性的有机统一。笔者曾写道："苏州作为古典园林的遗产地，其市容由

【6-15】苏州街头公交车站（朱剑刚 摄）

于不断受园林生命光辉的强烈辐射而颇有改观……如公交车站，［在古城区］大抵被建成亭廊结合式，屋顶为卷棚歇山造或悬山造，檐有弓川挂落，内挂流苏宫灯，墙有漏窗花窗或空窗洞门，甚至柱上悬挂楹联，坐凳则为'美人靠'，凡此种种，颇凸显出苏州古典园林的艺品雅趣。"（《中国园林美学》第20页）

　　此公交车站在雨中摄于狮子林附近，粉墙黛瓦，面阔三间，上部为屏风墙屋面、哺鸡屋脊，而经雨水浸润冲洗，无论是黑色的哺鸡脊，或其下以白色勾勒的坐盘砖；无论是整个黑色而体现出节律感的屋面，还是白色而高低错综的屏风墙，其色差对比均更为分明。屏风墙下各有茶壶档式洞门，作为"廊"两端的出入口；屏风墙的外侧，又有与之相交成90°的屏风墙，其形成的角隅，铺设为圆攒尖式"半半半（半亭之半，即四分之一）亭"屋面，墙上有六方式空窗，其下为水磨砖勒脚。上述这些组装的"零件"——廊柱、美人靠、挂落、哺鸡脊、屏风墙、洞门、空窗、半墙、圆攒尖的螺髻亭一角……均为苏州园林所常有，但将它们巧妙组合为一个集萃式的有机整体，却为苏州园林所无。英国视觉艺术评论家克莱夫·贝尔有名言曰："艺术家要创造形式。"（《艺术》第29页）苏州亭廊结合式这种公交车站，正是一种有意味的形式创造，一种既"从雅"又"遵时"、既"构合时宜"又"令人欣赏"（《墙垣》）的艺术创新。

【6-16】构合时宜，式征清赏［其四］

　　"构合时宜"，既符合于《周易》古典中"凡益之道，与时偕行"（《易·益·象辞》）的哲理，又符合于当今艺术创作求新求变的时代潮流【∞→】。

　　图为苏州新火车站的《园林竹石图》雕塑景观。苏州园林是苏州城市的名片，故火车站在

【6-16】苏州火车站《园林竹石图》雕塑（梅　云　摄）

必经之路口创设一别致的对景，仅以一方之地的小小空间作为"窗口"，却在来来往往的旅客心目中烙下了苏州园林的金色印记。

竹石相配，是中国画的品类之一，也是苏州园林的重要传统题材。清郑板桥《题画竹》云："竹君子，石大人。千岁友，四时春。"又云："写根竹枝栽块石，君子大人相继出。年年岁岁看长青，日日时时瞻古色。"经过了漫长的历程，"君子"、"大人"的意识今已淡化，然而竹的"长青"、石的"古色"（苏州街头往往点以太湖石峰作为一种古老天然的"雕塑"）却仍然积淀在人们心目之中，特别是竹的挺拔之姿、石的块然之状，它们两两相配的形式之美，仍可谓"从雅遵时"，"式征清赏"。历史地看，"正是这种积淀，溶化在形式、感受中的特定的社会内容和社会感情"，"才不同于一般的形式、线条，而成为'有意味的形式'"（李泽厚《美的历程》第27页）。而且"艺术及其意味作为历史性与开放性之同一，不只是回首过去，也不只是现时体验，它同时是指向未来的"，亦即"把过去现在未来融为一体"（李泽厚《美学四讲》第204页）【∞→】。上图中的"园林竹石雕塑窗口"正是如此，它通过积淀的意味，体现出"把过去现在未来融为一体"的创新精神。

现实中的太湖石，它"有嵌空、穿眼、宛转、嶙怪势。一种色白，一种色青而黑，一种微黑青。其质文理纵横……于石面遍多坳坎"（《园冶·选石·太湖石》）。但"雕塑窗口"的太湖石，除了材质变为金属外，还变色变形，人们但见一派辉煌的金色，而原来的石面坳坎、文理纵横也都不见了，变得表面光滑，棱角分明，然而其"嵌空、穿眼、宛转、嶙怪势"却依然存在，这可谓形变神不变。再看地上的两个象征性的小小池塘，用黑色抛光大理石做成，这是变液体为固体，但也颇为神似，它倒映太湖石于其中，明明暗暗，隐隐约约，让人感到妙在似与不似之间。

而最惟妙惟肖的是亭亭挺立的竹，它乱叶交枝，疏密互成，颇饶画意，然而其材质也易之以金属。再回眸画竹之艺史，画竹名家们都不主张写意，如现实的翠竹，在五代后蜀李夫人笔下已只写其影，成了墨竹，清汪之元《天下有山堂画艺》说得好："写影者，写神也。"在宋代，除墨竹外，苏轼又以朱笔画竹。而今，"雕塑窗口"作品中，进而体现了竹色的"绿→黑→红→金"的传承与发展，而从本质上看，其"写神"则一以贯之。

作为背景的一排朱红色的门，《装折》谓之长槅，苏州匠作则称为落地长窗，其内心仔为亚字纹样，这种纹样广泛流行于苏州园林建筑。"竹石雕塑窗口"中的系列性长槅，有的闭着，有的稍稍开启，发人遐思。再看右方暗处的圆洞门，也是一种园林符号，其中竹石隐隐然，更为引人入胜……

如同演员的表演需要舞台灯光的照射，竹石雕塑从上方打下的强烈灯光，极大地有助于突出种种园林要素，使得竹石门窗分外亮丽璀璨，光彩夺目，一派金灿辉煌。"窗口"里的种种影子也很美，墙上的竹影、地上的石影、池塘里的倒影，长槅在室内之影……无不具有夺人眼球的魅力。"窗口"，是光与影的世界，受着"与时偕行则益"的《易》理光辉的照耀。

【6-17】屏门：堂中如屏列而平者

题语选自《装折·屏门》。屏门为"堂中如屏列而平者"，这揭示了屏门的一些特点：一是它主要用于厅堂之中，装于明间的两个步柱之间；二是它如屏风一样排列着，一般为六扇或四扇构成系列，起着遮蔽视线的屏障作用；三是又与屏风不同，它形式上是完全平的，即表面没有高低凹凸。厅堂的屏门，正面更多的是髹以白漆，但少量也有呈栗壳色或黑色的。它一般装于厅堂的后部，起着《装

【6-17】曲园春在堂屏门（梅　云　摄）

折》所说的"定存后步一架"（见《探析》第234-236页）的作用，从而构成所谓"隔间"。

图为苏州俞樾故居——曲园的春在堂系列屏门，白色，上悬"春在堂"白色匾额，两侧柱上有白色抱柱联，上书长长的"龙门对"，而其前深色的家具，因白色系列屏门的衬托而分外醒目，所有这些，共同营造出素朴典雅的文化氛围。春在堂的屏门共六扇，由于其特点是"屏列而平"，呈大片的白地，因而其上可镌以国学大师俞樾所撰、清代著名篆书家吴大澂所篆的大篇文章——《春在堂记故事》，这种形式，别具匠心，也倍增了厅堂的历史文化气息。

【6-18】仰尘天花：棋盘方空

题语选自《装折·仰尘》："仰尘，即古天花版（即'板'）也。多于棋盘方空画禽卉（飞禽、花卉）者类（类似）俗。一概（一律）平仰为佳，或画木纹，或锦，或糊纸。惟楼下不可少。"

仰尘：由"承尘"衍化而来，原为古代张设于床的上方用以承灰尘的小帐幕。《急就章》注："承尘，施于床上，以承尘土，因以为名。"在东汉，已用来指代屋宇中具有承尘功能的天花板了。《后汉书·雷义传》："默投金于承尘上，后葺理屋宇，乃得金。"仰尘，也就是天花板，俗谓吊顶，计成又称之为"仰顶"，《屋宇·重椽》："凡屋隔分（指进深方向加以前后间隔、分开）不仰顶，用重椽复水可观。"从建筑学角度看，天花板的实用功能是防尘、隔热、保温并界定室内空间高度；审美功能是遮挡梁架，美化顶部，使之整洁齐一。

天花板有两种基本形式，一种是棋盘方空，仰看如同大棋盘，一个个方格中间是空的，又称"平棊"。图为苏州耦园过道间的棋盘方空，用交叉木条构成方格，其上铺板，表面一律髹以栗壳色广漆，较为雅致，它遮挡了上部的梁桁、椽子、望砖等。苏州园林建筑较少用这种棋盘方空的天花，即使用也较素雅。北方皇家宫殿、园林建筑则不然，它用得较多，且追求艳丽辉煌，顶部方空内均画飞禽、花卉等彩色图案，但为计成所不取，所以他说："多于棋盘方空画禽卉者类俗。"其实，艺术应百花齐放，素雅固然是美，富丽也是一种美，不同风格可以而且应该并存共荣。计成是站在江南园林的立场上说话的，他甚至连棋盘方空都不太赞成。

天花板的另一种形式，就是计成所说的"一概平仰为佳"。所谓"平仰"，就是平的仰顶，因为棋盘方空的仰顶有木条方格，是不平的。当然，一概平仰不

【6-18】耦园过道间的棋盘方空（朱剑刚 摄）

免单调，所以计成又说，"或画木纹，或锦（或用织锦面料裱糊），或糊纸"，这都是当时使之美化的方法，现今园林建筑中并无画木纹或糊锦糊纸之例，但"平仰"却是有的，如苏州留园空灵透剔的鹤所，其顶部确乎"一概平仰"，而且是"满披面漆，一铺广漆"（刘敦桢《苏州古典园林》第40页，参见【8-10】），呈不刺眼的栗壳色，使这一别致的建筑更为优雅可人。《装折·仰尘》最后还说："惟楼下不可少。"意为如果是两层的楼阁，天花是必不可少的，这说的是楼板与天花板的一体化。

【6-19】冰裂：文雅如意之美

题语选自《装折·风窗［图式］冰裂式》："冰裂，惟风窗之最宜者，其文致减雅，信画如意，可以上疏下密之妙。"冰裂：即冰纹，是一种图案纹样，可用于建筑物的外檐装修，如门窗、栏杆等。风窗：《园冶》中所说的风窗今已消失（见《探析》第613-614页），计成认为，冰裂纹样最适宜于风窗，其实，也非常适宜于长窗、半窗（长槅、短槅）等。"文致减雅，信画如意"：纹样简洁而雅致，可听凭心手随意绘就。此外，还可由上疏下密而求得妙趣，并致于妙境。今天，冰裂纹在园林建筑中仍很流行，但上疏下密的形式却已罕见，可能当时颇为流行。

图为苏州拙政园中部枇杷园中玲珑馆的系列半窗。玲珑馆又称"玉壶冰"，这一品题，意蕴较深。回眸中国诗史，西晋的陆机，有"心若怀冰"（《汉高祖功臣颂》）之颂；南朝宋的鲍照，有"清如玉壶冰"（《代白头吟》）之吟；唐代的王昌龄，更有"洛阳亲友如相问，一片冰心在玉壶"（《芙蓉楼送辛渐》）之咏。玉壶、冰心，均喻纯洁高尚的美好品德，王昌龄更用以向亲友表达了自己为官决意清廉自守的信念，历来为人们所称道和传诵。玉壶冰，既是品格的一种象征，也是文化的一种积淀。

拙政园的玲珑馆坐东朝西，面阔三间，明间设长窗六扇，次间及两侧等半墙上一律设系列半窗，内心仔均为冰裂纹。人们如从馆内逆光外望，四周晶莹透亮，似置身冰壶，如入水晶窟，身心一片清凉。相比而言，南面半墙上的冰裂纹效果比其他几面更好，因为朝南光线特别充足，窗框逆光则成了黑色，而一排冰纹的窗芯不但整齐一致，而且在黑色窗框反衬下，更显得透明豁亮，经由通感，令人还可能萌生清冽的肤觉联想，再从人文视角进一步感悟，借助冰纹这种象征符号，会帮助自己汰尽尘俗、浮躁、焦虑、物欲……

【6-19】玲珑馆冰纹系列半窗（童　翎　摄）

栏杆信画而成，减、便为雅。古之回文万字一概屏去，少留凉床、佛座之用，园屋间一不可制也。

予历数年，存式百状，有工而精，有减而文（参见【8-4】）。依次序变幻，式之于左，便为摘用。以笔管式为始。

近有将篆字制栏杆者，况理画不匀，意不联络。

【7-1】栏杆信画而成，有工而精

【7-1】燕誉堂栏杆光影（童 翎 摄）

题语组自《栏杆》："栏杆信画而成……有工而精，有减而文。"栏杆（又作"栏干"、"阑干"），往往构于厅堂前、画楼上、曲廊边、垂柳旁……回眸往昔，自宋伊始，栏杆在表现词境方面更起着特定的作用。例如，晏殊《蝶恋花》："六曲阑干偎碧树"。欧阳修《采桑子》："垂柳栏杆尽日风"。明代如贝琼《八六子·秋日海棠》："倚阑干，春风别愁几番。"直至清代，边浴礼的《绿意·芭蕉簟》还写道："冰纹叶叶，傍栏杆卄字……"

图为苏州狮子林燕誉堂阶台上的栏杆，它属于"工而精"的一类，但又比较粗壮结实。对于栏杆，祝纪楠先生《〈营造法原〉诠释》释道：它是"筑于建筑物之廊、门或阶台、露台等处之围护构件，以防坠落而设。有时亦用于地坪窗下者。"（第355页）这是指出了栏杆的实用功能。此外，它在形式美方面，要求图案均匀，意致联络，令人赏心悦目，并不断更新，这是其审美要求。计成对栏杆这一装修构件十分重视，特在《园冶》里设为一编，提供［图式］一百例。正由于栏杆既有围护性的"善"，又有装饰性的"美"，所以具有一种可亲性，人们喜爱去凭扶、倚傍……特别是亭台楼阁的栏杆，人们喜爱在此凭栏。栏杆还有一种特殊的构景功能，如宋王安石《夜直》的名句："月移花影上栏杆"。本图所摄燕誉堂栏杆光影，也是一种很别致的景观美，惜乎关注的人不多。

【7-2】古之回文万字一概屏去［其一］

题语选自《栏杆》："古之回文、万字一概屏去，少留凉床、佛座之用，园屋间一不可制也。"这是具体讲建筑装修之一的栏杆，然而也适用于各类装饰。文：通"纹"，此指图案纹样。回纹：一种呈"回"字亦即"卍"字形回环往复的带状图案，有多种形式。计成认为，这种图案，除了"少留凉床、佛座之用"外，应"一概屏（摒）去"；又说，"园屋间一（一概、一律）

不可制也。"认为园林建筑中一概不可用，毋庸讳言，这未免说得太绝对。

图为镇江焦山寺前四柱三门石牌坊的柱座，座的侧面就刻有回纹。此石座刻得极其精致到位，从上至下有五道纹饰：第一道就是回纹；第

【7-2】焦山寺牌坊石座回纹（海　牧　摄）

二道是莲瓣纹（莲瓣为佛陀之花）；第三道特宽，为二龙戏珠，图案夸张了龙的头部，简化了龙的身段；第四道与第二道呼应，亦为莲瓣纹；第五道亦作回纹。这样，就把牌坊和柱座装饰得异常庄严肃穆，美丽大方。这些不同的图案花纹相比而言，回纹显得最简易，但又最整饬齐一，它之所以被置于最上和最下两道，是由于其以极简单的线条回环成带，连续性、节律性特强，足以规范其中的其他图案，特别是规范具象性、夸张性很强的二龙戏珠，使之更符合图案的齐整律。

正因为回纹简单方便，艺术效果极佳，至今仍广为流行，园林建筑用得也很多，所以不应"一概屏去"。不过，计成之说也有合理之处，回纹图案确实最适用于佛寺圣地，它往往有一种难以言传的庄严相。

【7-3】古之回文万字一概屏去［其二］

上条以佛寺牌坊的装饰，说明今天的传统型建筑并没有将回纹图案"一概屏去"，本条则拟进而以现代创新型建筑也喜吸纳万字元素的典型实例，说明并未将其"一概屏去"。万字：亦即卍字，它不仅是一个字（读"万"），而且是一种意蕴颇深、流传历史悠久、今天应用颇广的图案构成元素。

图为杭州萧山 G20 峰会会场屋顶花园"我心相印"檐下的组合型装修。屋顶花园为会场露明第五层，又称空中花园。它多方借鉴、引纳西湖景观，特别是将西湖十景中的三潭印月等以崭新的艺术手法融合于花园之中，该花园是国内目前面积最大、功能最全、生态环境最优，既最具中国特色又最富创新精神的屋顶花园。

西湖的三潭印月景区，以小瀛洲的我心相印亭为主体建筑，这里是观赏波心三塔的最佳方位，而其天人合一的意蕴更佳。笔者曾指出："'我心相印'来自禅宗语言。黄檗《传心法要》：'迦叶以来，以心印心，心心不异。'至于西湖三潭印月的'我心相印'，是指我心（人心）与天

心——塔、月、湖、波之心的'心心相印',彼此默契,不必言宣,这就启导人们进入了一种哲理境界。"(《品题美学》第119–120页)。屋顶花园引入了这种境界,而其实际的体量,则比小瀛洲的已翻了若干倍,并更多融进了现代创意,而悬于额枋的"我心相印"红底金字匾额,也辉耀着崭新的异彩。

再看枋下的挂落飞罩,这种卐川挂落来自苏州园林,细析其风格构成,"不但有'十'字形的交叉,而且穿插(交叉)后又向四方拐转,所以古印度人又认为它如火焰之放光芒。卐字,它是安静的,又是转动的,表现出一种大自在。它被组织在卐川挂落之中,既溶和在线条的川流里,又保持住自己的独特定性……还表现为精巧、纤细、均匀、清秀、典雅、大方、活泼……"(金学智《苏园品韵录》第22页)至于挂落中间的镂空花板,则来自杭州园林,但不论是苏是杭,江南园林建筑的通面阔毕竟很小,要表现泱泱中华的大国风度,就必须用大尺度,例如其大明间的挂落,就扩大为包含了一主二副的三个卐川挂落飞罩,其中的间隔,则用变简了的垂花柱,与纤细的挂落飞罩颇为协调。此外,额枋上的斗栱,也突出地体现了中国风,而屋檐之上的"天幕",则完全是现代科技的硕果,富于"廿国共宇"的意蕴。

空中花园这一彰显"大国风范、江南特色、杭州元素",并融合优秀民族文化和现代创新理念的成功尝试,充分说明了《园冶》所说万字应"一概屏去"之语带有某种片面性,也不能说"园屋间一不可制",相反,万字图案还有其面向未来的广阔的利用空间。

应怎样理解《园冶》的这种偶尔失言?明代锺惺说:"因袭有因袭之流弊,矫枉有矫枉之流

【7-3】"我心相印"檐下装修(鲁　深　摄)

弊。前之共趋，即今之偏废……"（《与王稚恭兄弟》）今天应如是解：强调继承古代传统而一概否定创新，或矫枉过正地强调创新而一概否定传统，都会产生流弊，正确的路径应是可以有所偏重，但不能偏废。计成胸有炉冶，在《园冶》中镕铸出难以数计的名言警句，可谓振金声，吐玉凤，但为了矫枉而偶有失言，是可以理解的，白璧微瑕，无伤其整体之大雅。

【7-4】篆字：理画不匀，意不联络

题语组自《栏杆》："近有将篆字制栏杆者，况理画不匀，意不联络。"这是指出了一种效果不一定好的趋向。理画：纹理、笔画，此指篆字的线条。意：此指意脉、线文。题语意谓不同的篆字，笔画有多有少，结构有疏有密，缺少图案纹样应有的均匀性和连续性，所以"不匀"，并且"意不联络"。这种以篆字代替栏杆图案纹样的实例，笔者尚未找到，却找到了清晖园的另一例。

顺德清晖园，为岭南四大名园之首，现属佛山市。园西南的读云轩有长槅三对共六扇，也以篆字为图案，其内心仔（《园冶·装折》称为"槏空"）均为"大吉羊（羊通'祥'），宜侯王"六字，这种篆字吉语长槅，显然是受了古代"吉语印"的影响。笔者曾指出："体现了趋吉求祥意识的吉语印，这是一股源远流长的文化之流。它滥觞于先秦……在汉代，官民的吉语印广为流传，有'宜有千万'、'日贵'、'宜官秩，长乐吉，贵有日'、'宜子孙'、'利出入'、'大利'、'出入大吉'……虽然其趋吉求祥的意向颇有不同，但都洋溢出吉利的乃至热火的情氛。在明、清直至现代，吉语入印也蔚为风尚。"（《中国书法美学》下卷第1105页）

将篆刻吉语移植于门窗，其意愿应该说很

【7-4】清晖园读云轩篆字长窗（江合春　摄）

美好，但毕竟不能体现一般图案纹样所具有的符合律、均匀律、连续律，如清晖园篆字长楣，一个"大"字，与下字的笔画不相贯通，意不联络；"吉"字的两横、"羊"字的三横，其分布是体现了图案的均匀律，特别是一个"宜"字，其横、竖的处理既均匀，又巧妙，其第一点与"羊"字的末笔还体现为"共用线"，但最后的一横，又隔断了全篇气脉；"侯"字处理多变，力求均匀，但与以下的"王"字还是脱节。至于"王"字，笔画符合于均匀律，却不符合于连续律，它和"大"字一样，没有消除其自身坚执的独立性，或者说，没有和谐地融入于图案纹样的整体之中。此外，"吉"字下部两侧、"侯"字上部的左侧、下部的中间，都留有较大的空白，有违于图案纹样的齐整律，这由于文字的规律不能违反，因此，长楣图案不失为一种尝试，但其总体效果欠佳。可见，篆字吉语适宜入印，却不宜入窗、入栏，故而计成的有关提示，是很有价值的。

门窗磨空（参见【10-10】），制式时裁（见【8-2】【8-3】【8-4】【8-5】），不惟屋宇番新，斯谓林园遵雅（见【8-6】）。工精虽专瓦作，调度犹在得人。

触景生奇（参见【5-3】），含情多致，轻纱环碧，弱柳窥青（参见【13-2】）。伟石迎人，别有一壶天地（参见【6-4】）；修篁弄影，疑来隔水笙簧。佳境宜收，俗尘安到？切忌雕镂门空，应当磨琢窗垣（参见【10-10】并见【8-1】）；处处邻虚，方方侧景。

非传恐失，故式存馀。

[图式]

〈圈门式〉……内空须用满磨（参见【6-6】【11-17】）……

〈月窗式〉大者可为门空（参见【6-11】【11-16】）

〈片月式〉（参见【6-11】【11-16】）

【8-1】门窗磨空

【8-1】狮子林砖额洞门（朱剑刚　摄）

题语选自《门窗》。江南园林的门窗，除了木质的以外，较多用细清水砖做成，俗称"砖细"。这要经过打磨、刨切、雕琢以及外框拼镶等一系列工序，这就是所谓"应当磨琢窗垣"（《门窗》）。此项工程，苏州匠人称为"做砖细"，《园冶》则用"磨"或"用磨"等字加以概括。题语中的"空"，指门窗的空框宕，这种砖细门窗，按刘敦桢先生《苏州古典园林》用语，墙上辟有门宕而不装门扇的，谓之"洞门"；开有空宕而不装窗扇的，谓之"空窗"或"漏窗"。至于磨空：指用砖细来制作有空框宕的洞门、空窗或漏窗。

图为苏州狮子林"留步养机"洞门，是比较细致复杂的砖细作品。一般的洞门，刨成的线脚往往只有简单的两三条，而此门的线脚却非常丰富，可分三组，粗细阔狭各异。再看门上两角，其外框为传统的合角（直角）式，内框则又变为弧形入角式，而门的上缘则是茶壶档式。其左右两角，还饰以对称的卷叶纹样作为角花，简而不繁，有似于"雀替"，点缀得恰到好处，非常优美。整个洞门，显得有厚度、有深度，颇为耐看。门上镌有卷轴额，阳刻"留步养机"四字，做工较好。门内侧面墙上，恰好有以疏朗为美的卐字纹漏窗……此景可说集中了"用磨"的多种形式，在斜射的阳光显得更美，但是，细细品赏的游人却不多。

更遗憾的是，门框有两处作了修补：正中所补一块，砖色较深还问题不大，特别是线脚刨得浅而又粗，与两侧和右下优美挺秀，拼镶天衣无缝的线脚相比，可谓相形见绌；而门框左下重补的，也刨磨得很不到位，线脚也明显地接不上……这令人担心"做砖细"这门绝活的后继传人问题。

【8-2】门窗：制式时裁 [其一]

　　题语组自《门窗》："门窗磨空，制式时裁。"制式：即规制、格式或样式。时裁：按时尚来衡量、裁断，决定取舍。此针对门窗而言，是指出了园林建筑中门窗的形式美应该与时俱新，即适当裁减旧的，倡导新的，这和《园说》的"制式新番，裁除旧套"意思相似，只是前者更原则一些，二语还有其普世性，适用于园林建筑之外的其他领域。

　　图为苏州网师园蹈和馆的花窗。此馆坐西朝东，面阔三间，以板壁隔开，墙上均有砖框木质花窗。窗为横八方式，其中空的小八方则呈灯景"井"字式，而小八方的周围结构更有特色，被称为"一根藤"，这在苏州乃至中国园林里均较罕见。它并非真用藤制，但这种造型元素是从藤器编织工艺中汲取而来。藤材柔韧而有弹性，易于弯曲成形，民间的编织艺人将其编制成各类精致轻巧的日用品，如藤篮、果盘、坐具等，其特点是透气性强、手感舒适、淳朴自然、典雅平实、美观大方，颇受公众欢迎。蹈和馆木质花窗的"一根藤"，也似是用一根极长的藤左缠右绕、穿来牵去，以精工制作而成，其中没有一个接头。同时，花窗还扬弃了藤器由实用所决定的过实过密的不足，其中处处注意留空，故而显得轻灵活泼，线条也柔软流畅，几乎看不出是由坚硬的木料精雕细刻而成，其立体感几可乱真，这种体现了工匠高度技艺的造型美，用马克思的话说，是"人的本质的对象化"，或"人的对象化了的本质力量"（《手稿》第80、81页），

【8-2】蹈和馆一根藤花窗（鲁　深　摄）

令人想起"百炼钢化为绕指柔"的成语。用"制式时裁"这个标准来衡量，它既根植于民间的工艺传统之中，又超越了传统，改制成幽雅的花窗，显得非常时新而有创意。

就整个砖框木质花窗逆光往外看，从粗、直、重、黑的外框，经过细、柔、轻、灵的"一根藤"的围合，收拢至中心灯景式的小八方空明，体现了由重而轻、由暗而明的审美渐次律，其间有多个层次的过渡。被"井"字分割的小八方中，隐隐然可见窗外殿春簃庭院的树木，可用"隐出别壶之天地"（《装折》）来形容，而"一根藤"一个个小孔中漏出的外景，更是妙在隐约模糊，似有若无。至于蹈和馆室内，家具陈设也细巧精致、简洁大方，与花窗的艺术风格配合得颇为协调。

【8-3】门窗：制式时裁［其二］

【8-3】"鹤所"拼合型花窗（日·田中昭三 摄）

图为苏州留园鹤所东墙上优美的木质花窗。它实际上是三扇内心仔为冰裂纹的长槅拼合而成，不过又与一般长槅迥异：其一是减省了下部的裙板，使长槅变成槅扇（短槅）；其二是将原来是浮雕的上夹堂板、中夹堂板雕出漏空的花纹，下隔堂板则雕为漏空的花脚；其三是变槅扇两侧较粗的边挺为极窄的木条。这样，每个槅扇均虚实疏密参错，由上至下有种种不同的花纹图案相互间隔，显得极其透漏空灵而又多变，用《装折》的话说，是"相间得宜，错综为妙"。而三扇被组合的槅扇之间以及槅扇的顶部，又饰以复杂的"胜纹花结"，于是疏朗连以密实，更富于风致。再看三个槅扇四周，还有绦环式的装饰花纹，简洁而又典雅，使得整个花窗更为虚灵生动。设计师这一创新尝试，得心应手，是成功的，突出地体现了工细、精致、优美、典雅的装饰风，确乎是"制式时裁"或者说"裁除旧套"（《园说》）而推陈出新的艺术精品，为国内园林所无。

窗外小院，植有芭蕉数本，摇风摆日，高舒垂荫。人们在室内透过花窗逆光外望，首先看到的是一框深黑色的优美图案，而芭蕉则在窗棂之外化作一片绿色的影调，深深淡淡，影影闪闪，明明灭灭，如真而又似幻，的是沁人心脾之美。

【8-4】门窗：制式时裁［其三］

图为苏州狮子林燕誉堂两侧墙上的木质花窗，为略长的八方式，安置在砖细框宕之中，其心仔为八角景式，即中心为纯露空明的长八方形，其周围八角均有木条与外八方的木框相连。最引人注目的是，八根木条所串起的图案纹样极为别致，它从古铜币——"布（'镈'的同声假借字）币"中汲取灵感，具体地说，是在一种被称为"扁首耸肩方足布"的造型基础上加以变化生新。这一别具匠心的设计，既异常古雅，又十分时尚，遂为全国唯一。《栏杆》在举例概括式样时说，"有工而精，有减而文"，狮子林此窗则以前者为主，它精工巧饰，一些线条间还缀以一个个小小的花结子，总之，它不但线条纤细而毫不柔弱，而且疏密有致而文雅悦目，也堪称"制式时裁"的典范之作。著名工艺美术家庞薰琹先生在《谈装饰艺术》一文中说："中国传统装饰艺术的伟大就在于没有固步自封。"（《工艺美术文选》第3页）这是历史的结论，狮子林的木质花窗就是最好的证明。

【8-4】燕誉堂"布币"纹花窗（朱剑刚 摄）

图中还可欣赏的是，窗外恰好有一株盛开的蜡梅，星星点点，疏疏密密，"天然金蕊弄群英，谁信鹅黄染得成"（宋朱淑真《蜡梅》）。作为花窗的框景，它同样地细巧精丽，优雅宜人，切合于花窗的艺术风格，这就更增添了布币纹八方式砖框花窗的美。

【8-5】门窗：制式时裁［其四］

"制式时裁"的命题，不只是适用于苏州网师园、留园、狮子林等古典园林的木质花窗，而且此艺术设计学理论还有其广域性、未来性【∞→】，本条论说其契合于杭州萧山 G20 峰会会议大厅既"构合时宜，式征清赏"（《装析》），又突出地体现大国风范的建筑装修。

图为会议大厅纵向叠加式花窗。先说此整个大厅，其顶部呈巨大的圆穹形，为"廿国共宇"之天宇的象征。天宇中央，主灯为包括八边近圆的三重叠级式团圆纱灯，其光既柔和又明亮，由中央向圆周放射，一根根长长的"放射线"之间的平面上，为青花瓷色调的淡雅花卉图案——代表中国风骨的梅花和代表杭州风韵的桂花，最外圈，为紫铜制作的三道斗栱，也最能彰显中

【8-5】大国风范：叠叠花窗擎穹宇（鲁　深　摄）

国特色，是代表着中国建筑的文化符号。大厅四周的墙壁间，最为显眼的，是借取外光的纵向叠加式花窗。窗呈纵向矩形，四面为优美的插角联葵纹，线条细劲有力，图案简洁大方，窗中间大片纯露空明，透过玻璃，窗外的高楼、阳光和云天隐隐然似可看到。

再就其花窗的形式看，很有些像苏州狮子林燕誉堂的花窗，但又判然有别，燕誉堂的花窗虽是纵长形的，中间也纯露空明，但它一不是纵向的矩形而是纵向的八方形；二不是金属材质制作的而是用木质制作的；三不是纵向叠加的而是横向排列（如厅堂左右各一）的……这纵向叠加式花窗的制式尤有意味，是根植于传统基础上的大胆超越、锐意创新。试看图中，下面是上下两窗相叠，而上面又叠一窗，如此三窗为一组地横列着——"一三得三，二三得六，三三得九"，其间还隔以"中华二十景"的系列浮雕屏，既雕刻出中国美景，又凸显着华夏韵味。大厅两侧这种高高的"花窗-浮雕"组合，把圆形穹宇擎托得极高极高，引人仰首以望，用西方美学范畴来概括，就是崇高。它，气宇轩昂，器度恢弘，向世界展示着创新中国的雅正风范和无穷魅力。

纵向叠加式的花窗，不但"顶天"，而且"立地"，最低的花窗就紧贴着地面，地上则铺着巨大的地毯，以淡淡湖蓝为主色调，其意蕴来自唐代大诗人白居易的《忆江南三首[其一]》："江南好，风景旧曾谙。日出江花红胜火，春来江水绿如蓝。能不忆江南？"于是，地毯有了诗意江南的浓浓韵趣，又令人想起淡蓝的西子湖水，其上还印有橙黄色的牡丹等图案，绽放出国色天香、富贵繁荣的意象。橙黄与湖蓝还是互补色，协调而又鲜明，衬托出叠加式花窗的典雅、清秀、温淳、庄重……

【8-6】门窗：制式时裁［其五］

图例选自苏州沧浪亭的小品漏窗。该园的漏窗在苏州园林中位居榜首，形式极为丰富，不

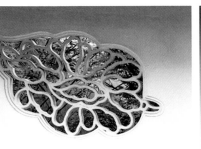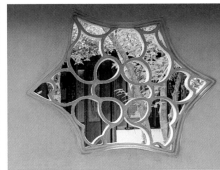

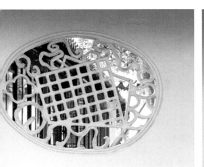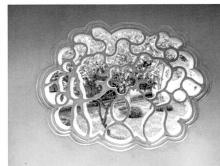

【8-6】沧浪亭小品漏窗系列（朱建刚 摄）

但是窗窗不一，花纹各异，而且素称有一百零八式之多，其中有不少是小品漏窗和小品空窗。所谓小品漏窗，就是其外框不是规则的方形或圆形，而是带有某种具象性，其状接近于现实中的某类物象，窗内还饰有种种图案。至于小品空窗，则窗内完全是空的。

本条仅仅自左至右图释沧浪亭的六例小品漏窗：其一为秋叶式，此式之叶横向，甚肥，叶脉也大胆地美化为花瓣纹样，但中心则仍以双层小小秋叶为饰；其二为海棠式，其花由四片花瓣构成，中心也以小小单层海棠为饰，大中套小，其周围则绕以扁形海棠和草头；其三为菱花式，六角而不甚规整，其中线纹简洁自由而不失左右对称，《园冶·门窗》也绘有此式；其四为鹅子式，鹅子即鹅卵石，可用来铺地（《园冶·铺地》："选鹅子铺成蜀锦"），此椭圆形窗内，以叠合的方形棋盘格破其囹圄，周围线形，则多姿多态，各异其趣；其五为屋宇式，尖顶的两侧戗角飞举，屋内以十字海棠纹样为底，此式为其他园林所绝无；其六为绣球花式，亦称绣球式，五瓣梅花为芯，边缘以不齐为美，其中线纹左缭右绕，信画自如，居然看似花瓣密曲，丰满美丽……。这些都是传统工匠、设计师根据其图案轮廓的外形命名而约定俗成的，它们同样代表着苏州园林漏窗清丽柔婉、细致秀逸的风格。这种丰富精美的小品漏窗"制式"，可作"不惟屋宇番新（番新：随时间不断递变，一番番替换新的），斯（此）谓林园遵雅"的典型例证。

【8-7】门窗：制式时裁［其六］

图为沧浪亭一个很不起眼的小小洞门。这是在死角短弄的"弹丸"之地所辟的一个汉瓶式洞门，其门边外涂白粉，不用满磨，为的是凸显门内之景。试看，门内正对面的南墙上，又辟有一个罐瓶式漏窗，窗的图案线纹细美精致，而窗的中央又有一更小的花瓶纹样。这一"瓶中之瓶"纹样漏窗，与汉瓶式洞门一小一大、一远一近，相套相映而成趣。细心的人们还可进而发现，这"瓶中之瓶"的漏窗里，插有三

【8-7】汉瓶式小小洞门（梅 云 摄）

根方天画戟，谐音"平（瓶）陞三级（戟）"，于是，这种小品漏窗，就成了艺术的象征。笔者曾指出，"这种约定俗成的文化符号，是一种代表物。它使人联想起不存在于该代表物自身的观念意义。因此，它已由形式美开始走向意蕴美的领域"（《苏园品韵录》第8页），突出地体现着民间的吉祥文化。

在这短弄里，南墙窗下为一简易的微型花坛，以参差错落的数块黄石叠就，确乎是"随致乱掇，不排比为妙"（《掇山·峦》）。花坛西面，植数竿细竹，在形式上打破了南墙下空间构图的对称，而竹的寓意为"节节高"，不但与漏窗的"平陞三级"在意蕴上相与呼应，而且在景观上亦互为掩映。

再看花坛至汉瓶形门口的地面，用乱石与仄砖交相铺砌为"间方式"花街，这纵横四方连续的乱石与仄砖，暖色淡色与寒色深色互补互衬，体现出质朴的审美风格。而透过瓶形漏窗，还隐然可见窗外嫩嫩的绿树，伴和着柔柔的光，显得清亮醒目。整体地凝神看着，看着，洞门的框景即其"套景"，俨然会变成一个立体而可人的花瓶，门内虚实相济有章有法的景物，在视觉想象空间里，变作了瓶体表面雅致莹厚的彩绘，令人联想起明清时景德镇的彩釉精品。再从门内所叠合的景物配置看，则是上清下浊，这就增加了瓶体的稳定感。这个三瓶相套的门窗作品是成功的，它内容繁富，形式泂美，善于利用弹丸之地做文章。惜乎地处偏僻，可谓养在深闺人未识，少有游人来问津。

在苏州园林的幽偏边角处，颇多这类凭空窗、洞门或角隅的虚灵而创造的小品空间，遗憾的是很少有人来寻幽品赏，这可借法国大雕塑家罗丹的名言来说："对于我们的眼睛，不是缺少美，而是缺少发现。"（《罗丹艺术论》，第62页）

【8-8】弱柳窥青

题语选自《门窗》。四字特富抒情意味，但诸家研究大抵误读。《陈注》一版："嫩柳初放青芽。"此译不算太错，主要是未挖掘其诗性内涵，但《举析》却云：弱柳"应是指柳条户槅……'弱柳窥青'指通过门窗看到外面远处的青山。"这就进入了误区。而《陈注》二版却据此改道："柳槅间窥见青山"。《全释》亦云："从柳叶形窗棂中窥见远处的青山景色。"《图文本》虽说弱柳"原指嫩柳枝"，但立即说"形容细柳条组成的窗槅"，故亦讹。以上诸释之误，主要有二：

其一，背离了园林建筑装修诸方面应以坚牢为第一的评价标准。

先看《园冶》这方面的要求。《装折》："加之明瓦斯坚"。《墙垣·漏砖墙［图式］》："惟取其坚固。"《铺地·乱石路》："坚固而雅致"。《掇山·内室山》亦云："宜坚宜峻"。评价所用的形容词，都是坚、牢、固，根据这一逻辑，计成绝不会要求户槅应该"弱"，因为"弱"就意味着纤细易折，缺少牢度，这首先没有使用价值。

其二，丢弃了此句"比拟""用典"的辞格和"窥"字这一诗眼。

首先应该说，"弱柳"就是弱柳，就是柔软纤细、袅娜多姿的弱柳。唐刘禹锡《忆江南》："弱柳从风疑举袂。"宋袁去华《安公子》："弱柳千丝缕。"这个"弱"，用的是"比拟"辞格，以人体之弱拟柳之细软。特别应注意，唐宋以来，诗词中往往以柳芽拟人眼。唐元稹《生春》："何处生春早，春在柳眼中。"五代后蜀欧阳炯《春光好》："柳眼烟来点绿"。五代南唐李煜《虞美人》："柳眼春相续。"宋欧阳修《玉楼春》："柳眼未开梅萼小"。明陈继儒《小窗幽记·集绮》也有"风开柳眼"之

【8-8】绮窗外柳窥青眼（俞　东　摄）

语……为什么以嫩柳之叶拟像人眼，因为不但其形状相似，而且它在春风飘拂中灵动活脱，生意盎然。再说"窥青"，是进一步移就而"用典"。这个"青"，由三国魏阮籍能为"青白眼"之典而来，阮籍以白眼对俗人，以示蔑视憎恶；以青眼表示友好、尊重、喜爱。尔后，诗人们又把柳芽比拟为"青眼"看人——垂青。宋李元膺《洞仙歌·一年春物……》写道："雪云散尽，放晓晴池院。杨柳于人便青眼。"这种无情事物的有情化，写得意味深长，有生气，有创意。宋何梦桂《和张按察秋山》有"相逢柳色还青眼"的名句，更写出了人与物的双向交流。元《西厢记》第四本第二折："寄语西河堤畔柳，安排青眼送行人"。也赋予柳叶以人的脉脉情愫……。时至今日，苏州狮子林扇亭仍有佳联一副："相逢柳色还青眼；坐听松风起碧涛。"出句就直接撷自何梦桂的咏柳名句，引人进入诗意的想象：此时此地，此情此景，真是人柳喜相逢，人对柳垂青，柳对人垂青，写得既虚又实，不即不离，精极妙绝！

　　图为苏州可园坐春舻的南窗外景，但见弱柳细缕，袅娜多姿，随风飘拂，依依萦萦，逗人遐思深味。人们从窗外可见，院子里石桥曲折，池水清浅，游人三三两两，春光旖旎，真是"放晓晴池院，杨柳于人便青眼"。再看近处的柳枝，恰恰飘垂于窗前，似正在窥视窗内，而窗内桌上，置有一盆幽兰，似也在与弱柳相呼应，这也可说是"窥青"——"相逢柳色还青眼"。"窥青"二字，确乎隽永凝练，它在中国诗史上已成为一种积淀。明代戏曲理论家王骥德《曲律·论咏物》说，古诗词中的"窥青眼"，只要一"开口便知是柳"。明乎此，"弱柳窥青"就不必再作诠释了，也不会再附会以"柳条槅"了。

【8-9】伟石迎人，别有一壶天地

　　题语选自《门窗》。计成把"伟石迎人"置于《门窗》一章中来描述，其命意是强调门窗的观照功能。一壶天地：意谓小中见大，其中别有洞天般的美妙仙境（参见【6-4】）。

图为留园窗中的伟石冠云峰。本条拟借此来体味计成此语的深永涵义，来品悟园林门窗的审美框景功能。冠云峰，是江南四大名石之一。《选石·太湖石》说："此石以高大为贵，惟宜植立轩堂前……颇多伟观也。"冠云峰正是如此，除了基座外，它身高 5.7 米，宽约 1.7 米，厚约 0.8 米，为我国现存最高的湖石立峰，堪称"伟石"。笔者在《品读冠云峰》一文中，详评了它那精神户牖之美，皴皱褶襞之美，孤秀宛曲之美，移步换影之美（《苏园品韵录》第 33-37 页），诚可谓留园的镇园之宝。

此峰植立于林泉耆硕之馆北庭，在这鸳鸯北厅推开门窗外望，如照片所摄，门窗就形成了最美的装饰花框，也助成了最佳的审美视角，但见冠云峰以其亭亭秀

【8-9】窗框为凭，北望冠云峰（朱建刚 摄）

拔之身独立庭院，构成了最美的框景，它迎来了多少游人观赏的眼睛，也迎来了多少相机的咔嚓声。在冠云峰庭院里，冠云亭、冠云台、伫云庵、浣云沼，还有树木、花草……均为峰而存在，因峰而生辉，庭院虽小，壶中却别有天地。其北面是冠云楼——"仙苑停云"，也是围绕着它的极佳观赏点，登楼推开门窗细品，情与境谐，神与物游，飘飘然如在云上，更别有一番风味。

【8-10】处处邻虚，方方侧景

题语选自《门窗》，二句为互文。处处：就是"方方"，"方方"就是"面面"，此处均指

门窗及其外景。邻虚：邻接着虚空。侧：处；置。《淮南子·原道》："处穷僻之乡，侧溪谷之间。""处""侧"互文。唐杜甫《得舍弟消息二首〔其一〕》："侧身千里道"。侧身，即置身。题语两句，意谓门窗处处邻着虚空，而门窗的框宕外，面面置有美景，以供人们审美观照。这骈语出句言虚，对句言实，虚实互补，交相为用，两句通过门窗，高度概括了江南园林的虚灵美学。笔者曾指出："在园林里，门窗轩豁，廊墙留虚，能打破封闭局促的格局，赋予开敞空灵的美感……使整个空间具有内外交流的相互渗透性。园林中这种气息周流、气韵生动的境界空间的生成，是离不开具有种种功能、种种形式的门窗框格的"（《中国园林美学》第331页）。再评题语，其自身也通过"叠字"、"互文"等辞格，冶铸成经典的园林美学名句。

图为苏州留园鹤所，位于五峰仙馆前庭院之东。其轩楹虽不高爽，室内空间也狭小，却是凸显门窗处处邻虚的范例。它不像亭一样，可以扬弃所有墙壁，相反，四面都得有墙壁围蔽，但是，其东、西、北三面墙上竟辟了三个洞门、四个空窗和两个优美的花窗，故所保留的墙体几乎少到不能再少，于是室内显得特别洞达通透，臻于虚灵美的极致。具体地说，其每个门窗无不是"处处邻虚，方方侧景"，试看门窗框外，或是山峦，或是花树，或是芭蕉……形成一幅幅朝向不同的、幽雅美丽、逗人欣赏的"无心画"，而当日月光华斜射而入，室内又是光影斑驳，变幻多端。总之，鹤所的建构，通明敞朗，气息周流，表现出清雅潇洒、玲珑精巧的风致，为不可多得的虚灵杰构。

【8-10】鹤所：虚灵美的典范（鲁　深　摄）

凡园之围墙，多于版筑，或于石砌，或编篱棘。夫编篱斯胜花屏，似多野致，深得山林趣味。

如园内花端、水次、夹径、环山之垣，或**宜石宜砖，宜漏宜磨，各有所制，从雅遵时，令人欣赏**（参见【6-13】【6-14】【6-15】），园林之佳境也。

历来墙垣，凭匠作雕琢花鸟仙兽，以为巧制，不第林园用之不佳，而宅、堂前用之何可也？雀巢可憎，积草如萝，祛之不尽，扣之则废，无可奈何者。市俗、村愚之所为也，高明而慎之。

世人兴造，因基之偏侧，任而造之。何不以墙取头阔头狭，就屋之端正？斯匠主之莫知也。

（一）白粉墙

历来粉墙，用纸筋石灰，有好事者取其光腻，用白蜡磨打。今用江湖中黄沙，并上好石灰少许打底，再加少许石灰盖面，以麻帚轻擦，自然明亮鉴人。倘有污渍，遂可洗去，**斯名"镜面墙"也**。

（二）磨砖墙

如隐门照墙、厅堂面墙，皆可用磨：**或方砖吊角**（参见【9-5】）；或方砖裁成八角嵌小方；或小砖一块间半块，破花砌如锦样。**封顶用磨，挂方飞檐砖几层，雕镂花鸟仙兽不可用，入画意者少。**

（三）漏砖墙

凡有观眺处筑斯，似避外隐内之义。古之瓦砌连钱、叠锭、鱼鳞等类，一概屏之。聊式几于左。

［图式］

漏明墙凡十六式，**惟取其坚固**（参见【8-8】）……

（四）乱石墙

是乱石皆可砌，惟黄石者佳。大小相间，宜杂假山之间。乱青石版用油灰抿缝，**斯名"冰裂"也**。

【9-1】白粉墙：构景功能［其一］

【9-1】苏州平江路民居（虞俏男 摄）

题语组自《墙垣·白粉墙》。《墙垣》列举墙的各种形式说："宜石宜砖，宜漏宜磨，各有所制"。白粉墙用的就是砖，外层则如《白粉墙》所说，"历来粉墙，用纸筋石灰"。纸筋：是石灰和纸脚（粗草纸）着潮打烂化合而成。此外，还可用草或纤维物质加工成浆状，按比例均匀地拌入石灰浆内，以增加石灰浆连接强度和稠度，防止墙体抹灰层产生裂缝。最外层是涂以数遍石灰水（现今更有各类白色涂料）。而这种低层的"材料因"，升华到艺术领域，也会与哲学、美学相关。

图为苏州平江路新建民居，可说是江南"粉墙黛瓦"的一种典范：

其色彩——黑与白是色彩序列的两极，西方色彩美学称之为"极色"。《老子》则不但说，"五色令人目盲"（十二章），而且说，"知其白，守其黑"（二十八章）。可见中国的道家哲学，最倾心于黑白两色。至于中国的太极图，更明显地洗尽了尘世浮华，提炼为互补互动的黑白二鱼，象征着两极的永恒律动，然而在苏州典型的民居中，它又已沉积、凝冻为固体的构筑。

其造型——最引人注目的是侧立面的山墙，它高出于屋顶而呈阶梯状，不作斜线而呈直角的梯级，这种型式，称为封火山墙或屏风墙。平江路民居的山墙，中间的"山"高，两面的"山"低，这称为三山封火墙或三山屏风墙，它具有突出的审美功能。试看，其墙体主要为大片白粉墙，由每一进屋的山墙与天井的界墙相互连接而成，并且等距地延续，而其顶部则一律覆以黑色的短檐，构成优美的黑白相间、高低错落的天际线，而墙上一个个简素的漏窗亦饰以黑色短檐，又体现为实用和美观的完满结合。至于墙体下部的"勒脚"，又用杂色砖露砌，体现了特定的文化意趣，并以其"粗"衬托得上部墙面格外细腻，格外白亮光洁，似可用《墙垣·白粉墙》的话说，是"明亮鉴人……斯名'镜面墙'也"。

【9-2】白粉墙：构景功能［其二］

白粉墙的构景功能极多，以下再举数例。图为笔者给上海松江区泗泾颐景园所设计的一景。

计成对于造园，在经济和物质资源上提出了"当要节用"（《兴造论》）的原则，因为自唐、宋以来，造园界对太湖石特别是湖石立峰这一宝贵资源不甚珍惜，计成叹道："自古以来，采之以（巳）久，今尚（则）鲜矣！"（《选石·太湖石》）这种浪费石资源的现象，于今尤烈。另外，现今造园，往往还大造堂楼馆榭，致使建筑密集。笔者受启发于晚明著名文人陈继儒所写《太湖石》诗："我游太湖山（苏州附近太湖的洞庭山），遂载太湖石。何意水中云（太湖石往往被喻为'云'，又因其在湖水中形成，故称），远作堂下客。愧无亭与树，委顿卧空泽。何当松竹友，错列众苍壁。"于是，设计了"卧石庭"一景。这个露天空庭，一无亭，二无树，仅在墙边散卧一些碎石（点出一个"卧"字），杂以灌木，辅以书带草。这里重点一说其后的一道作为景墙的白粉墙，它造得低矮，横向延伸，墙后则绿树浓荫，反衬出墙体之白。墙上的系列方砖额依次题曰："卧""石""庭"（第四块为书法家落款），于是白粉墙就成了"题名墙"。砖额还以其等距的排列、浅灰的色彩、黑色的隶书装饰了白粉墙，破除了一色的单调，实现了题名的功能。

【9-2】卧石庭院题名墙（江合春　摄）

然而，地下都是一些卧石也不免单调，故于墙边特立一高大的湖石峰，以突破景墙横向的平板单一。此峰题为"庆云峰"，其名撷自《汉书·礼乐志》："甘露降，庆云集。"庆云是传说中一种萦回舒卷的彩云（此峰顶部亦呈萦回舒卷状），古人认为是祥瑞之气。至于所谓"甘露"，是一种甜美的露水，据说天降甘露则世上太平，而甘露又是芭蕉的别名。庆云峰旁植以芭蕉，不但蕉石搭配有情，而且可作为"甘露降，庆云集"的象征。

花街铺地，能很好地美化庭院。这里选用了十字海棠铺地，海棠周围用瓦爿砌，花瓣用黄色卵石砌，十字用砖爿砌，底则用黑色卵石铺砌。这样配色，一是色彩反差大，花在黑底上显得鲜明突出；二是以黑色为主的铺地，还能配合墙上黑色的筑脊、瓦顶和抛坊，一在下，一在上、一起与粉墙的白色形成对比，反衬出粉墙之白。

【9-3】白粉墙：构景功能［其三］

白粉墙的另一功能是作景观墙。图为笔者所设计的苏州江枫园八景中第一景："淇泉春晓"。它离大门不远，景墙较大，约略将其后遮住，这既是障景，也是造景——以景墙聚焦传统竹文化。

墙前筑花坛，墙右置湖石小立峰，体现为"上大下小，似有飞舞势"（《掇山·峰》），峰腰有落泉下注，流为小溪，溪水绕花坛缓缓流淌。峰上刻"淇泉春晓"景名，典出《诗·卫风·淇奥》："瞻彼淇奥，绿竹猗猗。"意谓看那淇水边深曲处，绿竹多么幽美茂盛！这是上溯竹文化源头。

流泉内，粉墙前，左面植以秀竹、石笋，构成一幅特大的立体"竹石图"，右上方的粉墙上，刻有笔者的七律题画诗《壁竹吟》（著名书画家吴民先书），阳文。这既是传统中国画的组合形式，又是立体的、物质的画，用《园冶》的话说，是"以粉壁为纸，以石为绘"（《掇山·峭壁山》）。兹将该诗分四联简释于下，以就正方家——

首联："秀竹亭亭自结丛，朝烟暮雨染芃葱"。竹宜置烟雨中观照，故《园冶》有"不尽数竿烟雨"（《相地·傍宅地》）之句。染：即渲染，中国画一种技法，用水墨渗化来渲染物象，此为状其烟雨效果。芃葱：草木青翠茂盛貌，此指代竹。

颔联："疏枝密叶琅玕质，劲节虚心君子风。"琅玕：似石的美玉，此喻竹质。元管道杲《题仲姬墨竹》："重重青琅玕。"颔联出句描颂竹的形象质地之美，对句则以儒家比德美学赞颂"四君子"（梅兰竹菊）之一的竹。竹的特点是挺直多节，坚韧不屈、其心中空，历来文人常以此比拟君子正直的气节和虚心的品质。宋画竹名家文与可赋竹，有"虚心异众草，劲节逾凡木"（见宋郭若虚《图画见闻志》）之语；元管道昇《修竹赋》更写道："虚其心，实其节，贯四时而不改柯易叶，则吾以是而观君子之德。"均赞颂竹的内在品性——"君子风"。

颈联："六逸七贤情韵美，四全三绝艺文工。"出句赞美历史上与竹密切相关的文化名人。七贤：指魏晋间嵇康、阮籍等七位名士，常游于竹林，饮酒清谈啸咏，号为"竹林七贤"。六逸：指唐代李白、孔巢父等六人共隐于徂徕山，酣歌纵酒，时号"竹溪六逸"。两个典故概括了魏晋风度和盛唐逸韵，故曰"情韵美"。三绝：指诗、书、画。四全：三绝再加篆刻。元明以来的文人写意画，总是诗（文）、书、画、印四者俱全。工：巧妙、精美。

【9-3】江枫园小区景观墙（嵇　娴　摄）

尾联："偏宜粉壁阴晴看，造化神奇光影中。"偏：偏偏；特别。粉壁：指作为受影面的大片景墙。阴晴：复词偏义，主要强调"晴"，因为只有在晴天，日月光华才能映照竹影上墙。造化：指天地、大自然，这是画家师法的对象，所谓"外师造化"。至于"神奇光影"以及出句的"粉壁"等，则企图用以概括历来墨竹画家"外师造化"的艺术经验。如郑板桥《竹》所写："一片竹影零乱，岂非天然图画乎？凡吾画竹，无所师承，多得于纸窗、粉壁、日光、月影中耳。"

再看花坛上，秀竹、石笋穿插构景，这是以"雨后春笋"的欣欣向荣，点出景题的"春"字。石笋七株置秀竹间，象征"竹林七贤"，这是受清袁枚随园的启发，其修篁丛中有奇石七峰，瘦削离奇，题曰"竹请客"（见清袁起《随园图说》），隐喻竹林七贤。竹石花坛前，有以峰石落泉为源头的曲折环溪，它既遥接于先秦《淇奥》中的淇水，又拟象"六逸"所隐居的"竹溪"。综而言之，壁前之景与壁上之诗，二者之得以相映成趣，离不开白粉墙的"造景"功能（见《品题美学》第344–348页）。

【9-4】白粉墙：构景功能［其四］

篁岭，是赣东北婺源的一个小山村，深藏石耳山中。明清以来，该地先人们年复一年按古徽派风格，依山就势造屋，聚合成建筑型式一致而朝向不拘的村落。村内古树森森，村外梯田

【9-4】篁岭"晒秋"、民俗生态之美（蔡开仁 摄）

层层……

篁岭村四周多悬崖，少平地，居民素有"晒秋"之俗。山里日照时间短，而如晒于较高之处，则日照时间就相对较长，故村民们纷纷在楼外伸架出粗实木条，用以置放团匾晒食品。春晒水笋、蕨菜，秋晒稻谷、黄豆……如此原生态的生活方式世代相传，至今犹盛，尤其是金色的秋天，家家户户楼外木架匾里，晒着火红的辣椒、金黄的玉米，这既是丰收的喜人景象，又是罕见的民俗事象。这一独具一格的民族民间文化景观，引得国内外游人纷沓而至。

不妨从形式美学、色彩美学的双重视角品赏图中婺源晒秋之美。绘画美学把颜色分为彩色系统和非彩色系统两类，黑与白属非彩色系统，其他如红、黄等等均属彩色系统。以此来看，图中非彩色极多，然而彩色虽极少，却又最引人注目，在线形透视下，一个个或大或小，或红或黄的椭圆形所占面积虽不大，却是最亮丽、最积极的进色。此外，还有以红砖所砌的清水墙之类，也烘托着红火的热烈色调。再看图中占面积最大的，是黑灰色的屋顶，它们在线形透视中或呈平行四边形，或呈三角形等，这大范围的暗色退色，在图中恰恰与少量的红黄进色取得了美的平衡。至于画面上的白色，或为山墙，或为屏风墙，或为马头墙，或为前、后檐墙，它们无不被屋面、门窗、团匾等遮隔或分割得东零西碎，很少是整片的。然而白色，这没有颜色的颜色，其作用却不容小觑。此图正由于一块块无色之白，才使得画面不闷堵，不塞实，不黑气满幅，而是有呼吸，有照应，实中处处有虚，气息周流，生动空灵，这就是白粉墙"间色以免雷同"（清笪重光《画筌》）的景观效果，也是其"无色处之虚灵"（同上）的画学妙用。

此图具有版画风，其中每个物象的色彩基本不分明晦，近于单色平涂，很少有一色中之变化，体现出较高的对比度和饱和度，令人想起套色木刻。如楼头伸出的一根根木棍，几乎只有浅、深二色，没有渐次和过渡；再如屋顶的坡面，也几乎只呈灰、黑，仿佛是用粗黑线条勾勒而成。色彩也更多用大块原色，让红、黄、白、黑四色相互比照而各各凸显自身。还不容忽视，画面左上角略点以绿树，这绿色不但和众多红色块产生对比互补关系，而且使画面顿觉清新，感到勃勃的生机在萌动。

马克思指出："色彩的感觉是一般美感中最大众化的形式"（《马克思恩格斯论文学与艺术》第1卷第125页）。摄影家着意用农民大众喜闻乐见的厚重色调、丰满密集的绘画构图，来表现山村的乡土气息，农家生活的真淳朴厚和本色的美。这种久违了的、下接地气的可贵风格，是值得欢迎的。

以上四条，仅是白粉墙功能的一部分，馀不赘。

【9-5】隐门照墙

题语节自《墙垣·磨砖墙》："如隐门照墙、厅堂面墙，皆可用磨。"照墙，又称照壁。隐门照墙：遮隐大门的墙屏，或者说，是作为对其所隐之建筑物的一种屏障。它既可用于皇家宫殿的大门和寺观山门，又可用于私家宅第的墙门，如《营造法原》所说："照墙，位于墙门外［与之］相对之砖墙，不负重，上覆短檐，用为屏障之墙。"（第111页）照墙对于所遮隐的建筑，在空

【9-5】焦山定慧寺隐门照墙（蓝　薇　摄）

间上有着界定、照应、遮蔽、装饰、强调、回护、增强气势等实用功能和审美功能，墙上多饰有图案、雕刻或文字。从位置和形式分，有过街照墙、跨河照墙、八字照墙、一字照墙等；从材质分，有琉璃照墙（如北京北海的九龙壁）、砖细照墙（即磨砖墙）、石照墙等。

图为镇江焦山定慧寺前的隐门照墙，是"八"字型砖细照墙，檐下的斗栱表征着名寺的身份。再看其正墙特宽，显得气宇不凡，磅礴开张，而所贴清水砖，取"方砖吊角"（《墙垣·磨砖墙》）形式，框中阴刻着"庄严国土"四个鎏金大字，四隅饰有角花，而两侧的耳墙（副墙）略矮，中饰瑞莲图案，四隅亦饰角花，二墙呈"八"字形拱向山门，以其回护的态势遮隐着山门及其后的建筑群，使整个寺院显得更为庄严肃穆。

【9-6】挂方飞檐砖几层

题语选自《墙垣·磨砖墙》："封顶用磨，挂方飞檐砖几层。雕镂花鸟仙兽不可用，入画意者少。"对于"方飞檐砖"，注释家大抵将其混同于屋角起翘的"飞檐"，这均为望文生义的误释。

图为苏州阔家头巷清代文化名人沈德潜故居大门一侧的"挂方飞檐砖"之例，试对其详加说明。

此门两侧，均有比墙面略向前突出的、约为一方砖宽的垛头墙，摄影家为清晰起见，只以特写镜头精确地拍摄其门东侧垛头墙上端挑檐的装饰。

垛头墙就其整体外形看，可分为上、中、下三部分，中、下部为墙的上身及勒脚，其上端为挑出承檐口的部分，一般采用"三飞砖"形式，也就是用三皮（即三层，或更多）水磨方砖逐层向前挑出，由下而上，第一层称一飞砖，第二层称二飞砖，第三层称三飞砖，以其作为"封顶"，即所谓"封顶用磨（磨，即水磨方砖）"。此"方飞檐砖几层"之下所平贴的一块方砖（或略带长方形）称为"兜

【9-6】垛头墙上端的美饰（朱建刚 摄）

肚"，其上往往施以种种精美的雕饰。图中还可看到，"兜肚"之下又有侧砌的方砖两皮。人们如注意仔细观察其侧面，还可见每皮砖之间均用石灰粘合，因此，每一皮露明的飞檐砖的侧立面都能清楚地看到。正因为如此，本条特选沈德潜故居大门一侧之例，而不选更典型的"三飞砖墙门"。

计成还认为，"兜肚"之上应作素平（即平面很素朴，不加雕饰，不求华美），而不应雕镂花鸟之类，因为太繁俗，不入画，这表达了他清疏减省的审美观，应该说是不错的；但是，美总有其多样性，从图上看，这种华赡的砖细雕饰，也很美，也是无可非议的。

【9-7】漏砖墙：个体的漏窗之美

漏砖墙，《园冶》中又称"漏墙"、"漏明墙"，是指墙上设有漏窗（参见【8-1】）的砖墙。而漏窗按其外框形式，可分两种：一种是自然具象形，被特殊地称作小品漏窗（见【8-6】）；另一种是较普遍的几何规整形（如方、横长、直长、圆、六角……），以方形最普遍，其中图案纹样也千变万化，几乎无穷无尽。

图为镇江北固山甘露寺侧庭院的一个漏窗。《墙垣·漏砖墙》："凡有观眺处筑斯，似避外隐内之义。"筑斯：建造这种墙垣。建造之目的为"似避外隐内"，此"似"字下得绝妙，值得品味。漏砖墙的作用并非使内外全然隔绝，而是似避非避，似隐非隐，遮而不绝，隔而气息相通。而更重要的是"观眺"，透过漏窗可以或近观，或远眺，而窗本身也是一种可供观眺之美，本条着重品赏这后一种美。

该窗以淡灰色水磨砖起线为方形框宕，窗心则为白色的如意变式吉祥纹样，显现出清淡的美学趣味。整个框内图案，大抵由弧曲的线形构成。弧线，是圆的一个部分，区别于刚性的直线，是弹性、柔韧、力度、动态、丰满的表现，它弯转自由，屈伸如意，组成的形态如花朵，似祥云，还在弧曲的终止处以一个个小圆作"结"，这是力的自敛和凝聚。德国古典美学家康德曾说："在建筑和庭院艺术里，就它们是美的艺术来说，本质的东西是图案设计，只有它才不是单纯地满足感官，而是通过它的形式

【9-7】北固山庭院粉墙漏窗（蔡开仁 摄）

来使人愉快……"（引自朱光潜《西方美学史》下卷第 18 页）该窗作为一种美的艺术，它通过图案设计不只是满足人的感官享受，而且通过有意味的形式愉悦人的情志。

再从色彩美学的视角品赏其图版整体，该窗处于白粉墙（也是漏砖墙）的包围之中，其上为层层起线的水磨砖制的横向"抛枋"，再上则为深灰色的一排滴水瓦，整个墙面形成的色阶是"纯白－淡灰－中灰－深灰"。可见，统调是淡雅脱俗的，它风格素净，磨作细致，可谓淡中藏美丽，虚处著功夫。还应一说的是，摄影家际此中午时分，阳光直射，滴水瓦在墙上出现了浅灰色的投影，既生成了墙上的光影变化，又增加了画面的节律之感，特别是还让墙边掩映着一株丹枫，它不但打破了屋檐和窗框的规整线形，而且以特定的饱和度显现了白、灰、红的三色构成。

【9-8】漏砖墙：群体的漏窗之美

本条进一步诠释漏砖墙的种种可观眺性：

一、近观－静观：上条已释静观细赏漏窗优美的图案纹样及其与墙体的结合。此外，还有透过漏窗图案，静观隔墙的景色之美，苏州拙政园有一漏窗还能静观园外数里之遥的北寺塔。

二、近观－动观：如果漏砖墙与长廊结合，就成了单面长廊或复廊。笔者在《审美之窗》一文中写道："长廊墙上的系列性漏窗……，均有经过美化、物化了的工艺图案，如穿廾海棠、冰裂梅花、宫式廾字、藤茎如意、满纹葵花、绦环连续、六角嵌梅、六方连续、八方间四……这些'图案画'，它们或抽象，或具象，或介乎抽象和具象之间，体现了便化、穿插、镶嵌、交叠、复合、围拱、均齐、平衡、对称、反复、秩序、节奏等形式美的规律，而窗外的种种若隐若现的景色，恰好成为种种'图案画'的'底版'。再说，作为规则性'图案画'的漏窗，和作为非规则性底版的外景两相叠合，还能生成一种有意味的对比；至于光源方向的变化，或顺光，或逆光，图案和底版也会发生明暗不同的对比。于是，当人们漫步长廊，审美的眼睛就不致疲劳，能得以调节。这一系列的审美之窗，确乎能使人感受到整齐统一之中，'时时变幻，不为一定之形'，移一步，变一象，转一眼，换一景，——均'作画图观'，于是，真可谓目不暇接，美不胜收了。"（《苏园品韵录》第 17-18 页）

三、远观－静观：辟有系列性漏窗的墙也是一道优美的、有节奏的风景线，能给远距离眺望者以美感。图为现苏州拙政园西部李宅专供仰观远眺的漏砖墙。该宅第四进庭院特大，院墙特高，南、东、西三面均有贴墙单面廊，这种形式，北方称为抄手游廊（又称超手游廊）。廊无脊，往上延伸为漏砖墙，这在中国古典园林史上似无先例。现只看东面抄手廊顶的上部，有漏窗十一扇，每窗中图案花纹都不一样，然而其方形的外框却又完全整齐一致，横向地一列展开着，极富装饰性之美。再看其下的抄手廊，共七间，正中是团栾的月洞门，上有"延月"二字的弧形卷轴额，恰好为此月洞门点题。月洞门两侧各有廊三间，其中又设有较大的横长方形的漏窗，与廊屋上的方形漏窗互为呼应。廊沿下，还悬着的细致的廾川挂落……人们若在一定的距离之外远眺，抄手廊上下呼应的漏砖墙，其整体就像扩大了的精雕细刻的优美工艺品。

【9-8】拙政园西部李宅漏砖墙（鲁　深　摄）

【9-9】乱石墙：宜杂假山之间

题语组自《墙垣·乱石墙》："是乱石皆可砌，惟黄石者佳。大小相间，宜杂假山之间……"是：凡是。杂：动词，参杂；错杂于。数句意谓：凡是乱石都可以砌，以黄石的效果最佳，像冰裂纹那样大小相间，而其环境，最适宜参杂于假山之间。

乱石墙，又称虎皮墙。郑元勋《影园自记》也写计成为自己所造影园："围墙甃以乱石，石取色斑似虎皮者，俗呼'虎皮墙'。"这种乱石墙，体现为坚牢、敦实、厚重、沉稳、古朴之美，但其占地面积较大，故今日城市地园林中较少见，山林地园林也不多见。至于山林地较多的，是有类于山坡墙，但墙体又较陡直的乱石（或整石）挡土墙，这种构筑，外表呈现为墙体般的平面，但又承受着、抵挡着墙内土方的压力、以防止其变形失稳，它还能有效地变部分的山体斜坡为平地，从而于其上建构房屋等景观。

图为苏州灵岩山寺内馆娃宫遗址的乱石挡土墙。据《吴郡志》等史志载，春秋末年，吴王建离宫于苏城西南的灵岩山，越王献西施于此，吴人呼美女为娃，故有"馆娃宫"之称。其地有琴台、响屧廊、吴王井、西施洞、玩月池、玩花池等，传为吴地最古园林。此地后又因建灵岩古刹而更为增色，成为东南的著名丛林。

　　本片摄于迎晖亭南的假山洞中，向北，可见一道乱石大小相间如冰裂般的挡土墙，乱石而能拼砌得如此之合缝，确乎难得，于是墙上留下了歪斜交错、走向不一的线条，构筑堪称精细到位。墙的上端，有石制的巡杖栏杆，人们视线透过栏杆，迎晖亭隐约可见。

　　这幅画面，是经过了精心选择。首先，是以不规则的山洞来构图，来范围，使画面显得自由活泼，也使挡土墙不再阔长单调；又以曲藤与直木的交柯作为其前的近景。直木如笔似绳，与之互补，曲藤则龙蛇生动，左盘右绕，筋张骨屈，奋势夭矫，迸发出强劲的生命力，而乱石挡土墙石缝里挣扎出来或疏或密的绿苔小草，也意在显示自己的生命存在。再说山洞里的石头，虽然在暗处隐蔽着自己，但又是全幅构图不容忽视的前景，在其粗犷毛糙、凹凸不平的肌理包围中，乱石挡土墙更被反衬得平整精细。拍摄选址于假山洞，还恰恰契合于《墙垣·乱石墙》所说，此墙"宜杂假山之间"。

【9-9】馆娃宫遗址上的挡土墙（朱剑刚 摄）

大凡砌地铺街，小异花园住宅。惟厅堂广厦，中铺一概磨砖；如路径盘蹊，长砌多般乱石。中庭或宜叠胜，近砌亦可回文。

八角嵌方，选鹅子铺成蜀锦（参见【8-6】并见【10-3】）；层楼出步，就花稍琢拟秦台。锦线瓦条，台全石版。吟花席地，醉月铺毡。废瓦片也有行时，当湖石削铺，波纹汹涌；破方砖可留大用，绕梅花磨斗，冰裂纷纭。路径寻常，阶除脱俗（见【10-5】）。莲生袜底，步出箇中来；翠拾林深，春从何处是。花环窄路偏宜石，堂迥空庭须用砖。各式方圆，随宜铺砌。

磨归瓦作，杂用铇儿。

（一）乱石路

园林砌路，惟小乱石砌如榴子者，坚固而雅致（参见【8-8】），曲折高卑，从山摄壑，惟斯如一。有用鹅子石间花纹砌路，尚且不坚，易俗。

（二）鹅子地

鹅子石，宜铺于不常走处，大小间砌者佳，恐匠之不能也。或砖或瓦，嵌成诸锦犹可，如嵌鹤、鹿、狮球，犹类狗者可笑。

（三）冰裂地

乱青版石斗冰裂纹，宜于山堂、水坡、台端、亭际，见前风窗式。意随人活，砌法似无拘格，破方砖磨铺犹佳（见【10-5】）。

（四）诸砖地

诸砖砌地，屋内或磨扁铺（见【10-1】），庭下宜仄砌。方胜（参见【3-28】）、叠胜、步步胜者，古之常套也。今之人字、席纹、斗纹（见【10-6】），量砖长短，合宜可也。有式。

［图式］

《波纹式》用废瓦检厚薄砌，波头宜厚，波傍宜薄（见【10-4】）。

【10-1】厅堂广厦，中铺一概磨砖

【10-1】燕誉堂方砖铺地（张　婕　摄）

题语选自《铺地》。厅堂是园林中体量较大的主体建筑。广厦：高大的房屋。唐杜甫《茅屋为秋风所破歌》："安得广厦千万间"。题语中主要指厅堂。中铺：其中所铺。磨砖：水磨方砖。园林里的建筑，厅堂中所铺一般都用水磨方砖，此外，斋、

馆、轩、榭等也往往铺为方砖地。《铺地·诸砖地》还说："屋内或磨扁铺。"这既概括说明其他建筑的室内也可铺方砖，又指出了方砖地的铺法——扁铺，即平铺，也就是以大小一致的方砖平着铺砌。铺时一般是对缝直拼，即拼缝与墙相平行，苏州拙政园的远香堂、留园的五峰仙馆等均如此，但也有斜向拼的，这种情况较少。

图为苏州狮子林的主体建筑——燕誉堂，这是一个鸳鸯厅。鸳鸯厅的特点是较为进深，脊柱前后的梁架左右对称，厅内则用屏门（或纱槅）和罩将空间隔分为前、后两部分，好像是两进厅堂合并而成，但是，前、后两厅的形式、风格，又力求各异，如梁架一用圆作，一用扁作，由于两厅成双作对，但又有不同，故名鸳鸯厅。燕誉堂同样如此，其梁架南扁北圆。至于方砖铺地，它更力求各异，如南厅为对缝斜拼，北厅为对缝直拼，这种别致的做法颇具匠心。从图中可见，不论是水磨方砖斜拼还是直拼，地面都显得非常平整光洁，美观大方，这助成了鸳鸯厅总体上的一致，以及前、后厅不同建筑风格的呈现。

【10-2】路径盘蹊，长砌多般乱石

题语选自《铺地》。蹊〔xī〕：狭小的山路。盘蹊：盘曲的山间小路。长砌：长路的铺砌。全句意谓盘曲狭长的山间小路，多半采用乱石铺砌。《铺地·乱石路》还描述道："园林砌路，惟小乱石砌如榴子者，坚固而雅致，曲折高卑，从山摄（折，转入）壑，惟斯如一（惟有这种铺地可以始终如一）"。

现存苏州园林的山路，较多体现了这一点，图为耦园东部假山"邃谷"的路径。对于此山此谷，刘敦桢先生评道："城曲草堂前的黄石假山，由东、西两部分组成……东、西两半部之间辟有谷道，宽仅一米馀，两侧削壁如悬崖，形似峡谷，故称'邃谷'……此山不论绝壁、蹬道、峡谷、叠石，手法自然逼真，石块大小相间，有凹有凸，横、直、斜相互错综，而以横势为主，犹如黄石自然剥裂的纹理。"（《苏州古典园林》第67页）这是很高的评价，此帧摄影，能很好地从一个侧面加以反映：一是时间的选择——冬日，这样没有茂盛的树木反衬其小，让人着重观赏这里的石势美、纹理美；二是路段的选择——峡谷本来较短，摄影取其略见弯环的一段，呈微微的S形，这就显得虽短而犹长，给人以"路径盘蹊"之感；三是突出了乱石路的"小乱石砌如榴子"。试看

【10-2】邃谷的榴子乱石路（朱建刚 摄）

一块块小乱石宛如石榴饱满的子实，一颗颗紧挨着，非常可爱，真是"坚固而雅致"。更可贵的是地上的小块乱石与壁间的大块黄石，其色、质完全一致，显得十分和谐协调，同时，又能很好地起到以小衬大的反衬作用，使峡谷峭壁更见其雄奇不凡。

在各类铺地中，乱石路似乎比"鹅子地"容易铺砌得多，其实并不尽然，其中也大有学问，耦园邃谷就体现了这种精益求精的美。

【10-3】吟花席地，醉月铺毡

题语选自《铺地》。吟花、醉月：原典出自唐代大诗人李白的《月下独酌》："花间一壶酒，独酌无相亲。举杯邀明月，对影成三人……""花间一壶酒"，引申为"吟花"；"举杯邀明月"，

【10-3】海棠春坞的花街铺地（虞俏男 摄）

引申为"醉月"。这种用典方式，称为"暗用"。席地：古人铺席于地以为座，后也称坐在地上为席地。铺毡：此指花街铺地如同铺在地上而有种种花纹图案的美丽毡毯。

　　图为苏州拙政园的"海棠春坞"，这是一个很有个性美的庭院。其特色之一是庭院的环境包括花木、铺地等都聚焦着海棠的主题，整体上非常协调。试看庭院的南墙，嵌有书卷额，上刻"海棠春坞"四字，点明了这一主题。墙下，有一小巧玲珑的湖石立峰，旁植矮小的慈孝竹和南天竹，构成一个精巧的小品花坛。再说疏朗雅洁的庭院之中，仅种两株海棠作为主题树，取对植形式。唐贾岛传有《海棠》诗云："名园对植几经春，露蕊烟梢画不成……"海棠为落叶小乔木，高才丈余，树冠不大，树形优美，春时，嫩嫩的绿叶衬托着娇小的粉红花，嘉香可人，被诗人们喻为"绰约仙子"。与之相适应，这里也以软脚卐字海棠连续纹样铺地，此庭院仅用了细薄的砖瓦、彩色的卵石，竟织成一地锦绣华章，体现了《铺地》中"选鹅子铺成蜀锦"之名言秀句。此铺地风格小巧、精致、纤秀、美丽。再看图中地上，还有零星散落的小小的粉红花瓣，更令人脚也不忍踩上去。设想此时此地若有一轩明月，加以花影参差，定会勾引得诗人们于此"吟花席地，醉月铺毡"，享受这清艳绝伦之美。

【10-4】废瓦片也有行时，当湖石削铺，波纹汹涌

　　题语选自《铺地》："废瓦片也有行时，当湖石削铺，波纹汹涌；破方砖可留大用，绕梅花磨斗，冰裂纷纭。"这是计成根据铺地的主要材料——砖、瓦的特性所设计的两类极富艺术创意的主题性铺砌，而且这一精巧的设想，又通过精美的骈辞俪句铺叙出来，给人以"丽辞与深采并流，偶意共逸韵俱发"（《文心雕龙·丽辞》）的美感。本条先图释骈语的出句。

题语的设想是：瓦片最宜铺成波浪纹图案，而太湖石则是由湖中汹涌的波涛冲激而成的，唐白居易《太湖石》诗就有"波涛万古痕"之句。如果园林里的湖石立峰周围或湖石假山近旁铺砌着瓦片组成的波纹图案，那么就形象地显现了太湖石的万古形成史。《铺地·诸砖地·［图式］波纹式》中还说："用废瓦检厚薄砌，波头宜厚，波傍宜薄。"这就更富有形象化的波动感了。这一意蕴丰永的铺地美学设想，至今没有引起国内造园家们的注意，也未见有人据此一试，由此可见《园冶》亟须

【10-4】船厅前庭的波纹铺地（海　牧　摄）

普及，正因为如此，国内园林也罕见此类景观实例，但不自觉的偶合却不能说没有。

图为扬州寄啸山庄（即何园）船厅庭院的花街铺地。该建筑称为"船厅"，其实是一个不大的厅堂，四周无水，但设计师在厅前两侧，用瓦片砌为密密齐齐的、鱼鳞般层层叠叠的波纹。于是院内的想象空间里就出现了大片水域，眼前如见波光鳞鳞，水纹荡漾。厅前还悬有"花为四壁船为家"（撷自宋陆游《同何立元赏荷花追怀镜湖旧游》）的对联，于是人们在厅内更有身在舟中之感。

然而不自觉的巧合在于，庭东有一壁湖石叠山，山上松萝苍翠，山体崖岩嶙峋，人们看到波纹铺地，联系"当湖石削铺，波纹汹涌"的描述，就似看到，太湖水，浪打浪，甚至想到水波和湖石的因果关系，如《选石·太湖石》所言，其嵌空穿眼之形、宛转险怪之势，文理纵横之质，笼络起隐之貌，皆"因风浪中冲激而成"。但遗憾的是，园林对此没有说明，导游也没

有介绍，更没有联系于计成的创意设想，也没有按计成［图式］所示来铺砌，因而欠波澜起伏之致，不过，这种通过铺地来实现"旱园水做"，还应肯定是一种有意味的艺术创造。

【10-5】破方砖可留大用，绕梅花磨鬭，冰裂纷纭

本条继上条再图释骈语的对句。

梅花为岁寒三友之一，也是四君子之一，在群芳谱中居于首位。它不畏冰雪，迎寒独放，在严冬季节，它最早带来春之消息，故各地人们历来有赏梅盛事。在漫长的中华文化史上，诗人、画家们从比德美学的视角出发，写了多少咏梅诗词，画了多少墨梅、红梅。在园林里，梅也是首选的植物。明王心一《归园田居记》描述道："老梅数十树，偃蹇屈曲，独傲冰霜，如见高士之态焉。"由以上概述可见梅花在华夏民族审美视野里的崇高地位。

计成设想，如果在梅树旁以破方砖拼砌成"纷纭"的冰裂纹铺地，那么，即使不在三九严寒之时，也能再现梅花独傲冰霜之态。这一设想也极富独创性。《铺地·冰裂地》还写道："乱青版石鬭冰裂纹，宜于山堂、水坡、台端、亭际……砌法似无拘格，破方砖磨铺犹佳。"他提倡冰裂地用破方砖铺砌，当然，也可用青石板等铺砌。鬭：即"鬭"，拼合，此为拼砌。

在梅花附近配以冰裂地铺砌的景观实例，笔者曾在苏州园林发现一例，当时这样写道："网师园竹外一枝轩和集虚斋之间的小庭里，就有两丛翠竹，轩前又植有松梅，三者在岁寒最能显现其高节，故而小庭就采用拼石冰裂式铺地，这符合计成所说，'绕梅花磨鬭，冰裂纷纭'。这里，甚至连集虚斋的长窗，也做冰裂纹样，真是纷纷纭纭，令人颇有寒意，于是，更敬重'三友'的斗冰迎雪，岁寒不凋。"（《苏州园林》第270页）还应补充的是，"竹外一枝"轩的品题，就撷自宋

【10-5】竹外一枝轩：比德美学（俞　东　摄）

苏轼"竹外一枝斜更好"的诗句，其诗题为《和秦太虚梅花》，这就使"竹外一枝"如同歇后语，其意指就是梅花。再看今日竹外一枝轩前，池边依然有一株略带斜势的主题树梅花（见【3-23】），而铺地就只能移至轩后庭院，这里，狭小空间虽也不宜植梅，但却可植丛生竹以点出轩名，又为梅花陪衬，从而给主题增值。不过，图中的铺地，已非乱青版石，更非破方砖，而是以扁砖仄砌为冰裂纹，填以鹅子石，这样似更容易，也有更好的视觉效果。再看集虚斋明间的长窗（长槅），内心仔亦为纷纭冰纹。如是，整个画面中，地、窗、竹三者不但在内蕴上而且在色彩上也配合得十分协调，共同体现了儒家"君子比德"（《荀子·法行》）的美学。这种铺地，可说是"阶除脱俗"（《铺地》），然而更妙的是，把梅花的主题留在画外，让人思而得之。

　　再说"废瓦片……破方砖……"这一"俗"中含雅的骈俪之句，说明不值钱的废瓦破砖也有交好运、作大用的时候。"废"、"破"二字当头，还突出了计成废物利用的原则，符合于《兴造论》"当要节用"的经济思想，而通过巧妙利用，又能获致"化腐朽为神奇"的艺术效果。

【10-6】路径寻常，阶除脱俗

　　题语选自《铺地》。路径寻常：意谓路径力求平常。阶除：即阶沿，主要指踏步及其上的

【10-6】柳阴路曲廊内铺地（虞俏男　摄）

阶沿石等。八字意谓不论路径还是阶沿，都应该追求朴实平常而雅致的风格。两句通过对铺地的论述，表达了计成一贯主张清省求雅，反对繁丽趋俗的美学思想。

苏州古典园林，也更多地体现着这种美学观。图为拙政园柳阴路曲廊的铺地，用的是近于《铺地·诸砖地》中的"斗纹式"，其材质都是平平常常的砖，但通过"仄砌"的方法，让一块块砖纵横相间，错综交织，其斗纹则顺理成章地逐渐扩大又逐渐缩小，铺砌出乱中见整的艺术节律。其风格是含蓄而不张扬，清省而有韵致，人行其上，会感到舒服踏实，素朴雅洁，真是体现了"路径寻常，阶除脱俗"。

或许有人会感到，"路径寻常"的清省风格，与《铺地》章中"选鹅子铺成蜀锦""就花梢琢拟秦台""吟花席地，醉月铺毡"等语言描写华丽绮美的风格不太协调，其实不然，因为《铺地》属于全书主要章节，应服从于骈文铺陈的需要（详见《探析》第167-170页）……

【10-7】莲生袜底，步出筥中来

题语选自《铺地》。两句仅九个字，内涵却异常丰饶，接连用了三个典故：

首先是三国魏曹植《洛神赋》之典。该赋写女神行走于洛水之上，是"凌波微步，罗袜生尘"，后句意谓行走时袜底水沫，犹如尘生，这是渲染了洛神不同凡俗的步态，表现其绰约轻盈之美。根据这一举世名赋，元代画家卫九鼎画了《洛神图》。他以行云流水的线条，为洛妃传神写照；以衣带的飘拂飞舞，来表现其"翩若惊鸿"之态；而其微步于水云缥缈的鳞鳞细波之上的仙姿，更予人以不尽的美感和遐想。画上还有元代大画家倪云林的题诗和跋语："凌波微步袜生尘，谁见当时窈窕身。能赋已输曹子建（曹植，字子建），善图唯数卫山人。云林子题卫明铉（卫九鼎，字明铉）洛神图。"诗的第二句重点赞美画家，意谓如果没有卫九鼎，谁能眼见洛神"华容婀娜"的风度和体态。此图为传世孤本，现藏台北故宫博物院。

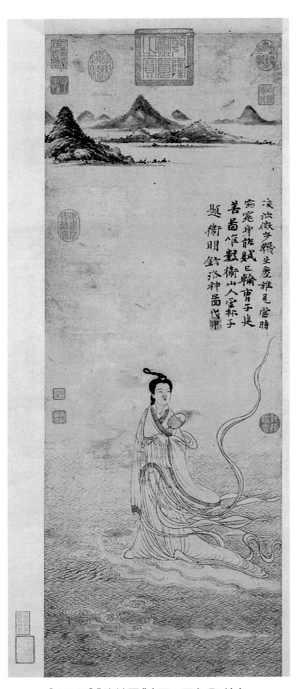

【10-7】《洛神图》（元·卫九鼎 绘）

题语中的"生袜底"、"步"等字，就撷自《洛神赋》，而一个"莲"字，则贯穿了两个典故。一是话本《杂宝藏经·鹿女夫人缘》，其中说，鹿女每步迹有莲花，后为梵豫国王第二夫人，生千叶莲花；二是南朝齐东昏侯，他根据鹿女故事，在宫中为其宠妃潘玉儿造金莲贴地，令潘步其上，谓之"步步生莲花"。这两个典故都没有什么多大意思。计成却将其移用于园林的铺地，谓铺地作莲花纹样，如果美女行步其上，袜底就会生出朵朵莲花来了。计成将此带有神话色彩的审美意象，冶铸为"莲生袜底，步出箇中来"的丽辞秀语，真可说是"化腐朽为神奇"了。最后再释一"箇"字，其义为"此"、"这"，指代铺地。两句意谓："步步生莲花"是从此中来的。

【10-8】各式方圆，随宜铺砌

题语选自《铺地》，意谓铺地的各种图案式样，包括方的、圆的等等，只要随其所适，就都可以铺砌。此句的命意，关键在一个"宜"字，"宜"，即合适的具体情况，一切应随其所宜。

图为苏州拙政园中部枇杷园及其独创性的铺地。枇杷园是江南园林中一个著名的园中之园，也是一个悉心设计、精雕细琢，以枇杷为主题的精品园（见《苏园品韵录》第146-148页），其中作为主题树的枇杷，植于亭边、石旁、墙侧、坡上，分布得错落有致。枇杷园东北的卷棚歇山顶建筑内，悬匾两块，一曰"玉壶冰"，一曰"玲珑馆"。此馆的窗棂，均作冰裂纹（见【6-19】）。

【10-8】枇杷园铺砌双重奏（童　翎　摄）

"冰"及冰纹，为该园、该馆的第二主题。而"玲珑"二字，更是一语双关，既是指玉壶冰的晶莹透明，又是指枇杷果的圆润小巧可爱。再说枇杷园由于景物采取周边布局的手法，因此玲珑馆前就有可能让出空间砌以优美脱俗、义涵隽永的大片铺地。试看，一个个三角形交错成文而呈冰裂之形；而冰裂纹样所环拱的六角形中，又嵌以一个个令人心爱的圆，是为枇杷之象征，而且这小小的圆，还与团栾如月的枇杷园圆洞门有其异质同构性。地面铺砌的这种艺术主题的双重奏，使浑圆融和之美与冰清玉洁之美和谐共生，统而为一，这就把这个园中之园里脚底下的美，升华到形而上的伦理美的精神境界。

风和日暖，游人万千，脚底下的美不免蒙尘，故而摄影家们往往选择在雨后或雨中去园林拍摄铺地，以显其本来面目。此帧照片同样如此，摄影家趁大雨滂沱之时来到园里，此时，地面虽有积水，但却一尘不染，明莹光洁，但见众多的圆形、三角形、六角形有序组合，斐然成章。此外，勃如郁如的草树也异常绿亮，水淋淋的，特别是作为前景旁逸空际的枇杷树枝，其大大的、正面墨绿闪亮的枇杷叶，更是繁茂可喜……于是，在一派绿色的包围中，淡雅美丽的花街铺地更惹人注目。

【10-9】冰裂地：砌法似无拘格

题语撷自《铺地·冰裂地》。该节有云："乱青版石鬭冰裂纹，宜于山堂、水坡、台端、亭际……砌法似无拘格"。乱青版石：形状不规则、不整齐的青石板。版，即"板"。山堂：山上宽阔平缓之地。《诗·秦风·终南》："终南何有？有纪（屺）有堂。"水坡：临水的坡地。台端：

【10-9】得真亭畔冰纹铺地（梅　云　摄）

平台的前端，即台上。亭际：亭边；亭的四周。似无拘格：似乎没有什么必须拘守的固定格式。

图为苏州拙政园中部的一片冰裂地，其南为得真亭，可说是"亭际"；其东临小飞虹廊桥下连通着小沧浪的一湾清流，似也可称"水坡"；其北为"香洲"旁一座不大的假山，似接近于"山堂"，如是，此假山与冰裂地的组合、可谓"有圮有堂"；其西，则是玉兰堂左侧的长廊。总之，此冰裂地与其所处的周围环境非常适称。再看这一片铺地所铺的青石板，大小不一，形状不一，甚至石色也不一，它们在雨后各各显现出其自身的本色之美，而且石板之间不是很抿缝，其缝隙不是机械的一条线，而是粗细阔狭也不一，其中时或长出小草，显得十分自然而可爱，这种种"不一"，也符合于"乱青版石鬥冰裂纹"的这个"乱"字，还突出地体现了"砌法似无拘格"的特点，它可作为计成铺地理论的典型例证。

铺地上还置有圆石桌和石鼓凳，它们不但和青石板冰裂纹铺地极其协调，而且更显得亲切宜人，与铺地共建了人性化的园林环境之美。

【10-10】磨归瓦作，杂用铇儿

题语两句，见《铺地》章结语。磨：就是"用磨"，即做"砖细"。归：归属于。瓦作：即建造房屋有关瓦、砖部分的工作。从事此项工作的人，苏南地区称为瓦匠、泥水匠，铺地项目即由其分工负责。第二句，明版《园冶》及尔后其他版本直至现代各家注本均作"杂用钩儿"，但令人费解的是"钩儿"为何物？它与铺地有什么关系？《陈注》把"钩儿"释作扛抬工，这更有问题。为什么《园冶》中《屋宇》、《装折》、《墙垣》等都需要扛抬工，却均未予提及？尤其值得深思的是，《铺地》此两句结语之后，紧接着就是《掇山》。该章一开头就提出："绳索坚牢，扛抬稳重。"这说明此工程特别需要扛抬工，既然如此，那么，又为什么一句不提"钩儿"？然而各家注本均从《陈注》，有人则修正为小工，但亦经不起推敲，如屋宇、装折、墙垣等的建造均需小工，为什么都不言及？……

笔者通过反复考证，疑"钩儿"乃"铇儿"之形讹。"鈎"为"鉤"的俗字，繁体正字应作"鉤"；而"刨"乃"鉋"字的俗写和简化，繁体正字作"鉋"。"鉤"、"鉋"二字，仅一笔之差，刊刻时"鉋儿"极易形讹作"鈎儿"字。再说，明代是园林文化、建筑文化、家具文化（所谓明式家具）的高峰，作

【10-10】明代创新工具：起线刨
（虞俏男　摄）

为木匠工具的鉋也得到充分的发展，其中特别是创新型的起线刨应运而生，不但被木匠广为运用，而且"磨归瓦作"中的"门窗磨空"，"应当琢磨窗垣"（《门窗》），"宜漏宜磨"（《墙垣》），也需用这种鉋儿。《营造法原》就指出，砖细的"起线，以砖刨推出，其断面随刨口而异，分为亚面、浑面、文武面、木角线、合桃线等"（第72页）。将木匠用的鉋子创造性地在"门窗""墙垣""铺地"中移用作砖鉋，铺地则如室内方砖的拼鬥等，也需要用这种鉋，这种"间"而用之，是之谓"杂用"。这种创新工具，创造出了艺术美的新天地，故在园林建筑界和其他艺术领域被推崇是必然的，与明末计成同时的宋应星，其《天工开物》也记载了精巧的起线刨，肯定了它的创造性。而"鉋"字并被力主创新的《园冶》所采用，更是历史的必然。至于《园冶》在"鉋"字之后再加一个"儿"字，则是一种爱称（以上详见《探析》第678—679页），是对工匠精神、科技创新成果的充分肯定。以此之故，笔者勘定此句为"杂用鉋儿"。

图中起线刨三种，摄自苏州园林博物馆。

掇山之始，桩木为先，较其短长，察乎虚实。随势亿其麻柱，谅高挂以称竿。

绳索坚牢，扛抬稳重（参见【10-10】）。立根铺以粗石，大块满盖桩头；垩里扫于查灰，着潮尽钻山骨。

方堆顽夯而起，渐以皴文而加。瘦漏生奇，玲珑安巧（参见【5-3】）。峭壁贵于直立，悬崖使其后坚。

岩、峦、洞、穴之莫穷（参见【5-6】并见【11-5】），涧、壑、坡、矶之俨是；信足疑无别境，举头自有深情。蹊径盘且长，峰峦秀而古。多方景胜（参见【3-2】），咫尺山林，妙在得乎一人，雅从兼于半土。

假如一块中竖而为主石，两条傍插而呼劈峰，独立端严，次相辅弼（见【11-4】），势如排列，状若趋承。主石虽忌于居中，宜中者也可；劈峰总较于不用，岂用乎断然？排如炉烛花瓶，列似刀山剑树。峰虚五老，池凿四方；下洞上台，东亭西榭。罅堪窥管中之豹，路类张孩戏之猫。小藉金鱼之缸，大若鄮都之境。时宜得致，古式何裁？

深意画图，馀情丘壑。未山先麓，自然地势之嶙嶒；构土成冈，不在石形之巧拙。宜台宜榭，邀月招云；成径成蹊，寻花问柳。临池驳以石块，粗夯用之有方；结岭挑以土堆，高低观之多致（参见【3-11】）。欲知堆土之奥妙，还拟理石之精微。山林意味深求，花木情缘易逗（参见【2-1】）。有真为假，做假成真（参见【0-3】）；稍动天机，全叨人力（参见【2-16】）。

探奇投好，同志须知。

（一）园山

园中掇山，非士大夫好事者不为也，为者殊有识鉴。

缘世无合志，不尽欣赏，而就厅前三峰（见【11-4】），楼面一壁而已。是以散漫理之，可得佳境也。

（二）厅山

人皆厅前掇山，环堵中耸起高高三峰，排列于前，殊为可笑。更加之以亭，及登，一无可望，置之何益？以予见：或有嘉树，稍点玲珑石块；不然，墙中嵌理壁岩，或顶植卉木垂萝，似有深境也。

（三）楼山

楼面掇山，宜最高才入妙。高者恐逼于前，不若远之，更有深意（参见【0-7】）。

（四）阁山

阁皆四敞也，宜于山侧，坦而可上，便以登眺，何必梯之？

（五）书房山

凡掇小山，或依嘉树卉木，聚散而理；或悬岩峻壁，各有别致（见【11-5】），书房前最宜者，更以山石为池，俯于窗下，似得濠濮间想。

（六）池山

池上理山，园中第一胜也。若大若小，更有妙境。就水点其步石（参见【4-10】），从巅架以飞梁（见【11-5】）。洞穴潜藏，穿岩径水（见【11-5】）；峰峦飘渺，漏月招云（参见【3-44】）。莫言世上无仙，斯佳世之瀛壶也（参见【4-10】【5-8】）。

（七）内室山

内室中掇山，宜坚宜峻（参见【8-8】并见【11-5】），壁立岩悬（见【11-5】），令人不可攀。宜坚固者，恐孩戏之预防也。

（八）峭壁山

峭壁山者，靠壁理也。藉以粉壁为纸，以石为绘（参见【3-1】【9-3】）也。理者，相石皴纹，仿古人笔意，植黄山松柏、古梅、美竹，收之圆窗，宛然镜游也。

（九）山石池

山石理池，予始创者。选版薄山石理之，少得窍不能盛水，须知"等分平衡法"可矣。凡理块石，俱将四边或三边压掇；若压两边，恐石平中有损；如压一边，即罅。稍有丝缝，水不能注，虽做灰坚固，亦不能止，理当斟酌。

（十）金鱼缸

如理山石池法，用糙缸一只或两只，并排作底。或埋、半埋，将山石周围理其上，仍以油灰抿固缸口。如法养鱼，胜缸中小山。

（十一）峰

峰石一块者，相形何状，选合峰纹石，令匠凿榫眼为座，理宜**上大下小，立之可观**（参见【3-1】）；或峰石两块、三块拼掇，亦宜**上大下小，似有飞舞势**（参见【9-3】【12-5】）；或数块掇成，亦如前式，须得两三大石封顶，须知平衡法，理之无失。稍有欹侧，久则逾欹，其峰必颓，理当慎之。

（十二）峦

峦，山头高峻也，不可齐，**亦不可笔架式**（见【11-4】），或高或低，**随致乱掇，不排比为妙**（参见【8-7】）。

（十三）岩

如理悬岩，起脚宜小，渐理渐大，及高，使其后坚能悬（参见【12-3】），斯理法古来罕者。如悬一石，又悬一石，再之不能也。予以"平衡法"，将前悬分散，后坚仍以长条堑里石压之，能悬数尺，其状可骇，万无一失。

（十四）洞

理洞法，起脚如造屋，立几柱着实，掇玲珑如窗门透亮。及理上，见前理岩法，合凑收顶，加条石替之，斯千古不朽也。洞宽丈余，可设集者，自古鲜矣！上或堆土植树，或作台，或置亭屋，合宜可也。

（十五）涧

假山依水为妙（参见【11-9】）。倘高阜处不能注水，理涧壑无水，似有深意。

（十六）曲水

曲水，古皆凿石槽，上置石龙头溃水者，斯费工类俗，何不以理涧法，**上理石泉，口如瀑布，亦可流觞，似得天然之趣**。

（十七）瀑布

瀑布，如峭壁山理也。先观有高楼檐水，可洞至墙顶作天沟，行壁山顶，留小坑，突出石口，泛漫而下，才如瀑布。不然，随流散漫不成，斯谓"坐雨观泉"之意。

［结语］

夫理假山，必欲求好，要人说好，片山块石，似有野致。

苏州虎丘山，南京凤台门，贩花扎架，处处皆然。

【11-1】随势夅其麻柱，谅高挂以称竿

【11-1】麻柱模型（摄自苏州园林博物馆）

题语选自《掇山》："掇山之始，桩木为先，较其短长，察乎虚实。随势夅其麻柱，谅高挂以称竿。"掇山必先打好桩木（即木桩）以为基础。要考察掇山或置峰基地上土质的虚（疏松）实（坚实），然后估算桩木的长短。夅：计成故乡吴语"挖"字。麻柱：用来绑挂吊杆或滑轮的支柱。据其情况，就地势挖浅坑以树立麻柱，并将此三根柱的上部牢固地绑缚在一起，同时应估量石材或石山的高度，挂以称竿或滑轮。称杆：即秤杆，也就是吊杆，是挂在麻柱上的起重杠杆。这种简单机械，可利用杠杆原理以较省力地起吊重物。滑轮：俗称"葫芦"，是可绕中心轴转动的、周围有槽的轮子。麻柱作为支撑的柱子，应符合直、长、坚牢三个要求，由于它离不开麻绳，故称"麻柱"。图即为苏州园林博物馆的麻柱模型。

装吊石材的办法不只是一种，除以上称竿或滑轮都用三脚架外，还有用"人"字架的。朱有玠先生指出："起吊石材的麻柱（今日起重工称之为扒杆），是'×'形的两根杉木，交叉处用麻绳绑缚，竖立时，亦在交叉处用两根麻绳在前后挽定。麻柱（扒杆）的张开角度可以随时调整，且前后所挽麻绳，可凭收、放，调节俯、仰角度。"（《岁月留痕》第37页）

【11-2】相石：皴皱之美

题语组自《掇山》："方堆顽夯而起，渐以皴文而加；瘦漏生奇，玲珑安巧。"此四句根据"瘦"、"漏"、"皴（皱）"及"玲珑"等相石标准，用"镶嵌"辞格概括叠山中按序用石的过程以及置峰的艺术要求。其大意为：当掇山开始时，先堆顽重的大石（如黄石类）作为垫底起脚，逐步再以有皴纹的景观石（如湖石类）叠加。瘦漏之石应凸显其奇异，玲珑之石要安置得巧妙。四句的前二句主要论叠山，后二句主要论置峰。

本章对前几条通过题语的重组，分别对四句深入诠释，一是拟重点结合江南四大名石——苏州的瑞云峰（见【12-14】）、冠云峰，上海的玉玲珑（均详后），杭州的绉云峰（见本条）；二是拟对传统相石法和计成掇山法的不一致处进行磨合。如传统相石法用的是"皱[zhòu]"字（与瘦、漏、透为同韵字），而《园冶》的"渐以皴文而加"则为"皴[cūn]"字，而且"皴"字在书中还一再出现。

于是20世纪80年代以来，学界产生了争议，认为《园冶》有误，这就需要辨析。

皴是山水画家用以表现山石的纹理、结构、质感、光影向背的画法，是从现实的山石中概括出来的艺术程式。计成原是山水画家，年深月久形成的职业习惯使其一再以"皴"代"皱"，但其义并不错。30年前，笔者即据清代著名画论家沈宗骞"皴者，皱也，言石之皮多皱也"（《芥舟学画编·作法》）之语，写道："在古代画论中，'皱'和'皴'含义十分相近……皴即是皱，皱即是皴……皴是艺术领域中的皱，皱是现实领域中的皴。在现实领域中，皱就是石面上的凹凸和纹理，也就是计成《园冶》所说太湖石的'文理纵横，笼络起隐'"（《江苏版园林美学》第227页）。这一"皴皱同体"论，后又找到宋杨万里的《舟过谢泽》、清张问陶《咏三峡》作为支撑，故本条有足够理由将"皴皱"作为复合词用。

图为最富于皴皱美的名石绉云峰，它原置杭州花圃，后移于西湖十景之一的"曲院风荷"。不过，它不是太湖石而是英石，以"形同云立，纹比波摇"著称。具体地说，其"皴"的极致，表现为层棱起伏，深凹绵密，襞褶丰

【11-2】纹比波摇的绉云峰（蔡开仁 摄）

富，皴皴若裂，饶有峭折之势，还给人以螺旋式上升之感。此外，它还表现为一个"瘦"字，俏秀屈曲，不但顶如春笋，而且腰似美女，令人想起"楚王好细腰"（《韩非子·二柄》）之典，似也可称"楚腰峰"。不过，其不足是乏"漏"、"透"之孔，体量也小了一点，而基座又过大了一些。

【11-3】相石：瘦漏之美

中国的品石之风，孕育于唐，盛极于宋，延续至明清而不衰。至于相石法以"透""漏""皱""瘦""玲珑"等字品石，则主要昉自宋爱石成癖的画家米芾以及《云林石谱》等。清初的李渔，对相石法作了具体诠释，被奉为经典。20世纪80年代伊始，围绕着《园冶注释》的讨论，也涉及李渔的诠释。李渔云："壁立当空，孤峭无依，所谓'瘦'也。"（《闲情偶寄·居室部·山石第五·小山》）《陈注》也接受了此说。

《全释》敢于周密地独立思考，指出：李渔的解释"是指峰石的布置，或者说是指石在空间中的形态。而历来相石用'瘦'、'透'、'漏'、'皱'四字，是对太湖石本身的特点或奇异的审美概

【11-3】瘦漏名石冠云峰（郑可俊 摄）

括，或者说是相石的标准……瘦：是指石的形体峭削多姿。"此说言之有理，极有胆识，应予高度的肯定性评价，它否定和推翻了李渔关于"瘦"这个三百多年来一再被援引的经典定义，因为峰石的孤与不孤，有依或无依，或者说，其旁有没有别的景物陪衬，决不是峰石本身的特点或美，而是峰石掇置的艺术处理问题，这对相石没有多大关系，而与置石却颇有关系。当然，李渔所说的"壁立"，在一定程度上触及了"瘦"的特征，因为瘦石往往是如壁直立的。笔者认为："瘦"与"透"、"漏"、"皱"等物态不同，是人格化的概念，表现为纵向伸展的秀长体形，或刚或柔的超拔姿态。

图为苏州留园的冠云峰，它纵向伸展，体形秀长，亭亭玉立，柔中有刚，这都是峰石本身的特色及其瘦秀美所引起的拟人联想。其体态还可贵地带有一种婉曲美，其上部婉转地往东扭，中部则往西扭，偏离了全峰的轴线与重心，其下部又大幅度东扭，使全峰复归于体态的平衡与重心的保持，这就倍增了峰石的姿态美。因此，笔者曾喻之为"抽象的东方的维纳斯"。其纵长向上的高度，还远超于江南名石瑞云峰、玉玲珑、绉云峰之上，堪称群峰之冠。

冠云峰又富于皴皱之美，从正立面看，其上部在阳光照射下密布细排着如以古篆笔法所画的披麻解索皴，为南、北诸名峰中所仅见；其中、下部，则有少量的斧劈皴助其涩，乱柴皴显其峭，乱麻皴破其平……它们相杂而成文，十分耐看（《苏园品韵录》第34—35页）。

冠云峰还富于透漏之美。除了中下部形态不同、大小各异之孔外，顶部有一罕见的孔穴，特大而通透，可见其后椭圆形的天空。这宜以哲学的视角来品读。《淮南子·精神训》云，"夫孔窍者，精神之户牖也。"冠云峰此孔正是最可贵、最紧要的"精神之户牖"。有了这一生命之孔，就使自身玲珑剔透，精神顿出，气盛不散，通体皆灵。

鉴于以上诸优长，笔者多次撰文将其与江南三大名石并列，称之为江南四大名石。

冠云峰的布置也值得点赞。为了反衬其高大，近旁只有矮小的树木花石，而稍远的冠云亭、冠云台和冠云楼，均不同程度地缩小尺度放低位置作为陪衬，使其不是"孤峙无依"。其前还有"浣云沼"，供"美人照镜"……这都是精心的设计，也可谓"玲珑安巧"。

【11-4】相石：玲珑之美

本条论"透"、"漏"。李渔又云："此通于彼，彼通于此，若有路可行，所谓'透'也；石上有眼，四面玲珑，所谓'漏'也。"此释通俗具体，不过尚不太精准，如"石上有眼，四面玲珑"，既可用来释"透"，又可用来释"漏"。笔者认为，"透"、"漏"虽较近似且有联系，但"透"主要是指石上孔穴前后或左右之横向相通，故曰"若有道路可行"；"漏"则主要是指石上孔穴的上下相通，雨水可从孔中往下漏注。当然，二者区别是相对的，因为孔穴均非一律横向或纵向，还有斜向的、弧曲的……故宜将"透漏"作复合词用。

图为上海豫园玲珑石的典范——玉玲珑。明代园主潘允端《豫园记》云：玉华堂"前临奇石，曰'玲珑玉'。盖石品之甲，相传为宣和漏网，因以名堂"。此石高一丈馀，状如千年灵芝，它最突出地表现为"透漏"，于石体布满大穴小孔，特多纵向的宛转相通，在江南四大名石中，只有苏州织造府的瑞云峰可与之颉颃。不过细细比较，二峰又各有千秋，瑞云峰"透"更多，孔特大，"有道路可行"；玉玲珑则"漏"更多，孔较小而密。《云林石谱·林虑石》云："中虚

【11-4】玉玲珑：玲珑石的典范（周仲海 摄）

可施香烬，静而视之，若云烟出没于岩岫间"。这一特征被称为"出香"，玉玲珑饶有此致。清代上海诗人陈维城《玉玲珑石歌》咏道："一卷奇石何玲珑，五丁巧力夺天工，不见嵌空皱瘦透，中涵玉气如白虹……石峰面面滴空翠，春阴云气犹濛濛。一霎神游造化外，恍疑坐我缥缈峰。耳边滚滚太湖水，洪涛激石相撞春。庭中荒甃开奁镜，插此一朵青芙蓉。"一阙赞歌以丰富的想象，描述了玉玲珑的产地——苏州洞庭山缥缈峰下的太湖水中；又描述了奇峰的成因——"洪涛激石相撞春"。此歌还以"玲珑"、"奇"、"巧"、"嵌空"等字来评赞，也符合《园冶·选石》"取巧不但玲珑"之语。

从歌中还可知，玉玲珑当时环境极佳，它立于如镜般的池中，宛似一朵盛开的青芙蓉，可让人面面品赏其透漏之美，可谓"玲珑安巧"。如今，其环境令人忧喜参半。喜的是其后一道矮矮的景墙很低，反衬着峰石使之显高，不过墙上的筑脊、瓦顶、抛坊太厚太黑太粗重，有损于其玲珑美的呈现。而令人忧的是玉玲珑两侧机械地配以二石，是计成最反对"厅前三峰"（《园山》），"独立端严，次相辅弼"（《掇山》）的死板程式。他还指出，"不可笔架式"（《掇山·峦》），而玉玲珑的排列恰犯此忌，尤其是左右二石粗夯丑陋，不堪入目，会影响人们美感的萌生。

【11-5】峭壁贵于直立；悬崖使其后坚

题语选自《掇山》。此骈语重在叙述和说明复杂的工程和特殊的要求，尤其是"后坚"。

【11-5】东湖：悬崖峭壁之美（江红叶 摄）

两句意谓：叠峭壁，贵在如壁直立；掇悬崖，注意做到"后坚"，即以特重石镇压住向前悬挑之石（详见《探析》第640-641页）。计成颇爱此类奇险景观，或曰"绝涧安其梁，飞岩假其栈"（《相地·山林地》）；或曰"岩、峦、洞、穴之莫穷"（《掇山》）；或曰"悬岩峻壁，各有别致"（《掇山·书房山》）；或曰"从巅架以飞梁"（《掇山·池山》）；或曰"宜坚宜峻，壁立岩悬"（《掇山·内室山》）……其中题语两句最为重要，其巧妙还在将"悬崖""峭壁"拆开来冠于两句之首。然而"崖""岩"的含义究竟如何，本条拟略作集纳。传为唐王维的《山水论》："峭壁曰崖，悬石曰岩。"唐李白《瀑布》："断岩如削瓜，岚光破崖绿。"五代梁荆浩《笔法记》："崖间崖下曰岩。"宋韩拙《山水纯全集·论山》："岩下有穴名'岩穴'也。"《说文》段注："岩，崖也……山边也。"清汤贻汾《画筌析览·论山》："高险曰岩。"其义均较接近，大同小异，但使"崖""岩"的义蕴更为丰富。

图为绍兴东湖既属天然，又经明显人工的悬崖峭壁。对于东湖，陈从周先生说得好："东湖与其说它是湖，不如叫它做水石大盆景……湖非天然而成，实开山斧凿所得，今则宛自天开……造成天然看屏、立体画本的景观。"（《书带集》第6-7页）"水石大盆景"之喻确乎妙绝，它系古代开山采石所致，幸好当时没有炸山，后来又紧急刹车，坏事终于变好事，而今人工斧凿的悬崖峭壁，已化作美妙的天然图画。陈从周先生描述道："雨后的东湖，山色太华丽清新了，仿佛是宋元青绿山水，山痕的斧劈皴，是南宋水墨山水难以下笔的，石色在雨后斑驳成多种色彩，苔痕滴翠……真是一尘不染"（《园韵》第179页）。此帧照片也是在雨后不久拍的，层层的新绿既如点染，又似点苔，充盈勃发着生意。试看山石的勾勒，真如马远、夏圭的大斧劈皴，峭拔、劲利、方硬，全是刚性线条，而敷色则既非青绿，又非浅绛，混溶着多种色彩，耐人寻味。

再以上引诸家训释来品读东湖，这些字眼几乎都可用上：峭壁、悬石、断岩、破崖、山边，崖下曰岩，高险曰岩……东湖的山还妙在"岩下有穴名'岩穴'"，人们乘着乌篷船，不但可更亲近这些悬崖峭壁，而且可穿过山下的"岩穴"，于是或仰首观天一线，或低头划过岩穴，这又可用《掇山·池山》中语"洞穴潜藏，穿岩径水"来形容了。

【11-6】深意画图，馀情丘壑

题语选自《掇山》，系计成所冶铸的美学名言。画图：即图画，此指园林内、外（包括借景、山林风景区）如画的丘壑。馀：饶足；丰馀。《说文》："馀，饶也。"馀情，不是馀下来的感情，而是丰饶的感情。两句互文，意谓深永丰饶而相生相成的情意，充溢和渗透于如画的丘壑。本条拟结合"画意摄影"的视角来图释，以加深对题语两句的体悟。

图为《诗情画意括苍山》。括苍山是浙江东南名山，西接仙霞岭，南临沧海，绵延瓯江、灵江间，主峰在临海市西南，这一带山峦起伏，风物变幻，景色得天独厚，云雾烟霞特多，其盎然画意不断引来人们寻美的脚步。

本片摄影家的《创作笔记》写到，他"热爱大自然，追求自然美，通过美的追求来陶冶情操"，并"喜欢独自外出创作"。此片摄于2014年5月19日凌晨，隔夜"下着细雨，我一人徒步爬山，一天走了20多公里，来到括苍山顶峰……第二天天不亮，我就在山区转，寻找最佳角度和机位进行拍摄。开始，山上云雾很多，视线受到限制。过了5点，白雾随着微风降低飘散，渐渐露出远处的山顶和近处的树林，我看到画一般的景色，心情激动，以不同的视角，不同的曝光参数拍了很多……心底涌起一种丰收感。"

以创作心理学来分析【∞→】，不辞路遥，奋力登峰，这都是境界的追求，情感的孕育，意志的磨砺，审美心胸的扩充，最后可借唐杜甫《望岳》的诗句说，是"会当凌绝顶，一览众山小"，这才有第二天的丰收。

以绘画美学来探讨，宋代画论家韩拙《山水纯全集》说："夫通山川之气，以云为总"。"凡云霞烟霭之气，为岚光山色、遥岑远树之彩也。善绘于此，则得四时之真气，造化之妙理。"可见"云"与"山"有着密切的美学关系【∞→】，故而山水画家爱以"云山"为题。再说摄影家从凌晨待到云海的"水位"降至恰好，一个个峰峦如同岛屿一般，在烟云奔腾舒卷的"大海"中此起彼伏，漂浮隐现，此时此刻恰恰是把握住了造化之妙机。再看图上前景，山上云缭雾绕中的竹林最富意韵，犹如米芾父子所绘"米氏云山"，笔入虚无，墨成烟雾，飘飘渺渺，模模糊糊，山腰极淡极淡的竹林，更向虚无处洇化……真是无处恰是有，有处恰是无。图的右下方，山巅上挺拔的松树，似以极简的笔触画成，在构图上则是打破云山横向漂浮的点睛之笔。再看东方，灰青、淡青映托着橙色。《山水纯全集》说："东曙曰明霞。"这曙光初照的绮霞，橙中含

【11-6】《诗情画意括苍山》（黎为民　摄）

黄，红中渗紫，点染出一个"明"字，也有勾魂摄魄的魅力。所有这些，都是寓"深意"、"馀情"于画图丘壑的结果。

　　面对这帧摄影作品，熟悉山水画的受众，也许会联想起历代名家的题画名句，如："满堂空翠如可扫，赤城霞气苍梧烟……东崖合沓蔽轻雾，深林杂树空芊绵"（唐李白《当涂赵炎少府粉图山水歌》）；"山耶云耶远莫知，烟空云散山依然"（宋苏轼《书王定国所藏烟江叠嶂图》）；"山川浮纸，烟云满前……别有一片胸次"（元刘守中《题米友仁〈潇湘奇观图〉》）；"白云不放山都出，妙在风烟不尽中"（明文徵明《题画》）……浮想联翩，统统是对云山的审美接受。清方薰《山静居画论》云："画家一丘一壑……使望者息心，览者动色，乃为极构。"此论甚是。《诗情画意括苍山》，正是让人怡然息心、悄焉动容的摄影杰品。

【11-7】留园山林区及其舒啸亭（鲁　深　摄）

【11-7】山林意味深求

　　题语选自《掇山》。"山林意味"，是计成创造性地提出的一个味之不尽的园林美学概念，其内涵可作多层次探析：

　　首先可联系《相地·山林地》中的感性描写来品味："杂树参天，繁花覆地"，"闲闲即景，寂寂探春"，"竹里通幽，松寮隐僻"，涛声郁郁，鹤舞翩翩，"阶前自扫云，岭上谁锄月"……

　　再作理性的归纳，"山林意味"则主要应是以"扫云"、"锄月"等为表征的隐逸情怀。这种情怀是历史地诞生的，中国文化史到了晋代，隐逸之风大盛，反映在诗歌里，如"隐士托山林，遁世以保真。"（张华《招隐诗》）"寄散山林间"，"超超有馀闲"（曹茂之《兰亭诗》）……诗人们把隐逸和山林两个概念紧密联系起来，这是由于时世动荡变幻，士人们动辄得祸，只能走向独善其身。所以在唐代，韩愈总结说："山林者，士之所独善自养……"（《后二十九日复上宰相书》）

　　若再从接受角度来具体分析，"山林意味"应蕴涵有如下相互交融着的主体和客体：寂静深幽的隐僻绿地，超尘脱俗的高雅情致，惬志舒怀的自在空间，林木参天的生态环境，天人合一的和谐境界，其中包括天与人、人与物、人与人、物与物之间的相互亲和……山林意味的"深求"，意谓对以上这一些，均应深深地探究、追求，久久地涵泳、品味。

图为苏州留园西部的山林区。顺便一说，留园除了入口夹弄、住宅区外，大体可分四个景区：中部以山水取胜，东部以建筑著称，北部有田园风味，西部以山林见长。在西部景区，土山占了绝大部分面积，山巅为全园最高处。由于山以土为主，故山上枫树和其他杂树森然成林，高高地撑起了偌大的绿色空间。山径林下，还以黄石散漫掇置，崔嵬碎兀，呈现出一派浓浓的山林气象，确乎可谓"似多幽趣，更入深情"（《相地·郊野地》）。值得注意的是，图上西部土山之巅，右下有亭，圆攒尖，六柱，名曰"舒啸"，品题来自晋陶渊明的《归去来兮辞》："登东皋而舒啸，临清流而赋诗……"这是陶渊明所向往的理想生活境界，留园山林区借圆亭之额作为点睛的一笔，点出了山林区"归去来"的隐逸意味。

【11-8】花木情缘易逗

题语选自《掇山》。情缘：人与人之间的一种缘分，一种情感关系，具有难舍难分、不易割断的特点，计成则将其移植为人与花木间亲密的生态关系，组成为"花木情缘"这一全新的，独立的、异常重要的园林美学概念【∞→】。逗：就是引。仇兆鳌注唐杜甫的《怀锦水居止》诗，引《词林摘艳》："那时节两意相投，琴心宛转频挑逗。"可见"逗"有挑逗、惹引等义。花木确乎特能勾引起人情感，从而让人与其结缘，故"花木情缘易逗"一句，突出强调了情缘易于引发和缔结，但它还有更重要的言外之意在，即花木情缘虽易引来，却不应让其易去，匆匆

【11-8】《云冈上二乔玉兰》（朱建刚 摄）

消失，相反应常结、永结才好，如明陈继儒《小窗幽记·集情》所言："缘之所寄，一往情深。"

　　图为网师园池南"云冈"上的二乔玉兰，云冈为该园中部黄石假山的主山，其南为小山丛桂轩，北为彩霞池。二乔玉兰，是紫玉兰的变种，属木兰科，花瓣外现紫红色，内则近白色，花开如玉，幽香似兰。古虽无二乔玉兰之名，但至迟在明代已有二乔玉兰之实。明陈道复《玉兰》："花开不是辛夷种，自得凝香绕紫苞。昨夜月明庭下看，恍疑罗袖拂琼瑶。"诗人指出此花不属辛夷。辛夷，即紫玉兰，可见它与紫玉兰有别，但其苞又是紫色，这分明是二乔玉兰。二乔玉兰，就是紫玉兰与白玉兰的杂交品种。玉兰的邀赏应备三宜：一宜院落风物佳秀；二宜于月下，明文徵明："映落空阶初月冷，香生别院晚风微"（《玉兰》）；三宜幽静不宜喧闹。质言之，即求地、时、境三宜交臻。

　　云冈上的二乔玉兰，树龄已届两百余年，枝干苍劲，夭矫离奇如龙，堪称虬干玉兰。它生于假山上，老干屈曲横空，俯临水面，至花开时节，则更是姿、色、形、神、韵、香六者俱佳，因而赢得了无数摄影家的青睐，与其交情结缘。这里只说两位摄影家的故事。

　　20世纪90年代，该树长势力正旺，郑可俊先生常来此盘桓，山上山下，左瞄右看，更多地取其枝干的画意。明董其昌《画禅室随笔》云："画树之法，须专以转折为主，每一动笔，便想转折处……不令有半寸之直。"摄影家据此以天空为背景，仰拍到一帧画意盎然之作。21世纪初，笔者将其选入《网师园》画册，并题道："玉树临风。枝头疏疏密密花，质如美玉琢就，色似水彩晕染；其枝走笔如画，相交'女'字，密处留眼。"

　　2005年，15号台风掠过，此古树名木受到不小损害，经加固、防腐、治虫，劫后复生，长势尚好，但总不如前。

　　2011年3月25日，朱剑刚先生来此拍摄，看到树上的花"还是相当盛"，但他并不想毫无章法地满树拍下来，所谓"触目横斜千万朵，赏心只有两三枝"（清李方膺《梅花》），经反复琢磨，选中了横斜的一两枝，这是极富诗情画意的选择，不妨以宋代咏梅名句作为参照系，林和靖的"疏影横斜水清浅"（《山园小梅》），"水边篱落忽横枝"（《梅花》），"屋檐斜入一枝低"（《梅花》）；苏轼的"竹外一枝斜更好"（《和秦太虚梅花》）……总之，梅以横斜疏稀为美，玉兰亦复如是。试看图中，枝头的花蕾并不多，其中有些已开始绽放，清香也随之而播散空中，还可见花瓣确乎内白外紫，素质摇光，琪葩玲珑。图中光线相对比较暗，弥漫着蓝色的幽幽影调，并融入了摄影家主体的情愫，极适合于二乔玉兰的倩枝横逸、瘦肌冷香。背景上，隐隐是竹外一枝轩等临水建筑的屋檐、栏杆，特别是它们在池中静谧无语的倒影，这些，统统呈现为一种朦胧的庭院感，让人联想起上引诗句："疏影横斜水清浅"，"屋檐斜入一枝低"，"映落空阶初月冷，香生别院晚风微"……

　　但是，不如人愿的故事还没有完。两年后，2013年3月9日，朱先生再度抱着不易忘却的情缘来此拍摄，然而遗憾的是，树冠上的花朵远不如前，稀稀落落，枝也被锯，甚是可怜。再过两年，2015年1月，他又访此，但见云冈上空荡荡的，树影全然消失，摄影机里留下了一个空镜头，于是《云冈上二乔玉兰》成了绝版。笔者喜爱此帧情味隽永的摄影佳作，故将其选入本书与读者分享。

【11-9】宛自天开的假山峰峦（日·田中昭三 摄）

【11-9】有真为假，做假成真

题语选自《掇山》。这是计成叠山经验的深刻概括，更揭示了中国古典园林假山叠掇的一条美学规律。笔者写道，"这无论从艺术发生学还是艺术创造学的视角来看，都是应该加以肯定的。尤其可贵的是，这一理论又完全符合于中国古典园林的艺术实际。它告诉人们：是先有客观存在的真山之美，然后才有作为园林的重要组成部分的假山产生；假山作为一种造型艺术品，其终极根源是客观自然中的真山之美；假山虽然是假的，却贵在假中有真……这样，假山一旦叠成，就能取得'俨然佳山'的审美效果。""'有真为假'，胸中要有从自然中得来的真山的意象，亦即'胸有丘壑'，然后掇石叠山，才能'做假成真'，使假山具有真山的形态和气韵……'宛似天开'"。（《中国园林美学》第72、73页）

图为苏州环秀山庄的假山峰峦。山为清代叠山大师戈裕良的杰构，被公认是全国假山艺术之翘楚。摄影家取西北方位拍摄，突出了峰峦主体，并以人工的建筑为陪衬。试看图右，是别致而狭长的边楼边廊，其主要特点是紧贴界墙，将空间让与了作为全园主体、精心叠掇的湖石假山。刘敦桢先生评道："全山整体组合恰当，没有琐碎零乱的缺点。石块拼联也根据湖石纹理、体势作有机组合……无需借助于萝葛的掩饰，望之如天然浑成……全山结构严密，细部与整体熔铸为一体，一石一缝，交待妥贴，能远看，也可细赏。"（《苏州古典园林》第69—70页）确乎如此，就图中这一部分来看，高耸的峰峦如同天造地设，丝毫没有琐碎零乱之弊。怎样具体欣赏此山？五代梁著名画家荆浩的《山水诀》可资参考："远则观其势，近则取其质。"以此艺诀来远观，可见峰峦浑厚，气势雄伟，高低错落，咫尺重深，令人如临崇山峻岭，悬崖深壑；如再近察细赏，则凹深凸浅，石质坚凝，纹理一致，皴法有如卷云，混成一体，不见一丝拼缝，可谓"掇石莫知山假"（《相地·村庄地》）。还应指出，此假山"有真斯有假"（《自序》）的"假"，是对天然真山的集中概括，突出体现了艺术美的最高理想；而其"做假成真"的"真"，是经过了艺术之"假"的创造，上升为更高一级的"真"，它可以超越自然，删削真山的芜杂，弥补天然的不足，故而普天下找不到咫尺之内塑造得如此完美的假山。

再看图的右下角还有水，这又体现了计成"假山依水为妙"（《掇山·涧》）的理论。

【11-10】阁山：宜于山侧，何必梯之

题语选自《掇山·阁山》："阁……宜于山侧，坦而可上，便以（便于）登眺，何必梯（名词动用，为楼梯）之？"以阁山代梯的创构，既富别趣，又增美景。但是，苏州园林中并无阁山的实例，而楼山却有三处：一处在网师园五峰书屋东山墙侧，可由此登山进入东山墙的楼门；一处在留园东部冠云楼东侧，登山即可上楼；还有一处在留园中部明瑟楼的南庭院，本条拟以此为图释。

【11-10】留园明瑟楼楼山（朱剑刚 摄）

此庭院北面楼下是恰杭轩，上层则是明瑟楼，西、南两面有连延湖石掩护着磴级可达楼门。还应指出，楼山旁有一峰一树巧为掩映，这值得结合着来品赏。

先看院内的立峰，虽无透漏皴皱之奇，却有瘦秀高耸之姿。它既具有突出的标胜引景功能，对居于其下的群石来说，又起着引领制约作用，不愧为一院主峰，同时它还是题名石，上刻隶书"一梯云"三字，涂以石绿。此"云"字题得特妙，因湖石往往被称为云，现今留园就有冠云峰、瑞云峰、岫云峰、朵云峰、一云峰等（参见【3-15】）。如是，西、南面逐步上升的湖石山，连其内的磴级就获得了"一梯云"的雅名，而登楼也就是步"云"了，故曰"何必梯之"。当然，由于庭院小，此磴道较窄较陡，不能说是"坦而可上"，但其妙却在善隐善藏，让人不见梯级。楼山磴道石梁的西墙上，还嵌有"饱云"二字砖额，为明代大书画家董其昌所书，启人饱览如云的参差湖石，聚焦了这个"云"意，令人寻味不已。

再看院中枝如鹿角四向伸展的石榴，在深秋冷雨时节，细细的叶片开始转颜变色，或金橙，或藤黄，或草绿，相与错杂，在空中疏疏密密织就了满院的锦绣之美，有的枝头上，还吊着夏日灿灿的丰硕之果呢！石榴的枝干，逆光拍摄得极富画意，其蚀干淋雨，湿漉斑驳，虬枝屈曲，竟与雨中石梁上透漏的湖石栏杆混如一体。特别是北面的枝干，扭转顺逆，夭矫游走，又如书画家的运笔，"处处留得笔住"（清朱和羹《临池心解》），富于力度之美。还可注意，在逆光仰拍的画面上，还有几处小雨点受光而出现的"光炫"现象，这也是可贵的微观摄影之美。

恰杭轩庭院的种种景观美，与室内呆板无景的木质楼梯构筑不能同日而语，由此可见《阁山》有关论述的价值。

【11-11】就水点其步石

题语选自《掇山·池山》。就：遇；值。《诗·邶风·谷风》："就其深矣，方之舟之；就其浅矣，泳之游之。"步石：浅水中露出水面让人跨步的块石，或称"汀步"。全句意谓遇到浅水，即"点"以步石，让人在此轻轻点水而过。再说点步石，也是一种艺术，要求所点石块，宜低不宜高，亦不宜大；所点溪水宜浅不宜深，亦不宜宽；所经线路宜曲不宜直，亦不宜长，以宜于行走为佳。然而一般园林的步石，往往有过大、过高等弊。南京瞻园南假山前的步石景效极佳，堪称典范，此不赘。

【11-11】六义园小溪步石（江红叶　摄）

图为日本东京六义园溪水中的步石，亦颇有特色，其石之布置，不但浅浅的，弯弯的，引人贴水而过，而且其形贵在大小方圆，随意掇置，单复不计，参差不一。再看其环境，浅底溪畔，苔藻蔓延，杂草丛生，水中还间或倒映出的蓝天树影，别有风味。从中国绘画美学的视角看，清代山水画家恽寿平推崇"萧散历落，荒荒寂寂"（《南田画跋》）之境，这就是一种风格，一种野趣。黄钺《二十四画品》也有"荒寒"一品，它赞赏"粗服乱头"，"野水纵横"的景象。园林也不妨有此品，小溪步石，其境亦不妨荒寒幽僻。传为唐代诗人画家王维的《山水诀》云："渡口只宜寂寂，人行须是疏疏。"此言得之，若是行人排队而过，则兴味索然矣。此帧摄影取俯拍，故水面色彩多样，物体形态丰富，视觉效果颇佳。

【11-12】从巅架以飞梁

题语选自《掇山·池山》。从：表对象，相当于"向"。此句意为：向山巅架以飞越的石梁。这是带有一

【11-12】环秀山庄山巅石梁（日·田中昭三 摄）

定险情的景观。

　　图为苏州环秀山庄湖石大假山的飞梁——在两侧峭壁夹峙中，一条石梁不用扶手或栏杆，横空而过。这一小小之景，所用石材不多，却一再博得行家们的赞赏，这是由于它创造了一种险境。笔者论书法，建构“新二十四书品”，提出了“险峭”一品，并指出：“《周易》尚阳刚之美……把‘险’看作是一种境界，敢于直面正对。《习坎·彖辞》就说：‘习坎，重险也……险之时用大矣哉！’”（《中国书法美学》下卷第729页）在《周易》精神影响下，直至清代，卢派《二十四书品·奇险》还写道：“危岩崩石，绝壁挂松。”而这恰恰是风景园林的一种审美意象，并可在云南昆明石林中现实地看到，这说明，在风格美的领域里，各门艺术往往相通。环秀山庄的“从巅架以飞梁”，也峭而又险，给人以“危岩崩石”之感。这种景象，正是叠山家从所经历的名山胜景中广泛概括来的，而计成的提出“从巅架以飞梁”，也离不开其《自序》所说的“少以绘名，性好搜奇……游燕及楚”，可说是“胸中所蕴奇”（《自序》）的表现。再看摄影家此照，以仰拍摄取，故岩崖益见其峻峭，石梁益见其奇险，也极具艺术魅力。

　　就“就水点其步石，从巅架以飞梁”这两句来看，计成更是匠心独运，他以仰观、俯察不同的审美视角来策划山水，冶炼辞句，写步石，一个“点”字用得极佳，轻灵而活泼，让人想象游人是如何轻巧地涉水而过，如步水上，如行野间；写山巅，则以一个“飞”字，让人想象出景观组合的高、峻、奇、险之美，如攀高山，如临深壑。人们在实际游赏中，若能体现这种俯、仰的反差，则能极大地拓展视觉空间的深度和高度。

【11-13】莫言世上无仙，斯住世之瀛壶

　　题语选自《掇山·池山》，计成赞道：“峰峦飘渺，漏月招云，莫言世上无仙，斯住世之瀛壶也。”意谓不要说世上没有仙境，这类优美的池山，就是“住世之瀛壶”。住世：即此身所居住的、现实的人世间。瀛壶：前已释，为神话传说中仙人所居、漂浮于海上三山之一的瀛洲。

　　图为吴江同里镇东的罗星洲，是同里湖中的一个小岛，美称之曰“洲”。但它和漂浮于海上的瀛壶，不无同构之处，如洲岛上寺庙轩榭、回廊曲桥组合的建筑群，高低错落，疏密有致；右方一带杏黄墙垣，殿宇露台，也显出祇园净土、佛国法界的庄严相；其偏左耸立的两层高阁，歇山顶，龙吻脊，造型壮美，气势不凡，特别是屋角的嫩戗发戗，翼然似欲飞举，犹如神话传说中的瑶台华阁，涌现于烟霞叆叇、祥瑞氤氲之中。罗星洲与瀛壶的近似，更在于同样浮于烟波浩淼、隐现叵测的水面上，令人作非非想……正因为如此，旧时此处刻有“蓬莱仙境”四字品题。现今此洲的建构，为20世纪末所恢复，它虽有诸多不足，但此帧摄影，却发挥了其扬长避短的艺术能动性，起了“复旧观”的作用。

　　摄影的角度和意境，与传统绘画美学的“远”论有其一定的相应性。宋郭熙《林泉高致》说山有三远：高远，深远，平远。深远是“自山前而窥山后”，“深远之意重叠”。画家设想站在高处往远看，意象中的山必然重重叠叠，境界深远。同理，摄影家登楼选取最佳视角用变焦镜的中段光圈俯拍，也能赢得最佳效果：图中，屋宇高低错落，竹树穿插掩映，就呈现出层层叠叠之象，深远不尽之意。宋韩拙的《山水纯全集·论山》接受了郭熙的“三远”说，又进

【11-13】同里湖上罗星洲（蔡开仁 摄）

而补充了"三远"，即阔远、迷远、幽远，"景物至绝而微茫缥缈者，谓之幽远"。此摄影杰作同样如此，歇山高阁之后作为中景的小岛，其下迷迷蒙蒙，似是烟岚，实为水波，这用计成的话说，是"峰峦飘渺"；用清人笪重光《画筌》的话说，是"波间数点，远黛浮空"。此岛虽小，进入镜头却大大地丰富了照片的层次感，还显示了罗星洲的环境之美——湖中有岛，岛中有湖，让人真幻莫辨，萌生一种仙境之想，而作为远景的五星酒店等现代建筑，被染为一片青灰，有类于绘画浅浅的单色平涂，这种世俗尘氛的形相，被化得极淡，推得极远，从而反衬出罗星洲这个远离人世的瀛壶仙境之美。

英国著名摄影家约翰·恩格迪沃认为，摄影艺术能"将现实世界转化为超现实世界"（《国际摄影艺术教程》第45页）。《同里湖上星罗洲》这一杰作，以其中国特色的意境、构图，出色地体现了这一西方摄影美学理想。

【11-14】峭壁山者，靠壁理也［其一］

题语选自《掇山·峭壁山》："峭壁山者，靠壁理也。藉以粉壁为纸，以石为绘也。"靠壁理：靠着墙壁叠掇。藉以粉壁为纸：借助于白粉墙作为画纸。以石为绘：以石为笔墨来绘画。峭壁山，又称"叠壁山"或"壁山"，叠掇之石，江南一般用湖石或黄石。本条图释湖石壁山。

图为苏州网师园琴室前庭的壁山，此山在庭院西南墙上。由于庭院不大，故而山的体量也不大。《掇山·峭壁山》又说，"理者，相石皴纹，仿古人笔意。植黄山松柏、古梅、美竹……"这是说，掇山要察看石头表面的纹理皴皱，从而模仿古代画家的笔意，琴室前的壁山也体现了这一艺术要求。由于它是用太湖石叠掇，而太湖石的表面轮廓、纹理皴皱均比较圆转，所以此

【11-14】琴室前庭湖石壁山（童　翎　摄）

山基本上用古代山水画家的卷云皴笔法（如宋代郭熙），皴纹比较简洁圆润，颇能体现山势的阴阳起伏。这种靠壁所叠掇的山，不是完全立体的，而是贴靠粉墙的湖石嵌砌于墙内，其他则露于墙外，有似于雕塑中的浅浮雕。计成还说在山旁配以"黄山松柏、古梅、美竹"，亦即体现比德美学的"岁寒三友"——松、竹、梅，于是就更像一幅画了。而琴室前的峭壁山，仅植以细竹，还注意控制其生长，山下植书带草，这样，以低衬高，以小映大，壁山就显得较为高大绵延，且有层次感、立体感，从而渲染了山林气象，使画面气韵生动，绿意盎然。

　　还应一说，琴室前庭缘何叠掇壁山？这也有历史文化渊源。南朝宋画家宗炳好山水，爱远游，晚年不但画山水于室壁，而且"抚琴动操，欲令众山皆响"（《宋书·宗炳传》）。这在文化史上传为美谈。明人杨表正《弹琴杂说》则云："焚香静室，心不外驰，气血和平，方与神合，灵与道合。如不遇知音。宁对清风明月，苍松怪石……"琴室前庭东南、西南各有叠壁山，造型或空灵，或敦实，还有苍古奇崛的特大型树桩盆景，这些不但是琴室的合适对景，而且是抚琴动操"宁对……"的理想对象。

【11-15】峭壁山者，靠壁理也［其二］

　　峭壁山既可以湖石叠掇，又可以黄石叠掇。

　　图为苏州沧浪亭洞门内的黄石壁山。该园善于利用隙地进行创造。此景在园西侧康熙御碑

【11-15】黄石壁山，壶中天地（俞　东　摄）

亭北，这里有一个葫芦式小型洞门，人们要进去一游，非得低头侧身钻入不可，但一入其中，却感到别有天地。明王世贞《弇山园记》释"壶中天地"云："所入狭而得境广"，意谓入口极狭小，而其中所生成的境界却很大。葫芦门内亦然，说狭小，这是沿墙走廊的墙与园的界墙之间所馀的一条狭弄。弄的两壁均为粉墙，西为云墙，东为走廊背面，其上均以花边瓦、滴水瓦谱成黑灰韵律。

在这狭小空间里，却妙有一座厚重黄石贴墙掇置的峭壁山，层叠覆压，突兀箕踞，小而不乏气势。它虽不无败笔，但最大优长可借元代画论所论，"从主山分布起伏，馀皆气脉连接，形势映带。如山顶层叠，下必数重脚，方盛得住"（饶自然《绘宗十二忌》）。试看此壁山，山顶层叠而下借若即若离的花坛为山脚，既稳住山体，又延为馀脉，由南往北，参差起伏，逶迤而去，给人以不尽之感。

为了营造气势，烘托壁山，其南配以小枫一株，刚吐浅红色嫩芽；其北则略植红叶石楠，这两侧的红叶，与假山、花坛的黄石，烘托出一派暖色，并与对面花坛内的石楠相呼应，使这里的空间虽然春寒料峭，却又洋溢着融融的暖意。然而此间又不乏油油的绿意作为补充，如远处高高下下的杂树，石畔坛内覆地的书带草，山石上虽只有几棵却充满生机活力的小草……这种对比色的点染，是表现了色调之美。

还值得一赏的，左侧坛内一株矫健的黑松，虬奋龙举，斜向往上游走，树冠疏疏密密虚虚实实，拔高和荫蔽了狭弄上空。另一株近旁的凌霄，其绞缠的藤茎，攀于壁山，缘上云墙，这是讲究姿态之美，悬想暑日来临，山顶墙头，绛英烂熳，又是一番美景。

综观壁山空间，内容繁富，形式多样，仰观俯察，无不是美，其特点真是"所入狭而得境广"。它还有一个出口，在御碑亭南，是一个狭狭的长八角形洞门。巍巍壁山空间，除了一个

"狭"字外，还可以一个"曲"字概之：黄石花坛的轮廓线是曲，被花坛所范围的路径是曲，黑松游走的主干是曲，凌霄攀缘而上的藤茎是曲，云墙蜿蜒的波状线是曲……

沧浪亭善于小处着眼，在方寸空间里做文章。

【11-16】收之圆窗，宛然镜游 [其一]

题语选自《掇山·峭壁山》。它虽只有八个字，却是积淀了中国文艺审美经验的名言警句。对它的解读，关纽在"镜游"、"圆"三字。

先说"镜游"。流传王羲之有"山阴路上行，如在镜中游"之句，其原句是否如此，历来引述不一，但是，它又很有美学意蕴（详见《探析》第398-403页），例如。不论中国或西方，古代或现代，文艺家、美学家往往喜欢以镜为喻来审美【∞→】，东晋的王羲之、唐代的李白、现代的宗白华、意大利文艺复兴时期的达·芬奇……这些赫赫名人都留下了有关的名言隽语，给人启悟良多，计成则联系园林的创造与品赏，冶铸为又一名言隽语："收之圆窗，宛然镜游"。此语不只是以"宛然"来代替"如"字，而且还与园林里的圆窗联系起来，特别是这个"圆"在中国或西方的文化传统里，均为美、美满、完备的象征，此外还有理想、团圆、光明等义。再看《园冶》的《门窗·[图式]》，除了"片月式"外，还有"月窗式"即满月式，其"月窗式"

【11-16】月洞门对景：圆融完满（鲁 深 摄）

旁还特地注明："大者可为门空。"这种"门空"，也就是今日园林随处可见的月洞门。由于中国历史上的铜镜是圆的，《园冶》将"镜"、"圆"、"圆窗"密切联系起来，也特符合中国国情。但苏州园林里月窗式并不多见，只有曾为禅寺园林的狮子林立雪堂庭院有此式，以其隐喻禅意的功德圆满。

图为狮子林的月洞门，门内的框景为燕誉堂前庭院，造园家特别注意庭院花坛的尺度和美，故而坛上不置大型立峰，只立小块湖石和数根石笋，花木也有所控制。这样既扩展了燕誉堂的对景空间，又完美了月洞门的对景构图，人们可见在雅丽的铺地上，居于中部的湖石花坛成了其中主景。再看这个内空全用满磨的圆门，其形宛如团栾明镜，又似圆满月轮，极饶审美意趣，如按计成"镜游"的视角来观照，更能在空明、莹洁、圆妙的品赏中容与扈冶，神游无限……

【11-17】收之圆窗，宛然镜游［其二］

上条诠释了门、窗之圆的意蕴之美和构成庭院"框景 - 对景"的功能价值；本条继续诠释月洞门还可超越窄小的庭院空间，走向广袤无尽的天地，从而见证其"框景 - 借景"无限的审美功能。

图为杭州西湖郭庄的"枕湖"月洞门，它在景苏阁前，与三面白色的塞口墙围合起景苏阁的前庭院。这个团栾如月的圆门，如《门窗·［图式］圈门式》所说，"内空……用满磨"，即用"砖细"铺满内圈，而其"外边"，则用窄窄的"皮条边"，"画"出了一个黑灰色的圆，在白粉墙的映衬下。它显得分外醒目。再看塞口墙的筑脊、瓦顶及其下抛枋的边，也均呈黑灰色而颇为灵动，行走至月洞门上，又以其下"皮条边"的圆心为圆心，"画"了两个同心的半圆。这三个"圆"，由内至外，由窄而渐阔，既极饶视觉的形式感，意蕴上又象征着完美、圆满。月洞门两旁，均置有盆荷，亭亭净植，含苞欲放，可借清汪士慎《盆莲》"叶叶含净绿，心心吐灵芽"诗句来形容。再看盆荷叶叶净绿，翻卷自如，极似画家以工笔晕染而成，其下还有疏疏密密的小花烘托着，那是星星美菊。于是，白蕾、绿叶、橙菊、黄花，配合着粉墙黛瓦，装点了多彩的月洞门。

月洞门上，还嵌有砖细卷轴额，阴刻"枕湖"二字，而另一面则刻"摩月"二字，值得深味。"枕湖"砖额，具有突出的审美导向功能。枕：即临。《汉书·严助传》："会稽东接于海，南近诸越，北枕大江。"颜师古注："枕，临也。""枕湖"，把人们的视线引向月洞门外的渺渺湖景，具体地说，这个团栾如镜而不大的"圆"中，层次却无比丰富，自下往上看，至少有四五个层次：

最近处，是一片面临西湖的平台，是园、湖交界的过渡地带，人们在这里，或坐憩，或小聚，或品茗，或畅怀，或享受，或赏景，或亲水……消除日积月累的疲劳，迎来心旷神怡的幽闲。

第二层，是湖边的一片闹荷，满满的，挤挤的，红裳翠盖，生机勃发，令人想起宋代诗人杨万里咏西湖的著名七绝——《晓出净慈寺送林子方》："毕竟西湖六月中，风光不与四时同。接天莲叶无穷碧，映日荷花别样红。"对比之中，顿生鲜明的色彩感、辽阔的空间感。

【11-17】枕湖月洞门：借景西湖（王　欢　摄）

再往上看，这第三层是湖水悠悠一派，波纹如绫，意境如诗，梦境般地荡漾、展开，它开阔、平和、恬静、空灵，似让人能远远地呼吸到它那沁人心脾的水气，清润人的灵魂，汰涤人的胸襟……

其上，第四层，则是灰绿色的一带烟柳，高高低低，连绵起伏，氤氲着空气之色——淡淡的青，这就是誉满神州的苏堤，正如明田汝成《西湖游览志》录苏轼诗："六桥横截天汉上，北山始与南屏通……"再看眼前，堤带中断处，空空濛濛，隐然有桥一座，那就是苏堤六桥中的压堤桥，令人不胜神往。"枕湖"月洞门内的"景苏阁"，其题名确乎代表了人们对著名文人苏轼普遍的景仰之情……

传为唐司空图的《二十四诗品·雄浑》云："超以象外，得其环中。持之匪强，来之无穷。"是的，如镜之圆无穷大，一湖胜概，尽入环中，其所借之景，确乎"来之无穷"。

"收之圆窗，宛然镜游"的隽语，它还有其普适性、空灵性，它启导人在一片空明中去追逐美，捕捉美。在逍遥游中去把握这大自在。

【11-18】曲水……亦可流觞

题语选自《掇山·曲水》："曲水……上理石泉，口如瀑布，亦可流觞，似得天然之趣。"曲水：古代风俗，于农历三月上巳日就水滨宴饮，认为可被除不祥。《荆楚岁时记》："三月三日，士民并出江渚池沼间，为流杯曲水之饮。"后人因引水环曲成渠，流觞取饮，相与为乐，称为"曲水"。中国文化史上最著名的故事是：晋永和九年，暮春之初，天朗气清，惠风和畅，王羲之、孙绰、谢安等一行风度翩翩、洒脱不拘的江左名流，来到兰亭畅叙幽情，修禊赋诗，大书法家王羲之还撰文《兰亭序》，同时也就诞生了这一"天下第一行书"（金学智《中国书法美学》上卷第99–102页）。该序写道："此地有崇山峻岭，茂林修竹，又有清流激湍，映带左右，引以为流觞曲水……"兰亭此景，对后世园林特别是皇家园林影响极大。"曲水流觞"今仍为浙江绍兴兰亭的著名景点。

　　图为今绍兴兰亭的"曲水流觞"，它以黄石掇为一条弯环宛转的小涧渠，引入源头之水使流，参与者沿曲水而坐，然后于上流置放羽觞，若流觞停其前，则赋诗，诗不成则罚酒……图中曲水的理叠艺术还不错，涧渠较窄，水较浅，可防人们失足。且两岸均较低平近水，这就便于参与者列坐其旁或水中取觞，而凸伸于水的岸边，又立以题名石，上刻"曲水流觞"四字，以引发人们幽兴。两侧的涧岸线颇能见出水平，它凹凸相间，犬牙屈曲，绝不呆板一律，而是让涧渠斗折蛇行，石块拼缝中还丛生着杂草，颇具野致，可谓"似得天然之趣"。此图以长卷形式呈现，适足以凸显曲水的源远流长。

【11-18】兰亭：曲水流觞（郑可俊 摄）

夫识石之来由，询山之远近。石无山价，费只人工，跋蹳搜巅，崎岖岌路。便宜出水，虽遥千里何妨；日计在人，就近一肩可矣，取巧不但玲珑（参见【11-4】），只宜单点；求坚还从古拙，堪用层堆（参见【3-11】）。须先选质无纹，俟后依皱合掇（参见【5-14】）；多纹恐损，无窍当悬。古胜太湖，好事只知花石；时遵图画，匪人焉识黄山。小仿云林，大宗子久。块虽顽夯，峻更嶙峋，是石堪堆，便山可采。

石非草木，采后复生。人重利名，近无图远。

（一）太湖石

苏州府所属洞庭山，石产水涯，惟消夏湾者为最。性坚而润，有嵌空、穿眼、宛转、嶮怪势。一种色白，一种色青而黑，一种微黑青（见【12-5】）。其质文理纵横，笼络隐起（参见【11-2】），于石面遍多坳坎（参见【6-16】），盖因风浪中冲激而成（参见【10-4】），谓之"弹子窝"，扣之微有声。采人携锤錾入深水中，度奇巧取凿，贯以巨索，浮大舟，架而出之。

此石以高大为贵（参见【8-9】并见【12-5】），惟宜植立轩堂前，或点乔松奇卉下，装治假山，罗列园林广榭中（见【12-5】），颇多伟观也（参见【8-9】并见【12-6】）。自古至今，采之以久，今尚鲜矣（参见【9-2】）。

（二）昆山石

昆山县马鞍山，石产土中，为赤土积渍。既出土，倍费挑剔洗涤。其质磊块，巉岩透空，无耸拔峰峦势，扣之无声，其色洁白。或植小木，或种溪荪于奇巧处，或置器中，宜点盆景，不成大用也。

（三）宜兴石

宜兴县张公洞、善卷寺一带山产石，便于竹林出水。有性坚、穿眼、嶮怪如太湖者；有一种色黑质粗而黄者；有色白而质嫩者，掇山不可悬，恐不坚也。

（四）龙潭石

龙潭，金陵下七十馀里，沿大江，地名七星观，至山口、仓头一带，皆产石数种，有露土者，有半埋者。一种色青，质坚，透漏，文理如太湖者；一种色微青，性坚，稍觉顽夯，可用起脚压泛；一种色纹古拙，无漏，宜单点；一种色青如核桃纹多皴法者，掇能合皴如画为妙。

（五）青龙山石

金陵青龙山石，大圈大孔者，全用匠作凿取，做成峰石，只一面势者。自来俗人以此为太湖主峰，凡花石反呼为"脚石"。掇如炉瓶式，更加以劈峰，俨如刀山剑树者，斯也。或点竹树下，不可高掇。

（六）灵璧石

宿州灵璧县地名"磬山"，石产土中，采取岁久。穴深数丈，其质为赤泥渍满，土人多以铁刃遍刮，凡三两次，既露石色，即以铁丝帚或竹帚兼磁末刷治清润，扣之，铿然有声。石底多有渍土，不能尽者。石在土中，随其大小具体而生，或成物状，或成峰峦，巉岩透空，其状少有宛转之势，须藉斧凿修治磨砻，以全其美，或一两面，或三面。若四面全者，即是从土中生起，凡数百之中无一二。有得四面者，择其奇巧处镌治，取其底平，可以顿置几案，亦可以掇小景。有一种匾薄或成云气者，悬之室中为磬，《书》所谓"泗滨浮磬"是也。

（七）岘山石

镇江府城南大岘山一带，皆产石。小者全质，大者镌取相连处，奇怪万状。色黄，清润而坚，扣之有声。有色灰青者。石多穿眼相通，可掇假山。

（八）宣石

宣石产于宁国县所属，其色洁白，多于赤土积渍，须用刷洗，才见其质。或梅雨天瓦沟下水，冲尽土色。惟斯石应旧，逾旧逾白，俨如雪山也。一种名"马牙宣"，可置几案。

（九）湖口石

江州湖口，石有数种，或生水中，或产水际。一种色青，混然成峰峦岩壑，或类诸物状。一种匾薄嵌空，穿眼通透，几若木版以利刀剜刻之状，石理如刷丝，色亦微润，扣之有声。东坡称赏，目之为"壶中九华"（参见【6-4】），有"百金归买小玲珑"之语。

（十）英石

英州含光、真阳县之间，石产溪水中，有数种：一微青色，间有通，白脉笼络（见【12-11】【12-12】）；一微灰黑，一浅绿，各有峰、峦，嵌空穿眼，宛转相通。其质稍润，扣之微有声。可置几案，亦可点盆，亦可掇小景（见【12-11】）。有一种色白，四面峰峦耸拔，多棱角，稍莹彻，而面有光，可鉴物，扣之无声。采人就水中度奇巧处凿取，只可置几案。

（十一）散兵石

"散兵"者，[汉]张子房楚歌散兵处也，故名。其地在巢湖之南，其石若大若小，形状百类，浮露于山。其质坚，其色青黑，有如太湖者，有古拙皴纹者，土人采而装出贩卖，维扬好事专买其石。有最大巧妙透漏如太湖峰，更佳者，未尝采也。

（十二）黄石

黄石是处皆产，其质坚，不入斧凿，其文古拙。如常州黄山、苏州尧峰山、镇江圌山沿大江直至采石之上皆产。俗人只知顽夯，而不知奇妙也。

（十三）旧石

世之好事，慕闻虚名，钻求旧石。"某名园某峰石，某名人题咏，某代传至于今，斯真太湖石也，今废，欲待价而沽。"不惜多金，售为古玩还可。又有惟闻旧石，重价买者。

夫太湖石者，自古至今，好事采多，似鲜矣。如别山有未开取者，择其透漏、青骨、坚质采之，未尝亚太湖也。斯亘古露风，何为新耶？何为旧耶？凡采石，惟盘驳人工装载之费，到园殊费几何？

予闻一石名"百米峰"，询之，费百米所得，故名。今欲易百米再盘百米，复名"二百米峰"也。凡石露风则旧，搜土则新，虽有土色，未几雨露，亦成旧矣。

（十四）锦川石

斯石宜旧。有五色者，有纯绿者，纹如画松皮，高丈余、阔盈尺者贵，丈内者多。近宜兴有石如锦川，其纹眼嵌石子，色亦不佳。旧者纹眼嵌空，色质清润，可以花间树下插立可观。如理假山，犹类劈峰。

（十五）花石纲

宋"花石纲"，河南所属，边近山东，随处便有，是运之所遗者。其石巧妙者多，缘陆路颇艰，有好事者，少取块石置园中，生色多矣。

（十六）六合石子

六合县灵居岩，沙土中及水际产玛瑙石子，颇细碎。有大如拳，纯白五色纹者，有纯五色者，甚温润莹彻，择纹采斑斓取之，铺地如锦；或置涧壑及流水处，自然清目。

［结语］

夫葺园圃假山，处处有好事，处处有石块，但不得其人。欲询出石之所，到地有山，似当有石，虽不得巧妙者，随其顽夯，但有文理可也。曾见［宋］杜绾《石谱》，何处无石？予少用过石处，聊记于右，馀未见者不录。

【12-1】须先选质无纹，俟后依皴合掇

题语选自《选石》。掇山首先要选石，掇山选石，首先要以能承受千钧重压为质量的上乘，也就是首选没有皱褶裂纹的，因为多纹之石不坚牢，经不起重压，易断损（详见下条）。只有等到山的下部叠掇坚实后，才具备了求美的前提条件，才能选用有皴皱之美的巧石依皴合掇。俟〔sì〕后：等待以后。两句说明：质是选石掇山的重要标准，不能一味追求皴皱等类的美，因以下部质的坚牢为第一位。

再说"依皴合掇"。前已论析了"皴"是山水画用笔墨表现山石脉络肌理的程式，"皱"则是景观石的纹理皱褶之美，二者实际上是相通的，在《园冶》里"皴"就是"皱"。故这里的"依皴"，可理解为依照、顺着景观石包括皱褶在内的原有脉络肌理，又选用与其相适称的绘画山石皴法，将其分散的个体掇合为完整的山体。

图为苏州环秀山庄湖石假山的峰崖造型，其峰端部分，利用太湖石圆浑宛转、透漏嶙怪、嵌空多坳坎的特点，表现出山水画家的卷云皴（又称云头皴）法，故而叠掇得形神皆备，十分耐看，犹如天上的朵朵云头升起；其下的崖壁部分，利用太湖石纹理交错、褶襞纵横等特点，掇合为浑然一片；而峰、崖相合，也可谓天衣无缝，整体犹如大海里的波浪汹涌。这一举世无双的杰构，可用清代大画家石涛《苦瓜和尚画语录·皴法章》中"峰与皴合，皴自峰生"的话来作最高

【12-1】环秀山庄峰崖造型（虞俏男 摄）

评价。而摄影家对这一部分的选择，也很有眼力，可说是慧眼识珠。此外，镜头还选中了崖壁缝穴所生的南天竹，绿叶红果，为画面增添了勃勃生机，而恰巧一缕阳光斜射而下，与红果互为呼应，光与色进一步美化了画面，在冷色调中给人以温馨的美感。

【12-2】多纹恐损

题语选自《选石》。纹：指石之纹理、皴裂、皴褶。题语的提醒是必要的。以太湖石为代表的奇巧美石虽有种种优长，如纹理皴皴等，符合相石的审美标准，但它们也有所短，就是多纹之石恐其易于损坏折裂。这给人的启发是：此类石一是不能做基础石或下脚石，因其经不起重压；二是如果安置之地失当，也容易因受碰撞而致损折。

图为镇江北固山多景楼下所置皴石立峰。此石虽不高，却颇富"皴"的特色。表现为两个层面：其一，是立体结构上的深凹层凸，如石面有些部分凸得很出，有些部分

【12-2】多景楼下皴石峰（蓝　薇　摄）

又凹进很深，形成了一种大起大落的襞褶，而且一律是从右上向左下斜拖，这是湖水长期冲击的结果，其中有些大片凹陷之处，几乎成为较薄的片状体，很容易损坏折裂；其二，是石面裂纹，如仔细看，不论是凹处还是凸处或平处，往往有纵横较错的裂痕、皴纹，看上去虽裂得不深，还较牢固，但再经若干年的风化、雨蚀，特别是受到无意的撞击，很容易损折，不但影响景观，而且会造成安全事故。正因为如此，此峰置于倚墙的花坛上，其前围以湖石，使之处于安全地带，这样，既可突出地供人欣赏，即使折裂崩塌也不会产生事故。此皴石立峰的安置，可作为"多纹恐损"的典型例证。

【12-3】无窍当悬

题语选自《选石》。此句自内阁本以来，绝大多数均作"垂窍当悬"，故难以译释。《举析》指出："'垂'字当为'無'字繁体之形误，喜本（喜咏本）作'無'，甚是。'无窍当悬'，意谓无孔窍的石块才可以悬挑……窍石悬挑那是要损折的。"本书赞同此说。"垂"字之非，还可从"多纹恐损，无窍当悬"这一骈语的写作上来补证。"多"与"无"（即"零"）相对相反成骈，出句从反面说，对句从正面说，作"垂"字则不成其"骈"。再从内容上看，"纹"、"窍"互对，

分别是指奇巧美石的"皱皱"和"透漏"，是说皱皱之石最易损折，透漏之石则不宜悬挑，因其也易损折，只有没有透漏孔窍之石才可作悬挑之用。计成意在告诫人们：选石应防止一偏，为了追求奇巧而走向极端，应全面考虑。这一点，可说是选石特别是用石首先应注意的。

图为苏州拙政园湖石悬挑的景观。具体地点，在西部鸳鸯厅"十八曼陀罗花馆"西耳室附近假山旁。《掇山·岩》说，"理悬岩，起脚宜小，渐理渐大，及高，使其后坚能悬"。图中所示，也是下小上大，其中一块湖石，悬挑于外（称"前悬"），此石上面的后部，有一镇压石压之（称"后坚"），于是此石就能"悬"了。此图选在雨中拍摄，增加了石群组合的清晰度和趣味性，而鸳鸯厅耳室的一排彩色玻璃窗槅作为背景，其视觉效果更佳，更能清楚地说明问题，并增添了画面的美感。

【12-4】几案太湖石二品

《选石·太湖石》："苏州府所属洞庭山，石产水涯，惟消夏湾者为最。性坚而润……

【12-3】雨中湖石悬岩景象（俞　东　摄）

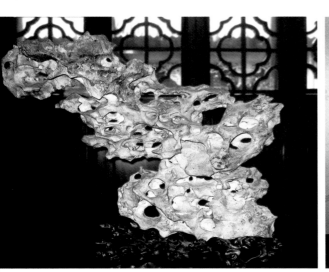

【12-4】几案太湖石二品（选自2015狮子林首届雅石展）

其质文理纵横……于石面遍多坳坎，盖因风浪中冲激而成，谓之'弹子窝'，扣之微有声。"这主要写了太湖石的产地、形质、特点、声音等。其石色大抵为淡青灰，或较白，或微青黑……

然而，石文化史发展至今，据所知见，以太湖石为代表的各类赏石品种更大为丰富，新品种纷纷被发现。2015年11月，苏州狮子林举办置之几案类首届雅石展，令人们眼界大开。

本条以下，仍严格按《选石》的品类顺序，自太湖石至其他石种作部分图释，同类者则数石拼作一图，集中展示。图像来源，几案类均选自狮子林2015首届雅石展，较大的立峰乃至假山，则注明摄自某地某园。

本条左图为灰黄湖石，展品形、质、色均优异，世所罕见。宋杜绾《云林石谱·太湖石》云，"鲜有小巧可置几案间者"，此乃"鲜有"中之佼佼者，极饶"嵌空、穿眼、宛转、嶮怪势"（《选石·太湖石》），其石上可见大量的"嵌空穿眼"，或大或小，或深或浅，或圆或长，或聚或散；或透，或半透，或不透……种种不一，变幻莫测。整体地看，此石形似庆云（卿云），冉冉升空，萦回舒卷，似有自由流动感。石面色现灰黄浅橙，或带灰黑，或近灰白，均如晕染而成，闪闪似有光，色调丰富和谐，令人想起传为虞舜时代的《卿云歌》："卿云烂兮，纠缦缦兮！日月光华，旦复旦兮！"洵为杰品。

本条右图为黑白湖石，展品整体呈山峦起伏状，下部为纯白色，石面上微微小坳坎紧排密布，如鱼鳞片片，乃石在水中岁久冲激而成。明人曹昭《格古要论·异石论·太湖石》就说，"石面鳞鳞作厴（厴：小圆窝）……亦水痕"。而石的上部，则为纯黑色，细看石面，亦"鳞鳞作厴"。其上下对比鲜明的黑白之间，有一条过渡带，由一排密布的屈曲细线组成，此乃又一种"水痕"。展品这种黑白构成、不见人工的奇巧美，世亦不多见。

【12-5】红太湖石，五美并臻（日·田中昭三 摄）

【12-5】红太湖石立峰

此太湖石峰，列置于苏州拙政园

东部池畔的芙蓉榭内。该峰石突出地体现为五美：一是色泽特殊，世较罕见。一般太湖石，如《选石·太湖石》所言，"一种色白，一种色青而黑，一种微黑青"，苏州诸园大多呈淡青灰色常态，总之均呈冷色调，然而此峰却灰里泛红，呈暖色调，称红太湖石，特可贵；二是透、漏并臻，空灵秀丽，具有《选石·太湖石》所概括的"性坚润，有嵌空、穿眼、宛转、嵝怪势"，故宜细细品赏。三是"上大下小，似有飞舞势"（《摄山·峰》），这是其整体的形态特征，亦世较罕见；四是体量较高大，用《选石·太湖石》的话说，"此石以高大为贵"，以此衡量，此峰绝不属于置几案的小品；五是环境美，《选石·太湖石》指出"以高大为贵"后，随即说，宜"罗列园林广榭中"。不错，此稀世珍峰，若立于露天，日晒雨淋，未免可惜，现恰恰立于美丽的芙蓉榭内，并置于架上，可谓"得其所哉"！是以值得标举。

【12-6】或点乔松下，装治假山

题语选自《选石·太湖石》："此石以高大为贵，惟宜植立轩堂前，或点乔松奇卉下，装治假山，罗列园林广榭中，颇多伟观也"。数句意谓：奇巧的太湖石以高大为贵，宜植立于轩堂前，或点置乔松奇卉之下，装点美化假山，或罗列园林广榭中，均颇多伟观。这是指出了高大的太湖石峰适合点置的处所，适宜相配的景物特别是乔松，因为松石配置是中国画的悠久传统【∞→】，而计成原是画家，他熟悉这一传统。回眸中国绘画史，传为南朝梁元帝所撰的画论，就名为《山水松石格》；至唐代，松石早已孕育为一种成熟的画种，据朱景玄《唐朝名画录》载，以松石擅名者就有张藻（张璪）、朱审、王维、韦偃、

【12-6】假山峰巅松石配（梅　云　摄）

王宰、杨炎、蒯廉、毕宏、程伯仪、沈宁、刘馨、王墨等十二家之多……

本条先论风景园林中的山岭峰石与乔松的亲缘关系。图为苏州狮子林假山，其上颇多白皮松与湖石峰相结合的配置。怎样理解这种关系美？先说计成最尊崇的五代梁荆浩，其《笔法记》说他在太行山洪谷写松"凡数万本，方如其真"，并撰"古松赞"云："不凋不荣，惟彼古松……如何得生，势近云峰。"古松和石峰都具有"不凋不荣"的特点，古松最喜生于云峰之上，安徽黄山就是典型实例，反过来也一样，湖石立峰也最宜势近古松，从而体现出二者映带气求的关系美。图中狮子林假山上的白皮松，其下点以湖石立峰，二者在色泽上也颇为近似，搭配非常协调，能很好地发挥"装治假山"的作用，而且大大小小的石峰错落点置于山上，也用得上"罗列"二字。想当年，清人吴锡麒《狮子林歌》咏道："松耶石耶德不孤，石以松古青逼肤。松以石怪垂龙胡……"这也说明园林里的松石配置，由来已久，有其历史渊源。

【12-7】几案昆山石一品

题语选自《选石·昆山石》。该节云："昆山县马鞍山，石产土中……既出土，倍费挑剔洗涤。"又称昆石。明谢肇淛《五杂俎》卷三："昆山石类刻玉，然不过二三尺而止，案头物也。"对于它的特点，《选石·昆山石》又说，"其质磊块，巉岩透空，无耸拔峰峦势，扣之无声。其色洁白"，"宜点盆景"。

图为展品，与以上论述，有同有不同。其形上大下小，具两孔，有耸拔峰峦势，透空而立，其质磊块，石面较粗，与刻玉大异，亦非洁白，体有色点，皴如卷云，姿态自然天成，置于架上，堪称画本。

【12-8】几案灵璧石四品

题语选自《选石·灵璧石》："宿州（地属安徽）灵璧县地名'磬山'，石产土中。""扣之，铿然有声"，"可以顿置几案，亦可以掇小景"，扁薄者可"悬之室中为磬"。宋赵希鹄《洞天清录·灵璧石》："色如漆，间有细白纹如玉。"从狮子林雅石展

【12-7】架上昆石峰
（选自2015狮子林首届雅石展）

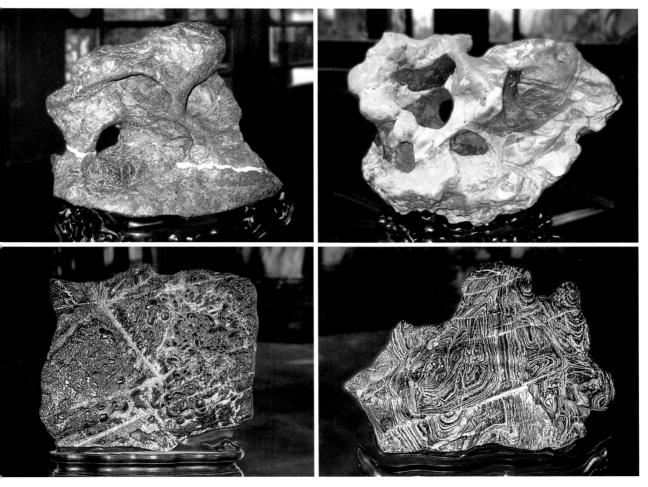

【12-8】几案灵璧四品（选自2015狮子林首届雅石展）

来看，可顿置几案者其色、形、纹可谓多姿多彩，为历来石谱所不载，本条选四品，以享同好。

左上为红灵璧，展品红中含赭，略隐黑，其贵还间有白纹，明文震亨《长物志·水石·灵璧石》："有细白纹如玉，不起岩岫"。此石无巉岩耸拔，数孔特大而透漏，其质浑厚坚实，具圆融润泽光莹之美。

右上为黄灵璧，展品呈暖色，层次丰富，黄作为主色分布全石，并向深、浅不同的色相衍化：深为灰赭，结为色块；浅则融化为淡黄至白。此石亦无觚棱耸拔，有孔透，其质滋润如黄蜡，略带透明感，面面有光。

左下为珍珠灵璧，用《洞天清录》语云，色黑如漆，具灵璧石之典型特征。其正立面基本呈方形，无孔穴坳坎，石面有少量纵横灰白色直纹以开其面，略成笼络之势，而最为突出的是表面一颗颗黑色珍珠由内向外迸出，黯然锃亮，夺人眼目。

右下为流纹灵璧，全体呈黑色，右边弧曲圆浑，左边有棱有角，呈不规则形。石表密布难以数计的、屈曲蜿蜒的细纹，它们分组地平行游走，绝不交叉叠合，只有几条横向线纹穿破其间。整体地看，恰似地图上所绘山脉河流，耐人细赏。

【12-9】其色洁白的宣石

题语组自《选石·宣石》："宣石产于宁国县所属，其色洁白"，且"愈旧愈白，俨如雪山也"。

图中所展，确乎是其色洁白，既如霜，又似雪，还像无数结晶微粒的凝冻，给人以寒冽之感。再视其表面，层棱凹凸，皱褶相杂，似一根根白绒条堆塑而成，遍体没有一寸平缓之地。总体上看，在审美视野中，它秀拔向上，略带宛转，俨如皑皑雪峰。设若将其置于阳光下，其所含乳石英会闪闪作光。

【12-9】几案宣石峰（选自2015狮子林首届雅石展）

【12-10】宣石：俨如雪山

《选石·宣石》说，宣石其色洁白，"俨如雪山"。正因为如此，扬州个园为营造和渲染四季不同的氛围，春山用石笋，夏山用湖石，秋山用黄石，冬山则选用了宣石，取其色白，俨如雪山。陈从周先生写道："厅前堆白色雪石（宣石）假山，为冬日赏雪围炉的地方。因为要象征有雪意，将假山置于南面向北的墙下，看去有如积雪未消的样子。""个园以假山堆叠的精巧而出名……采取分峰用石的手法，号称四季假山，为国内唯一孤例。"（《园韵》第126页）

图为个园"透风漏月"厅的南庭院，其前的冬山，贴墙蜷缩于南面往西展延，只有少许峰往上耸拔，以成其起伏之势（图见下页）。其色确乎较白，非同一般园石，而该庭院的季相意蕴更为别致，"冬山惨淡而如睡"（宋郭熙《林泉高致》），加以地面铺作冰裂纹，给人以冰天雪地之感。还应补充指出，原来铺地用白矾石，更佳，现带杂色，则有所逊色。还值得一说的是，庭院南墙还开有四排二十四个圆形风洞，既象征一年二十四个节气，风洞又增加了空气的流量与流速，给人以寒风凛冽之感（见《中国园林美学》第222-223页），其构想可谓苦心孤诣，值得高度肯定。

【12-11】英石：一微灰黑

题语组自《选石·英石》："英州含光、真阳县之间，石产溪水中，有数种：一微青色，间有通，白脉笼络；一微灰黑，一浅绿，各有峰、峦，嵌空穿眼，宛转相通。其质稍润，扣之微有声。可置几案，亦可点盆，亦可掇小景……"英州，即今广东英德，故又称英德石。

【12-10】宣石：个园冬山（张振光 摄）

　　图中所展，色微灰黑，棱角峭利，皴折方硬，颇莹彻，扣之韵清，其形峰峦耸秀，嵯峨峭拔，横向展开，置案头如悬崖峭壁，崇山峻岭，诚一幅立体水墨山水，只是既无"嵌空穿眼"，又无"白脉笼络"。

【12-12】其色如漆的英石

　　岭南园林从广义上说，可包括广东及其附近一带乃至九龙。岭南园林的叠山，由于面积都偏小，大多为利用纵向空间来造型的石峰石山，这样就不需占多少地盘。相反，若要堆土山，它往往横向展开为多，地盘占得大。但是，香港九龙寨城公园则不然，它以土山为

【12-11】几案英石峰（选自2015狮子林首届雅石展）

【12-12】英德黑：山、石互成（江红叶 摄）

主，兼以掇石，实现了山、石互成的创造。

先说用石，它用的是南方最多的英德石。明文震亨《长物志·水石·品石》说："石以灵璧为上，英石次之，然二种品甚贵，购之颇艰，大者尤不易得……小者可置几案间，色如漆，声如玉者最佳"。而今，九龙寨城公园的时、地等条件大不相同了，其园面积较大，石材也不是很难解决。它用的是英德黑，光泽如玉，符合于《长物志》"色如漆，声如玉"的要求，但是，它大者颇多，且面有光泽，还具有《选石·英石》所说"白脉笼络"。

在此山，色黑如漆的英石用途有五：一是磴道石，铺为逐步升高的磴级，便于人们登临；二是磴级的道旁石，其作用除了在两侧规范磴道外，还特别叠得高低错落，极不一致，以破除磴道的规整性，给人以山体的感觉；三是山麓石（即山脚石），在山的周围，下部埋入土中，既可免雨天泥土被冲失，又可规范山的四围平面；四是山骨石，石是山之骨，它零散地部分地露出于山巅或山腰，这在古代或称为岨［jū］。《尔雅·释山》："土载石为岨。"郭璞注："土山上有石者。"五是铺地石，这样，山和地也一体化了。还应指出，此照片特值大雨滂沱之时拍摄，故不但石色更漆黑，光亮异常，而且白脉笼络也极其清晰，故更具可赏性和实证性。

【12-13】锦川石

《选石·锦川石》：此石"有五色者，有纯绿者，纹如画松皮，高丈余、阔盈尺者贵。"此石的名称较多，今江南一带称为"石笋"。清代苏州留园主人刘恕《石林小院说》写到，"斧劈"又名"松皮"，通称"石笋"。还说，石林小院东南，曲廊外有空院盈丈，"宜于锦川石"，于是题为"干霄峰"。而今这里依然有高丈馀的石笋，可见锦川石就是石笋，惜乎此景由于遮挡难以拍摄其全貌。

图为苏州狮子林假山之巅的锦川石，其色也是灰中带绿，纹似松皮，阔而高大，挺然直立向上，颇有气势。自下往上仰拍，但见它超出围墙、屋顶，直指蓝天，欲与白云试比高。用文学语言来形容，犹如巨大的宝剑，刺破青天而锷未残。或可借刘恕的《寒碧庄十二峰·干霄峰》所咏来形容："耿耿青天插剑门，雕云镂月有陈根。孤庭独立三千丈，万笏吴山一气吞。"

【12-13】狮子林山巅锦川石（俞 东 摄）

【12-14】运之所遗者，少取块石置园中

题语选自《选石·花石纲》。北宋崇宁、政和间，宋徽宗在东京（今河南开封）大兴工役，筑大型皇家园林"艮岳"。当时朱勔（苏州人）取珍异花木竹石进献，号曰"花石纲"，应奉局设于平江（今苏州），舟楫相继，日夜不绝，大抵是灵璧、太湖诸石之佳品。《选石·花石纲》写道："宋'花石纲'，河南所属，边（其边境）近山东，随处便有，是运之所遗者（运送时遗留在半途的）。其石巧妙者多，缘（因）陆路颇艰，有好事者，少取块石置园中，生色多矣。"

图为著名的瑞云峰，是朱勔选中而未及启运，弃置河滨的。入明以来，转辗经陈司成、董份、徐泰时等人，运送、沉湖、捞起、覆舟、复起、搁置、植立……盛衰起落，既流传有序，又传说纷纭，后置于徐泰时东园（今苏州留园前身）。晚明著名小品文家袁宏道《吴中园亭纪略》写道："垄上太湖石一座，名瑞云峰，高三丈馀，妍巧甲于江南，相传为朱勔所凿"。张岱《陶庵梦忆·花石纲遗石》则评其为"大江以南花石纲遗石"之"石祖"，"石连底高二丈许，变幻百出，无可名状。"入清，姜垛还咏道："三吴金谷地，万古瑞云峰。"（《己亥秋日游徐氏东园》）乾隆南巡，地方官为邀宠而将其从徐氏东园移入织造府花园（今属苏州市第十中学）。清顾震涛《吴门表隐》卷一："瑞云峰，乾隆四十四年移之织造府西行宫内。"该峰确乎"以高大为贵"（《选石·太湖石》），其透漏之美尤可点赞：众窍为虚，穿眼相通。大孔特多，嶙怪峥嵘。千态万状，宛转嵌空。巧妙绝伦，剔透玲珑。不愧为江南四大名石之首。

【12-14】瑞云峰：妍巧甲于江南（陆　峰　摄）

构园无格，借景有因。切要四时，何关八宅。林皋延伫，相缘竹树萧森；城市喧卑，必择居邻闲逸。高原极望，远岫环屏。

堂开淑气侵人，门引春流到泽。嫣红艳紫，欣逢花里神仙（参见【3-46】）；乐圣称贤，足并山中宰相。"闲居"曾赋，"芳草"应怜，扫径护兰芽，分香幽室；卷帘邀燕子，闲剪轻风。片片飞花，丝丝眠柳（见【13-2】）。寒生料峭（见【13-29】），高架秋千；兴适清偏，贻情丘壑。顿开尘外想，拟入画中行。

林阴初出莺歌，山曲忽闻樵唱，风生林樾，境入羲皇。幽人即韵于松寮，逸士弹琴于篁里。红衣新浴，碧玉轻敲。看竹溪湾，观鱼濠上。山容蔼蔼，行云故落凭栏（参见【5-18】）；水面鳞鳞，爽气觉来欹枕。南轩寄傲，北牖虚阴。半窗碧隐蕉桐（参见【3-36】），环堵翠延萝薜（参见【2-1】）。俯流玩月（参见【4-3】），坐石品泉。

苎衣不耐凉新，池荷香绾；梧叶忽惊秋落，虫草鸣幽。湖平无际之浮光，山媚可餐之秀色。寓目一行白鹭，醉颜几阵丹枫（见【13-4】）。眺远高台，搔首青天那可问；凭虚敞阁，举杯明月自相邀（参见【3-44】）。冉冉天香，悠悠桂子。

但觉篱残菊晚，应探岭暖梅先（参见【2-12】）。少系杖头，招携邻曲。恍来林月美人，却卧雪庐高士。云幂黯黯，木叶萧萧。风鸦几树夕阳，寒雁数声残月。书窗梦醒，孤影遥吟；锦幛偎红，六花呈瑞。棹兴若过剡曲，扫烹果胜党家。冷韵堪赓（见【13-5】），清名可并。

花殊不谢，景摘偏新。因借无由，触情俱是。

[结语]

夫借景，林园之最要者也。如远借，邻借，仰借，俯借，应时而借（参见【1-3】）。然物情所逗，目寄心期，似意在笔先（见【13-37】【13-38】【13-45】），庶几描写之尽哉（见【13-38】）！

【13-1】构园无格，借景有因

　　题语选自《借景》，两句浓缩了《园冶》的借景观，意谓构造园林没有固定格局，但借景总要有一定的因凭依据。是的，这因凭依据，大致有两种，一是静止的，如远方的建筑物；二是流动的，如在时间中流逝变幻的天象等。英国的纽拜在《对于风景的一种理解》一文中指出："时间的流驶对风景较之其他艺术更有意义……时间的流驶使人面临的不是一个风景而是一个风景序列。风景是一组活动画片，它是在空间中也是在时间中展开的。"（《美学译文》第2期第186页）

　　图为杭州西湖新十景之一的"宝石流霞"。宝石山位于杭州西湖北面葛岭西端，与葛岭同为西湖北面的屏障。宝石山上有造型独特的保俶塔，它八面七级，实心，塔基较小，塔身几乎和地面相垂直，而高高的塔刹则直指蓝天，尖尖如玉笋般地矗立山巅。晚明小品文家袁宏道在《昭庆寺小记》中写道："从钱塘门而西望保俶塔，突兀层崖中，则已心飞湖上也……"寥寥数语，写出了保俶塔有其勾魂摄魄的魅力。明末的张岱，则在《西湖梦寻·雷峰塔》中录下了一则中国风景品赏史上的绝妙佳喻："湖上两浮屠：宝俶如美人，雷峰如老衲，予极赏之。"当时的雷峰塔，荒残破颓，古拙敦厚，在夕照下恰如入定的老僧，而亭亭玉立的保俶塔，则是秀拔窈窕，娉婷可人，她最宜于流驶的霞光中显现其诱人的美。那么，这帧照片又是如何从摄影家镜头中脱颖而出的呢？

　　当城市还在沉睡。黎明尚未来临，观察、等候了多天的摄影家，已登上了葛岭初阳台，在近旁山岩上放置好机位，等着，等着……晴空逐渐破晓，这一刻来到了！宋苏轼《腊日游孤山》

【13-1】西湖新十景：宝石流霞（刘有平　摄）

诗曰："作诗火急追亡逋，清景一失后难摹。"这虽是说写诗，也适用于摄影，待到塔后的彩霞流光，不多不少，不高不低，不亮不暗，朝日将出而未出，恰好，时不可失，美妙的时刻终于定格，成为"一组活动画片"中最美的一帧，于是，时间凝固为空间。再看在流霞背景上的"宝俶如美人"，又令人想起三国魏曹植《洛神赋》中的描写："秾纤得中，修短合度，肩若削成……延颈秀项……披罗衣之璀粲兮……"满天飞扬的彩霞，似乎就是美人所披的璀璨罗衣、绚烂霞帔，画面是突出了"宝石流霞"的这个"流"字，也联系着"时间的流驶"的"流"字。

【13-2】切要四时［其一］：春

题语选自《借景》，意谓在借景中应切记极其重要的四时之借。"要"字为句中关键。《借景·［结语］》还写道："夫借景，林园之最要者也。"一章之中，不但两度用"要"字来强调，而且意示出四时之借是整个借景的"要"中之"要"。两句均高度凝练，充分肯定，其中意蕴值得探寻。从哲学、美学的视角来接受，作为主体的人，应随顺一年中景色美的时序轮回而主动予以因借，切莫错过不断变化的审美良机和生态享受，从而"与四时合其序"（《易·乾卦·文言》）。

四时：即四季，春、夏、秋、冬。本书对四时拟分四条以苏州拙政园为例，逐一进行图释，本条释春。

"阳气动物，于时为春"（《汉书·律历志》）。春，是一年之首，一岁之始；是"天地和同，草木繁动"（《吕氏春秋·孟春纪第一》）的胜日，是东风解冻，万物萌生的佳节。"一切都象刚睡醒的样

【13-2】拙政园之春（虞俏男 摄）

子，欣欣然张开了眼"（朱自清《春》）。

这第一帧春景图，在拙政园画舫"香洲"附近的池上。

柳是春之使者，春天来临的象征。早春二月，寒意料峭，睡梦中刚才苏醒过来的"丝丝眠柳"（《借景》），轻拂出"春风柳上归"（唐李白《宫中行乐词》）的诗意。试看，嫩嫩的生命之芽，微微地透漏着春光，显出弱不禁风的怜态，其枝细缕倒垂，柔情万千，婀娜多姿，楚楚动人；其色则如唐代大诗人白居易所咏："一树春风千万枝，嫩如金色软如丝"（《杨柳枝词》）。再看柳丝后面作为中景或远景的堂榭亭馆，廊桥台岸，则弥漫在一派淡青色的氤氲之中，使得作为前景的嫩金软丝更为醒目舒心。设想若再过些时日，春条擢秀，婆娑的纤枝蘸水，更会牵风引波，摇漾着一池春水。

设想在雅室内，绮窗前，有可能幸遇"弱柳窥青"（《门窗》）的韵趣，那是对审美主体的垂青，是主客体之间含情脉脉的互动……

春是美的，也是易逝的，盼春，迎春，伤春、惜春，藏春，是人们普遍的心态意愿，故而《园冶》一则说，"寂寂探春"（《相地·山林地》）；二则说，"蒔花笑以春风"（《相地·城市地》）；三则说"曲尽春藏"（《相地·郊野地》）；四则说"收春无尽"（《相地》）……启导人们去探寻，珍藏，留住这"淡冶而如笑"（宋郭熙《林泉高致》）的春色。

【13-3】切要四时［其二］：夏

夏，是生机的荣茂，生命的奋发，视觉美的绿色盛宴；是"宽假（假：容）万物使生长"（《释

【13-3】拙政园之夏（虞俏男　摄）

名·释天》），"佳木秀而繁阴"（宋欧阳修《醉翁亭记》）的旺季。

这第二帧夏景图，在苏州拙政园"荷风四面亭"附近。

人们在此可看到，翠柳垂地，碧树参天，汇为一派森森浓荫，蓬蓬勃勃、郁郁葱葱，绿色，成为整个画面的统调。细心的人们还会发现，右侧的画舫"香洲"，大部隐于树后，藏于画外，而其前舱所悬的宫灯流苏，正迎着初升的一缕日光，被群绿反衬得颇为耀眼，可谓万绿丛中艳艳红。

俯首低处，映入眼帘的是亭亭万柄，满池莲开。田田的翠盖，簇拥着，攒动着，互挤着，力争向上，可谓"于夏如竞"（明沈颢《画麈·辨景》），而其褶皱的边缘，又如同舞女飘飞的裙幅，极富动感。再看荷叶的正面、反面、侧面在不同的光照下，色彩更是交错变化：碧绿、灰绿、葱绿、豆绿、草绿、苹果绿、翡翠绿、互衬互补，形成一套绿的色阶，一种绿的韵律。而新浴的红裳白衣，正以最饱满的盛情绽放着，"朱朱仍白白，脉脉复盈盈"（宋孔武仲《道中观荷花》），点缀于油油的绿丛之间，花颜四面，嫣然含笑，显得既不胜妩媚，宛若解语，又远离污泥，纤尘不染，呈现出一种纯净如玉之美，令人想起唐代大诗人李白"清水出芙蓉，天然去雕饰"（《忆旧游书怀赠江夏韦太守良宰》）的名句来。

此处，若遇"遥遥十里荷风，递香幽室"（《立基》），则小坐荷风四面亭内，绝不会感到畏阳烈日，但觉轻凉四袭，娟娟生香，令人息躁汰浊，心迹双清，全身暑气全消，甚至溶入凉爽的清梦，可说是"一二处堪为暑避"（《相地·郊野地》）了。

【13-4】切要四时［其三］：秋

秋，"就也"，是"万物就成"（《释名·释天》）的时光，视觉上是色彩的斑斓，是美人的艳妆（清恽寿平《南田画跋》："秋山如妆"），是不似春光，又胜似春光的大好季节。

这第三帧秋景图，在苏州拙政园"倚玉轩"附近。

人们在此凝视"一派涵秋"（《立基》）的水面上空，眼前真是一幅画：雾霭霭，烟濛濛，平栏曲桥池上横，而作为中景的倚玉轩，以其秀逸高扬的飞檐戗角，与盈盈隔水的画舫"香洲"钩心而斗角。它们一起沐浴于朦胧中，倒映于秋水里，似乎在空中、但又在池里洇化着……这一切使得作为前景的数株嘉树更见突出。其间，衰柳无力地低垂着，由绿开始变黄；倚玉轩驳岸倒挂的藤萝，则由绿变褐，真有些像古代画论所说，"于秋如病"（明沈颢《画麈·辨景》），然而，却又反衬得硕健的枫树特别壮美，分外精神，可谓恍若晴霞，艳如碎锦。

计成冶炼出"醉颜几阵丹枫"（《借景》，见【13-24】）之句，六字抵得上一篇《秋色赋》。一个"丹"字，从色彩上渲染出金秋的主题、浓艳的调子。试看画面上，叶绚寒秋，如烧非因火；彩耀朱殷，似花不待春。一个"醉"字，则以"拟人"的辞格赋予画面以灵气，使无情景物有情化。确乎如此，凛冽的秋霜，使得岸枫虽未酩酊，却已颜酡而心醉了，还令人联类不穷，联想起某些脍炙人口的名句：唐代诗人杜牧的"霜叶红于二月花"（《山行》），元代著名戏曲作家王实甫的"晓来谁染霜林醉"（《西厢记》）……"几阵"二字，想出意外，竟用有声的动态来渲染静态的重彩画面，可谓神来之笔，而"阵"字堪称句中"诗眼"，摇荡情性，孕育意境，让人如闻瑟瑟秋风，"声在树间"，噫，"此秋声也"（宋欧阳修《秋声赋》）……

【13-4】拙政园之秋（虞俏男 摄）

【13-5】切要四时［其四］：冬

"天气上腾，地气下降，闭而成冬"（《吕氏春秋·孟冬纪》）。冬，"水始冰，地始冻"（同前），这是生命的潜伏，精力的收敛，万物的闭藏，大地的凝冻；但冬令又有其一年难得的"六花呈瑞"，"冷韵堪赓"（《借景》）的诗画"圣诞"。

雪，是白色的精灵，冽冬的魂魄。无论从微观或宏观看，它以其殊异的形、色、光、态、意、韵、境、势……成为历代诗人们吟咏的绝佳题材，也是摄影家们乐于选取的理想画图。面对此堪赓的"冷韵"，计成则另辟蹊径，用"书窗梦醒，孤影遥吟"（《借景》）来抒写，写出了时代，也写出了个性。

这第四帧冬景图，在苏州拙政园"绣绮亭–枇杷园"一带。

试看这时空的交感：雪压冬云，飞絮漫天。"忽如一夜春风来，千树万树梨花开"（唐岑参《白雪歌送武判官归京》）。空中，轻质飘飘以随风；地面，白色随物而赋形——因方而成圭，遇圆而成璧，化彩而成素，矫异而为同，一派清冷纯洁。而枇杷园的云墙，犹如舞动的银蛇，蜿蜒的玉龙，让人想起"战退玉龙三百万，败鳞残甲满天飞"（宋张元《雪》）的神奇景象来。

雪，它的全覆盖，确乎能移世界，变影调，画中景物，唯见那难以积雪之处，以其不规则的黝黑勾勒出白亮的轮廓。而其上的瑞雪清光，掇叠出层层凹凸的银山腊石，静静地塑造出高下参差的玉树琼花，这银装素裹的瑶华境界，竟是如此地迷人！无怪乎南朝宋谢惠运《雪赋》赞道："雪之时义，远矣哉！"

【13-5】拙政园之冬（虞俏男　摄）

　　总揽这幅画面，玄天窈宇，"云幂黯黯"（《借景》），这云，这天，似乎与山、与树、与亭、与墙、与石，与路……皑皑地混然一体，它们都无声无息地凝冻了，遥想那萋萋芳草、艳艳繁花、嗡嗡游蜂、翩翩浪蝶……都已不见一丝踪影，万籁俱寂，人鸟绝迹，一切生命都悄悄地进入了睡乡，真是"于冬如定"（明沈颢《画麈·辨景》）。但"静止并不就是终结，而凝固也并非意味着死亡"（今人徐成淼《四季抒情》），厚厚雪被的覆盖下，可以感受到这微微的生命噪动。严冬来了，春天还会远吗？

【13-6】林皋延伫，相缘竹树萧森［其一］

　　题语选自《借景》。林皋：语出《庄子·知北游》："山林与（即'欤'，表感叹语气，相当于'啊'）！皋壤与！使我欣欣然而乐与！"计成从中各取一字，组为"林皋"，以概称山林与皋壤。皋壤：沼泽边的洼地，亦泛指水岸。延伫：久留；久候。晋陆云《失题》诗："发梦宵寐，以慰延伫。"相缘：相约；共同结识；相与结友、结缘。"相缘"句：言与同好相约往竹树萧森之处游赏。萧森：林木错落耸立貌。

　　图为一幅用笔极简的写意山水，选自《芥子园画传［第一集山水］·增广名家画谱》，题为松道人"拟石谷子（即清初山水画家王翚，字石谷，虞山画派首领）法"。从构图看，可分三段：上为远方云山，以寥寥数笔画就；中为不远处的淙淙叠泉，山石用披麻皴，笔法纯熟，水中作数点小石，即令清流宛然纸上；下部作为重点，恰恰是水边的萧森林木。近树较多用"含苞画法"，以见出初春之树，枝叶萌生；其旁有松一株，树干挺拔，枝茂叶盛，以仰叶点作之，而松下的矮树，则又用了夹笔点。再看地面上，山石陂陀，低岸浅水，画家用层累取势之法错综画去，表现出蹊径不平的特点，而画面上两位神情默契的高人逸士，正曳杖徜徉，互为顾盼，相约林皋、游心山水，诚可谓"山林与！皋壤与！使我欣欣然而乐与"！

【13-7】林皋延伫，相缘竹树萧森［其二］

图为苏州天平山风景区，该区有怪石、清泉、红枫之胜，号称"天平三绝"。怪石，指登山路上种种发人奇想的怪石，特别是山巅的所谓"万笏朝天"；清泉，指唐代苏州刺史白居易题咏的著名的"白云泉"。红枫，指山下的大片古枫林，这里自明以来就成为名闻遐迩的赏枫胜地。

清末诗人李宣龚曾经与三人相约，赴天平山赏红枫，其《同毅之、毅夫、寿丞登天平山看红叶》云：

【13-6】《芥子园画传·拟王石谷笔意》（清·松道人绘）

"万松千百枫，独醒（指松树）杂（夹杂着）众醉（指群枫如醉。《借景》："醉颜几阵丹枫"）。吟眸一回绕（边吟边观边转），酒面（指红枫）反遮避。兹游虽未深，所收固已邃。方知林壑美，天巧觑位置（选择审美的方位朝向，非常重要）……交阴苍玉佩（指松竹），倒影赤霞陂（指红枫倒映水中）……斜照不吾欺，繁霜眷同志。"其审美经验有多方面的启发性。对于红枫，既可赏其水中赤霞般的倒影，又可赏其在斜照下的丽色……此诗虽不是写得十分精彩，却与本条题语颇为契合：四人相缘于深秋，天平林皋，红树霞蔚，延伫"繁霜眷同志"。

图为不同于古代数人同游的当代盛况。天平有约，游人们纷纷结伴而来，当然其中也有不约而同的散客，来此赏石、品泉、观枫、会聚，真乃"欣欣然而乐"，直至红日开始西斜，馀兴犹未已。试看山下，虽已不是游人如织，但依然可见人们延伫于森森枫林间，觅幽的、摄影的、散步的、涉水的、闲坐的、聚谈的、沐浴日光的、享受氧吧的、指点江山的……人们无不眷恋于秋林的萧森之美。

画面的形式构成，也值得一赏：前景，近处的主树由下而上呈放射状，然而又破之以古木

【13-7】林间约聚天平山（童　翎　摄）

交柯，老树直干，横斜乘除，互为穿插，切割着如锦似霞、杂然纷呈的斑斓色彩：红、橙、黄、绿、棕、紫、赭、褐……。而逆光拍摄，地面的树影也颇为可观，如沈新三先生《美术摄影浅说》一文所言："清晨与薄暮，光线柔和，投影极长，凡斜于地下或墙上之物影，至为悦目"（龙憙祖《中国近代摄影艺术美学文选》第308页）；而稍远，人影和树影同样地疏疏密密，深深淡淡，互为融合，让人看不到尽头。

【13-8】远岫环屏

题语选自《借景》。远岫：远方的峰峦。南朝齐谢朓《郡内高斋闲望答吕法曹》："窗中列远岫。"环屏：如画屏一样环绕着，当然这带有夸张的色彩，也可理解为远方的峰峦如画屏一样地展开。

图为承德避暑山庄"环碧"岛，连接着"芝径云堤"。从平面看，芝径云堤像灵芝仙草，它"夹水为堤。逶迤曲折，径分三枝，列大小洲三，形若芝英，若云朵，若如意"（康熙《避暑山庄记》），堤西，伸入如意湖中最小的半岛，为环碧岛；堤东，介于上下湖之间的半岛，为月色江声岛；最北面也是最大的半岛，是如意洲岛，这是平面所呈现的意境。而这最小的环碧岛，因四周有碧水环抱，故曰"环碧"。

摄影家的高明在于，为了体现"远岫环屏"这个"远"字，他身在此岸，将环碧岛置于彼

【13-8】环碧岛山岭画屏（张振光 摄）

岸来拍摄，并按美的层次律，将画面分为三个层次，而作为前景的水，竟占了画面的三个层次之一。避暑山庄以山名，但是，其胜却在水。试看水面，平静而宽阔，又有层层涟漪，经反光将碧水明显地分为浅色和深色两个层次，见出水的静中之动，动中之"展"，从而体现环碧岛的山环水绕，这是第一层次。岛以贴水为特征，其上的建筑群布局紧凑，结构巧妙，并与林木互为亏蔽，这是第二层次。摄影家对此不拍摄建筑庭院的正立面，而选择了庭院的侧立面，从这一最佳视角看去，但见庭院北面的回廊一字横贯，中段还有廊呈"⊤"形突出，连接着圆攒尖的草亭，可见方整中具圆转之意，华严中凸显了质朴之风。这里，岛浮水上，亭处滩头，水漫岸际，极富水乡野趣，清帝乾隆题为"采菱渡"，至为恰当。其后，"环碧"等院落露多于藏，坡面朝向不同，衬托得其前长长的廊顶尤其是圆攒的草顶更具别趣，它们在形式上现出了丰富的美感。再看屋宇组群，背倚一带绿树，高下穿插，深淡掩映，显得生机蓬勃，令人心胸顿舒，而树梢的鸟巢，是生态环境优异的标志。最后，这第三层次，在蓝蓝的天宇之下，是厚德载物的山峦，被林木荫翳着，益见其空间的深邃，画面应了清笪重光《画筌》中语："山之厚处即深处，水之静时即动时。"从山水画的视角来观照，远山青紫，危峰高耸，形势映带，跌宕有致，线条章法如画，确乎可说是"远岫环屏"了。

【13-9】堂开淑气侵人

题语选自《借景》。淑：美；温良。《诗·周南·关雎》："窈窕淑女，君子好逑。"淑气：佳气；温和美好之气。唐太宗李世民《春日玄武门宴群臣》："韶光开令序，淑气动芳年。"侵人：即袭人；一种佳气扑面而来，沁人心脾。《红楼梦》第五回："嫩寒锁梦因春冷，芳气袭人是酒香。"

【13-9】涵碧山房，清气袭人（郑可俊　摄）

图为苏州留园的涵碧山房，这从厅内上部白色纵向的篆书额可以看出。山房为留园中部的主体建筑，面阔三间，坐北朝南。厅的南、北，均置十八扇长窗（长槅），构成长长的序列，其内心仔均为十字海棠纹样；上槛和中槛之间，还设有一列横风窗，亦饰为十字海棠纹样。试看整个厅堂南面，没有墙壁遮挡，几乎均由窗构成，显得一片透亮，它们既整齐一律，又典雅美丽。

摄影家披着熹微的晨光来到这里，厅内的家具群还隐约在黑暗里。时光渐移，当一排落地长窗被全部打开，当东方刚投来一缕温和的阳光，南面的庭院里，绿丛中，淡淡的、薄薄的雾气，融合着清新的空气，向厅内渐渐地氤氲而来，此情此景，真可谓芳气袭人，佳气清心，它完全契合于"堂开淑气侵人"之句，或者借唐太宗诗换两个字来形容："韶光值令序，淑气侵芳晨。"这种淑气醉人的享受，也应该看作是一种借景，是一种几乎不知不觉、似乎看不见摸不着的借景。

【13-10】足井山中宰相

题语选自《借景》。山中宰相：即陶弘景，南朝齐、梁间道教思想家、炼丹家、医药家、著作家、书法家、文学家。隐居于句曲山，自号"华阳隐居"。梁武帝即位，屡加礼聘，不出。《南史·陶

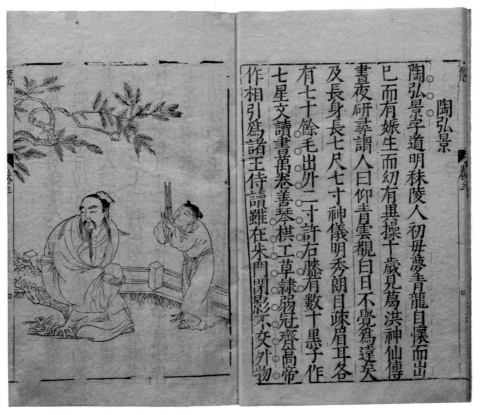

弘景传》："国家每有吉凶征讨大事，无不前以咨询……时人谓'山中宰相'。"他博通经史，精于医药，涉猎天文历算，遍历名山，寻访药草，主张儒释道三教合一，著述繁丰，有经学类、兵学类、天文历算类、地理类、医药类、道教类等。如《论语集注》《真

【13-10】《陶弘景图》（选自明·《消摇墟》）

诰》《本草》《本草经集注》《太清草木集要》《补阙肘后方》等，另有《华阳陶隐居集》。其诗如《诏问山中何所有赋诗以答 [答齐高帝诏]》："山中何所有，岭上多白云，只可自怡悦，不堪持寄君。"这是中国古代诗史上最富神韵的短诗之一。其散文则如《答谢中书书》，仅数十字，叙写江南山水之美，清丽自然，是短小精悍，脍炙人口而流传至今的山水散文名篇。

《借景》云："乐圣称贤（金按：此处之"圣"、"贤"喻酒，后常用为避贤作隐居之典，见《探析》第562—563页），足并山中宰相。"足并：足以与之并列、媲美。明万历绣像本《消摇墟》将陶弘景置于神仙之列，言其晚年与外界隔绝，惟有一家僮得至其所，爱听童子吹笙，又特爱听松风。图中的陶弘景，正坐于松上倾听笙簧。文中言其"读书万卷，善琴棋，工草隶"，"闭影不交外物"……

【13-11】芳草应怜

题语选自《借景》。诸家对此的解释大抵有误，认为出自屈原的《离骚》，意谓应爱惜贤士，其实此意与借景没有任何关系，计成绝不会将此意阑入《借景》的整体语境，使其成为游离主题之外的败笔，何况《离骚》中作为总称的"芳草"，主要指已蜕变为萧艾的恶草，绝不值得"爱怜"，特别是在《离骚》中字面上没有出现过这个颇为重要的"怜"字，可见绝非用典于《离骚》。

其实，此语出自五代词人牛希济的《生查子》，是写一对情人离别，一方泪眼模糊地回

首向另一方道："记得绿罗裙，处处怜芳草。""怜芳草"三字，就紧密地缩结在一起。笔者曾评道，令人动情的是，词中主人公"含泪与穿着绿罗裙的意中人告别，绿色给他留下深刻难忘的审美印象，

【13-11】冷香阁侧，梅林草地（俞　东　摄）

于是，遇见绿色的芳草，就联想起绿罗裙来，并处处加以爱怜"，"诗人抓住两种绿色在性质上的相似，写出了满贮诗意、动人心弦的名句"（《美学基础》第206页）这是审美联想的佳例。

计成是在《借景》章写春景时用此典的，故应扬弃牛词中"芳草"的联想义，将其还原为本义，还原为小草自身，具体地说，应还原为园内外作为春天景观的芳草本身。故下文即是"扫径护兰芽，分香幽室"，这正是最典型的芳草。可见这里作为春天借景的芳草，完全是实写，其意是说应怜芳草之美，或者说，应带着爱怜心上人那样的漉漉情愫，真心实意地去爱怜芳草绿色的自然生命。

图为苏州虎丘冷香阁侧的草地，在一株株梅树油油绿叶的掩护下，地面上自由自在地生长着各种各样有名的、无名的小草，它们异质而同芳，异态而同肥，正是：众草芃芃，春色熙熙，树上地下，一派绿意。

整个画面的色彩构成，除白色矮墙，近黑的树幹外，绿是主调，它柔嫩、鲜活、清新、平和、生意盎然。照片最大特色是善于在绿色包围中渲染主题——园林工作者为怕人践踏草地而树立的宣传牌，其上所写不是"请勿践踏"之类的直白，而是富于艺术性的两个七字句："手下留情花似锦，脚下留情草成茵。""手下留情"四字绝妙，一是将成语信手拈来，二是由宣传护草进而宣传护花，可谓一箭双雕。再看"花似锦"与"草成茵"，对仗工整，而且是以人们留情后所产生的美好效果来宣传，这样更易打动人心，更易提高人们的生态意识，去爱怜小草，呵护小草，进而珍惜一切绿色生命——这正是题语的主旨所在。

【13-12】卷帘邀燕子，闲剪轻风

题语选自《借景》的春景部分。燕子：为候鸟，体型小，翼尖长，羽毛紫黑发亮，尾巴呈

【13-12】《双燕欲来时》（清·《芥子园画传》）

叉状，春时营巢堂上或檐下，秋冬迁南方。"卷帘邀燕子"：卷起帘幕邀燕子入屋室筑巢，亦可理解为卷帘开窗，以燕为借景。一个"邀"字，充满爱心。"闲"为悠闲自得貌，形容燕子。剪：作为动词，由燕尾之状引申而来。给计成写《冶叙》的阮大铖，其《燕子笺·第一出》就有"燕尾双叉如剪"之语。计成将燕尾之状的名词——"剪"用如动词，这种"转类"辞格（转化词性）生动地状写了燕子轻快地飞掠风中，犹如剪于轻风，堪称神来之笔。闲：既是明写燕的神态，又是暗示人的心情；轻：既是写春风，更是写紫燕，均有一箭双雕之妙，值得品味。

当今，春来多燕的江南很少能看到燕，一是由于生态环境失衡，如全球气候变暖，四时往往失序，很多动植物的种群濒临灭绝；二是如唐杜甫《双燕》所咏"旅食双飞燕，衔泥入此堂"，而今民居建筑已现代化，木构建筑特别是厅堂等类型基本上成为控保建筑或文化遗产，而民居的堂上、梁上、檐下等处所，也逐步消失，燕子无处筑巢容身。现代的青少年，虽也会唱"小燕子，年年春天来这里"的儿歌，却从未见过燕子。故本条特选《芥子园画传》上的花鸟画《双燕欲来时》。画上题跋曰："小桃新谢后，双燕欲来时。"两句典出晚唐郑谷的《杏花》诗，但又据需要有所改动，画家不画桃花新谢，而画桃花盛开，这就更突出春天燕子出现的优美环境；又改原诗的"却来时"为"欲来时"，一字之改，更突出了紫燕的主题以及人们盼燕迎燕赏燕颂燕的热切心情。再从画面看，紫燕画得轻巧迅捷，双翅尖长而其尾如剪，既凌空飞翔，又相对呼鸣，活灵活现，生动逼真。"闲剪轻风"四字，的是为燕子传神写照，再看双燕，它们穿掠桃枝，枝叶似在轻微地抖动，综观整个画面，可悟"剪"字之妙。

【13-13】片片飞花

题语选自《借景》。花，有美丽的色彩、美好的姿容、美妙的芳香、美洁的品性。自古以

【13-13】上海金桥街头樱花林（周仲海 摄）

来，人们爱美，也就爱花。在诗心画眼里，人们将花看作是美的化身，生命的凸现，繁荣的象征、温馨的形相，于是，看到飞花、落花，就必然会动感情，起联想……

　　在宋代，词人秦观《八六子·倚危楼》云："那堪片片飞花弄晚，濛濛残雨笼晴。"面对着风雨中飞花，他难以忍受，深表伤感和同情，而画竹名家文与可《莫扫花》则说："莫扫花，从教花满地。纵然堆积亦何害"。花开是美，花落也是美，怎忍心将其扫去？到了明代，吴门画派将落花词推向高潮。文徵明《和答石田先生落花》云："将飞更舞迎风面，已褪犹嫣洗雨妆。"其诗中的落花不是弱者，"更"、"犹"二字，见出诗人由衷的赞美之情。当时的画家们真是诗兴勃发，沈周（石田）竟写有组诗《落花》三十首，接着唐寅（伯虎）也写出《和沈石田落花诗》三十首。[其三] 还写道："忍把残红扫作堆……"笔者通过多方考证发现，与红学家们所论不同，写此句（还有其他言行）的唐寅，竟是曹雪芹《红楼梦》中塑造林黛玉的主要原型（论文待撰）。黛玉《葬花吟》凄然咏道："花谢花飞飞满天，红消香断有谁怜……"似谶成真，如泣如诉，咏花无疑即咏人。然而，清末的龚自珍，其《己亥杂诗 [其五]》又翻出新意："落红不是无情物，化作春泥更护花。"花落归根，腐烂成泥，化作精魂，在来年的春花中返回自身。诗人把握了自然轮回的法则，乐观地表达了对未来的憧憬……计成在《借景》中，仅用"片片飞花"四个字，却吸附了、浓缩了如许的诗史积淀、文化义涵！

上海浦东金桥街头樱花林，是春日赏樱的好去处。图中，一片片，宛同桃色的云；一树树，犹如浅绯的雾；一朵朵，好似晕红的脸；花团锦簇，满目芳菲，令人心醉。若细观枝头，灼灼的花丛中，还躲躲闪闪地隐现着嫩嫩的绿，映托得深深淡淡的红花更是异彩纷呈，斑斓可爱。文与可《山樱》诗有"嫩叶藏轻绿，繁葩露浅红"的名联，恰恰可撷来作为这里最确切的写照。

然而更引人注目的是时值绵绵春雨，似锦的繁花正怒开勃放，但枝头的花瓣已开始飘零，纷纷扬扬，漠漠洒洒，如红雨乱落一地，于是积水的地面上泛起一派桃红，花光、水光与天光相映，美不胜收。树冠倒映在浅水的地面上，出现了不规则的影子，有大有小，东一块，西一块，边缘屈曲，自由铺陈。片片落英被树影反衬得更有韵致，而块块树影又被落英点缀得更富意趣，如是，街头地面仿佛是天公织就大片绮丽的地毯。再看每棵树黑色的圆形大理石围栏上，有的还只是星星点点，有的竟然委积而成堆……应了唐白居易《惜落花》所云："枝上三分落，园中二寸深。"

对此春意花情、良辰奇景，爱美的人们不避雨淋，依然来到这里，有老人，有孩子，有年轻情侣，有打伞的，还有特意不打伞冒雨前来的，让缤纷的落英飘在头上，粘在身上，以感受这份温馨……对此游人，摄影家却兴趣不大，他等待再等待，待到基本无人之际，把古往今来诗人画家的浓浓情愫，连同这飞花片片，零雨濛濛，以及地面大片的落红，统统摄进了小小的镜头。

【13-14】丝丝眠柳

题语选自《借景》。"片片飞花，丝丝眠柳"是妙联。丝丝：轻柔貌；纤细貌。宋张孝祥《西江月·问讯湖边春色》："东风吹我过湖船，杨柳丝丝拂面"。又：根据上下文，"丝丝眠柳"与"片片飞花"作为骈语，"片片"既然可释作一片片，那么，"丝丝"则亦可释作一丝丝。"眠柳"还有一则故事。《三辅旧事》："汉苑中有柳，状如人形，号曰'人柳'，一日三眠三起"。后世诗人往往喜爱引用这一拟人化、有意味的传说，还以"柳能眠"与"花解语"之典互对。宋晏幾道《临江仙》："旖旎仙花解语，轻盈春柳能眠……"颇称工巧，亦有趣味。计成用"眠柳"之典，不仅增添了园林中古典文学的情趣，而且还借以形容弱柳低垂，如同睡眠未醒的情态。

图为苏州拙政园中部"柳阴路曲"附近池畔的丝丝眠柳。时值早春，细长纤弱的柳枝上，才吐嫩芽，真是如丝如线，若醒若眠，慵姿无力，静垂含烟。在摄影机俯视的镜头中，水面还出现了池中画舫——"香洲"的优美轮廓，这一集萃着亭榭楼阁、高低错综的倒影，作为深色的背景，恰好反衬得一条条柳丝更为嫩亮柔媚。它们排列着，有疏有密，有长有短，这可借用晚唐诗人温庭筠的丽句"碧玉芽犹短，黄金缕未齐"（《原隰荑绿柳》）来描述。

值得赞许的是，画面还把长长柳丝的下端忍痛割爱。这正如清人袁枚《续诗品·割忍》所云："割之为佳，非忍不济。骊龙选珠，颗颗明丽。"画面上的眠柳，确乎也是丝丝明丽，这离不开摄影家的"割忍"。这种艺术处理，用画论的语言说，就是让一部分留在画外，亦即神留画中，形馀象外，从而做到画中有画，画外有画，令人回味无穷。面对这一别致的丝柳画面，人们或许还会联想起某些咏柳的著名唐诗："碧玉妆成一树高，万条垂下绿丝绦。不知细叶谁裁出，二月春风似剪刀。"（贺知章《咏柳》）"一树春风千万枝，嫩如金色软于丝"（白居易《杨柳枝词十首［其九］》）……

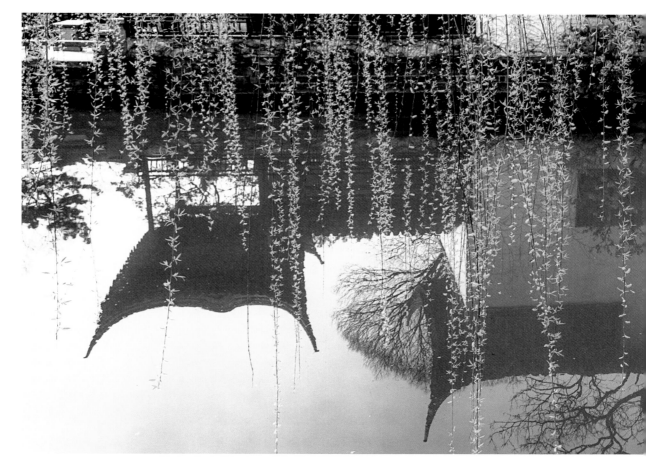

【13-14】池畔倒影,眠柳丝丝(朱剑刚 摄)

【13-15】顿开尘外想,拟入画中行 [其一]

题语选自《借景》。尘外想:原指隐逸出世之想。尘外:超脱尘嚣世俗。拟:有类于;拟似于。画中:比喻山水园林的景色极美,犹如图画,这提示了一个发人深思的普遍的审美现象。明杨慎在《画似真,真似画》一文里说:"景之美者,人曰似画;画之佳者,人曰似真。"又说:"会心山水真如画,巧手丹青画似真。"这一概括,有大量诗句为证,这里略举一二。唐释景云《画松》就说,"画松一似真松树";而唐白居易《春题湖上》则说,"湖上春来似画图"……对于园林景观,直至现代著名作家叶圣陶先生,还在《拙政诸园寄深眷》一文里说:"游览者无论站在哪一个点上,眼前总是一幅完美的图画。"【∞→】本条与下条拟分别从中国传统画论和西方形式美学来重点图释"拟入画中行"。

图为苏州拙政园中部画舫"香洲"一带。其如画的特征最突出的表现,就是掩映藏露之美。明唐志契《绘事微言·丘壑藏露》云:作画"能分得隐见明白……更能藏处多于露处,而趣味无尽矣。盖一层之上,更有一层,层层之中,复藏一层。善藏者未始不露,善露者未始不藏,藏得妙时,便使观者不知山前山后,山左山右有多少地步。"图中的拙政园正如此,先看图下大片池荷,田田绿云,濯濯明妆,被平栏曲桥等所掩,但是,桥后又隐露出一小片,这是"善藏者未始不露";再看建筑,作为集萃艺术的"香洲",在垂柳影里,其前半的亭台是露,而后半的楼阁则大抵被隐,这是"善露者未始不藏";又如画中绿树甚多,左面被倚玉轩的屋角所掩,

【13-16】月到风来亭对景如画（鲁　深 摄）

【13-16】顿开尘外想，拟入画中行 [其二]

对于苏州园林，叶圣陶先生在《拙政诸园寄深眷》一文中写道："苏州园林里总有假山和池沼……远望的时候仿佛观赏宋元工笔云山或者倪云林的小品……"这是揭示了苏州园林如画的总体特征。对于"拟入画中行"，前条着重以中国传统画论的视角来品赏，本条则尝试以西方形式美学来分析。

图为网师园月到风来亭的对景，进入游览者视野的，首先是一片接近方形的池沼，占了一半以上的画面。画的右面，是黄石假山云冈，正中还有一座爬满藤萝的小石山。偏左，是一个歇山方亭。背景是一大片山墙，搭配得确乎如一幅完美的图画，特别像一幅宋元的工笔院画小品，人们来此，就似乎走进了画中。

这里，拟进而以 18 世纪英国画家、美学家威廉·荷加斯的形式美学作一分析。在画面上，可见池岸及其上的建筑物表现出两条平行的直线：第一条，是墙脚和地面交接所形成的直线，它一部分被藤萝、假山所掩盖；第二条，是山墙上部的直线，它长而且直，突出地裸露而且显得十分单调。荷加斯说："一切直线只是在长度上有所不同，因而最少装饰性"（《美的分析》第45

页）。然而，这里对它的处理，却又最富于审美意味，因为其上有两个极富装饰性的"观音兜"。试看，左面的，为撷秀楼的山墙，其两根斜线的交接处，泯却了"人"字般僵硬的折角，赋以自然的弧形；右面的，为大厅的山墙，上端虽也呈优美自然的弧形，但较之左面的却稍低，且两端又略略起翘。这两个"观音兜"，两根双向反曲弧线，贵在同中有异：一高一低，一倾向于直，一倾向于曲，而且还似断似续地组成了波状曲线。"波状线，作为美的线条，变化更多，它由两种对立的曲线组成，因此更美，更舒服。"（同上第45页）何况其下还衬有一条直线。荷加斯就指出："直线与曲线结合形成复杂的线条，比单纯的曲线更多样，因此也更有装饰性。"（同上第45页）这种装饰性，实际上也是一种对比性、衬托性，这用刘半农先生的话说，是"曲线得取相宜之直线为衬线，直线亦得取相宜之曲线为衬线"（龙憙祖《中国近代摄影艺术美学文选》第188页）。

　　还应看到，这条与曲线相形互补的直线之下，妙有四个假窗——分为两组、纹样相异而不露明的"漏窗"，这纯然是为了追求装饰。于是，大片白粉墙的单调立即破除，并呈现出多样性美，这用荷加斯的话语来概括："巧妙组合的艺术，无非就是巧妙运用多样化的艺术。"（《美的分析》第49页）还有审美意味的是，粉墙左面建一个歇山方亭，其屋顶呈优美的、弧曲形的波状线，而屋顶的黑色与粉墙的白色又形成鲜明的对比，因此整个块面显得更美，使人感到更舒服。再看池里，各种线条之曲直的"巧妙组合"，各种块面大小黑白的"巧妙组合"，在平静的池里全都倒反了，一上一下，相映成趣，宗白华先生说："'镜借'是凭镜借景，使景映镜中，化实为虚……园中凿池映景，亦此意。"（《艺境》第325页）因此，下面的池沼，通过"镜借"，进而扩大和美化了画面。

【13-17】林阴初出莺歌

　　题语选自《借景》。莺是风景园林的组景元素之一，杭州西湖十景有"柳浪闻莺"；承德避暑山庄康熙题三十六景有"莺啭乔木"；苏州天平山有听莺阁；明祁彪佳《寓山注》中有"试

【13-17】柳浪闻莺，听声画外（刘有平 摄）

莺馆"……莺作为组景元素，其实也就是借景元素。《借景》章用"林阴初出莺歌"这一特征性
景象，来概括春天乃至初夏以声景为主的景象。

题语把"莺"和"林"联系起来是必要的，因为没有林，就没有莺，或者说，莺就没有栖
息之处。柳林，正是黄莺活动的典型环境，而最适宜于莺栖之"林"，则莫过于柳。唐杜甫《绝
句》就有"两个黄鹂（即黄莺）鸣翠柳"的名句，明李东阳《黄莺》也写道："柳花如雪满春城，
始听东风第一声。"题语用"初""歌"二字，点出了"始听东风第一声"的愉悦和乐〔yuè〕感。
而要寻觅"林阴初出莺歌"的美，最好去杭州西湖的"柳浪闻莺"景区。

南宋的诗人画家们品题"西湖十景"，就选择了"柳浪"一词，这兼及"比喻""引用"辞格，
要比"柳林"的修辞效果好得多，它出自唐王维辋川别业二十景之一的"柳浪"。王维的诗友
裴迪《柳浪》咏道："映池同一色，逐吹散如丝。"写出了柳浪如丝飘拂的动态及其倒影的美，
西湖十景的品题把"柳浪"吸纳进来，表现出品题者诗性的智慧。今"柳浪闻莺"沿西湖千米
堤岸，广植作为主题树的柳，品种有垂柳、狮柳、醉柳，浣沙柳……其中建筑则有柳浪桥、闻
莺馆、翠光亭等，均非常切题。

图中的"柳浪闻莺"为全景式，其改变一般纵横比之目的，是为了适应这一段景观呈带状
展开的特点。用英国摄影家迈克尔·弗里曼的话说，"对于这样一幅风景，宽度是很重要的，但
是高度却不是那么重要。"（《摄影师的视界》第5页）是的，试看堤上，作为重点的一带柳林，其中
一树树柳枝，有的刚吐嫩黄的新芽，有的已垂下长长的绿丝绦……此高柳长堤一派秀色，可入
画卷。清代画家石涛《苦瓜和尚画语录·林木章》云："古人写树，或三株五株九株十株，令其
反正阴阳，各自面目，参差高下，生动有致。"此长卷也有类于此，群树或直或弯，或正或欹，
或高或低，或粗或细，浓浓淡淡，疏疏密密，少量杂树穿插其间，更足以打破千篇一律的"单
纯"。还应指出，左面的树群生得特密，长得特高，树冠特浓而色深，这一构图的选择是成功
的，因为群树有了"主"，就显得宾主分明，顾盼有情，布局不紊，气韵生动。再看远景，是
浅淡的湖光山色，也富于远韵……

林中，游人三五成群，为数不少，有些是来听莺赏春的。清初西湖名人陈扶摇《花镜》说：
"枝头好鸟，林下文禽，皆足以鼓吹名园，非取其羽毛丰美，即取其声音娇好。"黄莺美丽娇
小，活跃灵巧，啼声更欢快悦耳。人们即使在枝头难以看到这些小生灵的身影，但也不妨开放
耳管，深情谛听，而且更可如《庄子·人间世》所说："无听之以耳，而听之以心。"于是，一
系列咏莺名句漫上心头："自在娇莺恰恰啼"（唐杜甫《江畔独步寻花》）；"何物最关情，黄鹂三两声"
（宋王安石《菩萨蛮》）；"呖呖莺歌溜的圆"（明汤显祖《牡丹亭·游园惊梦》）……这不妨亦谓之"画外音"。

【13-18】红衣新浴

题语选自《借景》。红衣：荷花瓣的别称。大概从盛唐开始，荷花就赢得了这一芳名，如
许浑《秋晚云阳驿西亭莲池》中有流传极广的名句："烟开翠扇清风晓，水泥红衣白露秋。"再
往前追溯，王维《皇甫岳云溪杂题·莲花坞》就咏道："弄篙莫溅水，畏湿红莲衣。"已表达了
对红衣的珍爱。诗人们还把荷花比作美丽的凌波仙子——洛神、湘妃、西施、杨贵妃……又

【13-18】曲院风荷，红情绿意（周仲海 摄）

因"芙蓉初出水"（唐陆长源《答孟东野戏赠》）亦为荷花的重要特征，故宋代诗词还多"出浴"之咏：如"浴出杨妃困未醒"（杜衍《莲》）；"湘妃晚浴试红妆"（陈古渊《荷花》）；"出浴杨妃无语"（赵长卿《清平乐》）……然这类用典均不免太坐实，太具体。计成则不然，以红衣泛指绝色佳人，而着一"新"字，更易发人想象，让人于虚中得之，接着仍用"浴"字的积淀作此句诗眼。

图为全国赏荷的著名景点、杭州西湖十景之一的"曲院风荷"。此景点原名"麴院风荷"，这里有名闻遐迩的官家酿酒作坊，坊前植以一片闹荷，夏日，荷香与酒香均因风而更袭人欲醉，特具近悦远来之魅力。故明张岱《西湖十景诗·曲院风荷》意味深长地咏道："颊上带微酡，解颐开笑口。何物醉荷花，暖风原似酒。"状物、拟人、比喻，都在似与不似间，令人深味不尽，回眸往昔比照，这确乎是咏"曲院风荷"最精彩的小诗，但很少觅得知音。而今麴院虽已不复存在，但由于其历史积淀，这里的风荷更迷人。再看图中的环境，极为典型，意境也引人入胜，远方作为背景的，是青山隐隐水迢迢，其前是苏堤六桥之一的倚虹桥，亭亭地耸立于湖上，发人神思。再看近景、中景，是广阔一片的万柄芰荷，它翩翩随风，秀姿百态，娇盈欲语，清香远播，令人醉心于红情之浓浓，绿意之融融，并想起宋杨万里《晓出净慈寺送林子方》中的名句："接天莲叶无穷碧，映日荷花别样红。"从摄影美学角度读此两句，是绝妙地写出了色相的对比以及绿与红的明度，而此帧亮丽的美亦复似之。

【13-19】碧玉轻敲

题语选自《借景》。碧玉：在传统文化中"碧玉"是竹的美称，多见于古诗文。如唐吴筠

《竹赋》："会稽方润于碧玉，罗浮比色于黄金。"碧状其色，玉比其质，而一个"润"字，既系于色，又系于质。又如宋陆游《增竹十韵》："绕舍十万碧玉橼"。清徐绪《新竹》亦咏："森森碧玉已成行，一雨长梢尽过墙。"则又是赞新竹的长势。而计成则不但赞竹的色、质之美，而且还用"轻敲"二字赞颂其声之美——清风掠过，枝竿夏击有声。有人释"碧玉轻敲"为雨点打在竹叶或荷叶上，联系往昔诗史，似非确诂。宋苏辙《此韵子瞻御史台竹》诗中，就有"清风时一过，交嘎响鸣玉"的名句，至清代画竹名家郑板桥的《题画竹》，写得更精彩："风来夏击之声，铿然而文，锵然而亮，亦足以散怀而破寂。"

以此品读骈语"红衣新浴，碧玉轻敲"，如果说，"浴"乃出句之眼，那么"敲"乃对句之眼。前者是映入眼帘之美，后者则是钻入耳管之美。两个画面的相续，用今天的电影语言说，属蒙太奇式的剪辑。

【13-19】清风静响翠玲珑（陆　峰　摄）

图为苏州沧浪亭"翠玲珑"室旁的风中之竹。沧浪亭素以竹闻名，在宋代，苏舜钦《沧浪亭记》描述道："前竹后水，水之阳又竹，无穷极，澄川翠竿，光影会合于轩户之间。"至今"翠玲珑"室还是赏竹佳处，其周际多竹，室内还悬有"风篁类长笛，流水当鸣琴"的"此君联"，联语竟把竹林风声当作美妙的音乐来聆听了。再细细琢磨本图，可想见摄影家的眼识。他不去表现大片茂密的竹林，也不去拍摄品类繁多的竹，而只以"翠玲珑"室为主要背景，选拍的是：青青篱畔三两竹，乱叶交枝倩影疏，并以竹竿的弯势表现风的存在，这一题材和主题，罕见有人投以青睐。

至于如何品味此情此景，最好还是借郑板桥《题画竹》之语："风声静响，愈喧愈静"。此声既曰"响"，又曰"喧"，但却概之曰"静"，绝妙！故品赏者宜"置身于清风静响中"，设身处地去体味、聆听园林借风借声、碧玉轻敲之妙。

【13-20】水面鳞鳞，爽气觉来欹枕

题语选自《借景》。水面鳞鳞：形容涟漪如鱼鳞般密集排列。唐李群玉《江南》诗："鳞鳞别浦起微波，泛泛轻舟桃叶歌。"宋洪适《渔家傲引》词："鳞鳞波暖鸳鸯语，无数燕雏来又去。"爽气：水面的凉爽之气。欹［qī］：歪斜；倾斜，通"倚"，斜倚；斜靠。欹枕：此指人斜靠着的枕边。唐白居易《香炉峰下新卜山居草堂初成偶题东壁五首［其一］》："遗爱寺钟欹枕听。"题语写夏日的借景，即借景于水上凉风，当然也可用于秋日。"水面鳞鳞……"设想作为主体的人在水上或水边开敞性的建筑内欹枕乘凉，既诉诸视觉，又诉诸肤觉。

图为苏州天平山"十景塘"。塘在天平山麓一列展开的建筑群之前，水体较大，基本呈方形，水上架有四折的木栏"宛转桥"，供人或漫步游观，或凭栏赏景……这一山林地的园林景观，在苏州可谓别具一格。

照片所摄虽在深秋叶落季节，但摄影家为了重点凸显水面鳞鳞之象，一是在空间上，将池岸和曲桥均推到画面最上部，从而把画中大片的空间让给了水面，使其分外突出；二是在时间上，选在傍晚时分，风较大而斜阳将下未下之际，逆光拍去，但见池面风生水起，鳞鳞起波，涟漪如同鱼鳞般密密层层，不断推进，特别是充分利用树干、桥栏的黑影作反衬，使溶着日光的天光倒映水面，更见银光万点，闪闪发亮，极富动态，成为画面的主景。风来水面的鳞鳞起皱，是很难用摄影来表现的，而此片却准确选择了时间、地点这两个因素作了成功的表现。

【13-20】秋晚，十景塘风生水起（谷　林　摄）

【13-21】环堵翠延萝薜

题语选自《借景》。环堵：四周环绕着的土墙，常形容狭小简陋的居室，亦用以泛指一般的居处，又引申为四壁（见《探析》第620页）、天井、庭院。萝薜：萝为女萝，薜为薜荔，均常绿藤本，亦泛指各类藤蔓植物。翠延："翠"状其色，"延"状其蔓延的态势和生命力，二字用得极活，有高度概括性。此句是对垂

【13-21】屏风墙绿韵延连（日·田中昭三　摄）

直绿化的关注，是对生态景观的赞美，可汇聚"引蔓通津"（《相地·郊野地》）等联系实践（见《探析》第308-313页）作《园冶》生态哲学的专题探讨【∞→】。

图为苏州留园涵碧山房南庭院的墙头上部一角。此处的西墙，下为单面廊的屋面，墙西原为家祠，此山墙超出其屋顶，形成作为屏风墙的"墙山"。屏风墙又称为封火山墙、风火墙、防火山墙，由于其均系砖质构成，并高出于屋顶呈阶梯状，故而不但有防火的实用功能，而且造型美观，有节律感，突出地具有审美功能。现此"墙山"经绿化，攀以藤萝，并让翠色延连至塞口墙。于是，暗绿、深绿、中绿、嫩绿……装点此梯级、墙顶，使得这里的天际线出现了绿的韵律，绿的造型，连白墙也隐隐染上了可爱的绿晕。惜乎这种仰首可赏的生态景观，人们视而不见者多，而今日的留园，此景又渐趋枯衰，但是，摄影家却在若干年前，把镜头对准此墙头一角，摄下了连延的绿韵。

【13-22】湖平无际之浮光

题语选自《借景》。一个"平"字，点出了西湖的审美特征。历来诗人咏西湖，往往以"平"字传其神。唐白居易《春题湖上》："湖上春来似画图，乱峰围绕水平铺。"又，《钱塘湖春行》："孤山寺北谢亭西，水面初平云脚低。"明夏炜《西湖竹枝词》："平湖竟日只溟濛"……不一而足。而宋代的西湖十景，更有"平湖秋月"一景，而文人们为其所撰楹联，也有"湖平似不流"、"万顷湖平长似镜"等隽语。然而，"平"又以"无际"为极致，"万顷湖平长似镜"之魅力正在于此。浮光：光华浮耀于水面。

【13-22】雨后杭州西子湖（陈兰雅 摄）

　　图为所摄"春来似画图"的西湖。摄影家在笔记中这样写道："摄于西湖杨公堤北段，阳春三月，绿柳周垂，如画平展的湖面上，游舫轻轻地摇过，荡出了层层涟漪，也荡出了浓浓韵味。"几句描写，醉心西湖之情跃然而出。

　　此图选择了尚未放晴的雨后来此拍摄，影调极其柔和。近处杨公堤上逆光的春柳杂树、草丛石块，呈深绿、赭黑，石上还可见积水，正是一场春雨刚止，空中湿度较大，视物不甚清晰，如作为中景的游舫，人物还差堪辨认，而远方的苏堤绿柳，则失去了正色，也失去了立体感，只呈参差的淡青，而且往右远去，愈远愈小，也愈远愈淡，渐渐溶入溟濛。一带淡青色的苏堤，其构图功能至少有二：一是表现了摄影的艺术主题——平与静；二是分割画面，将更淡的青色——天容与水光一分为二，又融而为一，于是，"淡青－更淡青"成为全幅的统调。凝视画面，还可见轻轻的风、悠悠的船使得湖面涟漪微泛，这是一种不见日月光华的"浮光"，给画面带来了灵动，带来了神韵。

　　"湖平无际之浮光"，其美感足以开拓人们的胸襟，平静人们的感情，陶冶人们的品格，浸润人们的肺腑，洗涤人们的心灵……

【13-23】山媚可餐之秀色

　　题语选自《借景》："湖平无际之浮光，山媚可餐之秀色。"试摘此骈语的首字与尾字，恰好是"湖光山色"这一脍炙人口的成语。计成还爱用"秀色可餐"的成语，《园说》中将其组成"远峰偏宜借景，秀色堪餐"的园林美学名言，"秀色堪餐"之典前已诠释，"可餐之秀色"是其短语性重组。

　　图为苏州西南的石湖。南宋著名田园诗人范成大致仕后即归居石湖，在此筑石湖别墅，有寿栎堂、千岩观、天镜阁诸胜，自号"石湖居士"。这里有著名的行春桥。诗人在《重修行春桥记》中自豪地写道："太湖……为东南水会，石湖其派也……石梁卧波，空水映发，所谓'行春桥'者，又据其会……往来憧憧，如行图画间。"赞颂家乡美之情，溢于言表！

　　历史进入现代，在20世纪50年代，著名作家郑振铎《石湖》一文概括道："整个石湖就是一座大园林。"此言不虚。今天来看，石湖依然具有"萦青丛碧"(《重九泛石湖记》)的山水园林之美，人们徜徉于行春桥，依然如行图画间。现在的行春桥，为一座半圆拱薄墩九孔连拱长桥，东西走向，桥身的望柱、栏板，谱出了修长平缓的节奏……

　　视线上移，桥侧湖畔，亭榭台阁掩映于浓郁森茂的绿带；再往上，就是秀色堪餐、借景偏宜的上方山，这如清代诗人陈维崧所咏，"贴向吴天翠无尽"(《洞仙歌·从楞伽山上方塔后觅径下

【13-23】湖光山色相媚好（虞俏南　摄）

坡……》)。山巅有楞伽塔院，楞伽寺塔亭亭耸立于山巅，指向寥廓无尽的吴天。

悠悠湖光，峨峨山色，刚柔互济，相媚相依，淡淡的烟岚间有了高耸的楞伽寺塔，整个石湖更是一座丰神特秀的大园林！这里，现有范公祠、石佛寺、治平寺等，而与石湖相因相依的上方山，现已建为国家级森林公园。

【13-24】醉颜几阵丹枫

题语选自《借景》。醉：喻深秋季节枫林变红，典出《西厢记》名句"晓来谁染霜林醉"，计成进而喻为"醉颜"，使无情事物更为有情化。"阵"字之妙，前已诠释（见【13-4】），本条再释"几阵"二字之妙，它故意回避究竟是"几阵"什么，让读者以诗意的想象去填补：或是"山冷雨催红"（唐罗隐《红叶》）？或是"枫叶不耐冷，露下胭脂红"（宋刘儗《枫树》）？或是"十月清霜萎罗莎，翻看红叶绚山阿"（清赵翼《山行看红叶》）？或是"秋园无艳色，特地起西风。间向烟林翠，时呈霜片红"（宋强至《和纯甫红叶》）？或是数者（秋雨、秋露、秋霜、秋风）的兼至或轮番……如此留"空"，读者就有可能主动参与，深入体味，积极地再创造，从而获得如诗似画的享受。

图为上海嘉定秋霞圃，为明代园林、赏枫胜地。摄影家的相机由北南望，确乎是一幅枫林森森的绚烂图画，其主色调与上引诗咏相同，可以一"红"字概之。但要品赏图中红色之韵，需要借助中国绘画美学。清人笪重光《画筌》云："间色以免雷同，岂知一色中的变化；一色以分明晦，当知无色处之虚灵。"说透了中国画晕染设色的妙谛。现按四层来解读：

"间色以免雷同"：画里如只有一色，确实会单调乏味，故中国画即使用墨，也要"墨分五色"。此图既非水墨，又非只有红色，它以红为主，间以迎春枝条的绿，路边矮树的橙，低栏石桥的浅棕……而其妙在统一影调下的丰富多彩。

"一色中之变化"：图中这"一色"，即是红，但也可谓红分五色，如上部逆光中的大片红叶，叠影深处，竟成了焦墨、浓墨，但黑中不乏深深淡淡的红；而右上角则转化为中灰、深灰、黑灰，并相互渗透着；再看画面浓浓密密的上部，与薄雾所染疏疏淡淡的下部所形成的鲜明对比，其参差错落的交界边缘，还散布着霜叶的正红、橘红、朱红、赭红、绛红……统观丹枫图上部，红是主旋律，但处处不乏洇化的移调变奏。

"一色以分明晦"：丹枫一色的红，也有明有晦，有亮有暗。重叠的晦暗，如焦墨、浓墨、殷红、灰黑；受光的明亮，则如胭脂红、石榴红、鹤顶红，它们叶呈五角，鲜艳透明亮丽，真是"霜叶红于二月花"（唐杜牧《山行》）。

"无色处之虚灵"：中国画特别强调空白、虚无、气韵。这帧《丹枫晕染秋霞圃》中，"无色处之虚灵"不仅在上半部浓笔重彩中星星点点的留白，而且在下半部两岸色彩夹合中，小溪上薄薄的晨雾、淡淡的石桥、隐隐的景色……这些实密中的"虚白"，也可说是"空兮灵兮，元气氤氲"（清黄钺《二十四画品·空灵》）。没有它，则全图充天塞地，繁乱迫实；有了它，则气息周流，通幅皆灵。

还应指出，石桥小径上的三两游人也是"风景"，现代作家茅盾的散文名篇《风景谈》说

【13-24】《丹枫晕染秋霞圃》（陈兰雅 摄）

得好："在这里，人依然是'风景'的构成者，没有了人，还有什么可以称道的？"是的，这缓步赏秋的三两游人不可少。试想，画面上如果没有他们，空荡荡的，还有什么可称道？就从色彩学的视角看，白帽，是全图的亮点；红包，是对丹枫的呼应。至此，解读可得出结论：画面上秋霞丹枫的生动气韵，上实下虚的构图对比，恰到好处的三两游人，都是摄影家精心选择、耐心等待的可喜硕果。

【13-25】眺远高台，凭虚敞阁

题语节自《借景》："眺远高台，搔首青天那可问；凭虚敞阁，举杯明月自相邀。"此联写中秋登高邀月，是饶有历史文化意味的"仰借"。搔首：无可奈何时的下意识举动。《诗·邶风·静女》："搔首踟蹰。"晋陶渊明《停云》："搔首延伫。"凭虚：凭借着虚空。宋苏轼《前赤壁赋》："浩浩乎如冯（凭）虚御风"。计成借以形容阁之高敞。清徐乾学《依绿园记》："有阁凭虚而俯绿野……"不过这是写"俯借"。

题语一联，叠用了一连串著名典故。如唐李白的《把酒问月》："青天有月来几时，我今停

【13-25】金山寺凭虚妙高台（海　牧　摄）

杯一问之。"又《月下独酌》："花间一壶酒，独酌无相亲。举杯邀明月，对影成三人。"唐冯贽《云仙杂记》卷一还载，"李白登华山落雁峰曰：'此山最高，呼吸之气，想通天帝座矣。恨不携谢朓惊人诗来搔首问青天耳。'"再如宋苏轼的《水调歌头·丙辰中秋……》："明月几时有？把酒问青天……人有悲欢离合，月有阴晴圆缺，此事古难全。但愿人长久，千里共婵娟。"又《念奴娇·中秋》："凭高眺远……举杯邀月，对影成三客。"这些诗词，均围绕着"月"和"青天"，以'邀'和'问'为动词，展开了巨大的想象，高扬了浪漫主义精神。

　　图为镇江金山寺的妙高台。据宋蔡絛《铁围山丛话》卷四载，歌唱家袁绹对蔡絛说，"东坡公（苏轼）昔与客游金山，适中秋夕，天宇四垂，一碧无际，加江流澒漫，俄月色如昼，遂共登金山山顶之妙高台，命绹歌其《水调歌头》曰：'明月几时有，把酒问青天。'歌罢，坡为起舞，而顾问曰：'此便是神仙矣！'"可见当时妙高台在山顶，而今的妙高台则在山腰。其东墙圈门上有"妙高台"砖额。门内有阁，二层，四角攒尖，嫩戗发戗，上层悬"邀月"二字匾。它虽不是敞阁，却也足以登高眺远，搔首问天，举杯邀月，因为它毕竟在山上，何况此地是镇江金山，曾发生过苏轼与袁绹由千古绝唱《水调歌头》而载歌起舞的韵事。

【13-26】冉冉天香，悠悠桂子［其一］

　　题语选自《借景》，此亦为秋景。冉冉：渐渐飘忽、舒缓移动貌。唐杜甫咏荷香，有"风含翠篠娟娟静，雨浥红蕖冉冉香"（《狂夫》）的名句，计成则用以状桂花幽香的渐渐飘动。天香：传说月中蟾宫有桂，故桂香又称"天香"、"月里香"。宋刘克庄《念奴娇·木犀》："却是小山丛桂里，一夜天香飘坠"。悠悠：清闲安适貌。桂子：即桂花。题语两句，又总用唐宋子问《灵隐寺》名句："桂子月中落，天香云外飘。"典故用得活，既出自宋诗，又超越宋诗，以"叠字"、"摹状"辞格为桂传神，读来琅琅上口，铿锵悦耳，令人尘思俱为洗净，堪称绝妙佳句！

【13-15】拙政园如画的绿色空间（朱剑刚 摄）

中间被"香洲"高低不一的两个卷棚歇山顶所掩，真是"一层之上，更有一层，层层之中，复藏一层"，藏得令人不知树前树后，屋左屋右有多少地步，正因为如此，游人们或四面顾盼，或边走边停，或凭栏坐观，或交流所摄……他们饱览眼前这一幅幅"完美的图画"，虽置身桥头、小坐室内，而一颗审美的心，却早已"拟入画中行"了。

再说"顿开尘外想"，对此，不同的时代既有共同的阅读，又有不同的阅读，今天，总的应理解为一种对绿色空间的绿色追求。笔者曾这样写道："宏观地说，绿色空间不但是人类文明的摇篮，而且也应是人类文明的归宿。因此人类必须千方百计保护和发展绿色空间，这是人们对于自己生存环境的真、善、美的认识……绿，是生命的色彩，健康的源泉，生态的象征，环保的文化符号，园林生态品评的重要标尺。"（《中国园林美学》第200、203页）有据于此，图中的拙政园就应予高度的生态品评。在这个如画般藏露掩映的绿色空间里，藏的、露的是绿，掩的、映的也是绿——狭义的绿、广义的绿、作为生命依赖色的绿。就说与绿树互为掩映的园林建筑物，也可视作是一种绿色空间，因其特点是"户庭无尘杂"，"虚室绝尘想"（晋陶渊明《归园田居〔其一、二〕》）。试看拙政园一些建筑的品题："远香堂"、"绿漪亭"、"涵青亭"、"浮翠阁"、"澂观楼"、"放眼亭"、"得真亭"、"志清意远"……它们也与绿树相互穿插着，人们徜徉于园路，盘桓于建筑，既是"顿开尘外想"，又是"拟入画中行"，可谓趣味无尽，享受无限。

【13-26】桂花池畔，月到风来（朱剑刚 摄）

清张潮《幽梦影》云："菊以渊明（陶潜）为知己，梅以和靖（林逋）为知己。竹以子猷（王徽之）为知己，莲以濂溪（周敦颐）为知己……"还可再补一句："桂以无否（计成之字）为知己。"

图为苏州网师园池畔桂树。此园中部池南有小山丛桂轩，品题撷自北朝庾信《枯树赋》中的"小山则丛桂留人"，前此还有西汉淮南小山的《招隐士》："桂树丛生兮山之幽，偃蹇连蜷兮枝相缭。"二典被后人一再引用。由于网师园有了小山丛桂轩，故而桂花较他园为多，数十年树龄的有二十余株。

图中之桂，是经过了反复选择。它翠叶金英，繁花满枝，时值三秋，分外精神，令人似感幽香馥馥，扑鼻而来。细赏树冠形态，既蔚然丰茂，又错落有致，画法所谓"树头参差，一出一入"。其所处的位置亦佳，在小山丛桂轩北的小桥附近，倚着山石，向着池水，有着小山丛桂的文化寓意。更值得一说的是，其背景为著名的月到风来亭。从形式美的视角看，在构图上它恰好与右面满密厚重的桂花、山石取得了轻与重、虚与实的动态平衡；从意蕴美的视角看，月到风来亭取意于北宋理学家邵雍的《清夜吟》："月到天心处，风来水面时。"两句恰好成为"桂子月中落——悠悠桂子"、"天香云外飘——冉冉天香"的中介，构成了唐－宋－明的历史诗意链，三者的契合还在于：只有"月到"，桂子才能悠悠地于月中落；只有"风来"，天香才能冉冉地在云外飘。因此，在审美想象的领域，吟诵着邵雍的哲理诗，来品味网师园的小山丛桂，会萌生不尽的意趣。

【13-27】木樨浓时心亦醉（周苏宁 摄）

【13-27】冉冉天香，悠悠桂子［其二］

　　题语两句，为《园冶》警策语，亦是借景绝妙语，故再将审美视域从网师园移至苏州耦园，换一个角度，"引而申之"，"触类而长之"，来品赏有关木樨桂香主题的造园、摄影之美。

　　曲廊，既是风景的导游线，又是联系建筑物的脉络。苏州耦园东花园有两条别具匠心的廊，一条是"筠廊"，筠为竹的别称。唐杜甫《崔氏东山草堂》："柴门空闭锁松筠。"筠廊以其傍美竹而赢得此嘉名。另一条是"樨廊"，《字汇》："樨，木名。桂花，俗名木樨花。"《红楼梦》第三十四回写到，宝玉挨打后胃口极差，又心有热毒，王夫人取来珍贵的小瓶，"鹅黄笺上写着'木樨清露'"，其味"香的了不得"，乃木樨之精。樨廊以其傍木樨而获致此积淀着自宋以来"闻木樨香"禅宗公案的雅名（参见【5-16】）。筠廊始自还砚斋，缘东园墙经望月亭蜿蜒起伏，止于吾爱亭；另一条既长又曲的樨廊，则承接北面城曲草堂的前檐廊，始自储香馆，过藤花舫侧，蜿蜒至无俗韵轩东，起着分割中部和东花园的作用。接着由东而南，斗折蛇行，串起半亭和廊亭，缘西园墙再度迤逦往东折南，又缘南园墙旋即入魁星阁下，止于便静宧。筠廊和樨廊，一东一西，几乎围合了整个东花园，其造园构思之巧妙若此。

　　图为耦园，片名《木樨浓时心亦醉》，此帧摄影，值得点赞者有二：

其一是角度与取景。摄影家选在藤花舫一侧拍摄，让山坡岩桂的树冠笼盖画面上部，形象异常突出：绿叶，如片片碧玉，清露欲滴；繁花，似累累金粟，耀眼扑鼻，令人心醉。岩桂的树冠还饶有超越画外之妙，让品赏者不但"意中融变"，而且藉以仰首，"象外追维"（清笪重光《画筌》），从而脑际浮现唐白居易的《庐山桂》："偃蹇月中桂，结根依青天。天风绕月起，吹子下人间。"这也契合于"冉冉天香，悠悠桂子"的题语。此外，画面又把中、下部留给了榭廊，见出其"深奥曲折，通前达后"（《立基·厅堂基》），空间变幻无穷。

其二是画面的密满重实，令人想起国画大师黄宾虹，其作品往往上不留天，下不留地，密不通风，满纸是墨，表现出浑厚华滋之美。然而他又强调："中国画讲究大空、小空……密不通风还得有立锥之地，切不可使人感到窒息。"（《黄宾虹画语录》第62页）这极有美学深度。此帧照片的构图亦颇大胆，上面是稠花密叶浓荫繁枝，重重又叠叠；左下是堆压的山石，磊块苍硬厚重；右面则是作为近景、受重力规律制约的建筑；中间还有榭廊屋面横贯其间……然而密满重实却不让人感到窒息，因其间不乏大空、小空，特别是正中偏上的一个透亮的大空，可说是虚灵的"立锥之地"，其周围还杂布着若干小空，使得通幅有呼吸，有照应，灵气交通往来。《老子·十一章》曰："有之以为利，无之以为用。"信哉！

【13-28】应探岭暖梅先 [其一]

题语选自《借景》。探：探寻，看望，访问。此字含情脉脉地蕴蓄了对梅的"拟人"辞格。岭暖：用庾胜兄弟之典。汉武帝时曾遣庾胜兄弟伐"南越"，兄庾胜守"南岭"，因名"大庾岭"，又名"庾岭"，为五岭之一，在江西省大庾县。唐代著名贤相张九龄曾植梅于庾岭之上，传为胜事。故《立基》有"锄岭栽梅，可并庾公故迹"之语。梅先：最先开的报春之梅。唐郑谷《府试木向荣诗》：

【13-28】《踏雪寻梅图》（清·上官周 绘）

"庾岭梅先觉，隋堤柳暗惊。"题语此句意谓往远处去探先开之梅。

　　图为"踏雪寻梅"，清代画家上官周的山水册之一。古代探梅的诗画颇多，其中唐代诗人孟浩然骑驴踏雪寻梅的故事流传得极广，值得作一小考。在中国诗史上，蹇驴往往和诗人的形象缮结在一起，"李白在华阴县骑驴，杜甫《上韦左丞丈》自说'骑驴三十载'，唐以后流传他们两人的骑驴图；此外像贾岛骑驴赋诗的故事、郑棨的'诗思在驴子背上'的名言等等，也仿佛使驴子变为诗人特有的坐骑"（钱锺书《宋诗选注》，第199页）。此外，唐宋有关的诗句如："策蹇赴前程"（孟浩然《唐城馆中早发寄杨使君》）；"东家蹇驴许借我，泥滑不敢骑朝天"（杜甫《逼侧行赠毕曜》）；"布囊悬蹇驴，千里到贫居"（姚合《喜贾岛至》）；"此身合是诗人未？细雨骑驴入剑门"（陆游《剑门道中遇微雨》）……后来，诗画中更频频出现孟浩然踏雪寻梅的典故和形象，成为值得深入研究的一种文化现象【∞→】。

　　其实这并非实事，但一直到清代，画家上官周的册页上，仍有"踏雪寻梅"四字题跋，款署为"苦瓜道人"。图中的主要人物，为一雅人韵士，不一定就是孟浩然，骑驴于雪地路边寻访，神态自若，后随家童一人，主仆二人呼应甚为默契。衣纹等均颇流畅，逸笔草草，简率意足，颇为传神。作为诗人的坐骑，蹇驴也画得活灵活现。

　　此图还可和《相地·傍宅地》"探梅虚蹇"之语参读。蹇［jiǎn］：跛足，指代劣马跛驴（"蹇驴"的最早典源，为汉贾谊《吊屈原赋》）。虚：不需要、可省去之意。此句意谓由于傍宅地园林可以"栽梅绕屋"（《园说》），所以宅第近旁就有早梅，不必骑驴远求。

【13-29】应探岭暖梅先［其二］

　　探梅的文化传统，一直流传至今而不衰。

　　图为苏州拙政园雪香云蔚亭赏梅胜况。亭在中花园池西土山上，坐北朝南，面阔三间，卷棚歇山顶，为中花园的制高点，亦是赏梅极佳处。先释亭名。雪香：人们往往认定是写雪，不确，实乃喻指白梅，这需要丛证。唐李德裕《忆平泉杂咏·忆寒梅》："寒塘数树梅，常近腊前开。雪映缘岩竹，香侵泛水苔……"颔联以"雪""香"二字领起，出句喻白梅如雪映衬翠竹。尔后咏梅常"雪""香"对举或相续。唐许浑《闻薛先辈陪大夫看早梅因寄》："素艳雪凝树，清香风满枝。"宋王安石《梅花》："遥知不是雪，为有暗香来。"晁补之《盐角儿·亳社观梅》："开时似雪，谢时似雪，花中奇绝。香非在蕊，香非在萼，骨中香彻。""雪""香"字均两出。明周履靖《和冯海粟梅花百咏·和全开梅》："万树梅花白似雪，香飘不断影疏斜"。清彭玉麟《梅花绝句二十二首［其四］》："冰肌玉润雪生香，绿萼仙人静淡妆。"徐咸安《适园梅花盛开》："香霏千树雪"……云蔚：是对晋顾恺之"草木蒙笼其上，若云兴霞蔚"（《世说新语·言语》）名言的创造性引用。"雪香云蔚亭"之名，是苏州园林的优秀品题之一。

　　雪香云蔚亭的土山上，植有一片梅林，每当冬末春初时节，林间寒英繁似雪，正是这亭旁暗香丽如妆。一树树梅花相继开放，花光合匝，明媚照眼，引来了不畏寒冷的探梅人群。试看图中，人们在蓝天白云下，在灼灼的梅花丛中，或自拍，或他拍，既拍花，又拍人，花光人影一起满意进入了镜头，连同梅花最先带来的春讯，于是，心头暖意氤氲浮动……

　　该片的构图、气势也值得一说。由于采取仰拍，画面空缺部分的基本构图呈"V"形，如

【13-29】雪香云蔚亭探梅（朱剑刚 摄）

果连亭也算在里面，那就呈"W"形，但不管哪一种形，都是倒立的，有不稳定性，这有助于内容的表达：一是更能强化风势，从而突出梅花不怕"寒生料峭"（《借景》）的可贵品格；二是会产生一种动势，一种飞动感，从而见出雪香云蔚亭的戗角在飞举，天上的大片白云更在蒸腾、飞动，而众多的树枝也向同一方向倾斜，正应了"云兴霞蔚"这句成语。同时还可这样来接受：如果说天上的白云是"云兴"，那么，山上的梅花则是"霞蔚"，而这和探梅所在地——雪香云蔚亭，又是那么契合！

【13-30】恍来林月美人

题语选自《借景》："恍来林月美人，却卧雪庐高士。"两句并出明高启《梅花九首〔其一〕》："雪满山中高士卧，月明林下美人来。"本条只借助高诗此联的对句，图释《借景》此联之出句。

高启的诗句，典出旧题唐柳宗元《龙城录·赵师雄醉憩梅花下》："隋开皇中，赵师雄迁罗浮（山名，在广东，为赏梅胜地）。一日天寒日暮，在醉醒间，因憩仆车于松林间。酒肆（酒店）旁舍（靠近屋舍），见一女子淡妆素服，出迓（迎接）师雄。时已昏黑，残雪对月色微明，师雄喜之，与之语。但觉芳香袭人，语言极清丽，因与之扣酒家门，得数杯，相与饮。少顷有一绿衣童来，笑歌戏舞，亦自可观。顷醉寝，师雄亦懵然，但觉风寒相袭。久之，时东方已白，师雄起视，乃在大梅花树下，上有翠羽啾嘈，相顾月落参（参：星名，即参宿〔shēn xiù〕，二十八宿之一，西方白虎七星之末一宿，有星七颗）横，但惆怅而尔。"月明林下的美人原来就是大梅花树，绿衣童子原来就是翠鸟。在历史上，罗浮山长期流传着"师雄梦梅"的故事，诗人画家们也喜爱以"月明林下美人来"为题材，直至清代，文静玉的《香雪海歌》咏苏州著名探梅胜地"香雪海"，还有句云："暝

【13-30】《月明林下美人来》（清·费以耕 绘）

烟疑入罗浮村"，"参横月落翠羽啼"，用的就是"师雄梦梅"之典。而计成则将高诗七字浓缩
为六字："恍来林月美人"，以"恍"字冠之，从而抒写了恍恍惚惚、迷迷蒙蒙的疑似感、梦幻
感，妙为句中"诗眼"。

　　图为清代画家费以耕所绘《月明林下美人来》，款用高启诗句，署于左上方。费以耕为著
名仕女画家费丹旭的长子，业承家学，擅画仕女，兼工花卉。此图山石浑厚，梅树老到，枝干
交互顺逆，偃仰反正，花朵点染得法，离披烂漫，深得水边林下之致。在梅林之间，石梁之
上，美人款款而来，淡妆素服，体态轻盈，容颜娇俏，清丽冷艳，确乎有"芳香袭人"之感。
清人秦祖永《桐荫论画》评费丹旭云："补景仕女，香艳中更饶研雅之致。"信哉是言，其子亦
然。此幅背景多渲瀹晕染，这有助于孕育一种昏黑的梦幻环境。此图选自李烈初《书画收藏与
鉴赏》，浙江大学出版社 2005 年版。

【13-31】却卧雪庐高士

　　题语选自《借景》，是用汉代高士袁安卧雪之事典。时值大雪，封门堵路，人们皆除雪外
出乞食，惟袁安闭门僵卧，不愿外出乞讨。《后汉书·袁安传》注引《汝南先贤传》："时大雪
积地丈余，洛阳令身出案（案：通安，安抚，即访问贫苦）行，见人家皆除雪出，有乞食者。见袁安
门，无有行路。谓安已死，令人除雪入户，见安僵卧。问何以不出。安曰：'大雪人皆卧，不宜
干（干，求）人。'令以为贤，举为孝廉（汉代选拔官吏的科目之一）。"袁安贫而有气节，后世奉为高士
楷模，晋陶渊明《咏贫士〔其二〕》："袁安困积雪，邈然不可干。"

　　袁安不但为历来诗人所咏赞，而且为历来画家所描颂，自唐代王维以来，画袁安的不下数
十家。明四家之一的沈周（字启南，号石田）画袁安，更有特色。元黄公望《写山水诀》云："冬则
烟云黯淡，天色模糊。"沈周笔下雪天更是如此，墨色几乎涂遍整个画面，只是树枝留白，屋顶

空白、地面堆白，于是处处是厚厚的积雪，一片枯寂黯淡景象。其中篱笆围绕着的雪庐，最有意思的细节是，门里床前脱着一双鞋，高士袁安正卧床看书，他已不是史书所载消极被动地僵卧，而是以全神贯注的读书来对抗大雪，画家这种有价值的独创，提升了袁安的精神境界。画上还题道："何人不卧雪，史独载袁安。但得书中趣，那知门外寒！成化十年冬十月，长洲沈周写。"书为黄庭坚体，骨力坚挺，意气纵横。下有"石田"、"沈启南"印，洵为珍品，极有助于对"却卧雪庐高士"的解读。此轴现藏苏州博物馆。

【13-32】云幂黯黯，木叶萧萧

　　题语选自《借景》。明版原本以来，"云幂黯黯"均作"云冥黯黯"，《举析》指出"冥"为"幂"之形讹，甚是（见《探析》第566-567页）。幂［mì］：覆盖物品的巾、幔。云幂：密布的阴云如巾、幔般覆盖着，笼罩着。黯：《说文》："黯，深黑也。"这正是严寒隆冬的季相特征，宋郭熙《林泉高致》："真山水之云气……冬黯淡"。黯黯：昏暗不明貌。晋陶渊明《祭程氏妹文》："黯黯高云，萧萧冬月。"萧萧：象声词，风声；草木摇落声。木：木本植物的通称。《庄子·山木》陆德明释文引《字林》："木，众树之总名。"

　　还应说明，题语"木叶萧萧"的"木"，与唐杜甫《登高》中的"无边落木萧萧下"中的"木"有所不同。杜诗中的"木"意为"树叶"，"落木"就是"落叶"，而题语中的"木"，意为"树木"。至于"萧萧"，则二者是完全相同的。木叶萧萧：意谓众树之叶在寒风中萧萧落下，形容树木冷落稀疏的景象。

　　木叶萧萧的季相，还非常契合于古代画论。传为南朝梁元帝萧绎的《山水松石格》，有"秋

【13-31】《袁安卧雪图》（明·沈周 绘）

毛冬骨夏荫春英"之语。宋韩拙《山水纯全集·论林木》："木有四时：春英者，谓叶绌而花繁也；夏荫者，谓叶密而茂盛也；秋毛者，谓叶疏而飘零也；冬骨者，谓枝枯而叶槁也。"木叶萧萧，乃已入于严冬的景象。

【13-32】苏州城东山道，云黯欲雪（江合春 摄）

图为苏州环城风光带的城东山道，时值冬日傍晚，景色的最大特点是一个"黯"字，可谓萧萧冬月，黯黯云幂。在逆光拍摄的深暗影调中，不高的土山上，右下方为山顶的蹊径，两侧为篱栅；左下方则是隐隐的苏州城墙，山下还有楼房；而远处的屋舍平芜，更是迷迷蒙蒙，不甚清楚。再看山上的近树，干高枝密，而且屈曲多姿，然而无不是树冠尽裸，木叶全落，的是一派隆冬欲雪之象。此帧摄影凝重的低调意境，给人以"前登寒山重"，"人烟眇萧瑟"（唐杜甫《北征》）之感，颇切合于"云幂黯黯，木叶萧萧"的题语。

【13-33】风鸦几树夕阳

题语选自《借景》。历来诗词曲，爱写夕阳寒鸦，且颇多佳句，如宋秦观《满庭芳》："斜阳外，寒鸦数点，流水绕孤村。"元马致远《［越调］天净沙·秋思》："枯树老藤昏鸦。"元徐再思《［越调］天净沙·秋江晚泊》："斜阳万点昏鸦"。明唐寅《题画山水》："绕崖秋树集昏鸦"。清郑板桥《菩萨蛮·晚景》："秋水连天，寒鸦掠地，夕阳红透疏篱。"夕阳、寒鸦、枯树、疏篱、秋水……宋元明清的这些名家脍炙人口的名句，如同一幅幅画面，各有个性，而其共同旨趣，均为写寒、咏秋或咏冬。

善于创新的计成又自不同，他同样以夕阳寒鸦为题材，却冶铸出咏冬的借景名句："风鸦几树夕阳。"宋邓椿《画继·杂说》指出："世徒知人之有神，而不知物之有神。"计成则善写"物之有神"，他为了写鸦，除了用"夕阳"点出了傍晚时分外，既不用"昏鸦"，又不用"寒鸦"，而另辟途径用"风鸦"，着一"风"字，画面更灵动，令人想见乌啼归树，由于天凉风劲，鸦群聚而还散，集而仍乱，于是，其神态顿现。再则"树"用"几"字亦极佳，限制了视域，让人集中目力，观照风中点点鸦阵的若远若近，这是一幅无声的有声画，令人视觉、肤觉与听觉相与为用。

图为《芥子园画传·山水·名家画谱》中的一幅，无题。画面上，水边篱落围合起一个院子，茅屋中两人对饮。画上跋曰："绿螘（"蚁"的正字，现已通用作""蚁"）新醅酒，红泥小火炉。晚来天欲雪，能饮一杯无？光绪丁亥秋日白下吴石仙。"这首五绝，是唐白居易的《问刘十九》

诗，咏的是寒冬。"绿蚁"是新酿酒上的绿色泡沫。诗意为邀友小饮以御寒，小诗写得平淡而有味，洋溢着生活情趣。再看画面，也有作为近景的几棵树，空中也飞舞着亦散亦乱的鸦群，这和靠岸的渔舟一起，点明了夕阳西下，暮色苍茫，"晚来天欲雪"，故而群鸦也更为聒噪。"风鸦几树夕阳"，是一幅萧瑟而充满寒意的风景画，画出了与冬令相宜的借景对象。

【13-34】六花呈瑞

题语选自《借景》，此句描颂寒冬的雪景。六花：是对白雪的美称。唐高骈《对雪》咏道："六出飞花入户时，坐看青竹变琼枝。"由于雪花结晶六瓣，故名"六花"。明冯应京《月令广义·冬令·方物》写道："雪花六出。《吕览》：'草木之花皆五出，雪花独六出。'"这是交代了"六花"的典源。呈瑞：是指应时之好雪，能有效地杀虫保温，促成来年丰收。在

【13-33】《芥子园画传·增广名家画谱》其一

千百年来的农业社会里，应时佳雪一向被视为丰年的预兆，俗语所谓"瑞雪兆丰年"。而诗人们又通过"借代"辞格，以所呈现的征兆——"瑞"来代替作为本体的"雪"。宋人袁绹《清平乐·雪》："高卷帘栊看佳瑞"。"佳瑞"，就是雪的代称。

　　咏雪，是历来诗创作的热门题材，古来的咏雪名句，何止成千上万，而最著名的一句，在《世说新语·言语》："谢太傅（东晋名将谢安）寒雪日内集（聚合家中子侄辈），与儿女讲论文义。俄而雪骤，公欣然曰：'白雪纷纷何所似？'兄子胡儿（谢玄长兄谢奕之子，即侄朗）曰：'撒盐空中差可拟。'兄女（侄女，即王羲之之子王凝之之妻谢道韫）曰：'未若柳絮因风起。'公大笑乐。"雪花，如柳絮因风而漫天飞舞，堪称妙喻，真是裙钗不让须眉。柳絮，既状雪花洁白无瑕之质，又状雪花轻盈飘舞之姿，还令人顿生春城处处飞絮，春日即将来临的暖意。"柳絮因风起"五字，意蕴飞动，深得江左名流谢安的赏识，谢道韫自己也因即兴对诗而赢得了"咏絮才"的美名，从而，这一故事也就成了千古佳话。

【13-34】响月廊："柳絮因风起"（张维明 摄）

图为苏州艺圃响月廊前雪景。就像诗人爱咏雪一样，摄影家也爱拍雪，这类雪景之照，也何止汗牛充栋！但是，拍静态雪景者居多，拍动态雪景者颇少，拍大雪纷飞者尤少，本片之可贵就在此。试看画面上，正是"俄而雪骤"，"白雪纷纷"，因风而起，满空飞舞，大的一朵朵，小的一片片，漠漠扬扬，凝集于屋顶、树梢、石面，犹如白亮的棉花堆积；飘落在鳞鳞沧漪的池面，就消失不见。隆冬严寒，阴湿的空气似乎凝冻了，影调幽暗不明，一切好像隔着一层磨砂玻璃，这是一种特殊的朦胧美。透过这迷迷蒙蒙，隐约可见半亭里的红男绿女，不是畏缩惧寒，而是精神振奋，兴高采烈，脸上泛起了淡淡的红晕，他们是由于看到了"六花呈瑞"的美好景象？还是想起了才女"未若柳絮因风起"的名句？抑或受到附近不畏严寒的劲松、迎雪怒放的蜡梅的激励？……

【13-35】棹兴若过剡曲

题语选自《借景》。棹 [zhào]：船桨，亦指船。棹兴：乘船的雅兴。过：有过访之义。剡 [shàn] 曲：剡溪的隐僻处。剡溪，水名，为曹娥江上游，在浙江嵊县南，历来为高人逸士所向往的幽胜处。《世说新语·任诞》："王子猷（东晋王羲之第五子王徽之，字子猷）居山阴（今绍兴），夜大雪，眠觉，开室命酌酒，四望皎然，因起仿徨，咏左思《招隐》诗，忽忆戴安道（即戴逵，王徽之之友）。时戴在剡，即便夜乘小船就之。经宿方至，造（到）门不前而返。人问其故，王曰：'吾本乘兴而行，兴尽而返，何必见戴?'"后因指高人隐士雪夜乘舟逸游或访友的雅兴。若过剡曲：好像雪夜访问剡溪，四字发人想象，带有描写性，令人如见高人乘雪夜游画面，又似见剡溪之曲的幽美胜景。

《雪夜访戴图》为元代画家张渥所绘，款署"叔厚"。张渥，字叔厚，善画人物。此图中，船夫正迎寒奋力撑船，水波翻滚。王徽之则在舱中蜷身缩袖，其前还摊着一本书，似为夜间所翻阅。画家表现人物，体察入微，栩栩传神，其衣纹帐篷，用的是铁线描，岸上一棵古树苍劲虬曲，叶已落尽。树干用浓笔勾勒，淡墨渲染，亦颇见功力。画上有清帝乾隆御笔题诗一首："雪夜觉来乘兴行，剡溪沿溯一舟轻。传神恰是斯时好，较胜门前著语情。"点出"乘兴而行，兴尽而返"不相见的无语之妙，胜过二人于门前叙友情之絮絮。宗白华先生亦引《世说》故事深入指出，晋人之"美的价值是寄于过程本身"（《艺境》第127页），可谓别具只眼，一语中的。图上钤有"三希堂精鉴玺"等鉴藏印，现藏上海博物院。

【13-36】近借：借邻园

《借景·[结语]》："夫借景，林园之最要者也。如远借，邻借，仰借，俯借，应时而借。"这一长句，囊括时空，是对各类借景的全覆盖。若对此作进一步的分析归纳，那么可说这前四种属空间范畴（借"空"），后一种属时间范畴（借"时"）。但"时"与"空"又是不可

【13-35】《雪夜访戴图》（元·张渥 绘）

分离、互为交叉的。17世纪英国哲学家洛克在《人类理解论》中指出，空间的扩延和时间的持续"是互相涵容，互相包括的，每一部分的空间，都存在于每一部分的绵延中，每一部分的绵延，都存在于每一部分的扩延中"（第173页）。就借景来说，本条与下条先图释空间距离的近（包括邻借）与远，当然，也必然会兼及"应时而借"。

近借，其中距离最近的是邻借，即向邻氏借景。清郑板桥《题画竹》："邻家种修竹，时复过墙来。一片青葱色，居然为我栽。"又云："两枝修竹过墙来，多谢邻家为我栽……"两首题画诗均点明隔墙近借邻家所种修竹。童寯先生曾说："或有由一园高处，而能将邻园一望无遗。

【13-36】隔墙邻借拙政园（唐　云　摄）

昔苏州徐园，尽览南园之胜。斯非借景，真可谓劫景矣。"（《江南园林志》第9页）。说得非常风趣，而今天仍有实例可证。如苏州拙政园的中花园和西花园，原分属两家，中花园在两园界墙旁的石山上安亭得景，名"宜两亭"，品题撷自唐白居易《欲与元九卜邻，先有是赠》诗："明月同好三径夜，绿杨宜作两家春。"写得异常亲密友善，真切具体。明月，这是两家共同的远借；附近的绿杨春色，则是两家均宜近赏的"邻借"。

所谓"宜两"，就是邻居两家，你可借我，我可借你，或双方共借，彼此皆宜。对于拙政园中、西部的景观共享，有的摄影家往往从中部廊侧，在绿杨掩依中拍摄西部建于隔墙山上的宜两亭，这颇有意境。但本片则别具只眼，是由彼借此。图为从中部山上居高临下地隔墙向中部借景。先看建于山上的宜两亭，为六角攒尖，造型别致，其周围不开敞，均设有长窗或短窗以围蔽。摄影家登山入亭，凭借美丽的冰梅纹窗棂门罩东望，但见近景是作为界墙的蜿蜒的云墙、飞翥的戗角，以及山上树木墨绿色的密密枝叶；中景则是倒垂的绿杨、满池的莲荷（属应时而借）、岸边的亭廊、穿越其间的曲桥……正如童寯先生所戏说，是将隔院风景"劫（借）"来眼底了，对此如作理性的归纳，这种对隔园的近借、邻借，同时还是俯借，但总的来说，是一种空间上的互相借资，互相涵容。

【13-37】远借：借云天

上条图释近借、邻借、俯借，本条图释远借、仰借，当然也会兼及应时而借。

图为苏州怡园仰借于寥廓长空的绚烂云霞，这种仰借较少有人关注，此类大面积仰借于天空的摄影作品也较罕见，故拟竭诚推介。

怡园在苏州古典园林群中属于小园。它可分为东、西两区，东部以建筑庭院为主，西部

【13-37】园小天地宽，景近意境远（张维明 摄）

则以山水风物见长，东西两园之间有复廊，使二园既分隔，又联通，这就是怡园布局之大
体。摄影家熟悉此园，当时正在拍摄《苏州怡园》影集。一天，大雪初霁，银装素裹，景色
极为俏丽，傍晚时分，落日余辉将天际云霞映照得如绣似画。为"物情所逗"（《借景》），他喜
出望外，很快在东部"坡琴仙馆"的前庭院（即拜石轩的后庭院）找准合适机位，把镜头推向西南
上方天空，这既是仰借，又是极其遥远的远借，还是抓紧时机的应时而借。

　　试看画面，左下方为拜石轩的西戗角，其下的屋面上，积雪仍是厚厚的。由此往右，一条
略弯的"地平线"向上抵达画面右下边缘，在人们视域里犹如极远方的山岭或高原，其实，它
就是近处分隔东、西两区的复廊屋脊，之所以有如此的效果，是由于其上所积白雪背着阳光成
了淡紫色。不妨细观，复廊屋脊后露出的树丛有二：一丛常绿，茂密繁盛；一丛落叶，稀疏萧
瑟，二者相映成趣。然而更妙的是，画面还给人以天边远树的错觉，令人想起王维诗中画的某
些平远构图："新晴原野旷"（《新晴野望》）；"苒苒远树齐"（《青龙寺昙壁上人兄院集》）；"山下孤烟远
村，天边独树高原"（《田园乐七首［其五］》）……摄影作品里这种旷远境界，似乎早已超越了园林
的界墙，远到了天边，其实，只是隔开了一条复廊。

　　再看天上的云，更为高远，密布天空，遍列画面，波光粼粼，鱼鳞片片，如羊群攒动，似
罗绮舒卷，一层层匀称排叠，一朵朵透明柔软，轻盈缥缈，美轮美奂，在当今，真是难得一见
的视觉盛宴。

　　照片的构图也应一说，左下方拜石轩的戗角，似是一个"特写"，大大的，而且高高地翘

着，这一厚实的形象，对构图起着举足轻重的作用，而右上方叶已脱落的树枝，呈放射性地游走之状，又互插互让，掩映了大半个画面，这不仅使其后面的云天更耐人寻味，而且其疏、散之态与左下方的厚、重之状还形成了对角呼应，使得构图既活泼，又谨严。

英国著名摄影学家迈克尔·弗里曼指出，风光类照片中作为图像元素的地平线如何摆放很重要。"通常，人们会自然倾向于将它放在画框的下部而不是上部"，但还应根据"眼中大地和天空的重要程度来分割画面"，如果"天空富有动感活力，那么也许可以把地平线放得很低，靠近画面的边缘"，总之，"不存在理想的地平线位置。因此试验不同的位置总是值得的"（《摄影师的视界》第 20 页）。是的，此帧摄影确乎是"天空富有动感活力"，不过摄影家的尝试不止是把地平线压低，让其靠近画面的边缘，而是竟大胆地将其压出了画面，并以屋脊来代替地平线，从而赢得了大片遥远的天空，赢得了种种颇为理想的艺术效果，这种尝试，是极其成功的。笔者乐于以"园小天地宽，景近意境远"十字为其点赞！

【13-38】应时而借［其一］：借阳光

除上条外，自本条开始凡八条，均图释应时而借。本条先图释借景于不被游人注意的、最近距离之墙上的阳光"色散"这一微型景观。

德国古典哲学大师黑格尔曾指出："在山水风景画里，一大片光亮部分和很浓的阴影部分的大胆的对比可以产生最好的效果。"（《美学》第 3 卷上册第 273 页）这一理论，也可在苏州拙政园"野航"八方式洞门一带所受阳光照射的奇特景观找到最佳的例证。

图为画舫"香洲"作为后舱之楼阁的澂观楼的后门——"野航"洞门，门内设有遮挡楼梯的隐壁，这就使得八方式洞门内出现了层次和深度，加以壁间悬有一组小屏条，于是更见丰富，而"野航"的品题，又令人想起唐韦应物《滁州西涧》"野渡无人舟自横"的名句，所以摄影家们爱把镜头瞄准这里。

【13-38】"野航"壁间，光谱变幻（萧　宇　摄）

此时此刻，赤乌业已西斜，将沉未沉，其无力的光华经过有一定湿度的空气的折射，在外墙上发生了部分的"色散"现象。李元摄影机构的《色彩之美》一书这样概括："复色光（按：即阳光）分解为单色光而形成光谱的现象叫做光的色散。"（第50页）试看"野航"墙面上所投大片的光，已不完全地光谱化了，中间是纯白色，其边缘却晕出淡淡的红色、橙色、黄色，而墙上树叶的投影，则变成了淡紫灰，当然它们同样地也在洇化着。再看八方式洞门内，被浓浓阴影包围的壁上又自不同，出现了澄澄的黄，边缘光晕则更红，而所悬一组屏条的不受光处，呈深赭；受光处，呈朱红……从总体上看，门内的色调对照美妙无比，成了画面构图中最引人注目的亮点。这些，都需要审美的有心人以绘画的眼睛去细细辨析、慢慢品赏。

再看作为画面主体的"野航"门墙，其左面为绿荷、烟柳、亭树，一派有层次的寒色，与"野航"门墙的暖色适成对比；而其右面，则是玉兰堂的后檐廊，廊东的合角方门外，人影景物处于最暗处，隐隐约约，若明若暗，作为深调，与门墙上光的色散，是又一种对比。这整个三个部分，再以黑格尔的话细析，"正是光的返射，放光和返光，这种奇妙的光的呼应，造成一种特别生动的明和暗的自由闪动"（同上引第273页）。这种微妙的光谱化的借景，往往不被人们所觉察，殊为可惜。

再作总括性的借景比较：如果说上条是宏观的远借，需要空阔高远的视界，无限解放的眼量，那么，本条则是微观的近借，需要目不转睛地注视，细致入微地辨析。由此可见，借景不是简单的东张西望，被动的接受，而是主动的发现，需要审美主体扩充学养，由微观到宏观的种种深情领受，这样才能如《借景·[结语]》所云："庶几描写之（已）尽哉！"

【13-39】应时而借 [其二]：借晨雾

弥漫的雾也是摄影家最喜爱的应时而借的对象，尤其是晨雾。本条拟通过苏州怡园重点图释近借雾中之松。

先引一条画论。明董其昌《画禅室随笔》："山行时见奇树，须四面取之。树有左看不入画，而右看入画者，前后亦尔。"这是以精当简约的语言，揭出了对奇树的写生诀窍，当然这画诀也适用于摄影的取景，摄影家陈健行先生在怡园拍所白皮松就是明证。

苏州的怡园以往有三大特点，其中之一就是白皮松多，特别是池畔的一株，鬆秀多姿，幹健叶稀。古代画谚说："松愈老。叶愈稀。"此言不虚。这株奇松的树龄，已有一百五十馀年，生动地横逸于池上，不过也必须"四面取之"，甚至还要俯仰取之，因为奇树是存在于三维空间的复杂多面体，单一的视角无济于事。例如，站在池南，看到的主要是树冠，而不是枝幹的奇姿异态，视觉效果就差；如站在池北，则可见其主幹叉出，一分为二，分开后再次交叉而又反向伸展，这类枝幹相交而中间留虚，最为画家所赏，被称为"枝交凤眼"，这是为避免犯两幹叠合之忌；至于在池东或池西观赏，则均可见其枝幹如虬如龙地游走……摄影家就这样在空间上长期地四面八方仰观俯察，最后选准了池东北的最佳方位。但是，也还不能拍摄，因为树后有诸多景物干扰，特别是山上的螺髻亭作为背景，就距离太近，影响着主体的突出。

可见，多视角的三维空间也还不够，必须再加一个时间维度，合为"四维时空"，即必须

【13-39】怡园雾中白皮松（陈健行 摄）

在时间上等待再等待……有一次，待到多年来难得的大雾降临之晨，他不失时机地赶往抓拍了这最佳时刻，于是，对象终于真正"入画"，天公助其成就了一幅《云龙雾虬图》。

董其昌《画禅室随笔》又说，"画家之妙，全在烟云变灭中"。这一画学妙谛，也是"画意摄影"的真实义谛。镜头中的这幅奇松正是如此，在云雾弥漫之中，它既如惊虬拗怒，骨屈筋张，又似矫龙盘游，蜿蜒轩翥，而霜皮上的龙鳞斑驳，则如画家以枯笔皴就。更可贵的是左中部下垂的枝干，既与主干构成"枝交凤眼"，又屈曲下垂，犹如蛟龙探海，还在画面上起着极为重要的平衡作用，耐人品味；还有亭亭螺髻之影，处于有无之中，似在数里之外，其实，离白皮松不到十米，是迷雾把距离推远了，创造了气韵生动之美，洵为近借而酷似远借之神品！

在中国绘画史上，五代的荆浩最注重画松，他在《笔法记》中写自己在山中反复写松，"凡数万本，方如其真"，其《古松赞》还赞道："不凋不荣，惟彼贞松。势高而险，屈节以恭。叶张翠盖，枝盘赤龙……如何得生，势近云峰。仰其擢干，偃举千重。巍巍溪中，翠晕烟笼。奇姿倒挂，徘徊变通……"每一句几乎都是一幅绝妙的古松画，也几乎每一句都适用于《云龙雾虬图》。笔者因效法荆浩的《古松赞》，步趋而作《云龙雾虬图赞》："妙手天成，雾虬云龙。飘渺无拘，虚幻朦胧。或隐或现，忽淡忽浓。枝交凤眼，夭矫腾空。俯身探海，照影池中。螺亭隐约，逸游从容。晕化脱化，气韵生动。禅机其微，巧夺化工。"

还应补叙一笔，若干年前，怡园这株奇松下垂的探海枝坏死，只得遗憾地将该枝锯掉，于是，《云龙雾虬图》遂成绝版。

感谢摄影家留下绝版的无量功德。笔者曾呼吁，希望摄影家们为可能消逝的古树名木留个影。法国"堪的"派摄影家布勒松在《〈决定性的瞬间〉序言》中说：摄影是唯一能"把转瞬即逝的瞬间丝毫不差地固定下来的手段。我们摄影者就是和一些不断消逝的东西打交道"（见《摄影美学初探》第8页）。笔者不完全赞同"堪的"派的美学观，却高度肯定布勒松的这番话，希望摄影家们能将摄影机对准转瞬即逝的瞬间，包括作为遗产的古树名木，使这些崇高和美成为永恒。

【13-40】应时而借［其三］：借落日

落日，是美的，美学家、摄影家、诗人、造园家等，都极赏落日之美。乔治·桑塔耶纳《美感》一书写道："落日的颜色有一种引人注意的光辉，一种爽心悦目的温和或魅力。那时暮色和天空所带来的许多联想就集中在这种魅力上，而且使之加深。"（第51页）这是从美感理论所作的阐发。而法国摄影家朱利安·格隆丁，又特花三年时间跑遍世界，以求实地记录各地"落日瞬间"的美，但是，不知他有没有注意到拍摄水中的落日之美，然而，中国宋代词人对落日却又形成了独特的审美观照视角，廖世美《好事近·夕景》："落日水镕金，天淡暮烟凝碧。"李清照《永遇乐》："落日镕金，暮云合璧"。辛弃疾《西江月》："千丈悬崖削翠，一川落日镕金"……三例均言简意丰，特别是一个"镕"字，意中有景，景中有意，给人以丰富的美感、无尽的联想。

图为上海松江泗泾颐景园小区十景之一的"宝榭镕金"。该景点的主要建筑为面阔三间、体

【13-40】宝榭落日水镕金（江合春 摄）

量较高大的锦云楣，其上部檐下，四周缭以卐川挂落，明间两侧各有垂花虚柱，"花篮"雕刻得异常精美；下部的坐槛上则绕以"美人靠"，栏柱顶端还雕有玲珑的小狮。此榭完全凌空，驾于东西向较宽阔的溪流之上，有着优越的水环境，两侧还均有曲折石梁桥通往溪岸。再看两岸花木扶疏的溪流，蜿蜒地通往远方。晴日傍晚，这里正是观照"落日水镕金"的极佳处所。摄影家就以其一颗虔诚专注的心，在此等候并拍摄了一次又一次，终于遴选出这最理想的一帧。试看画面上，金色的落日刚开始接近地平线，并以其将要敛起的光辉映红了半边天，而溪流尽头倒映水中的落日，则随着涟漪而灿烂地微微摇漾，似乎作为固态物质的黄金，真的已熔化为液态，让人们体味这"镕金"二字之妙。试看水面上、下两个落日，相同之中又多不同之处，它们上、下相映，天、水同辉，放射出一片夺目的辉煌，使房屋、树木、栏靠、石桥、水面……统统染上一派温和的暖色调，令人沉醉于美丽的梦境之中。

对于现代人来说，观赏应时而借的落日还有其特殊的生态哲学意义。英国哲学家怀特海从人与自然有机整体论视角以落日为例指出："伟大的艺术就是处理环境，使它为灵魂创造生动的转瞬即逝的价值，灵魂若没有转瞬即逝的经验来充实就会枯萎下去"（《科学与近代世界》第192-193页）。此话耐人深味。

【13-41】应时而借 [其四]：借夕照

夕照，既是应时而借，又是远借，它极具构景功能，是重要的构景元素。就中国人喜闻乐见的风景园林品题系列来看，金代北京地区的燕京八景，有金台夕照；南宋杭州地区的西湖十景，有雷峰夕照；明代开封地区的汴京八景，有夷山夕照；清代的桂林八景，有西峰夕照；20世纪中叶的台湾八景，有安平夕照，连日本的松岛八景，也有雄岛夕照……作为借景，夕照是美的，不论何种景观，只要一旦与夕照相结合，就被染上金灿灿的色调，令人目眩神迷，流连忘返。

图为别出心裁的雷峰夕照摄影佳作，它把作为杭州西湖十景之一的"雷峰夕照"及其四周景物，真正置于夕照的背景上来拍摄，其艺术构成值得细细品赏——

从画面构图看，连绵的山负载着夕阳和雷峰塔横向延伸，起着分疆定位的作用，它把全图一分为二，而其下的长桥，又把下部再一分为二，于是形成了"明-暗-明-暗"反复交叠的横向节律。但是，一律的横向未免单调，而作为图中主景的雷峰塔，起着举足轻重的作用，它纵向地耸立山上，借用钱章表先生《点·线·面纵横谈》中语说，就"形成垂直线和水平线相交，这是符合自然规律和视觉感受渴望平衡的要求的"（《摄影美学初探》第323页）。它打破了单调一律，还有右方夕影亭的戗角，也阻止着山势的横向延伸，再加上天空几组疏密参差的枫叶，全图就隐显出多样统一的美。

从画面色调看，"落"在"山"上的夕阳居于构图的中心，而雷峰塔则身披玄色，但黑里不乏红的色素。至于其他景物、人物，也无不暖暖地黑里渗红，唯独右边，因夕照的折射而留下了一抹紫山，应了王勃名篇《滕王阁序》中的名句："烟光凝而暮山紫。"此所以为奇。

从光源方向和画面情趣看，由于迎着夕照逆光拍摄，这就消解了所有对象的层次和细节，

【13-41】"雷峰夕照"之夕照（王　欢　摄）

把画中人、物的立体，统统化作平面，变成了一系列对比强烈、生动丰富的艺术剪影，特别是显现了长桥上疲劳了一天不约而同来到这里的人群，其中有小坐的、漫步的、赏景的、拍照的、依偎的、拥抱的、三五聊天的、动作莫名的……各各放松身心，尽情休闲，并因接受夕阳美的洗礼而心醉神迷，他（她）们虽没有人指挥或导演，却各各做着不同的动作，露出不同的天性，然而殊不知，如现代诗人卞之琳所咏："你站在桥上看风景，看风景的人在楼上看你。"（《断章》）人们一个个举止无意的殊相表演，连同悠悠的游船，也恰恰被后面有意的摄影家摄入了镜头。

再看，夕曛及其倒映入湖心的红光金晕，漪澜鳞鳞，上下辉映，也恰恰被人群留出了这宽宽的视觉通道，让镜头在咔嚓声中完成了有意义的创作。这是光与影、人与物、情与景共同协制的西湖十景之一——"雷峰夕照"的新演绎。

【13-42】应时而借［其五］：借夜灯

德国哲学家莱布尼茨说："时间是一种持续的秩序。"（《莱氏书信集》第27页）是的，夜晚，也是与白天相对待、相轮回、相持续的，从理论上说，也应属应时而借的范围，但真正的黑夜，如达·芬奇所说，黑暗与光明"一欲隐蔽一切，一欲显示一切……黑暗即是无光，光明即是无黑暗"（《芬奇论绘画》第95页）。所以真正意义上的黑夜，难以通过视觉来审美。因为没有光，也就没有形和色，故而人们要审美，除了借助月光外，更要充分利用人造光源，特别是艺术化了灯光，而这又可反过来极大地美化夜晚，使其景更为迷人。本条图释应时而借这"夜←→灯"。

图为21世纪初一个仲夏夜所摄的《璀璨灯辉雷峰塔》。回望雷峰塔的历史，自五代始建以

【13-42】《璀璨灯辉雷峰塔》（陈兰雅 摄）

来，岁深月久，经磨历劫，残破已极。1924年，被称为西湖"景眼"的雷峰塔倒塌，西湖十景留下了莫大遗憾。2000千禧之年，雷峰塔在原址复建，体现了佛塔艺术和现代科技的完美统一、古老文化传统和崭新时代精神的完美统一。

试看此图，时天未全暗，馀辉带彩，华灯初上，这是何等绚烂夺目的美景！而作为中景的中峰夕照山，已染为浓浓的墨绿，其后的远山，则是青碧绵延。多彩的天际云层，浅橙、粉红、淡紫、暗黄、灰青、靛蓝诸色，在苍茫的薄暮中虽互为区分，但也相与溶和、洇化着，渐趋模糊……而亮得几乎透明的雷峰塔，高高地矗立山巅，以朱红发光的线条勾勒着自己魁伟的身影，其尖尖的宝顶，直插于青里隐红的天宇，西湖美景的这一最大亮点，是多么晶莹剔透而气象万千！

山麓、湖畔的一切，也都披上了节日的盛装，五光十色，异彩纷呈，璀璨的灯火，映入湖波而斑斓荡漾，给人以视觉的惊喜。这种"灯光秀"，令人想起唐人苏味道的《正月十五夜》："火树银花合，星桥铁锁开……金吾不禁夜，玉漏莫相催。"然而在当今盛世，"宵禁"早已历史性地解除，"铁锁"也不复见其踪影，已是全面开放的"金吾不禁，玉漏俱催"。这里的夜晚，不是元夜，胜似元夜。宋代著名词人辛弃疾的《青玉案·元夕》抒写道："东风夜放花千树，更吹落、星如雨。"夕照山下的西子湖，也是既如千树花放，又如繁星闪烁，是一个明艳的不夜湖。

再看作为近景的长桥、节奏分明的玲珑栏杆及其倒影，无不通体透亮，似火龙游走，如金蛇蜿蜒，与深色的湛湛湖水适成互补，于是，画面完成了它那流光溢彩，灿烂辉煌。三国魏曹植的《洛神赋》，有"神光离合，乍阴乍阳"之语，此图中的长桥上，由于不同方向乍阴乍阳的复杂光源交互辉耀，似乎也出现了离合的神光，在桥上观景的几位游人，其身影竟不同程度地晕将开去，有些甚至魔法般地化作一团光雾，其倒影也较难寻觅，觅得后也耐人寻思。这一罕见的虚影，更给人以梦幻之感……

《璀璨灯辉雷峰塔》，是反映借景的精品力作，其应时而借，所借首先是"夜"，其次才是"灯"，因为没有夜，就不可能有灯，但是，如果没有灯，那么，也就没有这璀璨灯辉之夜，没有这火树银花的如梦之夜。

【13-43】应时而借［其六］：借雨韵

"天有不测风云"。风雨雪月、烟雾云霞等，均带有某种偶然性、无序性，然而又是极佳的时空借景。本条图释苏州耦园受月池借雨，这既是应时而借，又是近借，借这"知时节"的"好雨"。

图为耦园雨景，所摄是曲桥"宛虹杠"一带。宛虹杠，是耦园的重要景观，清李果《涉园（耦园前身）杂咏八首·宛虹杠》："为园城东隅，流水抱河曲。一桥宛虹杠，下饮春水渌……"诗人通过咏桥，概括了耦园的地望和其中一个重要景观。但对于宛虹杠之名，人们往往不甚了解，它出典于汉司马相如《上林赋》："宛虹拖（拖）于楯（栏槛）轩。"宛虹：弯曲的虹。杠：有人释作桥上木栏，不确。《玉篇》："杠，石杠，今之石桥。"这符合于宛虹杠石质梁桥之实。

宛虹杠的结构造型，在苏州园林的桥梁群里，可谓独树一帜，它八柱三曲，木栏石梁，横跨于受月池上，是贯通园子东西的纽带，其简朴而曲折的造型，不但是水池的中心，而且在摄影家俯视镜头里成了主要的"色景"。试看其架于石柱间粗粗的红栏，经由雨的洗濯，显得纤尘不染，一根根鲜艳地反射着柔和的天光，特别是其鲜明的红色，共时性地处于全图作为补色的幽绿调子中，这可用著名画家颜文梁之语说，"由于对比的缘故，各增加本色的鲜明，所谓相得益彰"，换

【13-43】宛虹杠一池好雨（周苏宁 摄）

言之，"互为补色的两种色彩并置……如红与绿并置时，觉得红色格外红，绿色格外绿，这就是'同时的对比'"（《颜色漫谈》第7、51页）。宛虹杠雨韵的摄影佳作正是如此，曲折的红栏。在幽绿的包围中，在雨水的洗礼下，它红得润泽，红得光畔，红得靓丽，红得纯真，颇为抢眼。

再看四周环境的幽绿，用德国大文豪、美学家歌德的话说，"当眼睛和心灵落到这片混合色彩（蓝与黄混合为绿）上的时候，就能宁静下来"（见阿恩海姆《艺术与视知觉》第471页）。加以园内雨丝淅淅沥沥，淋淋漓漓，从绿叶到心灵，无不承受着它的洗礼，且不说"快雨涤烦心"，就说池畔的浅绿和深绿，淡绿和浓绿，经雨水的洗濯，无不裸露其本色，均可以"新绿"二字概之。传为唐王维的《山水论》有云："有风无雨，只看树枝；有雨无风，树头低压。"池周的树梢草端，无不因雨水的饱和而既低又压，显得沉甸甸、湿漉漉、油光光的。再看一个个雨点打在池面，泛出一圈圈不断扩大的圆漪，一圈刚晕将开去，又一圈迅捷而至。点点滴滴，密密麻麻，大珠小珠，大圆小圆，谱成了水面的纹漪乐章。

摄影家"巧于因借"（《兴造论》）——雨韵是声、波的交响，加上水灵灵的绿，统统是天公的恩赐，是自然美给耦园的反馈、褒奖。

【13-44】应时而借［其七］：借风雨

应时而借，会涉及一个问题：晴天美还是雨天美？人们出游，遇上雨天往往会说："天公不

【13-44】风雨拙政园（朱剑刚 摄）

作美。"此话似乎讲得不错，天朗气清，日月光华照耀着，人情欣喜，到处能发现美景；相反则心情不乐，感到扫兴，没精打采。其实不然，宋苏轼《饮湖上初晴后雨》："水光潋滟晴方好，山色空濛雨亦奇。欲把西湖比西子，淡妆浓抹总相宜。"允为绝唱。对此，明人韩纯玉《菩萨蛮·西湖雨泛》引申发挥道："日日是晴风，西湖景易穷。""人皆游所见，我独观其变。"而张岱《西湖梦寻·明圣二湖》也说："雨色空濛，何逊水光潋滟……"名人名言，一致赞美西湖的空濛雨色，可见"天公不作美"恰恰就是"天公作美"。

再看摄影《风雨拙政园》。此时的苏州拙政名园，不再是往时的熙熙攘攘，前拥后挤，摩肩接踵，而是静静谧谧，空间无限，可作任意的逍遥游。作品所摄是拙政园中部见山楼一带，经过秋风秋雨的飘洒，这里虽不免黄叶零落，但地面、桥栏、树冠、屋顶，无不如沐如洗，洁净发亮，黑的黑，白的白，红的红，绿的绿，黄的黄……一一显露出其真纯的本色之美。池中水面，更是濛濛闪光，闪动着一派潋滟之光。在柳丝的飘拂、飞舞中，见山楼造型更显得稳定、端庄、静美、清晰，至于动态的人和景物，则更有可观，柳枝、游人、雨伞，在风雨中竟然模糊了自己的轮廓，边缘似在空中渗化，洇散，使整个画面如同一幅优秀灵异、待人领悟的水彩画。

张岱在《西湖梦寻》中接着还概括道："深情领略，是在解人！"画中撑伞的三五游人，画外"独观其变"的摄影家，正是深情领略的"解人"！

【13-45】应时而借 [其八]：借雪塔

本条既图释远借，又图释应时而借，即远借雪中之塔。

图为苏州拙政园外借数里之遥的报恩寺塔（俗称北寺塔或北塔），这种"远借"，体现了《兴造论》所说"得景则无拘远近……绀宇凌空，极目所至……嘉则收之"。相较而言，塔是最理想的借景对象，因其凌空矗立，形相嘉美，最能勾起人们无限向往之情，即《借景》章所谓"物情所逗"，《文心雕龙·物色》所谓"物色相召"。"情"既被"物"召引，即可如《借景》之"目寄心期"。目寄：通过"目"去传递情感。心期：即心中深情期许。这种心期，固然可以是单方的，但也可以是双方的，《文心雕龙·物色》云："目既往还，心亦吐纳……情往似赠，兴来如答。"此妙语可联系园林来领悟，在相地造园过程中，既然发现了美景可借入园内，那么就必须预先设计，做到《借景》所谓"意在笔先"。如拙政园远借北寺塔，必须事先规划，即考虑在中花园东入口的倚虹亭畔，让视线能穿过中花园和西花园，一直到达北寺塔，而在这条视觉通道中，建筑、树冠等统统必须让路，不容遮挡这亭亭塔影。"意在笔先"之实现，赏景者便能与塔进行物我赠答的情感交流。

再说应时而借。审美的事实是，摄影家们特愿在此通过相机以实现其"情往似赠，兴来如答"。于是镜头中：春日，依依丝柳，映衬北塔；夏日，一池闹荷，烘托北塔；秋日，满天霞光映照北塔……不过，很少有人拍摄到隆冬严寒冰天雪地里作为远景的北塔，因为能见度极低。但本图却拍摄得非常理想。试看，图中的天空一片白，两侧乔木的树叶大抵落尽，作为视觉通道的借景空间特别宽畅，相机的视野里，远方的北塔凌空，现出淡灰色的伟岸身影，塔顶的积

【13-45】远借：圣洁的白色王国（陆　峰　摄）

雪也隐隐可见。园内作为前景的水池，早已凝冻成冰，冰上又是厚厚的雪，像是大片平坦洁白的绒毯，这在江南确乎是罕见的奇观。作为中景，园内的建筑物无不披上皑皑白雪，一派清光辉耀！惟有那难以积雪之处是黑黝黝的，但更能反衬出那亭轩白亮的戗角、长廊素平的轮廓，还有一块块大大小小不规则的白，凸现在黑黑的背景上，和上方两旁灰黑色的高树一起，环拱出一个广阔深远、宝塔庄严的瑶华境界，一个形而上、圣洁无瑕的白色王国。

崇祯甲戌岁，予年五十有三，历尽风尘，业游已倦。少有林下风趣，逃名丘壑中。久资林园，似与世故觉远。惟闻时事纷纷，隐心皆然，愧无买山力，甘为桃源溪口人也（参见【4-5】）。

自叹生今之时也，不遇时也；武侯三国之师，梁公女王之相，古之贤豪之时也，大不遇时也！何况草野疏愚，涉身丘壑？……

暇著斯《冶》，欲示二儿长生、长吉，但觅梨栗而已，故梓行，合为世便。

自识

【14-1】甘为桃源溪口人

　　题语选自《自跋》："惟闻时事纷纷，隐心皆然，愧无买山力，甘为桃源溪口人也。"买山力：《世说新语·排调》："支道林就深公买印山，深公答曰：'未闻巢、由买山而隐。'"巢、由：即巢父、许由，尧时著名隐者，被后世推为隐士代表（见【3-37】）。唐李白《北山独酌寄韦六》："巢父将许由，未闻买山隐。"桃源溪口人：见晋陶渊明《桃花源记》："武陵人捕鱼为业。缘溪行，忘路之远近，忽逢桃花林……山有小口，仿佛若有光，便舍船，从口入"，于是进入了桃源。这是表达了当时人们所憧憬的理想乐土、世外仙境。上引《自跋》数句意谓：由于时世纷乱，人人均生隐心，自惭没有买山而隐之力，甘愿作没能从小口进入桃源的武陵渔人，此语吐露了计成欲避离乱世的隐逸之心。

　　明代画家周臣的《桃源问津图》中，右下方有一靠岸的渔船，绳子系在插于岸边的竹竿上，蓑衣、斗笠则置于船篷之顶，而渔人却已不见，说明已入洞中。人们的视线如循着入洞的左上方搜寻，可见苍松夭桃掩映中，洞里茅舍俨然，远处有良田美池、农夫耕牛等，而近处则重点描绘了"村中闻有此人（渔人），咸来问讯"，拱手相迎的动人情状。周臣，苏州人，

【14-1】《桃源问津图》（明·周臣 绘）

画学南宋为多，存有院画风骨，唐寅、仇英曾师之。此图为其后期代表作，画中峰峦崚嶒，山石坚凝，在刮铁皴中融进了拖泥带水皴，以浅绛渲染，笔法严整而不乏欹曲，格调稳健而生动清秀。款署"嘉靖癸巳岁仲夏，周臣写"，钤"冬村""墨乡"朱白印各一。现藏苏州博物馆。此图引人入胜的美境，足以说明计成之所以"甘为桃源溪口人"的主要原因。

【14-2】武侯三国之师

题语选自《自跋》："自叹生今之时也，不遇时也；武侯三国之师，梁公女王之相，古之贤豪（指武侯诸葛亮、梁公狄仁杰）之时也，大不遇时也！……"这是计成联系明末的悲剧性时代，自叹不遇之语，说得断断续续，吞吞吐吐，似通非通……他既举出古代著名的贤哲英豪作为榜样，以明己志，又以他们的不遇时为例，强作自我安慰。理想与现实撞击，自况与自慰交织，其间饱含着几许悲痛酸辛！字里行间，寄托遥深，这就是《自跋》的主要情感内容（详见《探析》第13-14；170-174页）。本条先图释"武侯三国之师"。

武侯：即诸葛亮（181-234），字孔明。三国时蜀汉政治家、军事家，有著名的"隆中对"。刘备称帝，任丞相；刘禅接位，封武乡侯。当政期间，励精图治，赏罚严明，有利于当地经济、文化发展，曾多次出师伐魏，病死军中。有前、后《出师表》，其《后出师表》有"鞠躬尽力，死而后已"的名

【14-2】《诸葛亮像》（清殿藏本）

言（而后，流传为"鞠躬尽瘁，死而后已"的成语）。《三国志·蜀书·诸葛亮传评》："诸葛亮之为相国也，抚百姓，示仪轨……开诚心，布公道；尽忠益时者虽雠必赏，犯法怠慢者虽亲必罚……可谓识治之良才，管（仲）、萧（何）之亚匹矣！"唐代大诗人杜甫《蜀相》咏道："丞相祠堂何处寻，锦官城外柏森森……三顾频烦天下计，两朝开济老臣心。出师未捷身先死，长使英雄泪满襟。"宋代大诗人陆游《书愤》赞道："《出师》一表真名世，千秋谁堪伯仲间！"真是有口皆碑，无美不臻，古典小说《三国演义》则更将其神化了。此图选自《中国历代名人画像谱》，右上角有"蜀汉丞相忠武侯诸葛亮"字样，中国历史博物馆保管部编，海峡文艺出版社2003年版。

【14-3】梁公女王之相

继上条再图释"梁公女王之相"。

梁公：即狄仁杰（607-700），字怀英。唐大臣，历仕高宗、中宗、睿宗、武周四朝。女王：

【14-3】《狄仁杰像》（清殿藏本）

武周皇帝武则天。狄仁杰在武则天即位初年，为酷吏来俊臣诬害下狱，贬彭州令，至神功元年复相。曾一再力劝武后立唐嗣，并劝止其造大佛像。一生以不畏权势著称，居位荐贤数十人，如张柬之、姚崇等后皆为名臣。睿宗时追封为梁国公。其史实见《旧唐书·狄仁杰传》。唐代诗人高适的《狄梁公》诗咏道："梁公乃贞固，勋烈垂竹帛。昌言太后朝，潜运储君策。待贤开相府，共理登方伯。"北宋大臣、著名文学家范仲淹的《唐梁国公碑》颂赞曰："天地闭，孰将辟焉？日月蚀，孰将廓焉……克当其任者，惟梁公之伟欤！"也是有口皆碑，誉满天下而名垂青史。此图选自《中国历代名人画像谱》，右上角有"狄梁公"字样。中国历史博物馆保管部编，海峡文艺出版社2003年版。

征引著作论文表

说明：1. 表中类别的划分，只是相对的，每类中的作者或编（写）者，按其生年先后排列。
2. 表中不含中国古代著作，仅限于现代著作及外国的译著。
3. 表中含少量论文，其前用＊表示。

类别	作者／编者	书名／文名	出版社／刊物	出版年份／期数	备注
哲学·美学·文学	［意］达·芬奇	芬奇论绘画	人民美术出版社	1979 年	
	［英］洛克	人类理解论	商务印书馆	1953 年	
	［德］莱布尼茨	莱布尼茨与克拉克书信集	武汉大学出版社	1983 年	简称《莱氏书信集》
	［英］威廉·荷加斯	美的分析	人民美术出版社	1984 年	
	［德］康德	判断力批判上卷	商务印书馆	1964 年	
	［德］黑格尔	小逻辑	商务印书馆	1980 年	
	［德］黑格尔	美学第 1 卷	商务印书馆	1979 年	
	［德］黑格尔	美学第 3 卷上册	商务印书馆	1979 年	
	［俄］车尔尼雪夫斯基	生活与美学	人民文学出版社	1957 年	
	［德］马克思	1844 年经济学－哲学手稿	人民出版社	1983 年	简称《手稿》
	［德］马克思　恩格斯	马克思恩格斯论文学与艺术（一）	人民文学出版社	1982 年	
	［法］丹纳	艺术哲学	人民文学出版社	1981 年	
	［法］葛赛尔	罗丹艺术论	人民美术出版社	1978 年	
	［英］怀特海	科学与近代世界	商务印书馆	1959 年	
	［美］乔治·桑塔耶纳	美感	中国社会科学出版社	1982 年	
	［英］爱德华·布洛	＊作为艺术因素与审美原则的"心理距离说"	载《美学译文》［2］，中国社会科学出版社	1982 年	简称《心理距离说》
	［英］克莱夫·贝尔	艺术	中国文艺联合出版公司	1984 年	
	［美］鲁道夫·阿恩海姆	艺术与视知觉	中国社会科学出版社	1984 年	
	［英］纽拜	＊对风景的一种理解	载《美学译文》［2］，中国社会科学出版社	1982 年	
	［美］V．C．奥尔德里奇	艺术哲学	中国社会科学出版社	1986 年	
	北京大学哲学系美学教研室	西方美学家论美和美感	商务印书馆	1980 年	

续表

类别	作者／编者	书名／文名	出版社／刊物	出版年份／期数	备注
哲学·美学·文学	伍蠡甫	西方文论选上卷	上海译文出版社	1979 年	
	朱光潜	朱光潜美学文集第 1 卷	上海文艺出版社	1982 年	
	朱光潜	朱光潜美学文集第 2 卷	上海文艺出版社	1982 年	
	朱光潜	西方美学史下卷	人民文学出版社	1964 年	
	宗白华	艺境	北京大学出版社	2003 年	
	宗白华	宗白华美学文学译文选	北京大学出版社	1982 年	
	钱锺书	宋诗选注	人民文学出版社	1982 年	
	李泽厚	美的历程	文物出版社	1981 年	
	李泽厚	美学四讲	生活·读书·新知三联书店	2004 年	
	陈鸣树	文艺学方法论	复旦大学出版社	2004 年	
	赵鑫珊	建筑是首哲理诗——对世界建筑的哲学思考	百花文艺出版社	1999 年	简称《建筑是首哲理诗》
	龙协涛	鉴赏文存	人民文学出版社	1984 年	
建筑·园林	姚承祖	营造法原	中国建筑工业出版社	1986 年	
	叶圣陶	*拙政诸园寄深眷	载《百科知识》	1979 年第 4 期	
	茅以升	*桥	载《旅游》	1984 年第 5 期	
	刘敦桢主编	中国古代建筑史	中国建筑工业出版社	1981 年	
	刘敦桢	刘敦桢文集（三）	中国建筑工业出版社	1987 年	
	刘敦桢	苏州古典园林	中国建筑工业出版社	2005 年	
	童寯	江南园林志	中国建筑工业出版社	1984 年	
	童寯	园论	百花文艺出版社	1987 年	
	郑孝燮	*郑孝燮先生的生平及重要观点	载《世界遗产与古建筑》	2017 年第 1 期	
	陈从周	园林谈丛	上海文化出版社	1980 年	
	陈从周	书带集	花城出版社	1982 年	
	陈从周等	中国厅堂·江南篇	上海画报出版社	1994 年	
	陈从周	园韵	上海文化出版社	1999 年	
	朱有玠	岁月留痕——朱有玠文集	中国建筑工业出版社	2010 年	简称《岁月留痕》
	祝纪楠	营造法原诠释	中国建筑工业出版社	2012 年	
	中国风景园林学会等编	《园冶》论丛	中国建筑工业出版社	2016 年	
	徐文涛孙志勤主编	《留园》画册	长城出版社	2000 年	
	潘益新主编	《网师园》画册	古吴轩出版社	2010 年	

类别	作者／编者	书名／文名	出版社／刊物	出版年份／期数	备注
美术·摄影	黄宾虹	黄宾虹画语录	上海人民美术出版社	1961 年	
	颜文梁	色彩琐谈	上海人民美术出版社	1978 年	
	中国工艺术美术学院学术委员会、科研处	工艺美术文选	北京工艺美术出版社	1986 年	
	［英］约翰·恩格迪沃	国际摄影艺术教程	中国青年出版社	2008 年	
	［英］大卫·普拉克尔	摄影构图	中国青年出版社	2008 年	
	［英］迈克尔·弗里曼	摄影师的视界——迈克尔·弗里曼摄影构图与设计	人民邮电出版社	2009 年	
	摄影美学初探编委会	摄影美学初探	陕西人民美术出版社	1986 年	
	龙憙祖	中国近代摄影艺术美学文选	中国民族摄影艺术出版社	2015 年	
	杨恩璞	摄影鉴赏导论	高等教育出版社	2010 年	
	李元摄影机构	色彩之美：你也能掌握的风格摄影技法	电子工业出版社	2012 年	简称《色彩之美》
	曾星明、柴进	风光·观看——100 幅精彩风光作品解读／中国摄影报·值得记忆的照片	中国摄影出版社	2012 年	简称《风光·观看》
园冶注释讨论及笔者自引论著	陈植	园冶注释第一版、第二版	中国建筑工业出版社	1981 年、1988 年	简称《陈注》或《陈注》一版、二版
	曹汛	*园冶注释疑义举析	载《建筑历史与理论》第 3、4 合刊，江苏教育出版社	1984 年	简称《举析》
	张家骥	世界最古造园学名著研究：园冶全释	山西人民出版社	1993 年	简称《全释》
	梁敦睦	*园冶全释商榷	载《中国园林》	1998 年第 1、3、5 期；1999 年第 1、3 期	简称《商榷》
	王绍增	*园冶析读——兼评张家骥先生园冶全释序言	载《中国园林》	1999 年第 2 期	简称《析读》
	杨光辉	中国历代园林图文精选第四辑第一篇《园冶》	同济大学出版社	2005 年	简称《图文本》
	金学智	中国园林美学	江苏文艺出版社	1990 年	简称《江苏版园林美学》
	金学智	中国园林美学第二版	中国建筑工业出版社	2005 年	
	金学智	中国书法美学上、下卷	江苏文艺出版社	1994 年	

类别	作者／编者	书名／文名	出版社／刊物	出版年份／期数	备注
园冶注释讨论及笔者自引论著	金学智主编	美学基础	苏州大学出版社	1994 年	
	金学智	苏州园林	苏州大学出版社	2004 年	
	金学智	插图本书概评注	上海书画出版社	2007 年	
	金学智	风景园林品题美学——品题系列的研究、鉴赏与实践	中国建筑工业出版社	2011 年	简称《品题美学》
	金学智	园冶多维探析上、下卷	中国建筑工业出版社	2017 年	简称《探析》
	金学智	*在李白笔下的自然美	载《文学遗产增刊》第 13 辑，中华书局	1963 年	
	金学智	*艺术随想录三则·审度篇	载《文艺研究》	1981 年第 4 期	
	金学智	*王维诗中的绘画美	载《文学遗产》	1984 年第 4 期	
	金学智	*"姑苏情结"赞	载《苏州日报》	2012 年 1 月 18 日	

后　记

　　《园冶句意图释》是《园冶多维探析》未了的续集。

　　《园冶多维探析》的问世，离不开朋友们的竭诚帮助，"众人拾柴火焰高"，使我的写作热情持续了七年之久，不敢稍有懈怠，最后阶段七校其稿而终于完成。我之所以要用《写作编年故事》来取代《探析》的"后记"，是因为期间的动人故事连连，一件件，一桩桩，确乎"用'感谢'已不足回馈他们……"而只能采用纵向的"编年法"来铭记他们。而今，又要给《图释》写后记，期间的感人故事虽也多多，但绝不能再如法炮制，故采用横向的"罗列法"，将大力支持我的朋友们的名单晒出来，以示鸣谢。

　　先说摄影名家，有陈健行、陈兰雅、周仲海、黎为民、蔡开仁、朱德辉、张维明、张振光、郑可俊以及日本的田中昭三、牧野贞之等，是他们，提供了精心所摄的代表性力作，有的更是一批批发我，可谓尽其毕生所摄，以供按《园冶》句意进行百里挑一的遴选……拙书仰仗他们的名作，感谢他们的垂顾。

　　还有朱剑刚、江合春、虞俏男、陆峰、刘有平、蔡云梅、鲁深、陆琦、嵇娴、江红叶、王欢、沈海牧、方梦至、金薇吟、唐悦……这一个个热情的名字在此不拟尽录。他们中有些也是出色的摄影家；有些则是领了"题语"去寻寻觅觅，其拍摄有类于"命题作文"；有些拍了一二十次或数十百张才被选中；有些虽拍得更多，但终于没有通过，于是该句图释终成空缺，体现了本书选图"宁缺毋滥"的初衷……我深切感到，求得一帧既非常切题又颇有艺术含量的摄影作品，委实很不容易。而正是这些精美而又切题的作品，给《园冶》作了形象上的印证、艺术上的诠释和美学上的阐发。

　　我认同摄影以切割为起点的后期处理，也非常欢迎以自然生态为基础进行后期处理的"画意摄影"、"诗意摄影"。在给大量有关照片作后期处理方面，陈兰雅、周仲海、江合春、蔡开仁、薛方圆等也以其高超的技艺倾力襄助，他们不厌其烦，一次次，一幅幅，精益求精，有时往往是同一个片子，却做了多张略有差异的供我选择，其心之细让我钦佩，其情之深更让我感动！

　　要图释《园冶》的句意，除了需要以现代景观摄影作品作为形象化的实证外，还需要较多古代反映社会人事方面的绘画作品，于是罗金增、卿朝晖、陆峰、杨琼艳等均热情地找来大量相关的作品供我选择，这就极大地拓展了《园冶》图释的形象覆盖面。

写作过程中还需要大量的参考书籍，蔡斌、罗金增、陆嘉明等一次次为我送书，任我挑选，让我更新话语，充实学养，于是，握管的手开始活起来，书稿的知识性、艺术性、学术性均大为提升。

撰写后记，回眸三四年来流逝的岁月，名单中的朋友们：吴地的、岭南的、北国的；同龄的、忘年的；熟稔的、尚未谋面的……其往事一一在心头浮将起来，也可说"动人的故事连连"，汇成了起伏的心潮……推助我完成了后记的写作。

作者

2018年6月12日灯下

在书稿校阅流程即将结束之际，原任职于澳大利亚南威尔士大学，现任职于香港中文大学的冯仕达（Staniaus Fung）教授，从美国哈佛大学发来Yü Sen最早的《园冶》英文选译本（1934年）的电子文档。由于这一新发现，学界得知的《园冶》译成外文的时间上限，还应大为提前。这是对本人的姐妹著作《园冶多维探析》特别是《园冶句意图释》其后所附《园冶版本知见录》的重要补充。本人除将其插为《知见录》第十条外，在此，谨对冯仕达教授遥远的珍贵提供致以由衷的谢忱！

作者

2018-10-25

《园冶》版本知见录

金学智

摘要： 本文以历时性为纵线，共时性为横线，将所间接知悉（系极个别）、直接目见（价值不大者仅录书名）、特别是所收集、所掌握和案头使用的《园冶》版本作一叙录，必要时作或简或详的叙评，以求初步厘清版本源流，提供研究信息和线索（包括在西方流传的线索），凸现历史时代与《园冶》传播间的关系，并彰显一次次兴起的《园冶》热——收藏热、传抄热、翻译热、研究热、出版热、营销热、装帧热……此外，还兼及或适当辨正计成其人其书的有关问题。

关键词：《园冶》；版本；明版；《园冶》热

"园冶学"的研究中，版本的研究和梳理显得特别薄弱，这除了学术上的忽视外，更由于研究家们对此知见较少，具体地说，表现出"中间多见"——对《园冶注释》及其后出现的带有研究讨论性、解读诠释性的版本多见，"两端少见"——一端为对历史上的重要版本特别是日本所藏诸版知见甚少；另一端为对普识、品赏性版本，即对普及层面上涌现出来的供阅读、欣赏、收藏等的种种版本兴趣不大，缺少关注。笔者的《园冶多维探析》（上、下卷，中国建筑工业出版社 2017 年 9 月版，以下简称《探析》，此书不入本叙录）曾较详地列述过主要的十馀种（下文对其叙述时适当从略），但为《探析》的理论框架所限，亦大体将这些普识本置于视域之外。本文则以求全为旨归，将所知见的大量《园冶》版本，按年代先后（以 2017 年底为下限）加以梳理，逐一作或略（或极略）或详（或特详）的述评，重要的版本更注意交代细节。兹列述、加按或适当点评如下：

一、[日]内阁文库藏明版《园冶》全本（1634年）

线装（四针眼装），三卷，书皮栗色，崇祯甲戌七年（1634）阮衙初刻本，藏日本内阁文库（此文库 1885 年创设，1971 年设国立公文书馆后，内阁文库即成为其所属之科，至 2001 年，内阁文库之名取消，故现称"藏国立公文书馆"），系明版孤本，用竹纸，亦明末时代环境使然。书签上"园冶"二字之下，分别钤有上卷、中卷、下卷的卷次红字印。每卷书皮下部，贴有"内阁文库"红字标签，标明"册数3"。上卷刻有阮大铖崇祯甲戌年（1634年）手书《冶叙》（有乌丝栏）、计成《自序》（其中"效司马温"四字上有叠印痕迹）。此称"内阁本"，详见《探析》第45页。又，据陈植 1956 年所云，1921 年于本多静六处见"木版本三册，闻系得之北京书肆者"[1]，金按：此明版三卷三册，疑与内阁本属于同一版本，此本今未见。

二、北京国家图书馆藏明版《园冶》残本（1635年）

线装，存一卷，缺卷二、卷三。《兴造论》首行有阳文章草"长乐郑振铎西谛藏书"、"钱唐夏平叔珍藏"印。据韦雨涓考，1940年《明代版本图录初编》还只有夏氏印，1961年《中国版本图录》始见郑氏印，乃1958年著名藏书家郑振铎逝世后，家人将其遗书捐献给国家[2]，故又钤"北京图书馆藏"印。金按：此明版与内阁本有两大区别：（一）阮叙之后，增刻郑元勋手书《园冶题词》（无乌丝栏），末署"崇祯乙亥（1635年）午月朔，友弟郑元勋书于影园"，被称为"郑序"，如是，此本成了最早的三序俱全本。（二）卷一分为两册：开头至"三、相地"为第一分册，"四、装折"开始为第二分册。这样就成了三卷四册本，与三卷三册的内阁明本不同，此称"国图本"（或称"西谛本"），详见《探析》第4、45页。金按：此四册本也曾出口日本，[日]桥川时雄写到，"一部四本的《园冶》"在正德二年（1712年）运入日本[3]。金按：此本今未见。

三、中国台湾藏明版《园冶》残本（1635年）

线装，存二卷，缺一卷。即朱启钤《重刊园冶序》谓"庚午（金按，即1930年）得北平图书馆新购残卷"。梁洁指出，"彼时的'北图藏本'今天已经进入台北故宫博物院图书文献处，即今收入《原国立北平图书馆甲库善本丛书》册451者"。该丛书序言云，[1931年]"九·一八"事变发生后，"甲库善本几经流转，先后运至上海、华盛顿，最后进入'中央图书馆'"[4]。称"台北本"。金按：据联系，"国立台湾图书馆"回音："园冶存二卷系为微缩资料"。以上诸说，并存于此。

四、[日]桥川时雄藏隆盛堂《木经全书》本（1795年前或1635年？）

合集，布面精装，有书匣，日本东京渡边书店昭和四十五年（1970年）出版，书脊题为：《园冶——桥川时雄解说》。原《园冶》书名页框上，横行刻"名园巧式"四字，框内刻"木经全书"大字，左下方刻有"隆盛堂梓行"字样，并钤"隆盛堂藏板"大印，正中上部钤有朱色圆形花石肖形大印（金按：疑为"隆盛"之象征性商标）。"隆盛堂乃我国清代今太原一刻书坊，刻书活动从康熙朝一直持续到道光年间"[2]。《园冶》主要因阮氏所刻而遭贬于清王朝，可谓"大不遇时"，但"有些文人和民间书商仍认可《园冶》的价值，暗暗改名重印"，于是，《木经全书》就代替了《园冶》之名。"孔子说，'道不行，乘桴浮于海'……《园冶》有似于此，它隐姓埋名，流亡到海外去了（金按：这种曲折的历程，也是《园冶》被称为'奇书'的因由之一）"[5]。隆盛堂的策略是成功的：在书前撤去阮《叙》以廓清其负面影响，突出"郑序"以弘扬名流高士的正价值，并巧妙地改名换姓，继续出版，从而得以流传并保存于东瀛，坊主不愧为有智有识的书商。《园冶题词》首页下钤"桥川时雄"藏书印，桥川（1894–1982）是中日古文研究家，也是颇有眼识的《园冶》研究家，《园冶》后所附桥川的日文《解说》，保存了一些有价值的资料。此称"隆盛本"（或称"桥川本"），详见《探析》第56–57页。对此版本，曹汛于20世纪80年代认为系"宽政七年（1795年，我国乾隆六十年）以前隆盛堂翻刻《木经全书》本"[6]；梁洁则认为，隆盛堂本并非翻刻，而是直接使用了成书"重新出版装帧而成"，"两部书使用同一套板"[4]，此话似亦言之有理，因其文本与内阁本版式等均完全一致，故亦应视为明版。二说并列于此，存疑待定。

五、[日] 国立国会图书馆藏华日堂《名园巧式·夺天工》钞本（清代前期）

线装，卷一全，卷三缺，卷二错简，阑入卷三。书皮灰青色，书名页横行书"名园巧式"四字，居中竖行书"夺天工"三大字。右下有手绘篆书"华日堂"印，左下方有手书"华日堂藏书"五字。据韦雨涓考，华日堂"乃清初文人伍涵芬家堂名"，"《夺天工》和《木经全书》是国内改名翻刻（金按：翻刻说与上引梁说抵牾）后运抵日本的，并非到日本之后改名出版"[2]。金按：伍氏于清康熙戊寅年（1698）迁金陵为书商，其《华日堂书肆新成》诗有云："侨居白下三山市，滥卖紫溪伍氏书。"抄本的书名页左上方，有手绘"卓荦观群书"印，此印面文字经查证，系出晋左思《咏史》："弱冠弄柔翰，卓荦观群书。"韦雨涓还指出，此印"是清代藏书家谢浦泰的藏书印。谢浦泰（1617-?）江苏太仓人……喜藏书抄书"[2]。华日堂本与隆盛堂本的不同是：一、三卷目录不是分置三卷之首，而是集中置于书前；二、没有撤去阮《叙》，而取折中之法，将郑序置第一，阮叙置第二，自序置第三。华日堂原本未见，钞本误字较多，流入日本，其书名页的上、下部，有朱色"帝国图书馆藏"方圆大小二印。此称"华钞本"，参见《探析》第55-56页。梁洁还据所知见，将华日堂抄本列为四种，此钞本因《题词》首页有"白井氏藏书"印，称"白井本"，其他还有林家本、樋口本、鸥外本三种（林家本系日本林罗山为首的林家所藏；樋口本详下；鸥外本为日本医学博士、文学家森鸥外所藏），此四种均抄自同一原本。又认为，华日堂本与隆盛堂本一样，"均为两家书坊获得成书后重新装帧出版而成"[4]。对这类现象，李桓概括说，"因为《园冶》在日本畅销，所以在中国成为禁书之后仍然有印刷和出口日本"[7]，金按：不只如此，还出现了种种日抄本，形成了较长时间的东瀛《园冶》传抄热、营销热、收藏热。

六、北京国家图书馆藏华日堂《名园巧式·夺天工》日钞本（清代前期）

线装，全三卷，书名页与上书全同，而抄手则为日本人，故讹字极多。金按：书前若干页手写体字右下往往标"送假名"（表示句子成分，系日文特有的符号标志），左下则标应读的顺序，《选石·青龙山石》的几个"龙"书作"竜"均是日抄明证。此即樋口本，卷二首页钤"樋口"印记、"爱岳麓藏书"（日本江户时代私人"爱岳麓文库"的藏书印）等印。全书首、尾钤有"北京图书馆藏"、"江安傅氏沅叔藏园鉴定书籍之记"等印。金按：联系华钞本情况来看，中国人的钞本被珍藏在日本图书馆，日本人的钞本被珍藏在中国图书馆，这种罕见的文化交互现象，也是《园冶》被称为"奇书"的因由之一。

七、[日] 国立国会图书馆藏《园冶》图式日绘本

线装。选绘了铺地、门窗、栏杆、漏窗等图式，不完全按次序。小楷精美，线条工整，图案悦目，似非一人所绘，足见《园冶》中大量图式还有其美术、工艺等方面价值。书皮栗色，书签上"园冶"写成"园治"，圈门式"边用寸许"写作"辺用艹许"等，均可见为日人所绘写。有"白井光"等收藏印，由此可知华钞本之"白井氏"即"白井光太郎"（1863-1932年）。

八、喜咏轩丛书本《园冶》（1931年）

线装，近代著名藏书家陶湘（字兰泉，号涉园）刻，《喜咏轩丛书》戊编之一扉页刻"涉园陶氏依崇祯本重印，辛未三月书潜题"。阚铎《园冶识语》："北平图书馆得一明刻本，而缺其第三卷，陶君湘乃据以影印，其第三卷则依残阙之钞本以附益之。"为《园冶》三百年后返回中国本土的第一个版本，此为其历史价值意义所在。三序依次为阮叙（手书）、自序、题词。由于当时条件所限，第三卷讹误缺失较多。称"喜咏本"，详见《探析》第57-58页。**本书封面上颜体"園冶"二字，即撷自"喜咏本"，因其具有历史的价值意义，特在此补充交代。**

九、营造学社本《园冶》（1933年）

线装，竖排铅印本。书前有藏板大印："共和壬申（1932年）中国营造学社依明崇祯甲戌安庆阮氏刻本重校印"。有朱启钤撰于辛未（1931年）的《重刊园冶序》、阚铎的《园冶识语》。其后有阮叙（手书）、自序、题词，首次以空格为标点。称"营造本"，详见《探析》第58-59页。此版影响颇大，经1931、1932、1933、1936年等多次印刷，而以1933年营造本最为流行，还很快流播至欧美（详下条）。

十、[美]哈佛大学弗朗西斯洛布图书馆藏英文选译本《园冶》（1934年）

打印本。藏于美国哈佛大学设计研究生院（即设计学院）所属弗朗西斯·洛布图书馆。Yü Sen 译，选译了"掇山"、"选石"、"借景"及"自识"几部分。译于1934年6月，是西方最早的、紧接中国"营造本"问世而出现的外文译本。这样，学界得知《园冶》译为外文的时间上限，还应大为推前。据[英]夏丽森（Alison Hardie）《计成〈园冶〉在欧美的传播及影响》（载《中国园林》2012年12期）一文，瑞典美术史家喜龙仁（Sirén）1949年出版的《中国园林》，其中所载《园冶》部分英译文，在西方产生了一定影响。以后，英国的玫萁·凯瑟克（Maggie Keswick）在1978年的《中国园林：历史、艺术、建筑》中，又进一步扩大了《园冶》在西方的影响。但是，相比而言，Yü Sen 所译要早得多，而且不是以片段的形式附于其他著作之中，而是以译本的独立形式出现。书后还附有美籍华人、著名的图书馆学家裘开明（Alfred Kaiming Chiu）1949年12月9日寄自哈佛大学汉和图书馆()答复弗朗西斯·洛布图书馆 McNamara 咨询的信，提供的信息为：作者计成（1582年）；《园冶》（一本园林装饰学的书）；原著出版于1634年；译自中国营造学社1933年现代版中式线装书；已故的 Yü Sen 从中选译。值得注意的是：在"营造本"出版的第二年（1934年）即被部分译出，可见在西方反应之迅捷，且时间上与明版问世相差恰巧为整整三百年。该本在《园冶》西方流传史上应有着十分重要的意义。

十一、城建出版社重刊营造学社本《园冶》（1956年）

平装。北京城市建设出版社印行，1957年重印。正文前除陈植1956年《重印园冶序》外，其他均同营造本。全书繁体铅字竖排版，以空格为标点。称"城建本"，详见《探析》第59页。

十二、[日] 上原敬二《解说园冶》(1975年)

精装，一般书籍均为纵长方式，该书则为横长方式，有书匣。东京加岛书店昭和五十年出版，系据民国二十二年（1933年）大连市右文阁所印铅字排版。书前各序排列为：朱启钤《重刊园冶序》、阮叙、自序、题词。其后版权页，有"上原"小印。为上原"造园古书丛书"十卷之一，详见《探析》第 59-60 页。

十三、十四、陈植《园冶注释》第一版、第二版（1981、1988年 ）

平装或精装。陈植注释，以城建版为蓝本，将目次按内容重加编排，均由中国建筑工业出版社出版。第二版正文前，有陈植《园冶注释（第二版）序》，陈植《园冶注释序》，杨超伯《园冶注释校勘记》，陈植《重印园冶序》，朱启钤《重刊园冶序》，阚铎《园冶识语》，阮叙（非手迹）、题词、自序，全书仍繁体竖排，首次取消了乌丝栏，采用新式标点符号，特别是增加了释文和注，极便阅读。书后有陈从周跋。是《园冶》研究和解读进入新阶段的历史里程碑，曾一再重印，起了筚路蓝缕，开启山林的重要作用。本文称《陈注本》，详见《探析》第 60 页。

十五、建筑丛刊本《园冶注释》(1982年)

右上方印有"陈植注释"字样，系重印《园冶注释》第一版。中国台北明文书局1982 年印行。

十六、广文书局本《园冶》(1983年)

中国台湾广文书局 1983 年印行，用喜咏本，无注，同一版本有红、绿两种封面。以上两种版本，显示了《陈注本》在台湾的影响，亦为《园冶》出版热之征兆。

十七、[日]佐藤昌《园冶研究》(1986年)

日本造园修景协会东洋庭园研究会于昭和六十一年印行。其书包括：计成介绍；计成的造园作品；园冶的刊本（其叙述自内阁本至《园冶注释》，有较大的概括性），园冶的本文（这是又一全文日译本，占《园冶研究》全书的绝大部分，其中汉字较多）；园冶的内容（概括介绍园冶全书的观点等）。金按：可看作是日本《园冶》研究走向学术化的某种标志。详见《探析》第 72-73 页。佐藤氏，1903 年生，农学博士，东京农业大学教授，日本造园修景协会等会长。

十八、"经典丛书"本《园冶》(1987年)

系"经典丛书"之 031。黄长美撰述。此丛书除《园冶》外，还有《孟子》、《鬼谷子》、《人间词话》等。袖珍本，有注解、释文，前有导读。中国台湾金枫出版有限公司印行。

十九、"传世名著百部"本《园冶》(1988年)

此丛书收名著 100 部合为 64 卷。北京蓝天出版社出版，第 62 卷为《书谱》、《园冶》、《芥子园画谱》合集，属综艺名著类，袖珍本，仅有原文，无注释及译文，每部前有"名著通览"介绍。金按：它开了丛书本《园冶》之先河，也是《园冶》出版热的某种标志。

二十、二十一、英译本《园冶》第一版、第二版（1988、2012年）

［英］夏丽森（Alison Hardie）译，美国耶鲁大学出版社第一版，上海印刷出版发展公司第二版，均插以较多中国园林景观图版，详见《探析》第70-71页。由此可窥见《园冶》在西方影响的不断扩大，以致被誉为"生态文明圣典"。

二十二、张家骥《世界最古造园学研究：园冶全释》（1993年）

精装，为最早的简体横排本，但未作校勘，山西人民出版社出版。分前、后两部分，前为"译文部分"，后为"原文与注释部分"并有按语等，较多针对陈注一版的注释提出商榷，并多引曹汛《〈园冶注释〉疑义举析》参证。详见《探析》第65-66页。

二十三、二十四、法译本《园冶》第一版、第二版（1997、2004年）

［法］邱治平（Chiu Che Bing）译，法国贝桑松印刷出版社第一版，2004年第二版，均插以较多中国园林景观图版，详见《探析》第71页。译者2018年曾对笔者言及，拟修订后再出第三版。金按：以上英、法两种西译本及其再版，证实了《园冶》的翻译热，还说明《园冶》不但符合中国生态文明新时代的需要，而且符合西方读者的需要，符合西方社会生态文明建设的需要。

二十五、《园林说译注（原名〈园冶〉）》（1998年）

刘乾先编著。精装，吉林文史出版社出版。以营造本为底本，有注释、今译。作者更改《园冶》书名，似由于不理解"冶"义，书中较多吸收了《陈注本》特别是《园冶全释》的解释，有景观图版。

二十六、续修四库全书本《园冶》（2000年）

《园冶》因受牵累，在清代乾隆年间遗憾地未能进入《四库全书》，致使三百年来几濒湮没。20世纪30年代开始，否极泰来，《园冶》历经坎坷而有幸返回中国本土。2000千禧之年，历史进入21世纪，《续修四库全书》八七九·史部·政书类收入了《园冶》三卷。系"据天津图书馆藏民国二十一年（按，1932年）中国营造学社铅印本影印原书"。至此，《园冶》曲折艰辛的流传史可说是画上了一个圆满的句号。详见《探析》第60-61页。

二十七、二十八、《图说园冶》及增订版（2003、2010年）

赵农编著。以《陈注本》二版为底本，原文全，出注少，其他园林景观的图说甚多。均由山东画报出版社出版，此书在普及层面上影响较大（但有误释）。金按：这种"图说"，亦可看作是21世纪《园冶》热兴起的又一表征。

二十九、《历代园林图文精选》本《园冶》（2005年）

精装，合集。《中国历代园林图文精选》为丛书，凡五辑，同济大学出版社2005年版。第四辑收录《园冶》（全书）、《长物志》（节选）、《闲情偶寄》（节选），杨光辉注释。此本解释力求详尽，作风认真，书证实在，交代清楚，但一是注中书证往往矛盾并列，不加选择，有些还非确诂；二是以错误较多的喜咏本为底本，此为其两方面的不足。称"图文本"，此本因其《园冶》书名不明显，故知之者甚少，但其存在却不容忽视，为21世纪最早的详注本。详见《探析》第65–66页。

三十、《园冶新解》（2009年）

张国栋主编。化学工业出版社（北京）出版。

三十一、《园冶——中国古代园林、别墅营造珍本》（2009年）

胡天寿译注。彩绘，重庆出版社出版。

三十二、"营造集成经典"本《园冶》（2010年）

宣纸，线装，有函，典雅有致，标为"营造集成经典一"，体现了《园冶》作为经典的收藏价值，且开了21世纪《园冶》收藏热的先河。系据"营造本"重印，无注释，中国建筑工业出版社出版。

三十三、宣纸线装本《园冶注释》（2010年）

线装有函，气质高雅庄重，按《陈注本》第二版重排印，意在肯定并提升该书的文化收藏价值，中国建筑工业出版社出版。

三十四、"中华生活经典丛书"本《园冶》（2011年）

李世葵、刘金鹏著。以《陈注本》第二版为底本，有译文、注释、点评、插图较多，但原书的图式只选用一部分。该丛书收"生活经典"三十馀种，中华书局出版。

三十五、"破解中国园林设计密码，中国古代物质文化书丛"本《园冶》（2012年）

彩绘图本，有注释、译文，彩图多、详而实。中国台北信实文化行销有限公司出版。

三十六、中英双语版《园冶图释》（2012年）

吴肇钊、陈艳、吴迪著。上、中、下三册，有匣，中国建筑工业出版社出版。无注释、无译文，侧重各地名园实例的释证和园林修复兴建的经验总结，与《园冶》原文扣得不是很紧，若即若离是其优长也是其不足，但凸显了《园冶》与实践层面的联系。

三十七、"古韵新刻丛书本"《园冶》（2013年）

浙江人民美术出版社（杭州）出版。以喜咏本为底本，意在展示历代版画精品艺术，外观上凸显小精装、珍赏版的特点，文字均用繁体。金按：本《知见录》以上"三十三"、"三十四"及"三十六"这三个版本，体现了从不同层面对《园冶》多元价值的观照，一致称之为经典，编之为丛书，这也是《园冶》出版热的标志之一。

三十八、《园冶读本》（2013年）

王绍增著，中国建筑工业出版社版。为求简洁，非计成所写序（如阮《叙》）均不收。以城建本为底本，简化字竖排，用夹注方法，符合"读本"之名义，注释简要清楚，段落分明，以空格为标点，旨在普及，便利阅读，颇有特色和见解。后附清笪重光以骈文撰写的《画筌》。

三十九、《造园大师计成》本《〈园冶〉新译》（2013年）

古吴轩出版社版。此书分三章，除"吴江名园"章外，"《园冶》新译"每部分译文在前，原文在后，由沈昌华、沈春荣撰写。在"计成与《园冶》探讨"部分中，二人提出计成可能是周永年笔名的推论。金按：且不说古人有无笔名尚待考，退一步说，就算周永年有计成的笔名，也绝不可能体现"无否（字）＋否（号否道人）＝成（名）"这样完整的、深层的、构思严谨的易学辩证命题，更不可能连刻三印：《自序》钤篆书阳文"计成之印"、阴文"否道人"二章，《自跋》钤朱、白二文"无""否"连珠印，这是一个首尾圆合、不可分割的艺术整体[8]，故其假设不确，所译文字亦非审慎之译。

四十、"中华雅文化经典"本《园冶》（2016年）

刘艳春编著。丛书套装，包括《长物志》、《林泉高致》等。江苏凤凰文艺出版社（南京）出版。

四十一、"古典新读丛书"本《园冶》（2016年）

嘉非编著。丛书包括《小窗幽记》、《陶庵梦忆》、《围炉夜话》等25册。黄山书社（合肥）出版。

四十二、手绘彩图本《园冶》修订版（2017年）

倪泰一译，重庆出版社出版。

四十三、《园冶注释》第二版装帧重排本（2017年10月）

中国建筑工业出版社出版。全书系仿古珍藏本，但又新意迭出，设计别致。书套贴有书签，印有"园冶注释"等字样。封面、封底不连，不包书脊，露明打孔穿线。书套、封面、环衬均以茶色为主调，封面纸有肌理，配以白色腰封，风格淡雅，楚楚可人。设计元素有时取《园冶》图式，如扉页（前扉、后扉）图案就来自《铺地》的"波纹式"。正文繁体竖排，天头特宽、地脚特窄，标题往往用古糙稚拙的"错位""叠印"形式，其力求版式的出新，其实即是"以古为新"，这颇能逗引人的收藏欲。书前阮《叙》以乌丝栏连成手书长卷，也别开生面，展现雅韵。书前有罗哲文序，更增品位，惟序末"计成童年在同里会川桥边生活过，据说曾有旧居五进三十五间"云云，吴江及外地的《园冶》研究者对此曾颇有微词，以为纯属子虚。

《知见录》文刚撰毕，又收到北京以特快专递寄来的明版《园冶》加工（套色）影印本，系上条"四十三"（建工版2017年10月）的姐妹作品，不宜割忍，故本文突破下限，将其缀于文末。

四十四、明版内阁文库本《园冶》加工影印本（2018年1月）

中国建筑工业出版社出版。全书均繁体竖排。书套"园冶"二字，就撷自明版内阁本书签。正中漏空梅花形，设计灵感来自《园冶·门窗》图式之"梅花式"。茶色封面封底布纸包背装，下部饰以白色线描山水，气格雅致。原明版扉页钤有圆形阳文楷字藏板印和方形阳文篆书藏书印，这一天圆地方的印鉴均为朱色，现则易为仿金色，配以浅茶底色，显得高贵典雅。全书正文包括四周单栏、乌丝栏、书口的园冶、页码等，均为黑色，衬以浅茶色块，显得既苍古，又崭新，足以养目。卷一至卷三内封为茶色，上印深色山水园林，亦大雅不凡。书末有孟兆祯的《书垂世范》，傅凡的《明版〈园冶〉重刊纪事》，周宏俊、周详、俞莉娜的《〈园冶〉在日本》，对《园冶》的诸多方面作了各有个性的阐发。

以上叙录，定会有不到位、不恰当处，搜集可能也有疏漏，请方家们不吝批评、补正！

注释：

［1］　陈植. 重印园冶序 //，陈植. 园冶注释第 1 版［M］. 北京：中国建筑工业出版社，1981：11.

［2］　韦雨涓. 造园奇书《园冶》的出版及版本考［J］. 北京：中国出版，2014，（05）：62-64.

［3］　（日）桥川时雄. 园冶解说［M］. 东京：渡辺书店，1970：35.

［4］　梁洁.《园冶》若干明刻本与日抄本辨析［J］. 北京：中国出版，2016，（06 上）：65-68.

［5］　陶冠群. 金学智：热望更多人读懂《园冶》［J］. 苏州：苏州日报，2017-11-24：B01.

［6］　曹汛.《园冶注释》疑义举析［J］. 建筑历史与理论（3、4 合刊）［M］. 南京：江苏人民出版社，1984：91.

［7］　李桓.《园冶》在日本的传播及其在现代造园学中的意义［J］. 北京：中国园林，2013，（01）：65.

［8］　金学智. 园冶多维探析［M］. 北京：中国建筑工业出版社，2017：5-6；10-13.

本书得到苏州园林档案馆的一再帮助，笔者也将多种《园冶》珍稀版本捐赠该馆。

本文原载《人文园林》2017 年 12 月刊，收入本书时有增改，文中图版均未录。